핀란드 중학교
수학교과서 **8**

Teuvo Laurinolli,
Raija Lindroos-Heinänen,
Erkki Luoma-aho, Timo sankilampi,
Riitta Selenius,
Kirsi Talvitie,
Outi Vähä-Vahe

해설 및 정답 : 김교림(중암중학교 교사, 전국수학교사모임)
        윤상혁(한성여자중학교 교사)

일러두기

일상생활에서는 참값보다 근삿값을 쓰는 경우가 훨씬 많습니다. 그래서 핀란드 중학교 수학교과서에서도 문제의 답을 구할 때 근삿값으로 처리해야 하는 문제가 많이 나옵니다. 그런데 반올림하는 자릿수를 일일이 지정해주는 우리나라의 교과서와는 달리 핀란드 교과서는 문제마다 반올림하는 자릿수가 달라 해설하는 과정에서 상당히 곤혹스러웠습니다. 추측건대, 일상생활에서 어떤 문제를 계산할 때 사람들은 자신의 필요에 맞게 반올림하여 계산하지 않을까요? 어떻게 보면 누군가가 반올림하는 자릿수를 지정해준다는 것이 더 비현실적인 것이 아닐까 싶습니다. 우리가 시험을 치르기 때문에 그 용이성 때문에 항상 모든 문제의 참값을 구하는 것과는 상당히 다른 방식이 아닐까 합니다.

또한 우리와 달리 계산기를 사용하는 경우가 많습니다. 계산기 사용 문제의 경우 문제 옆에 계산기 표시가 있거나, 그 페이지 전체에서 계산기 사용하라고 하는 경우에는 페이지의 위쪽에 계산기 표시가 있습니다. 그리고 책의 옆에 계산기 사용법이 주어져 있는데, 이 경우 계산기는 시중의 간단한 계산기가 아니라, 공학용 계산기임을 알려드립니다.

이번 핀란드 중학교 수학교과서들을 해설한 저희들은 핀란드 수학교과서와 우리나라 수학교과서의 가장 큰 차이점 중의 하나가 바로 실용성이라고 생각합니다.

이 책의 근삿값과 계산기 문제를 접하게 될 때 그런 관점에서 이해해주셨으면 합니다.

[LASKUTAITO 8]

Text copyright © Teuvo Laurinolli, Raija Lindroos-Heinänen, Erkki Luoma-aho, Timo sankilampi, Riitta Selenius, Kirsi Talvitie, Outi Vähä-Vahe and Sanoma Pro Oy.

핀란드 중학교 수학교과서 8

초판 1쇄 발행 2014년 10월 31일
　　4쇄 발행 2021년 12월 20일

지 은 이 | 테우보 라우리놀리 · 라이야 린드로스-헤이나넨 · 에르키 루오마-아호 · 티모 상키람피
　　　　　리이타 셀레니우스 · 키르시 탈비티에 · 오우티 바하-바헤
옮 긴 이 | 이지영
기 　　 획 | 도영
표 　　 지 | page9
본 문 디 자 인 | 시간의 여백
편 　　 집 | 김미숙 · 안영수
일 러 스 트 | 양숙희 · 손은실
마 　 케 　 팅 | 김영란
해설 및 정답 | 김교림 · 윤상혁
문 제 점 검 | 이형원 · 권태호 · 김영진 · 문기동 · 이도형 · 고인용 · 김일태

발 　 행 　 인 | 도영
발 　 행 　 처 | 솔빛길 출판사
등 록 번 호 | 2012-000052
주 　　 소 | 서울시 마포구 와우산로 12, 113
전 　　 화 | 02) 909-5517
팩 　　 스 | 0505) 300-9348
E-mail 　 | anemone70@hanmail.net
ISBN 　　 | 978-89-98120-19-1　　부가기호 | 54410

값 　　　 | 23,000원

선생님들에게

Laskutaito 8은 Laskutaito 7에서 이어지는 종합학교 8학년을 위한 수학교과서입니다. Laskutaito 8은 백분율과 거듭제곱의 계산, 대수학, 삼각형과 원의 기하학 등 3부로 이루어져 있습니다. 각 부는 25~28개의 소단원으로 나누어져 있으며 한 소단원은 45분 1교시 동안 다룰 수 있도록 만들었습니다.

방정식을 다루는 부분에서는 방정식의 양변에 덧셈, 뺄셈, 곱셈, 나눗셈 등 같은 계산을 하는 것까지만 한정하였습니다. 또한 피타고라스의 정리를 응용할 때 필요한 이차방정식도 피타고라스의 정리에 필요한 부분까지만 다루었습니다.

1교시 동안 다루어야 할 수업내용은 Laskutaito 7에서처럼 책을 펼치면 이론이 실려 있는 짝수 쪽과 문제가 실려 있는 홀수 쪽으로 구성되어 있습니다. 책 뒤편에 심화학습 문제와 숙제 문제가 있는 것도 같습니다.

교과서 외에도 선생님들에게 해답, 보충 내용과 예시 문제 등이 들어 있는 자료도 마련되어 있습니다. 인터넷상의 자료에는 수업시간에 필요한 이론 설명 예시문과 숙제 문제의 해답과 교과서 내 모든 문제의 해답이 있습니다.

Laskutaito 시리즈에서는 이론과 문제를 가능한 한 명확하고 쉽게 이해할 수 있도록 구성하였습니다. Laskutaito 교과서를 이용해서 수업을 계획하면 실제 수업시간에 학습능력에 있어 편차가 다양한 학생들의 요구를 좀 더 융통성 있게 수용할 수 있을 것입니다.

학생들에게

종합학교 8학년을 시작하는 것을 환영합니다!

여러분의 손에는 지금 새로운 8학년 수학 교과서가 들려 있습니다.

종합학교 고학년 수학과목은 쉽지 않은 과목이지만, 여러분 모두 아래에서 제시하는 것처럼 잘 따라 하면 누구나 수학을 잘할 수 있습니다.

- 수업시간에 집중해서 잘 듣고, 이해가 안 될 때는 질문하세요.
- 숙제가 있으면 꼭 하세요. 직접 풀어봐야 수학실력이 늘게 됩니다.
- 공책은 깨끗이 쓰는 습관을 가지세요. 자를 사용하세요.
- 계산기는 필요할 때 절제해서 사용하는 습관을 들이세요. 암산기술은 나중에라도 꼭 쓸모가 있답니다.

지은이들

학교 수학에서는 인지적 능력의 증진은 물론 수학에 대한 흥미와 호기심, 수학학습에 대한 자신감과 긍정적인 태도 등 정의적 영역의 개선과 더불어 상대방을 이해하고 배려하는 바람직한 인성을 길러야 한다. 수학은 개인차가 크게 나타나는 교과이므로 학생의 인지 발달 단계, 학습 수준, 학습 특성 등을 고려하여 적절한 교수·학습 방법을 적용해야 한다.

그러나 우리나라는 1995년부터 참여한 수학과학 성취도 변화추이 국제비교 연구(Trends in International Mathematics and Science Study: TIMSS) 및 2000년부터 참여한 국제 학업성취도 평가(Programme for International Student Assessment: PISA)에서 인지적 성취의 경우 세계가 주목할 만한 높은 학업성취를 보여준 반면, 정의적 성취는 매우 낮은 수준을 보였다. 예컨대 TIMSS 2011의 결과에서 우리나라 중학교 2학년 학생의 경우, 수학성적은 1위를 기록했지만, 수학에 대한 흥미는 전체 42개국 중 41위, 수학에 대한 자신감은 39위, 수학에 대한 가치인식은 39위로 나타났다. 위와 같은 결과는 우리나라 수학교육이 명실상부한 세계 최고의 교육이 되려면 인지적 성취는 물론, 우리나라 학생들에게 매우 취약한 정의적 성취를 함양할 수 있는 실천적인 방안이 필요함을 강하게 시사하고 있다.

이와 같은 문제의식 속에서 핀란드 수학교과서를 펴내게 되었다. 핀란드 학생들의 학습량은 우리나라 학생들의 절반도 되지 않지만 수학분야의 인지적 성취는 우리나라 학생들과 어깨를 나란히 하고 정의적 성취는 우리나라 학생들을 월등히 앞선다. 핀란드에서 가장 많은 학생들이 사용하고 있는 이 책의 특징은 다음과 같다. 첫째, 개념의 이해를 돕기 위한 매우 쉬운 문제부터 학생들의 호기심을 자극하는 창의적인 문제 및 실생활 문제까지 매우 다양한 문제를 제시하고 있다. 둘째, 어려운 수학용어를 자제하고 일상적인 용어를 사용하여 수학적 개념을 최대한 쉽게 제시하고 있다. 마지막으로 교사의 가르침보다는 학생들의 배움에 초점을 맞추어 설계되어 있다.

부디 이 책을 통하여 우리나라 학생들이 호기심과 문제해결이라는 수학 본연의 즐거움을 만끽하길 기대한다.

한성여자중학교 교사 윤상혁, 전국수학교시모임 중암중학교 교사 김교림

CONTENTS

제 3 부 삼각형과 원의 기하학

제 1 장 닮음

제 2 장 피타고라스의 정리

제 4 장 응용편

■ 백분율의 뜻과 백분율의 계산을 배운다. 기본값, 변화값, 고정값의 계산을 배운다. 거듭
제곱의 계산규칙, 음수와 0의 거듭제곱, 10의 거듭제곱을 배운다.

1 분수, 소수, 백분율

$$\frac{1}{100} = 1\% \qquad \frac{100}{100} = 100\%$$

a)

b)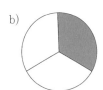

- 전체에서 어떤 부분이 차지하는 비율은 분수, 소수, 백분율로 나타낼 수 있다. 백분율이란 100분의 1을 뜻한다.

$$\frac{1}{100} = 0.01 = 1\%$$

- 어느 것의 한 전체는 100 퍼센트이다.

예제 1

도형에서 색칠한 부분을 분수, 소수, 백분율로 쓰시오.

a) 도형에서 색칠한 부분은 $\frac{2}{5}$ 이다.

분자와 분모에 20을 곱하면 $\frac{2}{5} = \frac{40}{100} = 0.40 = 40\%$ 이다.

b) 도형에서 색칠한 부분은 $\frac{1}{3}$ 이다.

나누기를 하면 $\frac{1}{3} = 0.3333 \cdots ≒ 33\%$ 가 나온다.

분수와 소수를 백분율로 바꾸기

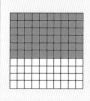

분수 $\frac{3}{5}$ 을 백분율로 바꾸시오.

$\frac{3}{5}$

= 0.60

= 60%

- 나눗셈을 한다.
- 소수를 백분율로 바꾼다.

예제 2

a) 2008년 10월 핀란드 사람들의 몇 %가 휴가 여행지로 해외를 선택했는가?
b) 해외로 간 사람들이 크루즈 여행을 한 사람들보다 몇 % 더 많았는가?

a) 해외로 간 사람들은 100% − 83.3% − 4.6% = 12.1%
b) 차이를 %로 나타내면 12.1 − 4.6 = 7.5

정답 : a) 12.1% **b)** 7.5%

2008년 10월 핀란드
사람들의 휴가 여행지

001 아래 모눈종이의 눈금 중 몇 %가 색칠되어 있는지 구하시오.

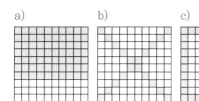

a)　　　　　b)　　　　　c)

002 공책에 10×10칸을 그리고 그중 빨간색은 25%를 칠하고, 파란색은 40%를 칠하시오. 칠하지 않은 부분은 몇 %인가?

003 다음 수를 백분율로 바꾸시오.

a) 0.98　　　b) 0.3　　　c) 0.02

d) 1.23　　　e) 2　　　　f) 3.5

004 다음 백분율을 소수로 바꾸시오.

a) 15%　　　b) 40%　　　c) 7%

d) 116%　　　e) 17.2%　　　f) 0.6%

005 다음 백분율을 소수로 바꾸고 기약분수나 대분수로도 바꾸시오.

a) 20%　　　b) 50%　　　c) 80%

d) 5%　　　　e) 25%　　　f) 130%

006 다음 표를 완성하시오.

분수	소수	백분율
$\frac{3}{4}$		
	0.28	
	0.06	
		4%
		140%
$\frac{2}{3}$		

007 다음 분수를 소수와 백분율로 바꾸시오.

a) $\frac{9}{10}$　　　b) $\frac{9}{25}$　　　c) $\frac{41}{50}$

d) $\frac{3}{12}$　　　e) $\frac{4}{5}$　　　f) $\frac{13}{20}$

008 야나가 여름방학에 다음 장소에서 보내는 기간을 분수와 백분율로 쓰시오.

　　□ 여행　　▨ 집
　　□ 캠프　　■ 별장

야나의 여름방학

a) 별장

b) 캠프

c) 집이 아닌 다른 곳

009 캠프에 참여한 학생들 중 여학생은 65%이다.

a) 캠프에 참여한 학생들 중 남학생은 몇 % 인가?

b) 여학생이 남학생보다 몇 % 더 많은가?

010 청소년 여름캠프에 참가한 학생들 중 절반이 텐트에서 숙박하고 $\frac{2}{5}$가 오두막에서 자고 나머지는 단체합숙소에서 잤다. 다음 장소에서 잔 참가자들의 비율을 %로 나타내시오.

a) 텐트

b) 오두막

c) 단체합숙소

011 수영선수들의 체력검사에서 59%는 400 m 미만, 22%는 400~500 m, 나머지는 500 m 이상을 수영했다.

a) 체력검사를 한 수영선수들의 몇 %가 500 m 이상을 수영했는가?

b) 400 m 미만을 수영한 선수들이 최소 400 m 이상을 수영한 선수들보다 몇 % 더 많은가?

2 백분율의 계산 (1)

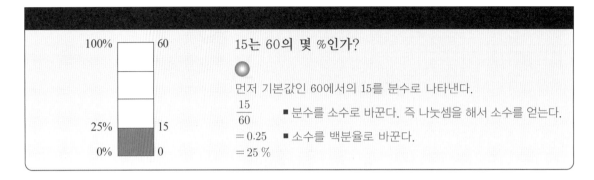

15는 60의 몇 %인가?

먼저 기본값인 60에서의 15를 분수로 나타낸다.

$\dfrac{15}{60}$ ■ 분수를 소수로 바꾼다. 즉 나눗셈을 해서 소수를 얻는다.

$= 0.25$ ■ 소수를 백분율로 바꾼다.

$= 25\%$

예제 1

한 학교의 전체 학생이 250명이다. 이 중 여학생은 150명이다.

a) 전체 학생 중 여학생은 몇 %인가?

b) 전체 학생 중 남학생은 몇 %인가?

c) 이 학교에 여학생은 남학생보다 몇 % 더 많은가?

소수의 소수점을 오른쪽으로 2칸 옮기면 백분율이다.

$0.60 = 60\%$

a) 여학생 수 150을 전체 학생 수 250에 비교한다. 여학생의 비율은 아래와 같다.

$\dfrac{150}{250} = 0.60 = 60\%$

b) 남학생의 비율은 $100\% - 60\% = 40\%$이다.

c) 백분율 차이는 $60 - 40 = 20$이다.

정답 : a) 60%   b) 40%   c) 20%

예제 2

전체 학생 250명 중 200명이 학생회 간부 선거에 투표했다. 이 선거의 투표율은 얼마인가?

유권자수는 250이었다.

투표자의 비율은 $\dfrac{200}{250} = 0.80 = 80\%$ 이다.   **정답** : 80%

1907년 핀란드 의회 선거에서 세계 최초로 여자 국회의원이 19명 선출되었다. 미나 실란파(1866~1952)는 1907년부터 1947년 사이에 38년 동안 국회의원이었다. 그녀는 핀란드의 최초 여성 장관이기도 했다. 현재 핀란드의 국민은 선거 당일에 18세인 사람은 누구나 국회의원 선거에서 투표권을 가진다.

012 아래 보기에서 다음 소수에 해당하는 백분율을 고르시오.

0.05% 50% 0.5% 5% 500%

a) 0.05   b) 0.5   c) 5

013 다음 소수를 백분율로 바꾸시오.

a) 0.92   b) 0.04   c) 2.40

014 30은 다음 수의 몇 %인가?

a) 300   b) 60   c) 120

d) 150   e) 15   f) 1.5

015 다음이 몇 %인지 쓰시오.

a) 한 시간 중 12분   b) 하루 중 8시간

c) 1분 중 18초   d) 360° 중 72°

016 한 반에 여학생 11명과 남학생 14명이 있다.

a) 전체 학생 중 여학생은 몇 %인가?

b) 전체 학생 중 남학생은 몇 %인가?

c) 이 반에 남학생은 여학생보다 몇 % 더 많은가?

017 농축액과 물을 다음 비율로 섞을 때 완성된 음료의 양에서 농축액의 비율은 몇 %인지 구하시오.

a) 1 : 3   b) 1 : 4

 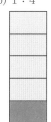

018 농축액과 물을 다음 비율로 섞을 때 완성된 음료의 양에서 농축액의 비율은 몇 %인지 그림을 그리고 계산하시오.

a) 1 : 1   b) 2 : 3   c) 1 : 7

019 한 학교의 전체 학생 488명 중 학생회장 선거에 416명이 투표했다. 에이야는 166표, 리쿠는 129표, 레나는 80표, 안티는 41표를 얻었다.

a) 이 선거의 투표율은 몇 %인가?

b) 각각의 후보자들이 얻은 득표율은 몇 %인가?

c) 에이야가 리쿠를 몇 % 차이로 이겼는가?

▌ [20~22] 다음 그래프에 대하여 물음에 답하시오.

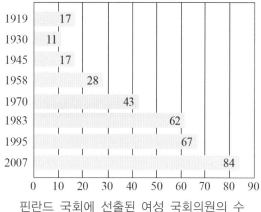

핀란드 국회에 선출된 여성 국회의원의 수
(1919~2007년)

020 핀란드 국회의원 수는 200명이다. 다음 연도에 국회에 선출된 여성 국회의원의 비율은 몇 %인지 구하시오.

a) 1919년   b) 1958년   c) 2007년

021 다음 연도에 국회에 선출된 남성 국회의원의 비율은 몇 %인지 구하시오.

a) 1930년   b) 1983년   c) 1995년

022 다음 연도의 사이에 여성 국회의원의 비율은 몇 % 증가했는가?

a) 1945년에서 1970년 사이

b) 1970년에서 1983년 사이

c) 1983년에서 2007년 사이

023 학생회에는 여학생 12명과 남학생 8명이 있다. 학생회에 새로 여학생 두 명과 남학생 두 명이 들어온다면 학생회 전체에서 여학생이 차지하는 비율은 몇 % 증감하는가?

3 백분율의 계산 (2)

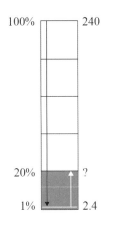

예제 1

240의 20%는 몇인지 다음을 이용하여 계산하시오.

a) 분수
b) 소수

a) $\dfrac{240}{100} = 2.4$ ■ 기본값 240의 100분의 1, 즉 1%를 계산한다.

$20 \cdot 2.4 = 48$ ■ 20%는 1%의 20배이다.

b) $20\% = 0.20$ ■ 백분율을 소수로 바꾼다.

$0.20 \cdot 240 = 48$ ■ 기본값 240에 소수를 곱한다.

정답 : 48

백분율의 계산

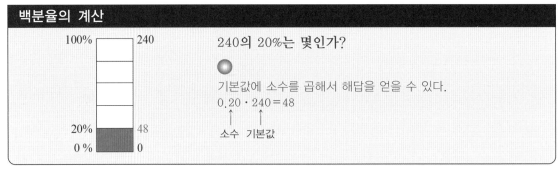

240의 20%는 몇인가?

기본값에 소수를 곱해서 해답을 얻을 수 있다.

$0.20 \cdot 240 = 48$

소수 기본값

백분율의 소수점을 왼쪽으로 두 칸
옮기면 소수이다.
$58.3\% = 0.583$

예제 2

2005~2006학기에 피에타르사리 시에는 종합학교 학생이 2490명 있었다. 이 중 58.3%는 스웨덴어 학생이었고 나머지는 핀란드 학생이었다. 종합학교 학생 중 스웨덴 학생은 몇 명이었는가?

백분율 58.3%를 소수로 나타내면 0.583이다.
기본값은 2490이다. 종합학교 학생 중 스웨덴어 학생은
$0.583 \cdot 2490 = 1\,451.67 ≒ 1\,450$(명)이었다.   **정답** : 약 1 450명

024 다음 표를 완성하시오.

수	1%	10%	5%	25%
200				
600				
40				
1 200				

025 다음을 계산하시오.

a) 300유로의 30%

b) 4 000크로나의 60%

c) 80파운드의 70%

d) 6 000엔의 80%

026 백분율을 소수로 바꾸고 계산하시오.

a) 50의 22%　　　b) 25의 60%

c) 600의 36%　　　d) 220의 45%

027 다음을 계산하시오.

a) 250의 26%　　　b) 75의 4%

c) 420의 11%　　　d) 30의 150%

028 다음 표를 완성하시오.

상품	할인율	할인 금액
수영복 25 €	20%	
슬리퍼 85 €	15%	
수상스키 180 €	33%	
선글라스 48 €	9%	

029 황동은 구리 63%와 아연 37%를 섞어서 만든 합성금속이다. 어느 중세시대의 황동동전의 무게가 12 g이다. 이 동전에 있는 다음 금속의 양을 구하시오.

a) 구리　　　　　　b) 아연

030 노르딕 골드는 구리 89%, 알루미늄 5%, 아연 5%, 나머지는 주석인 합성금속이다. 유로화 지역의 50센트 동전은 노르딕 골드로 만든다. 이 동전의 무게가 7.80 g일 때, 다음 금속의 양을 구하시오. (소수점 아래 둘째 자리까지 구하시오.)

a) 구리　　　b) 알루미늄　c) 주석

031 2008년도 각국의 15~24세의 문맹률(글을 읽지 못하는 사람들의 비율)이 다음과 같을 때 각국의 15~24세의 사람은 모두 몇 명인지 구하시오. (유효숫자 3개)

나라	15~24세 (단위 1000명)	문맹률 (%)
알제리	7 482	10.1
방글라데시	28 864	50.3
차드	1 965	60.9
케냐	7 409	4.3
모로코	6 709	30.1

출처 : UNICEF

032 2008년 말 핀란드 인구는 5 326 000명이었다. 이 중 3.58%는 국가공용어 외 다른 외국어 사용자였다. 외국어 사용자들 중 스페인어 사용자는 2.08%, 영어 사용자는 5.95%였다. 핀란드 인구 중 다음 언어 사용자의 수를 구하시오. (유효숫자 3개)

a) 스페인어　　　　b) 영어

033 2006년 말 전세계 인구 65억 중 독일어 사용자는 1.62%였다. 이들 중 71%는 독일, 7.0%는 오스트리아, 4.6%는 스위스에 살았다. 다음 지역에 살던 독일어 사용자 수를 구하시오. (유효숫자 2개)

a) 독일　　　　　　b) 오스트리아

c) 스위스

예제   1

어떤 수의 20%가 18일 때 어떤 수는 얼마인가? 다음을 이용하여 계산하시오.

a) 분수

b) 소수

a) $\dfrac{18}{20} = 0.9$ ■ 먼저 1%를 계산한다.

    $100 \cdot 0.9 = 90$ ■ 기본값은 1%의 100배이다.

b) 문제에서 묻고 있는 기본값을 변수 x로 표시한다. 방정식은 다음과 같다.

    $0.20 \cdot x = 18$ ■ 양변을 0.20으로 나눈다.

    $x = \dfrac{18}{0.20}$ ■ 나눗셈을 계산한다.

    $x = 90$ **정답** : 90

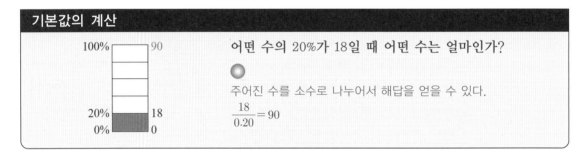

기본값의 계산

어떤 수의 20%가 18일 때 어떤 수는 얼마인가?

주어진 수를 소수로 나누어서 해답을 얻을 수 있다.

$$\frac{18}{0.20} = 90$$

예제   2

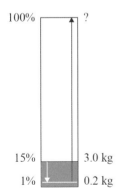

혼합사료에는 보리가 15% 있다. 한 자루에 들어 있는 보리의 무게가 3.0 kg일 때 이 자루에 들어 있는 혼합사료의 전체 무게를 다음을 이용하여 구하시오.

a) 분수

b) 소수

a) 15%가 3.0 kg이므로 1%는 $\dfrac{3.0 \text{ kg}}{15} = 0.2 \text{ kg}$이다.

    즉 100%는 $100 \cdot 0.2 \text{ kg} = 20 \text{ kg}$이다.

b) 묻고 있는 기본값은 $\dfrac{3.0 \text{ kg}}{0.15} = 20 \text{ kg}$이다.   **정답** : 20 kg

034 다음의 어떤 수를 구하시오.

a) 어떤 수의 50%가 80일 때

b) 어떤 수의 20%가 30일 때

035 어떤 수의 20%가 80이다. 다음을 구하시오.

a) 어떤 수의 1%

b) 어떤 수의 10%

c) 어떤 수의 100%

036 다음 표를 완성하시오.

100%	1%	10%	30%
	3		
			36
	0.7		
		0.8	
21			

037 어떤 수의 다음 %가 4이다. 어떤 수를 구하시오.

a) 50%　　b) 25%　　c) 10%

038 다음의 어떤 수를 구하시오.

a) 어떤 수의 1%가 13일 때

b) 어떤 수의 10%가 57일 때

c) 어떤 수의 25%가 350일 때

d) 어떤 수의 60%가 24일 때

039 소수로 나누어서 다음의 어떤 수를 구하시오.

a) 어떤 수의 18%가 63일 때

b) 어떤 수의 28%가 147일 때

040 어떤 수의 다음 %가 132일 때 어떤 수를 구하시오.

a) 20%　　b) 30%　　c) 50%

d) 60%　　e) 100%　　f) 200%

041 다음 사료 한 자루의 무게를 구하시오.

a) 사료 한 자루 무게의 40%가 12 kg일 때

b) 사료 한 자루 무게의 1.5%가 300 g일 때

042 경마학교에 참가한 인원의 15%인 21명이 말 돌보기 과정을 이수했다. 캠프에 참가한 인원은 모두 몇 명인가?

043 경마학교에 있는 말들 중 40%인 6마리는 핀란드말이다. 학교에는 말이 모두 몇 마리가 있는가?

044 경마용 부츠의 가격이 80% 할인하여 200 €이다. 이 부츠의 할인 전 원래 가격은 얼마인가?

045 취미가 경마인 청소년 중 여학생은 94%로 55 000명이다. (유효숫자 3개)

a) 취미가 경마인 청소년은 몇 명인가?

b) 취미가 경마인 남학생은 몇 명인가?

046 2008년 핀란드에는 8 800마리의 망아지가 있었다. (유효숫자 2개)

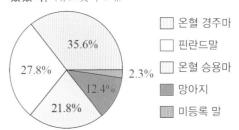

2008년도 핀란드의 말 개체수

출처 : SRL(핀란드 경마협회)

a) 온혈 경주마가 몇 마리 있었는가?

b) 온혈 승용마가 몇 마리 있었는가?

c) 핀란드말이 몇 마리 있었는가?

5 | 백분율의 계산 (3)

교통수단	이산화탄소(CO_2) 배출량(g)
스쿠터	60
자동차	106
버스	51
인터시티 기차	15
펜돌리노 기차	24
자동차 운송선	221

1인당 1킬로미터를 운행할 때 평균 이산화탄소 배출량(버스의 경우 국도 운행시 배출량임.)
출처 : VTT(핀란드 국가기술연구원)

예제 1

a) 1인당 1 km를 운행할 때 자동차의 이산화탄소 배출량에 비교한 펜돌리노 기차의 배출량은 몇 %인가?

b) 자동차 운송선의 1인당 1킬로미터 운행시 이산화탄소 배출량은 쾌속선 배출량의 48.9%이다. 쾌속선의 배출량은 얼마인가?

a) 펜돌리노 기차의 배출량은 24 g이고 자동차는 106 g이다.

문제에서 요구하는 퍼센트 부분은 $\dfrac{24}{106} = 0.2264 \cdots ≒ 23\,\%$이다.

b) 쾌속선 배출량을 변수 x로 표시하면 아래와 같은 방정식을 얻는다.

$0.489 \cdot x = 221$ ■ 양변을 0.489로 나눈다.

$x = \dfrac{221}{0.489} = 451.94 \cdots ≒ 452$

정답 : a) 약 23%   **b)** 약 452 g

예제 2

2000년 핀란드에는 5 854 km의 철로가 있었고 이 중 2 372 km는 전철화되어 있었다. 2007년도에는 철로 중 3 047 km, 즉 51.7%가 전철화되었다.

a) 2000년에는 철로가 몇 %나 전철화되었는가?

b) 2007년에 철로의 총 길이는 얼마인가?

c) 2000년에서 2007년 사이에 철로에서 전철화된 구간의 증가율은 얼마인가?

a) 묻고 있는 부분은 2000년에 $\dfrac{2\,372}{5\,854} = 0.40519 \cdots ≒ 40.5\%$이다.

b) 묻고 있는 철로의 총 길이를 변수 x로 표시한다.
방정식을 다음과 같이 얻는다.

$0.517 \cdot x = 3047$ ■ 양변을 0.517로 나눈다.

$x = \dfrac{3\,047}{0.517} = 5\,893.61 \cdots ≒ 5\,890$

c) 전철화된 구간의 비율의 변화는 $51.7 - 40.5 = 11.20$이다.

정답 : a) 약 40.5%   **b)** 약 5 890 km   **c)** 11.2%

047 1 kg에 비교할 때 다음 무게는 몇 %인지 쓰시오.

    a) 10 g   b) 550 g

    c) 4 g   d) 3 kg

048 다음 무게를 계산하시오.

    a) 200 g의 15%   b) 300 g의 45%

    c) 1.5 kg의 92%   d) 2.5 kg의 140%

049 어떤 수의 다음 백분율에 대한 값이 40 g일 때 어떤 수는 얼마인지 구하시오.

    a) 40%   b) 80%   c) 160%

050 다음의 이산화탄소 배출량은 1인당 1 km당 비교했을 때 스쿠터의 이산화탄소 배출량에 대해 몇 %인지 구하시오. (유효숫자 2개)

    a) 자동차   b) 버스

051 스쿠터의 1인당 1 km당 이산화탄소 배출량은 모터사이클 배출량의 67.4%이다. 모터사이클의 배출량은 얼마인가? (유효숫자 2개)

052 헬싱키에서 오울루까지 갈 때 인터시티 기차의 1인당 1 km당 이산화탄소 배출량은 비행기 배출량의 8.47%이다. 비행기의 1인당 1 km당 이산화탄소 배출량은 얼마인가? (유효숫자 2개)

헬싱키–탐페레 구간의 철로의 길이는 188 km, 즉 헬싱키–오울루 구간의 27.5%이다. 헬싱키에서 오울루까지의 철로의 길이는?

║ [53~56] 다음 원그래프에 대하여 물음에 답하시오.

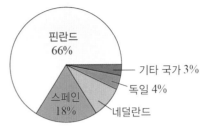

핀란드인들이 먹는 토마토의 원산지

출처 : www.vesijalanjalki.org

핀란드에서 가장 많이 찾는 채소는 토마토이다. 1인당 1년 평균 토마토 소비량은 11 kg이다. 1개의 토마토의 무게는 보통 70 g이다.

숨겨진 물이란 상품이 생산되어 소비될 때까지 사용되는 물의 양을 뜻한다. 핀란드산 토마토 1개는 13 L, 스페인산 토마토는 53 L가 필요하다.

053 핀란드인들이 먹는 토마토 중 핀란드산은 네덜란드산보다 몇 % 더 많은가?

054 핀란드인들은 다음 토마토를 1년에 평균 몇 개 먹는지 구하시오.

    a) 핀란드산 토마토   b) 독일산 토마토

055 핀란드인들이 먹는 외국산 토마토 중 스페인산 토마토가 차지하는 비율은 몇 %인가? (유효숫자 2개)

056 다음 물음에 답하시오. (유효숫자 2개)

    a) 530만 핀란드인들이 일 년 동안 먹는 토마토의 총 개수는 몇 개인가?

    b) 핀란드인들이 먹는 스페인산 토마토를 모두 핀란드산으로 대체한다고 가정할 때 숨겨진 물을 얼마나 절약할 수 있는가?

057 핀란드에서 가장 많이 먹는 과일은 바나나이다. 핀란드인은 1년에 평균 12.5 kg의 바나나를 먹는다. 과일의 총 소비량에서 바나나의 비중이 26%일 때 핀란드인이 먹는 다른 과일의 양은 얼마인가? (유효숫자 2개)

예제 1

60은 50보다 몇 % 더 큰 수인가? 다음을 이용하여 푸시오.

a) 두 수의 차

b) 비례

a) 기본값 50에서 두 수의 차가 몇 %인지 계산한다.

$60 - 50 = 10$ ▪ 차를 계산한다.

$\dfrac{10}{50} = 0.20 = 20\%$ ▪ 차를 기본값에 비교한다.

b) 두 수의 비율이 100%와 얼마나 차이가 나는지 계산한다.

$\dfrac{60}{50} = 1.20 = 120\%$ ▪ 관계를 %로 계산한다.

$120\% - 100\% = 20\%$ ▪ 100%와의 차를 계산한다.

정답 : 20%

백분율로 비교하기

120%   60
100%   50
0%   0

60은 50보다 몇 % 더 큰 수인가?

두 수의 차가 기본값, 즉 비교 대상의 수에 대하여 몇 %인지 계산해서 답을 얻는다.

두 수의 차 → $\dfrac{60 - 50}{50} = 20\%$
기본값 →

2008년 빅맥 가격(€)	
핀란드	3.95
미국	3.57
중국	1.33
스위스	4.64
덴마크	4.34
러시아	1.85

경제잡지 The Economist는 각국의 물가를 비교하기 위해 맥도날드 빅맥 햄버거의 가격을 비교한다. 왜냐하면, 빅맥은 전세계 어느 나라에서도 똑같이 만들기 때문이다.

출처 : The Economist, 핀란드 맥도날드

예제 2

빅맥의 가격에 대하여 다음을 비교하시오

a) 러시아보다 핀란드에서 몇 % 더 비싼가 혹은 싼가?

b) 미국보다 중국에서 몇 % 더 비싼가 혹은 싼가?

a) 기본값 1.85, 즉 러시아에서의 가격과의 차이가 몇 %인지 계산한다.

$\dfrac{3.95 - 1.85}{1.85} = \dfrac{2.10}{1.85} = 1.1351 \cdots ≒ 114\%$

b) 기본값 3.57, 즉 미국에서의 가격과의 차이가 몇 %인지 계산한다.

$\dfrac{3.57 - 1.33}{3.57} = \dfrac{2.24}{3.57} = 0.62745 \cdots ≒ 62.7\%$

정답 : a) 약 114% 비싸다.   b) 약 62.7% 싸다.

058 다음 수는 10보다 몇 % 더 큰가?

　　a) 12　　　　b) 15　　　　c) 20

059 3은 다음 수보다 몇 % 더 작은가?

　　a) 4　　　　b) 10　　　　c) 15

060 다음 수들을 비교하시오.

　　a) 18은 20보다 몇 % 더 작은가?
　　b) 35는 25보다 몇 % 더 큰가?
　　c) 59는 50보다 몇 % 더 큰가?

061 2008년 핀란드 올림픽 대표팀에는 남자선수 32명과 여자선수 26명이 있었다. (소수점 아래 첫째자리에서 반올림하시오.)

　　a) 남자선수들이 여자선수들보다 몇 % 더 많았는가?
　　b) 여자선수들이 남자선수들보다 몇 % 더 적었는가?

▐▐▐ [62~64] 다음 표에 대하여 물음에 답하시오.
(소수점 아래 둘째자리에서 반올림하시오.)

올림픽 우승기록

종목(남자)	1896년	2008년
높이뛰기	181 cm	236 cm
장대높이뛰기	330 cm	596 cm
멀리뛰기	635 cm	834 cm

062 높이뛰기 종목에서 다음 물음에 답하시오.

　　a) 1896년 기록이 2008년 기록보다 몇 % 더 뒤처져 있는가?
　　b) 2008년 기록이 1896년 기록보다 몇 % 더 향상되었는가?

063 다음 종목의 2008년 우승기록은 1896년 우승기록보다 몇 % 더 향상되었는가?

　　a) 장대높이뛰기　　b) 멀리뛰기

064 2008년 남자 장대높이뛰기의 우승기록은 여자 우승기록보다 몇 % 더 높은가?

065 빅맥의 가격에 대하여 물음에 답하시오.
(유효숫자 3개)

　　a) 핀란드보다 덴마크에서 몇 % 더 비싼가?
　　b) 핀란드보다 미국에서 몇 % 더 싼가?
　　c) 핀란드보다 중국에서 몇 % 더 싼가?
　　d) 중국보다 핀란드에서 몇 % 더 비싼가?

066 다음 표에 대하여 물음에 답하시오. (소수점 아래 둘째자리에서 반올림하시오.)

에너지절약 전구의 가격

전구	최저 가격	최고 가격
A	7.00	12.90
B	8.70	14.94
C	15.90	36.80

출처 : 소비자청(2008년)

　　a) 최고 가격이 최저 가격보다 몇 % 더 비싼가?
　　b) 최저 가격이 최고 가격보다 몇 % 더 싼가?

067 스포츠클럽에 여자회원 253명과 남자회원 213명이 있다. (소수점 아래 둘째자리에서 반올림하시오.)

　　a) 여자회원이 남자회원보다 몇 % 더 많은가?
　　b) 여자회원은 남자회원보다 전체의 몇 % 가 더 많은가?

2008년 올림픽에서 이신바예바(러시아)가 5.05m로 여자 장대높이뛰기에서 우승했다.

예제 1

기타의 가격이 $200 \, €$에서 $250 \, €$로 올랐다. 다음을 이용하여 가격이 몇 % 올랐는지 계산하시오.

a) 가격의 차

b) 비례

a) $250 \, € - 200 \, € = 50 \, €$ ■ 가격의 차를 계산한다.

$\dfrac{50}{200} = 0.25 = 25\%$ ■ 차를 원래 가격에 비교한다.

b) $\dfrac{250 \, €}{200 \, €} = 1.25 = 125\%$ ■ 새 가격을 원래 가격에 비교해서 계산한다.

$125\% - 100\% = 25\%$ ■ 100%와의 차를 계산한다.

정답 : 25%

백분율로 바꾸기

125%		250
100%		200
0%		0

변화는 몇 %인가?

원래 가격, 즉 기본값에서 변화가 몇 %인지 계산해서 답을 얻는다.

$$\text{변화} \rightarrow \dfrac{250 - 200}{200} \leftarrow \text{원래 가격} = 25\%$$

예제 2

핸드폰의 평균 가격은 2007년에 $140 \, €$, 2008년에 $126 \, €$였다. 핸드폰의 평균 가격이 몇 % 내려갔는가?

원래 가격에서 가격들의 차가 몇 %인지 계산한다.

$$\frac{140 \, € - 126 \, €}{140 \, €} = \frac{14 \, €}{140 \, €} = 0.10 = 10\%$$

정답 : 가격은 10% 내려갔다.

청소년들은 핸드폰으로 통화 외에도 문자메시지 전송, 게임, 인터넷검색, 사진찍기와 음악감상 등을 한다.

068 가격이 40 €에서 50 €로 올랐다. 가격은 몇 % 올랐는가?

069 스쿠터의 가격이 2 000 €였다. 다음 가격만큼 할인해준다면 몇 %를 할인한 것인지 구하시오.

a) 40 €   b) 60 €
c) 100 €   d) 130 €

070 자전거의 가격이 250 €이다. 다음 가격으로 오른다면 몇 %나 인상되는 것인지 구하시오.

a) 270 €   b) 300 €   c) 310 €

071 가격이 다음과 같이 변화한다면 몇 %의 변화가 있는 것인지 구하시오.

a) 15 €에서 18 €로 올라간다.
b) 120 €에서 132 €로 올라간다.
c) 30 €에서 12 €가 올라간다.
d) 96 €에서 24 €가 올라간다.

072 다음 표에서 가격이 몇 % 할인되었는지 구하시오.

제품	원래 가격(€)	할인된 가격(€)
셔츠	20	13
원피스	120	84
치마	25	13
바지	44	33
신발	65	52
재킷	180	108

073 엔젤피시 3마리와 메기 8마리가 수족관 안에 있었다. 엔젤피시 2마리와 메기 3마리를 수족관 안에 더 넣었다. 다음 항목이 몇 % 증가했는가? (소수점 아래 둘째자리에서 반올림하시오.)

a) 전체 물고기 마릿수
b) 엔젤피시의 마릿수
c) 메기의 마릿수

▌ [74~75] 다음 그래프에 대하여 물음에 답하시오. (유효숫자 3개)

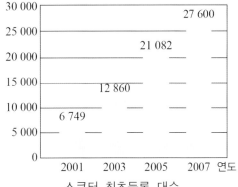

최초 등록 대수

스쿠터 최초등록 대수

출처 : 통계청

074 다음 기간 동안 스쿠터의 최초 등록 대수가 몇 % 증가했는가?

a) 2001년에서 2003년 사이
b) 2001년에서 2007년 사이

075 2007년에는 다음 연도보다 몇 % 더 많은 스쿠터를 최초 등록했는가?

a) 2005년   b) 2003년

076 정사각형의 한 변의 길이는 4 cm이다. 변의 길이가 다음과 같이 증가할 때 정사각형의 넓이는 몇 % 증가하는가?

a) 1 cm   b) 2 cm   c) 4 cm

077 다음 수를 찾으시오.

a) 25보다 100% 더 큰 수
b) 10보다 30% 더 큰 수
c) 10보다 30% 더 작은 수
d) 7보다 400% 더 큰 수

078 가격이 다음과 같이 변화하면 몇 % 변화하는 것인가?

a) 두 배가 될 때
b) 열 배가 될 때
c) 원래 가격의 반이 될 때
d) 원래 가격에서 $\frac{1}{3}$이 내려갈 때

예제 1

기차표의 가격은 50 €였다. 가격을 10% 인상하였다. 다음을 이용하여 새 가격을 계산하시오.

a) 변화 가격
b) 변화비율

가격이 10% 오를 때 변화비율은 다음과 같다.
$$100\% + 10\% = 110\%$$
$$= 1.10$$

a) $0.10 \cdot 50\,€ = 5\,€$
    $50\,€ + 5\,€ = 55\,€$
b) $100\% + 10\% = 110\%$
    $1.10 \cdot 50\,€ = 55\,€$

- 변화 가격을 계산한다.
- 원래 가격에 변화를 더한다.
- 100%에 변화 퍼센트를 더한다.
- 원래 가격에 변화지수를 곱한다.

정답 : 55 €

예제 2

재킷의 가격은 80 €였다. 가격을 15% 인하하였다. 다음을 이용하여 새 가격을 계산하시오.

a) 변화
b) 변화지수

가격이 15% 내려갈 때 변화비율은 다음과 같다.
$$100\% - 15\% = 85\%$$
$$= 0.85$$

a) $0.15 \cdot 80\,€ = 12\,€$
    $80\,€ - 12\,€ = 68\,€$
b) $100\% - 15\% = 85\%$
    $0.85 \cdot 80\,€ = 68\,€$

- 변화 가격을 계산한다.
- 원래 가격에서 변화 가격을 뺀다.
- 100%에서 변화 퍼센트를 뺀다.
- 원래 가격에 변화비율을 곱한다.

정답 : 68 €

예제 3

안네는 말안장을 610 €에 구입했다. 이 가격은 부가가치세 22 %가 포함되어 있다. 이 말안장의 세전 가격을 계산하시오.

세전 가격을 변수 x로 표시한다.
세후 가격 610 €는 세전 가격에 변화비율 $1.00 + 0.22 = 1.22$를 곱해서 얻어졌다.
방정식을 만들고 풀어본다.
$$1.22 \cdot x = 610$$ ■ 양변을 1.22로 나눈다.
$$x = \frac{610}{1.22} = 500$$

정답 : 500 €

079 연필의 가격은 1.00 €이다. 가격이 다음과 같이 인상될 때 새 가격을 구하시오.

a) 10%   b) 20%   c) 30%

080 바지의 가격은 50 €이다. 가격이 다음과 같이 인하될 때 새 가격을 구하시오.

a) 10%   b) 20%   c) 30%

081 수가 다음과 같이 변할 때 변화비율은 얼마인가?

a) 22% 커질 때   b) 40% 작아질 때
c) 4% 커질 때   d) 1% 작아질 때

082 버스표의 청소년 할인은 30%이다. 표의 정상가가 다음과 같을 때 청소년 표는 얼마인가?

a) 21.70 €   b) 31.90 €

083 다음 상품의 새 가격을 계산하시오.

상품	원래 가격(€)	변화비율(%)
책	14.00	−20%
계산기	18.00	+10%
DVD 영화	23.80	−25%
CD	21.00	−15%
텔레비전	380.00	+5%
휴대폰	106.00	+3.8%

084 어떤 수가 다음과 같이 커질 때, 얼마를 곱해야 커진 수를 구할 수 있나?

a) 100%   b) 200%   c) 320%

085 다음과 같은 수를 곱하면 몇 %가 더 커지거나 작아지는가?

a) 1.5   b) 0.90   c) 1.07
d) 0.98   e) 3.7   f) 0.023

086 신발의 가격은 42 €이다. 이 가격은 부가가치세 22%가 포함된 가격이다.

a) 이 신발의 세전 가격은 얼마인가?
b) 이 신발의 부가가치세액은 얼마인가?

087 금 목걸이의 가격이 20% 내렸다. 원래 가격에서 인하해준 가격은 25 €였다. 이 목걸이의 다음 가격을 구하시오.

a) 인하 전 가격   b) 인하 후 가격

088 비행기표의 가격이 18% 내렸다. 인하 후의 가격은 123 €였다.

a) 변화비율은 얼마인가?
b) 비행기표의 원래 가격은 얼마인가?

089 다음 식료품의 판매 가격에는 12%의 부가가치세가 포함되어 있다. 마이야는 우유, 요구르트, 케이크를 샀다.

• 우유 : 0.99 €
• 주스 : 1.25 €
• 요구르트 : 0.65 €
• 케이크 : 8.89 €

a) 마이야가 산 식료품의 세전 가격은 모두 얼마인가?
b) 마이야가 낸 부가가치세액은 모두 얼마인가?
c) 안티가 낸 부가가치세액이 0.37 €일 때 그가 산 것은 무엇무엇인가?

9 천분율

천분율

$1‰ = \dfrac{1}{1000} = 0.001 = 0.1\%$

$1\% = 10‰$

비율은 퍼센트 대신 퍼밀 즉 천분율을 사용해서 나타낼 수도 있다.

Pro mille은 라틴어로 '천에서'를 뜻한다.

예제 1

160의 125‰은 얼마인가?

$125‰ = 0.125$

$0.125 \cdot 160 = 20$

- 125 퍼밀을 소수로 바꾼다.
- 기본값 160에 소수 0.125를 곱한다.   **정답** : 20

예제 2

60 kg에서 120 g은 몇 ‰인가?

무게의 비례는 $\dfrac{120\ \text{g}}{60\ \text{kg}} = \dfrac{120\ \text{g}}{60\ 000\ \text{g}} = 0.002 = 2‰$ 이다.   **정답** : 2‰

예제 3

2008년 9월은 작가 미카 발타리의 탄생 100주년이었다. 핀란드 은행은 미카 발타리 탄생 100주년 기념동전을 15000개 발행했다. 이 동전의 무게는 25.5 g이고 은은 23.5875 g이 들어 있다. 이 동전에 들어 있는 은의 함유율은 몇 ‰인가?

동전의 은의 함유율은

$\dfrac{23.5875\ \text{g}}{25.5\ \text{g}} = 0.925 = 925‰$ 이다.

소수를 천분율로 바꾸려면 소수점을 오른쪽으로 3칸 옮기면 된다.

$0.925 = 925‰$

정답 : 925‰

●●●● 연습

090 다음 값을 구하시오.

　　a) 1000의 6‰　　　b) 300의 2‰

　　c) 500의 4‰

091 다음 ‰을 %로 바꾸시오.

　　a) 550‰　　　b) 65‰　　　c) 7‰

092 다음 %를 ‰로 바꾸시오.

　　a) 0.2%　　　b) 3.7%　　　c) 16%

093 12 kg에서 다음 무게는 몇 ‰인지 구하시오.

　　a) 24 g　　　　　　b) 180 g

094 은촛대의 무게는 350 g이고 은은 290.5 g 들어 있다. 이 촛대에 들어 있는 은의 함유율을 ‰로 계산하시오.

095 은의 양을 g으로 나타내서 다음 표를 완성하시오. (소수점 아래 둘째자리에서 반올림하시오.)

장신구의 무게	장신구의 은 함유율(‰)			
	800	830	925	999
16.0 g				
44.0 g				
78.0 g				

096 아우구스투스 황제가 통치하던 로마제국 시대의 중요한 은화는 데니리온이었다. 은화의 무게는 4.0 g 정도였고 은의 함유율은 970‰이었다. 다음 양의 데니리온을 만들기 위해 필요한 은의 양은 얼마인가?

　　a) 10　　　　　　b) 250

●●●● 응용

097 다음 표에 대하여 물음에 답하시오.

2006년까지 핀란드의 3대 중요한 금광에서 발굴한 광석의 양

광산	위치	광석(톤)	평균밀도(‰)
하베리	빌야카이아	1560000	0.00285
사토포라	키틸라	2140000	0.00325
파타바라	소단퀼라	3500000	0.00221

출처 : 핀란드지질연구원

　　a) 2006년까지 각 금광에서 금을 얼마만큼 캤는가?

　　b) 사토포라 금광에서 캔 금은 파타바라에서 캔 금보다 몇 % 더 적은 양인가? (소수점 아래 둘째자리에서 반올림하시오.)

098 금 장신구에 순금은 585‰를 들어 있다. 순금이 4.1 g 들어 있는 장신구의 무게를 계산하시오. (소수점 아래 둘째자리에서 반올림하시오.)

099 금의 함유율은 통상 캐럿(K)으로 표시한다. 순금이 $\frac{1}{24}$ 만큼 들어 있을 때 1캐럿이라고 한다.

　　a) 다음 표를 완성하시오.

금의 순도(K)	순금의 함유율(‰)
9 K	
	585‰
18 K	
	916‰
	999‰

　　b) 18캐럿짜리 장신구의 무게가 12 g이라면 이 장신구에 들어 있는 순금의 양은 얼마인가?

10 이자 계산

이자 계산 기간

유럽중앙은행은 금리를 계산하는 기준으로 360일을 사용한다. 문제에 특별한 기간이 설정되지 않았을 때는 다음 기준을 사용한다.
1년＝12개월＝52주＝360일

예제 1

대출을 받는 사람은 대출계약서에 정해진 연간 이자율에 따라 이자를 낸다. 주택 구입 대출금 50 400 €의 연간 이자율이 5.0%일 때, 다음 기간 동안 내는 이자는 얼마인지 계산하시오.

a) 일 년   b) 한 달   c) 18일

a) 연간 이자율은 대출금의 5.0%이다.
즉, $0.050 \cdot 50\,400 \, € = 2\,520 \, €$이다.

b) 한 달의 이자액은 연간 이자액을 12로 나누면 된다.
즉, $\dfrac{2\,520 \, €}{12} = 210 \, €$이다.

c) 하루의 이자액은 연간 이자액을 360으로 나눈다.
즉, $\dfrac{2\,520}{360} = 7.00 \, €$이다.
18일의 이자액은 $18 \cdot 7 \, € = 126 \, €$이다.

정답 : a) 2 520 € b) 210 € c) 126 €

예제 2

200 000 €를 연간 이자율이 0.7%인 예금계좌에 4월 17일에 입금했다가 같은 해 8월 22일에 출금했다. 원천징수세금이 이자액의 28%(소수점 아래 둘째자리에서 버림) **부과된다면 출금액은 얼마인가?**

이자는 계좌에 입금한 날 다음 날부터 계산하기 시작한다.
즉 4월 18일부터 8월 22일까지이다.
이자를 계산할 일수는 4월에 13일, 5월에 31일, 6월에 30일, 7월에 31일과 8월에 22일로 모두 합쳐 13＋31＋30＋31＋22＝127일이다.
연간 이자는 $0.007 \cdot 200\,000 \, € = 1\,400 \, €$로, 예금기간 동안의 이자는 다음과 같다.
즉, $127 \cdot \dfrac{1\,400}{360} ≒ 493.89 \, €$이다.
원천징수세금은 $0.28 \cdot 493.89 \, € = 138.2892 \, €$이다.
따라서, 출금하게 되는 금액은 다음과 같다.
$200\,000 \, € + 493.89 \, € - 138.20 \, € = 200\,355.69 \, €$

정답 : 200 355.69 €

▌[100~109] 다음 물음에 답하시오. (소수점 아래 셋째자리에서 반올림하시오.)

100 대출금의 연간 이자액은 500 €이다. 다음 기간에 해당하는 이자액은 얼마인가?

a) 1개월 b) 3개월
c) 1일 d) 125일

101 자동차 구입 대출금의 연간 이자율은 10% 이다. 20 000 €를 대출할 때 다음 기간에 해당하는 이자액은 얼마인가?

a) 1년 b) 1개월
c) 1주일 d) 1일

102 이자율은 1.75%이고 예금액이 다음과 같을 때 은행에서 저축예금 가입자에게 지급하는 이자액은 얼마인가?

a) 1 000 € b) 7 000 € c) 30 000 €

103 대출금의 연간 이자율이 5.5%이다. 다음 표를 완성하고 이자를 계산하시오.

대출금	이자 기간		
	6개월	1개월	75일
1 000 €			
13 000 €			
125 000 €			

104 8월 25일에 대출하고 같은 해의 다음 날짜에 대출금을 갚을 때 이자 기간은 며칠인가?

a) 9월 23일 b) 11월 12일

105 은행의 예금계좌에 2 000 €를 3월 1일에 입금했다가 8월 4일에 출금했다. 이 계좌의 연간 이자율은 2.0%이다.

a) 이자 기간을 일 단위로 계산하시오.
b) 원천징수세금이 부과되기 전의 출금액을 계산하시오.

106 은행계좌에 있는 자본금의 이자소득에는 원천징수세금 28%(소수점 아래 둘째자리에서 버림)를 부과한다. 연간 이자율이 다음과 같은 계좌에 1년 동안 720 €를 넣어놓았다면 계좌 주인에게 돌아오는 이자액은 얼마인가?

a) 0.8% b) 1.4% c) 1.8%

107 독촉장을 받고 3주 후에 핸드폰요금 청구서를 결제했다. 연간 연체 이자율이 11.5%이고 독촉장 발송료가 5.00 €였다면 19.50 €였던 청구서의 최종 결제금액은 얼마인가?

108 요하네스는 기타를 맡기고 전당포에서 150 €를 빌렸다. 월간 이자율은 3.5%이다. 또, 별도로 서비스료로 4유로를 냈다. 3개월 후에 요하네스가 기타를 찾았다면, 요하네스가 전당포에 낸 금액은 얼마인가?

109 다음 물음에 답하시오. (원천징수세금은 고려하지 않는다.)

a) 계좌에 있는 돈에 1년 동안 이자가 5.80 € 붙었다. 연간 이자율이 2%였다면, 계좌에 원래 있던 금액은 얼마인가?
b) 계좌에 있는 돈에 1년 동안 이자가 9.60 € 붙었다. 연간 이자율이 1.5%였다면 계좌에 원래 있던 금액은 얼마인가?

• 용액이나 혼합액의 농도는 액체의 전체 양에 비해 용해되거나 섞인 액체가 몇 %인지로 표시한다.
• 농도는 액체를 어떻게 측정했는지에 따라 무게에 대한 백분율이나 부피에 대한 백분율로 나타낸다.

예제 1

용기에는 소금의 농도가 10%인 소금용액이 5 kg 있다. 물이 모두 증발하고나면 용기에 남는 소금의 양은 얼마인가?

용액 전체 양의 10%가 소금이다. $0.10 \cdot 5\,\text{kg} = 0.5\,\text{kg}$

정답 : $0.5\,\text{kg}$

100% ─ 5 kg

10% ─ 0.5 kg
0% ─ 0 kg

예제 2

모페드의 연료에는 휘발유 5 L에 1.3 dL 모터오일을 혼합했다. 이 혼합연료에 들어 있는 모터오일의 농도는 몇 %인가?

묻고 있는 농도는

$$\frac{\text{모터오일의 양}}{\text{혼합연료 전체의 양}} = \frac{1.3\,\text{dL}}{51.3\,\text{dL}} = 0.02534\cdots \fallingdotseq 2.5\%$$

정답 : 약 2.5%

모페드는 모터와 페달을 갖춘 자전거이다.

예제 3

소금의 농도가 15%인 소금용액 400 g에 소금을 100 g 더 넣었다. 이 소금용액의 최종 소금 농도는 몇 %인가?

원래 용액에 있는 소금의 양은 $0.15 \cdot 400\,\text{g} = 60\,\text{g}$이다.
소금을 100 g 더 넣었을 때
소금의 양은 $60\,\text{g} + 100\,\text{g} = 160\,\text{g}$이다.
소금용액의 양은 $400\,\text{g} + 100\,\text{g} = 500\,\text{g}$이다.
묻고 있는 농도는

$$\frac{\text{소금의 양}}{\text{소금용액 전체의 양}} = \frac{160\,\text{g}}{500\,\text{g}} = 0.32 = 32\%$$

정답 : 32%

100% ─ 500 g

32% ─ 160 g
─ 60 g
0% ─ 0 g

110 다음 음료에 들어 있는 설탕의 농도는 몇 %
인지 구하시오.

a) 콜라 200 g에 설탕 22 g

b) 우유 200 g에 설탕 4.8 g

c) 오렌지주스 200 g에 설탕 20 g

111 물 4 kg에 소금을 1 kg 녹였다.

a) 용액 전체의 양은 얼마인가?

b) 이 용액의 소금 농도는 몇 %인가?

112 전통음료 시마를 만드는 데 물 4.0 kg에 설
탕 0.5 kg을 넣는다.

a) 용액 전체의 양은 얼마인가?

b) 이 용액의 설탕 농도는 몇 %인가?

113 주스농축액과 물을 다음 비율로 섞어 주스
를 만들 때 이 주스에 들어 있는 농축액의
농도는 몇 %인지 구하시오. (소수점 아래 첫
째자리에서 반올림하시오.)

a) 1 : 9　　　b) 1 : 7　　　c) 1 : 6

114 염류용액에는 염화나트륨이 0.9% 들어 있
다. 이 용액 600 g에 들어 있는 염화나트륨
의 양은 얼마인가?

발트 해의 염도는 0.8%이고 사해의 염도는 약 23%이다.

115 용기에 발트 해 바닷물을 10 L 담았다.

a) 이 용기에는 소금이 몇 g 들어 있는가?

b) 이 용기에서 물을 5 L 증발시켰다. 남아
있는 물의 염도는 몇 %인가?

116 다음 물음에 답하시오.

a) 소금 10 kg이 들어 있는 사해 바닷물의
양은 얼마인가? (유효숫자 2개)

b) 같은 양의 소금이 들어 있는 발트 해의
바닷물의 양은 얼마인가?

117 질산의 농도가 60%인 용액 80 g에 물 240 g
을 넣어 희석했다. 이 용액의 질산 농도는
몇 %인가?

118 황산의 농도가 20%인 용액 300 g과 황산의
농도가 35%인 용액 200 g을 넣어 혼합했
다. 이 혼합액의 황산 농도는 몇 %인가?

119 질산의 농도가 69.5%인 용액과 염산의 농
도가 36%인 용액을 실험실에서 1 : 3으로
혼합해서 왕수(王水)를 만든다.

a) 왕수를 600 g 만들기 위해 필요한 염산
의 양은 얼마인가?

b) 왕수 600 g에 들어 있는 물의 양은 얼마
인가? (소수점 아래 첫째자리에서 반올
림하시오.)

c) 왕수에 들어 있는 물의 비율은 몇 %인가?

예제 1

스웨터를 짜는 데 양모 20%의 노란색 실 350 g과 양모 75%의 빨간색 실이 450 g이 필요하다. 완성된 스웨터에 들어 있는 양모의 양은 얼마인가?

노란색 실에 들어 있는 양모는 0.20 · 350 g＝70 g이다.
빨간색 실에 들어 있는 양모는 0.75 · 450 g＝337.5 g이다.
스웨터에 들어 있는 양모는 70 g＋337.5 g＝407.5 g ≒ 410 g이다.

정답 : 약 410 g

예제 2

유리병 한 개의 무게는 134.10 g이다.

a) 병을 한 개 만드는 데 필요한 산화규소의 양은 얼마인가?
b) 산화규소 500 g으로 만들 수 있는 유리병은 몇 개인가?

a) 유리병의 무게에서 산화규소의 무게는 81%이므로 병 한 개를 만드는 데 필요한 양은 0.81 × 134.10 g＝108.621 g ≒ 110 g이다.
b) 병 한 개를 만드는 데 필요한 산화규소의 양은 108.621 g이다.
$\dfrac{500 \text{ g}}{108.621 \text{ g}} = 4.60 \cdots$ 이므로 규소 500 g으로 유리병 4개를 만들 수 있다.

정답 : a) 약 110 g b) 유리병 4개

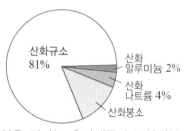

열을 견디는 유리제품의 구성성분

120 티셔츠의 무게는 60 g이다. 아래 성분구성으로 보아 이 셔츠에 들어 있는 다음의 양은 얼마인가?

면 95%
스판덱스 5%

a) 면 b) 스판덱스

121 마리와 사라가 스웨터를 짜는 데 쓴 털실에는 양털 75%와 폴리아미드 25%가 들어 있다. 마리는 스웨터를 짜는 데 털실을 750 g 사용했다. 마리가 짠 스웨터에 들어 있는 다음의 양은 얼마인가?

a) 양털 b) 폴리아미드
c) 사라의 스웨터에는 양털이 450g 들어갔다. 털실 한 뭉치의 무게가 150 g일 때 사라는 털실을 몇 뭉치 구입했는가?

122 할머니의 스웨터에는 대나무 섬유질 557 g과 면 262 g이 들어 있다. 이 스웨터에 들어 있는 다음은 몇 %인가? (소수점 아래 첫째자리에서 반올림하시오.)

a) 대나무 섬유질 b) 면

123 셔츠에는 나일론이 15.4 g, 비스코스가 28.6 g 들어 있다.

a) 셔츠에 비스코스가 몇 % 들어 있는가?
b) 셔츠에 나일론보다 비스코스가 몇 % 더 들어 있는가?
c) 셔츠에 나일론의 비율보다 비스코스의 비율이 몇 % 더 높은가?

124 바지를 구입했을 때 바지 길이가 32인치였다. 세탁을 했더니 길이가 4.0% 줄어들었다. 세탁 후의 바지 길이를 구하시오. (소수점 아래 첫째자리에서 반올림하시오.)

125 커튼용 천을 처음 세탁할 때 6.0% 줄어든다. 세탁을 하고 난 뒤 커튼의 길이가 220 cm가 되게 하려면 커튼의 길이를 몇 m로 만들어야 하는가?

▮▮ [126~128] 예제 2의 그래프를 보고 다음 물음에 답하시오.

126 a) 유리 시험관의 무게는 17.4 g이다. 시험관을 만들려면 산화붕소가 몇 g 필요한가? (소수점 아래 둘째자리에서 반올림하시오.)
b) 유리 비커를 만들 때 산화규소가 113.4 g 필요하다. 비커의 무게는 얼마인가?

127 구성성분이 각각 1000 g씩 있다고 할 때 무게가 31.2 g인 유리 비커를 몇 개나 만들 수 있는가?

128 산화규소가 500 g, 산화붕소가 100 g, 산화알루미늄이 15 g, 산화나트륨이 20 g 있을 때, 무게가 49.2 g인 유리 비커를 몇 개나 만들 수 있는가?

129 클래식 기타의 저음부 줄 E, A, D는 나일론 여러 가닥을 꼬아놓고 구리줄을 겉에 감아서 만든다. D줄의 무게는 2.18 g이고 A줄의 무게는 3.52 g이다. 각 줄의 나일론 무게는 0.21 g이다.

a) A줄에 들어 있는 구리는 A줄 무게의 몇 %인가?
b) 구리의 양은 D줄보다 A줄에 몇 % 더 들어 있는가? (유효숫자 2개)
c) D줄 무게의 177.5%가 더 무거운 E줄의 무게는 몇 g인가? (소수점 아래 셋째자리에서 반올림하시오.)

● ● ● 연습

130 다음 소수를 백분율로 바꾸시오.

a) 0.37   b) 0.8   c) 0.09

131 다음 백분율을 소수로 바꾸시오.

a) 16%   b) 7%   c) 120%

132 다음 도형의 색칠한 부분을 분수, 소수, 백분율로 쓰시오.

 a)   b)   c)

133 다음 표를 완성하시오.

수	1%	10%	5%	20%
400				
	20			
				500
			3	

134 다음을 %로 쓰시오.

a) 한 시간 중 9분   b) 1 kg 중 25 g
c) 하루 중 18시간   d) 1 m 중 7 mm

135 다음을 계산하시오.

a) 25의 20%   b) 300의 70%
c) 60의 90%

136 다음의 어떤 수를 구하시오.

a) 어떤 수의 10%가 7일 때
b) 어떤 수의 30%가 60일 때
c) 어떤 수의 40%가 200일 때
d) 어떤 수의 25%가 15일 때

137 다음 수가 5보다 몇 % 더 큰지 구하시오.

a) 6   b) 7   c) 10

138 다음 수들을 비교하시오.

a) 13이 10보다 몇 % 더 큰가?
b) 19가 20보다 몇 % 더 작은가?
c) 57이 50보다 몇 % 더 작은가?

139 엘리나는 한 시간에 5.00 €를 받는다. 시급이 다음만큼 오른다면 각각 몇 % 인상되는 것인지 구하시오.

a) 1.00 €   b) 1.50 €

140 어떤 수가 다음과 같이 변화했을 때의 비율을 소수로 나타내시오.

a) 17% 감소할 때   b) 5% 감소할 때
c) 30% 상승할 때   d) 150% 상승할 때

141 다음 제품들의 할인율을 적용한 가격을 구하시오.

제품	원래 가격(€)	할인율(%)
개줄	20.00 €	30%
개목걸이	15.00 €	20%
개껌	2.00 €	5%
개집	80.00 €	25%

142 50 kg에 대한 150 g의 천분율을 구하시오.

143 은팔찌의 무게가 30 g이다. 은의 함유율이 다음과 같을 때 이 은팔찌에 들어 있는 은의 무게는 얼마인지 구하시오. (유효숫자 2개)

a) 800‰   b) 830‰   c) 925‰

144 물 10 kg에 소금을 다음과 같이 녹일 때 그 소금용액에 들어 있는 소금의 농도는 몇 % 인지 구하시오. (유효숫자 2개)

a) 1.0 kg   b) 2.0 kg   c) 500 g

145 제비뽑기에서 제비 120개 중 상품이 있는 제비는 42개였다. 다음의 경우 상품이 있는 제비는 몇 %인지 구하시오.

  a) 제비뽑기를 하기 직전
  b) 1시간 뒤 50개의 제비가 판매되었고, 이 중 14개가 상품이 있는 제비였을 때

146 아이노, 필비, 툴리는 60 €를 나눠가졌다. 아이노는 돈의 40%를 가졌고, 필비는 남아 있는 돈의 40%를 가졌으며, 툴리는 마지막에 남은 돈을 가졌다. 툴리가 가진 돈은 60 €의 몇 %인가?

147 한 학교의 전체 학생 170명 중 남학생은 54%이다. 학교에 전학생이 8명 왔는데 이 중 여학생은 6명이다. (소수점 아래 둘째자리 에서 반올림하시오.)

  a) 이제 전체 학생 중 남학생은 몇 %인가?
  b) 남학생의 비율은 몇 % 줄어들었는가?

148 핀란드의 전체 넓이는 390 920 km²이다. 전체 넓이의 22.3%는 물이고, 물의 넓이의 39.7%가 담수이다. (유효숫자 3개)

  a) 핀란드의 전체 넓이 중 땅의 넓이는 몇 km²인가?
  b) 핀란드의 전체 넓이에서 몇 %가 해수인가?

149 2007년에 영화를 본 관람객은 통틀어 6 500 000명이었다. 다음 나라의 영화를 관람한 사람은 몇 명인지 구하시오. (유효숫자 2개)

2007년도 영화 관람객 수
출처 : 핀란드 영화재단
  a) 핀란드 영화   b) 미국 영화

150 2007년 헬싱키에 있는 극장 수는 37개였다. 이는 전국에 있는 극장 수의 11.7%였다. 2007년도 핀란드 전국의 극장 수는 몇 개인가?

151 아래 그래프를 보고 다음은 몇 %인지 쓰시오. (유효숫자 2개)

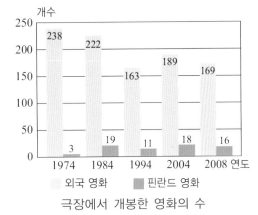

극장에서 개봉한 영화의 수
출처 : 핀란드 영화재단

  a) 1984년에서 1994년 사이에 감소한 전체 개봉 영화의 비율
  b) 2004년에 1994년보다 증가한 전체 개봉 영화의 비율
  c) 1974년에서 2004년 사이에 증가한 핀란드 영화의 개봉 비율
  d) 2008년에 외국 영화에 비해 핀란드 영화가 얼마나 적게 개봉되었는가?
  e) 2008년 전체 개봉 영화 중 핀란드 개봉 영화의 비율

152 미코는 영화표를 8.00 €에 구입했다. 이 가격에는 부가가치세 8%가 포함되어 있다. 영화표의 세전 가격을 계산하시오.

153 2008년 영화표의 평균 가격은 8.72 €였다. 1998년에 비해 가격이 36.3% 올랐다.

  a) 1998년 영화표의 평균 가격은 얼마인가?
  b) 2008년 이후 1년에 3%씩 가격이 오른다면 2018년 영화표의 평균 가격은 얼마인가?

제2장 | 거듭제곱의 계산

14 거듭제곱

거듭제곱

지수 → 거듭제곱의 값 →

$$2^3 = 2 \cdot 2 \cdot 2 = 8$$

↑ 밑

- 거듭제곱은 어떤 수나 문자를 거듭하여 곱한 것이다.
- 지수는 곱해진 횟수를 나타낸다.

$$a^n = \underbrace{a \cdot a \cdot a \cdot \cdots a}_{n\text{개}}$$

$a^1 = a$ a 자체이다.

$a^2 = a \cdot a$ a의 제곱이다.

$a^3 = a \cdot a \cdot a$ a의 세제곱이다.

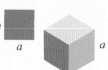

예제 1

다음 거듭제곱을 곱셈식으로 나타내고 계산하시오.

a) 8^2 b) 10^5 c) 20^3

d) 0.3^2 e) $\left(\dfrac{5}{7}\right)^2$

a) $8^2 = 8 \cdot 8 = 64$

b) $10^5 = 10 \cdot 10 \cdot 10 \cdot 10 \cdot 10 = 100\,000$

c) $20^3 = 20 \cdot 20 \cdot 20 = 8\,000$

d) $0.3^2 = 0.3 \cdot 0.3 = 0.09$

e) $\left(\dfrac{5}{7}\right)^2 = \dfrac{5}{7} \cdot \dfrac{5}{7} = \dfrac{5 \cdot 5}{7 \cdot 7} = \dfrac{25}{49}$

예제 2

다음을 계산하시오.

a) $5 \cdot 10^2$ b) $4 + 2^3$ c) $(7-3)^2$

괄호로 표시된 것을 제외하고 다른 식보다 먼저 거듭제곱을 계산한다.

a) $5 \cdot 10^2$
    $= 5 \cdot 100$
    $= 500$

- 거듭제곱을 계산한다.
- 곱을 계산한다.

b) $4 + 2^3$
    $= 4 + 8$
    $= 12$

- 거듭제곱을 계산한다.
- 합을 계산한다.

c) $(7-3)^2$
    $= 4^2$
    $= 16$

- 괄호 안에 있는 뺄셈을 한다.
- 거듭제곱을 계산한다.

케빈의 할아버지의 나이는 어떤 수의 제곱이면서 어떤 다른 수의 세제곱일 때 할아버지의 나이는 몇 살인가?

정답 : 64살

154 다음 표를 완성하시오.

식	4^6	121^7	a^3	0.5^1	$\left(\dfrac{3}{4}\right)^5$
밑					
지수					

155 다음 곱셈식을 거듭제곱으로 나타내시오.

a) $2 \cdot 2 \cdot 2 \cdot 2$

b) $a \cdot a \cdot a \cdot a \cdot a$

c) $\underbrace{x \cdot x \cdot x \cdot \cdots \cdot x}_{15개}$

156 다음 거듭제곱을 곱셈식으로 나타내고 계산하시오.

a) 2^2 b) 2^3 c) 4^2

d) 0^3 e) 1^6 f) 10^4

157 다음 덧셈식을 곱셈식으로 나타내고 계산하시오.

a) $4+4+4$ b) $3+3+3+3$

다음 곱셈식을 거듭제곱으로 나타내고 계산하시오.

c) $4 \cdot 4 \cdot 4$ d) $3 \cdot 3 \cdot 3 \cdot 3$

158 다음을 식으로 나타내고 계산하시오.

a) 9의 제곱   b) 7의 제곱   c) 5의 세제곱

159 다음 정사각형의 넓이를 구하는 식을 만들고 계산하시오.

a)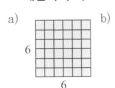

b)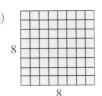

160 다음을 계산하시오.

a) 0.5^2 b) 0.1^2 c) 1.1^2

161 다음을 계산하시오.

a) $\left(\dfrac{1}{9}\right)^2$ b) $\left(\dfrac{1}{100}\right)^2$ c) $\left(\dfrac{4}{7}\right)^2$

162 다음을 계산하시오.

a) $2 \cdot 5^2$ b) $9+3^2$ c) $(1+3)^2$

d) $(5 \cdot 6)^2$ e) $2-2^3$ f) $(7-4)^3$

163 다음을 계산하시오.

a) 20^3 b) 100^4 c) 50^2

d) 0.1^4 e) 0.02^3 f) 1.2^2

164 다음을 계산하시오.

a) $\left(\dfrac{1}{2}\right)^5$ b) $\left(\dfrac{1}{100}\right)^3$ c) $\left(\dfrac{3}{5}\right)^4$

d) $\left(1\dfrac{1}{2}\right)^2$ e) $\left(1\dfrac{3}{4}\right)^2$ f) $\left(2\dfrac{1}{10}\right)^2$

165 a) 다음 표를 완성하시오.

거듭제곱	거듭제곱의 값	0의 개수
10^1		
10^2		
10^3		
10^4		
10^5		

다음 값의 0의 개수를 구하시오.

b) 10^{10} c) 10^{20} d) 10^{100}

166 다음을 계산하시오.

a) $8^2+10^2 \cdot (-1)$ b) $-17 \cdot (6+2^2)$

c) $(21 \div 3)^2 - 2^3$ d) $5 \cdot 2^2+8 \div 2^3$

167 다음 거듭제곱의 값이 100보다 작은 자연수를 찾아 열거하시오.

a) 제곱   b) 세제곱

168 다음 수를 2의 거듭제곱으로 쓰시오.

a) 2 b) 4

c) 8 d) 16

169 큰 정육면체에서 작은 정육면체를 잘라냈다. 큰 정육면체의 한 모서리의 길이는 9 cm이고 작은 정육면체의 한 모서리의 길이는 4 cm이다. 남은 모형의 다음을 계산하시오.

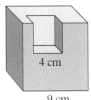

a) 넓이   b) 부피

15 밑이 음수인 수의 거듭제곱

예제 1

수 -2의 지수가 1부터 4까지인 경우의 거듭제곱을 각각 계산하시오.

$(-2)^1 = -2$
$(-2)^2 = (-2) \cdot (-2) = 4$
$(-2)^3 = (-2) \cdot (-2) \cdot (-2) = -8$
$(-2)^4 = (-2) \cdot (-2) \cdot (-2) \cdot (-2) = 16$

음수인 밑은 반드시 괄호 안에 표시한다.

밑이 음수인 수의 거듭제곱

$(-2)^4 = 16$
$(-2)^3 = -8$

밑이 음수인 수의 짝수의 거듭제곱은 양수이고 홀수의 거듭제곱은 음수이다.

예제 2

다음 거듭제곱을 곱셈식으로 나타내고 계산하시오.

a) $(-3)^2$　　　　　　　　b) -3^2
c) $(-5)^3$　　　　　　　　d) -5^3

a) $(-3)^2 = (-3) \cdot (-3) = 9$　　■ 밑은 -3이다.
b) $-3^2 = -3 \cdot 3 = -9$　　　　■ 밑은 3이다.
c) $(-5)^3 = (-5) \cdot (-5) \cdot (-5)$　■ 밑은 -5이다.
　　　　 $= -125$
d) $-5^3 = -5 \cdot 5 \cdot 5 = -125$　■ 밑은 5이다.

예제 3

다음을 계산하시오.

a) $5 - (-4)^2$　　　　　　　b) $-3 \cdot (-1)^3$

$5\ \boxed{-}\ \boxed{(}\ \boxed{(-)}\ 4\ \boxed{)}\ \boxed{\wedge}\ 2\ \boxed{=}$
계산기 사용법

a) $5 - (-4)^2 = 5 - 16 = -11$　　b) $-3 \cdot (-1)^3 = -3 \cdot (-1) = 3$

예제 4

다음을 계산하시오.

a) $(5-7)^2$　　　　　　　　b) $5 - 7^2$
c) $(-6+4)^3$　　　　　　　d) $-6 + 4^3$

a) $(5-7)^2 = (-2)^2 = 4$　　　b) $5 - 7^2 = 5 - 49 = -44$
c) $(-6+4)^3 = (-2)^3 = -8$　　d) $-6 + 4^3 = -6 + 64 = 58$

170 다음 표를 완성하시오.

식	$(-7)^5$	-4^9	$-a^6$	$(-0.3)^8$	$(-x)^2$
밑					
지수					

171 다음 곱셈식을 거듭제곱으로 쓰시오.

a) $(-8) \cdot (-8) \cdot (-8) \cdot (-8)$

b) $(-a) \cdot (-a) \cdot (-a)$

c) $-6 \cdot 6 \cdot 6 \cdot 6 \cdot 6 \cdot 6$

d) $-\underbrace{x \cdot x \cdot x \cdot \cdots \cdot x}_{23개}$

172 다음 거듭제곱을 곱셈식으로 나타내고 계산하시오.

a) $(-5)^2$　　b) $(-10)^3$　　c) -3^2

d) $(-1)^6$　　e) -10^4　　f) $(-1)^5$

173 다음을 식으로 나타내고 계산하시오.

a) -9의 제곱　　　b) -4의 제곱

c) -1의 세제곱

174 다음 식을 계산하여 그 값을 아래 보기에서 찾으시오.

$$-900 \quad -121 \quad -64 \quad -49$$
$$-36 \quad 125 \quad 144 \quad 1600$$

a) $(-4)^3$　　b) 5^3　　　c) -30^2

d) $(-40)^2$　　e) -6^2　　f) $(-12)^2$

g) $-(-7)^2$　　h) -11^2　　i) $-(-8)^2$

175 다음 값이 음수인지 양수인지 계산하지 말고 구하시오.

a) $(-9)^{13}$　　b) $(-5)^{16}$　　c) -3^{23}

d) 4^{21}　　　e) -6^{200}　　f) $(-12)^{80}$

176 다음을 계산하시오.

a) $(10-6)^2$　　　　b) $(19-23)^3$

c) $(13-14)^3$　　　d) $1^{20}+1^{20}$

e) $35-6^2$　　　　f) 2^3-3^2

g) $-5^2 \div 5$　　　h) $(-2)^4 \div 16$

S	K	R	I	V	A
2	16	-5	1	-64	-1

177 다음을 아래 보기에서 찾아 쓰시오.

$$-1 \quad 100 \quad -8 \quad 400 \quad 144$$
$$-1000 \quad 125 \quad -100 \quad -9 \quad 0$$

a) 제곱수　　　　b) 세제곱수

178 다음을 식으로 나타내고 계산하시오.

a) 3의 제곱

b) 3과 절댓값이 같고 부호가 다른 수의 제곱

c) 3의 제곱과 절댓값이 같고 부호가 다른 수

179 다음을 계산하시오.

a) $(-0.8)^2$　　b) $(-0.4)^3$　　c) -1.1^2

d) $-(-0.1)^5$　e) -0.2^4　　f) $-(-0.7)^2$

180 다음을 계산하시오.

a) $-\left(\dfrac{1}{5}\right)^2$　　b) $\left(-\dfrac{1}{9}\right)^2$　　c) $-\left(-\dfrac{3}{7}\right)^2$

d) $\left(-\dfrac{2}{3}\right)^3$　　e) $-\left(1\dfrac{1}{3}\right)^2$　　f) $\left(-1\dfrac{3}{4}\right)^2$

181 다음을 계산하시오.

a) $(20-70)^2$　　　b) $20-70^2$

c) $20+(-70^2)$　　d) $20-(-70)^2$

182 다음을 계산하시오.

a) $3 \cdot 7-(8-9)^2$　　b) $(9 \cdot 7-4^3)^4$

c) $(-2-3)^3$　　　　d) $(-1^4-(-1)^8) \div 2$

e) $(3 \cdot 6-2^4)^5$　　f) $3^3-(2^6-8^2)^6$

183 다음을 식으로 나타내고 계산하시오.

a) 19와 21의 차의 세제곱

b) -9의 제곱과 -8의 제곱의 합

c) -17과 -13의 차의 제곱

184 다음 수를 -10의 거듭제곱으로 나타내시오.

a) 100　　b) $-100\,000$　　c) -10

185 다음 x의 값을 구하시오.

a) $x^3 = -0.125$　　　b) $(-1.2)^x = -1.2$

c) $\left(\dfrac{x}{5}\right)^2 = 0.64$　　d) $\left(\dfrac{1}{x}\right)^3 = \dfrac{1}{1000}$

16 | 곱셈의 거듭제곱

3 m

3 m

예제 1

a) 정사각형의 넓이를 거듭제곱식으로 나타내시오.
b) 정사각형의 넓이를 계산하시오.

a) 넓이는 $(3\,\text{m})^2$이다.
b) $(3\,\text{m})^2 = 3\,\text{m} \cdot 3\,\text{m} = 3 \cdot 3 \cdot \text{m} \cdot \text{m} = 9\,\text{m}^2$

곱셈의 거듭제곱

$(a \cdot b)^n = a^n \cdot b^n$

$(ab)^n = a^n b^n$

곱셈의 거듭제곱은 인수를 각각 거듭제곱하는 것을 말한다.

거듭제곱의 식을 간단히 하는 것은 괄호를 없애고 식을 계산해서 단순하게 만드는 것을 뜻한다.

예제 2

다음을 간단히 하시오.

a) $(2a)^3$ b) $(3ab)^2$ c) $(-4a)^3$

a) $(2a)^3 = 2^3 \cdot a^3 = 8a^3$
b) $(3ab)^2 = 3^2 \cdot a^2 \cdot b^2 = 9a^2b^2$
c) $(-4a)^3 = (-4)^3 \cdot a^3 = -64a^3$

예제 3

$5x$의 다음 거듭제곱을 식으로 나타내고 간단히 하시오.

a) 제곱   b) 세제곱

a) $(5x)^2 = 5^2 \cdot x^2 = 25x^2$
b) $(5x)^3 = 5^3 \cdot x^3 = 125x^3$

예제 4

다음을 한 수의 거듭제곱으로 나타내고 계산기 없이 계산하시오.

a) $4^3 \cdot 25^3$ b) $0\,5^2 \cdot 4^2$

지수법칙

지수가 같은 거듭제곱의 곱은 한 수의 곱으로 나타낼 수 있다.
$a^n \cdot b^n = (a \cdot b)^n$

a) $4^3 \cdot 25^3$
  $= (4 \cdot 25)^3$ ▪ 괄호로 묶는다.
  $= 100^3$ ▪ 곱을 계산한다.
  $= 100 \cdot 100 \cdot 100$ ▪ 거듭제곱을 계산한다.
  $= 1\,000\,000$

b) $0.5^2 \cdot 4^2$
  $= (0.5 \cdot 4)^2$ ▪ 괄호로 묶는다.
  $= 2^2$ ▪ 곱을 계산한다.
  $= 4$ ▪ 거듭제곱을 계산한다.

186 다음 정사각형의 넓이를 거듭제곱식으로 나타내고 계산하시오.

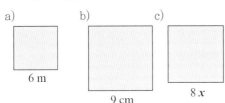

a) 6 m   b) 9 cm   c) 8 x

187 다음을 간단히 하시오.

a) $(2a)^2$ b) $(6a)^2$ c) $(10a)^2$

d) $(3a)^3$ e) $(7a)^2$ f) $(2a)^3$

g) $(4a)^3$ h) $(5a)^3$

N	A	L	L	E
$125a^3$	$36a^2$	$49a^2$	$8a^3$	$27a^3$

M	A	G	U
$4a^2$	$64a^3$	$100a^2$	$25a^2$

188 다음을 간단히 하시오.

a) $(ab)^{10}$ b) $(abc)^{11}$

c) $(3ab)^3$ d) $(7ab)^2$

189 다음의 제곱을 식으로 나타내고 간단히 하시오.

a) $8a$ b) $3ab$ c) $-4a$

190 다음을 한 수의 거듭제곱으로 나타내고 계산기 없이 계산하시오.

a) $2^6 \cdot 5^6$ b) $10^8 \cdot 0.1^8$

c) $25^2 \cdot 4^2$ d) $2^7 \cdot 0.5^7$

191 다음을 간단히 하시오.

a) $(-a)^2$ b) $(-a)^3$ c) $(-2a)^3$

d) $(-8a)^2$ e) $(-3a)^3$ f) $(-10a)^4$

192 다음을 거듭제곱으로 나타내고 간단히 하시오.

a) $10a \cdot 10a \cdot 10a$

b) $20a \cdot 20a \cdot 20a \cdot 20a$

c) $-ab \cdot ab \cdot ab \cdot ab \cdot ab$

193

입력

2 곱하기   제곱하기

출력

입력된 수가 다음과 같을 때 출력은 얼마인가?

a) 5   b) $3a$ c) $-2a$

출력이 다음과 같을 때 입력된 수는 얼마인가?

d) 4   e) $4a^2$ f) $-4a^2$

194 다음 빈칸에 알맞은 식을 쓰시오.

a) $9a^2 = (\ \ )^2$ b) $8a^3 = (\ \ )^3$

c) $64a^2 = (\ \ )^2$ d) $64a^3 = (\ \ )^3$

195 다음은 어떤 수의 거듭제곱인지 구하시오.

a) $49x^2$ b) $100a^2$ c) $25a^2b^2$

196 다음 빈칸에 알맞은 정수를 구하시오.

a) $(3 \cdot \boxed{\ })^2 = 36$ b) $(\boxed{\ } \cdot 5)^2 = 400$

c) $(\boxed{\ } \cdot \boxed{\ })^2 = 16$ d) $(6 \cdot \boxed{\ })^2 = 900$

197 계산기 없이 다음을 계산하시오.

a) $4 \cdot 4 \cdot 4 \cdot 0.25 \cdot 0.25 \cdot 0.25$

b) $0.5 \cdot 0.5^3 \cdot 20^4$

c) $10^4 \cdot 0.01^5 \cdot 10$

198 정육면체의 모서리의 길이는 $4a$이다. 다음을 구하시오.

a) 한 면의 넓이

b) 겉넓이

c) 부피

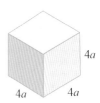

$4a$ $4a$ $4a$

17 나눗셈(분수)의 거듭제곱

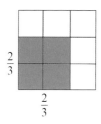

$\frac{2}{3}$

$\frac{2}{3}$

예제 1

다음을 간단히 하시오.

a) $\left(\frac{2}{3}\right)^2$ b) $\left(\frac{a}{2}\right)^3$ c) $\left(\frac{a}{b}\right)^4$

a) $\left(\frac{2}{3}\right)^2 = \frac{2}{3} \cdot \frac{2}{3} = \frac{2^2}{3^2} = \frac{4}{9}$

b) $\left(\frac{a}{2}\right)^3 = \frac{a}{2} \cdot \frac{a}{2} \cdot \frac{a}{2} = \frac{a^3}{2^3} = \frac{a^3}{8}$

c) $\left(\frac{a}{b}\right)^4 = \frac{a}{b} \cdot \frac{a}{b} \cdot \frac{a}{b} \cdot \frac{a}{b} = \frac{a^4}{b^4}$

나눗셈(분수)의 거듭제곱

$\left(\frac{a}{b}\right)^n = \frac{a^n}{b^n}$ 분자와 분모를 각각 거듭제곱한다.

$\frac{3^2}{5} = \frac{9}{5}$

$\left(\frac{3}{5}\right)^2 = \frac{3^2}{5^2} = \frac{9}{25}$

예제 2

다음을 간단히 하시오.

a) $\left(-\frac{3}{10}\right)^3$ b) $\left(\frac{3b}{4}\right)^2$

a) 음수를 홀수 거듭제곱하면 음수이다.

$\left(-\frac{3}{10}\right)^3 = -\frac{3^3}{10^3} = -\frac{27}{1000}$

b) 분자 $3b$를 괄호 안에 표시한다.

$\left(\frac{3b}{4}\right)^2 = \frac{(3b)^2}{4^2} = \frac{3^2 \cdot b^2}{16} = \frac{9b^2}{16}$

나눗셈(분수)에서 지수가 같을 때 한 수의 거듭제곱으로 나타낼 수 있다.

$\frac{a^n}{b^n} = \left(\frac{a}{b}\right)^n$

예제 3

$\frac{14^4}{7^4}$을 한 수의 거듭제곱으로 나타내고 계산기 없이 계산하시오.

$\frac{14^4}{7^4} = \left(\frac{14}{7}\right)^4 = 2^4 = 16$

199 다음을 계산하시오.

a) $\left(\dfrac{2}{5}\right)^2$ b) $\left(\dfrac{3}{5}\right)^2$

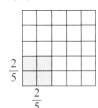

200 다음을 계산하시오.

a) $\left(\dfrac{4}{5}\right)^2$ b) $\left(\dfrac{7}{9}\right)^2$ c) $\left(\dfrac{3}{8}\right)^2$

201 다음을 계산하시오.

a) $\left(\dfrac{3}{5}\right)^3$ b) $\left(\dfrac{1}{4}\right)^3$ c) $\left(\dfrac{2}{3}\right)^3$

202 다음을 간단히 하시오.

a) $\left(\dfrac{a}{4}\right)^2$ b) $\left(\dfrac{a}{3}\right)^3$ c) $\left(\dfrac{a}{5}\right)^2$

d) $\left(\dfrac{2}{a}\right)^5$ e) $\left(\dfrac{7}{a}\right)^1$ f) $\left(\dfrac{10}{a}\right)^4$

203 다음을 계산하시오.

a) $\left(-\dfrac{5}{6}\right)^2$ b) $\left(-\dfrac{4}{7}\right)^2$ c) $\left(-\dfrac{1}{3}\right)^3$

204 다음을 계산하시오.

a) $2+\left(\dfrac{1}{3}\right)^2$ b) $1-\left(\dfrac{1}{2}\right)^2$

c) $4 \cdot \left(\dfrac{3}{4}\right)^3$ d) $\left(\dfrac{9}{10}\right)^2 - \dfrac{4^3}{100}$

205 다음의 세제곱을 식으로 나타내고 간단히 하시오.

a) $\dfrac{a}{b}$ b) $-\dfrac{5}{a}$ c) $\dfrac{10a}{b}$

206 다음을 한 수의 거듭제곱으로 나타내고 계산기 없이 계산하시오.

a) $\dfrac{10^3}{2^3}$ b) $\dfrac{15^2}{5^2}$ c) $\dfrac{50^3}{100^3}$

207 다음을 간단히 하시오.

a) $\left(\dfrac{7a}{8}\right)^2$ b) $\left(\dfrac{9a}{11}\right)^2$ c) $\left(\dfrac{2a}{5}\right)^3$

208 다음은 어떤 수의 세제곱인지 구하시오.

a) $\dfrac{a^3}{125}$ b) $\dfrac{64}{a^3}$ c) $-\dfrac{a^3}{8}$

209 다음을 계산하시오.

a) $\left(\dfrac{3}{12}\right)^2$ b) $\left(\dfrac{15}{20}\right)^2$

c) $\left(\dfrac{8}{18}\right)^1$ d) $\left(-\dfrac{18}{21}\right)^2$

e) $\left(-\dfrac{8}{16}\right)^3$ f) $\left(1\dfrac{3}{6}\right)^2$

g) $\left(1\dfrac{6}{9}\right)^2$ h) $\dfrac{3^3}{21}$

i) $\dfrac{10}{2^3}$ j) $\left(\dfrac{16}{24}\right)^2$

S	U	P	E	R
$\dfrac{1}{16}$	$\dfrac{9}{16}$	$1\dfrac{2}{7}$	$2\dfrac{7}{9}$	$2\dfrac{1}{4}$

O	N	K	I
$1\dfrac{1}{4}$	$-\dfrac{1}{8}$	$\dfrac{4}{9}$	$\dfrac{36}{49}$

210 다음을 계산하시오.

a) $4 \cdot \dfrac{3}{4} - \left(\dfrac{2}{3}\right)^2$ b) $\dfrac{(-3)^3}{2} + \left(\dfrac{1}{2}\right)^2$

c) $\dfrac{100}{10^2} - \left(1\dfrac{1}{4}\right)^3$ d) $\left(\dfrac{3}{4}\right)^2 \cdot \left(1\dfrac{1}{3}\right)^2$

거듭제곱 5^2과 5^4의 밑은 같다. 3^5과 7^5의 밑은 다르다.

예제 1

다음을 한 수의 거듭제곱으로 표시하시오.

a) $4^2 \cdot 4^3$　　　　　　　　　　b) $a^2 \cdot a^3$

a) $4^2 \cdot 4^3 = (4 \cdot 4) \cdot (4 \cdot 4 \cdot 4) = 4 \cdot 4 \cdot 4 \cdot 4 \cdot 4 = 4^5$

b) $a^2 \cdot a^3 = (a \cdot a) \cdot (a \cdot a \cdot a) = a \cdot a \cdot a \cdot a \cdot a = a^5$

밑이 같은 거듭제곱끼리의 곱셈

$a^m \cdot a^n = a^{m+n}$	밑이 같은 거듭제곱은 지수끼리 더하는 방법으로 계산할 수 있다. 이때 밑은 변하지 않는다.

예제 2

다음을 한 수의 거듭제곱으로 나타내시오.

a) $a^3 \cdot a^4$　　　　　　　　　　b) $2^2 \cdot 2^3 \cdot 2^4$

a) $a^3 \cdot a^4 = a^{3+4} = a^7$　　　　b) $2^2 \cdot 2^3 \cdot 2^4 = 2^{2+3+4} = 2^9$

예제 3

다음을 계산하시오.

a) $-10 \cdot (-10)^3$　　　　　　b) $3^2 \cdot 2^3$

a) $-10 \cdot (-10)^3$ 　　■ $-10 = (-10)^1$이므로 -10 대신 $(-10)^1$을 쓴다.

$= (-10)^1 \cdot (-10)^3$ 　　■ 지수를 합한다.

$= (-10)^4$ 　　■ 기호를 결정하고 거듭제곱을 계산한다.

$= 10000$

b) $3^2 \cdot 2^3$ 　　■ 밑이 다른 거듭제곱을 각각 계산한다.

$- 9 \cdot 8$ 　　■ 곱을 계산한다.

$= 72$

$a = a^1$이라는 것을 기억하자.

예제 4

계산기 없이 $5^{37} \cdot 0.2^{35}$을 계산하시오.

a) $5^{37} \cdot 0.2^{35}$ 　　■ $5^{37} = 5^2 \cdot 5^{35}$이므로 5^{37}대신 $5^2 \cdot 5^{35}$을 쓴다.

$= 5^2 \cdot 5^{35} \cdot 0.2^{35}$ 　　■ 지수가 같은 거듭제곱의 곱끼리 모은다.

$= 5^2 \cdot (5 \cdot 0.2)^{35}$

$= 5^2 \cdot 1^{35} = 25$ 　　■ 곱을 계산한다.

1957년 10월4일, 세계 최초의 인공위성인 스푸트닉 호를 지구를 도는 궤도에 쏘아 올렸다.

211 다음 보기에서 3^8과 밑이 같은 수를 찾아 쓰시오.

| 2^8 | 3^5 | $(-3)^3$ | 8^3 | 3 | -3^7 | 13^6 | 30^2 |

212 다음을 간단히 하시오.

a) $a^2 \cdot a^5$ b) $a^4 \cdot a^5$

c) $a^3 \cdot a^{12}$ d) $a^7 \cdot a^2$

e) $a \cdot a^6$ f) $a^4 \cdot a \cdot a^8$

213 다음을 간단히 하시오.

a) $4^2 \cdot 4^5$ b) $5^2 \cdot 5^2$

c) $8^3 \cdot 8^7$ d) $9^2 \cdot 9^4$

e) $11^7 \cdot 11^8$ f) $3^5 \cdot 3^8$

214 다음을 간단히 하시오.

a) $10^2 \cdot 10^3$ b) $10^2 \cdot 10 \cdot 10^5$

215 다음 물음에 답하시오.

a) $10^2 + 10^2 + 10^2$을 곱셈식으로 나타내고 계산하시오.

b) $10^2 \cdot 10^2 \cdot 10^2$을 거듭제곱으로 나타내고 계산하시오.

216 다음 곱셈식 피라미드를 완성하시오.

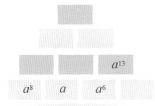

217 다음을 계산하시오.

a) $(-1)^5 \cdot (-1)^3$ b) $(-3)^2 \cdot (-3)$

c) $2^2 \cdot (-2)^3$ d) $2^4 \cdot 3^2$

e) $(-2)^4 \cdot (-2)^2$

K	A	A	L	I	T
144	64	-27	1	-32	-1

218 다트를 두개 던졌다. 다트가 꽂힌 두 수의 곱이 다음과 같을 때 두 수를 쓰시오.

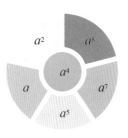

a) a^3 b) a^6 c) a^9

219 다음 마방진 안의 가로줄, 세로줄, 대각선에 있는 거듭제곱의 곱은 같다. 마방진을 완성하시오.

a) 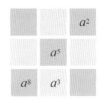   b)

220 다음을 한 수의 거듭제곱으로 나타내고 계산하시오.

a) $\dfrac{2}{3} \cdot \left(\dfrac{2}{3}\right)^2$ b) $\left(\dfrac{1}{2}\right)^3 \cdot \left(\dfrac{1}{2}\right)^2$

c) $-\left(\dfrac{1}{2}\right)^2 \cdot \left(\dfrac{1}{2}\right)^2$ d) $\left(-\dfrac{1}{3}\right)^3 \cdot \left(-\dfrac{1}{3}\right)$

221 다음을 한 수의 거듭제곱으로 간단히 하시오.

a) $(2a)^2 \cdot (2a)^3$

b) $4a \cdot (4a)^2$

c) $(10a)^3 \cdot (10b)^3$

d) $(-a)^7 \cdot (-a)^2 \cdot (-a)^5$

222 다음을 계산기 없이 계산하시오.

a) $4^6 \cdot 0.25^5$ b) $2^{11} \cdot 0.5^8$

c) $0.6^2 \cdot 5^4$ d) $0.8^6 \cdot 12.5^4$

223 다음 수를 밑이 같은 거듭제곱의 식으로 나타내시오. (가능한 한 여러 가지로 나타낼 것)

a) 2^5 b) $1\,000\,000$

밑이 같은 거듭제곱끼리의 나눗셈

예제 1

다음을 한 수의 거듭제곱으로 나타내시오.

a) $\dfrac{4^5}{4^2}$　　　　　　　　　　b) $\dfrac{a^5}{a^2}$

a) $\dfrac{4^5}{4^2} = \dfrac{\overset{1}{\cancel{4}} \cdot \overset{1}{\cancel{4}} \cdot 4 \cdot 4 \cdot 4}{\underset{1}{\cancel{4}} \cdot \underset{1}{\cancel{4}}} = 4 \cdot 4 \cdot 4 = 4^3$

b) $\dfrac{a^5}{a^2} = \dfrac{\overset{1}{\cancel{a}} \cdot \overset{1}{\cancel{a}} \cdot a \cdot a \cdot a}{\underset{1}{\cancel{a}} \cdot \underset{1}{\cancel{a}}} = a \cdot a \cdot a = a^3$

밑이 같은 거듭제곱끼리의 나눗셈

$\dfrac{a^m}{a^n} = a^{m-n}$　　　　밑이 같은 거듭제곱의 나눗셈은 분자의 지수에서 분모의 지수를 빼는 방법으로 계산할 수 있다. 이때 밑은 변하지 않는다.

예제 2

다음을 간단히 하시오.

a) $\dfrac{a^8}{a^2}$　　　　　　　　　　b) $\dfrac{a^2 \cdot a^7}{a^5}$

a) $\dfrac{a^8}{a^2}$

$a^{8-2} = a^6$　　　　　　　　　■ 지수들의 차를 계산한다.

b) $\dfrac{a^2 \cdot a^7}{a^5}$　　　　　　　　■ 먼저 분자를 간단히 만든다.

$= \dfrac{a^{2+7}}{a^5} - \dfrac{a^9}{a^5}$

$= a^{9-5} = a^4$　　　　　　　■ 지수들의 차를 계산한다.

예제 3

다음을 한 수의 거듭제곱으로 나타내고 계산하시오.

a) $\dfrac{2^8}{2^3}$　　　　　　　　　　b) $\dfrac{(-3)^7}{(-3)^4}$

a) $\dfrac{2^8}{2^3} = 2^{8-3} = 2^5 = 32$　　　b) $\dfrac{(-3)^7}{(-3)^4} = (-3)^{7-4} = (-3)^3 = -27$

갈릴레오 갈릴레이(1564~1642)는 이탈리아의 자연과학자였다. 1610년에 그는 목성의 4개의 위성을 발견했다.

224 다음을 간단히 하여 한 수의 거듭제곱으로 나타내시오.

a) $\dfrac{6^{10}}{6^3}$ b) $\dfrac{13^8}{13^4}$ c) $\dfrac{3^{70}}{3^{20}}$

225 다음을 간단히 하시오.

a) $\dfrac{a^5}{a^3}$ b) $\dfrac{a^8}{a^5}$ c) $\dfrac{a^9}{a^2}$

d) $\dfrac{a^6}{a^4}$ e) $\dfrac{a^8}{a}$ f) $\dfrac{a^9}{a^3}$

226 다음을 간단히 하여 한 수의 거듭제곱으로 나타내고 계산하시오.

a) $\dfrac{5^7}{5^5}$ b) $\dfrac{2^{19}}{2^{14}}$ c) $\dfrac{10^7}{10^4}$

227 다음을 간단히 하여 한 수의 거듭제곱으로 나타내고 계산하시오.

a) $\dfrac{(-3)^5}{(-3)^4}$ b) $\dfrac{(-5)^6}{(-5)^3}$ c) $\dfrac{(-2)^9}{(-2)^5}$

228 다음을 간단히 하시오.

a) $\dfrac{a^{10} \cdot a^5}{a^4}$ b) $\dfrac{a^{12}}{a^2 \cdot a^5}$

c) $\dfrac{a^6 \cdot a^5}{a^9}$ d) $\dfrac{a^8}{a \cdot a^5}$

e) $\dfrac{a^6 \cdot a^9}{a^{12}}$ f) $\dfrac{a^{12}}{a^4 \cdot a^2}$

g) $\dfrac{a^{13} \cdot a}{a \cdot a^4}$ h) $\dfrac{a^8 \cdot a^8}{a^4 \cdot a^5}$

S	I	S	K	O	L	T	A
a^4	a^3	a^6	a^{11}	a^7	a^2	a^9	a^5

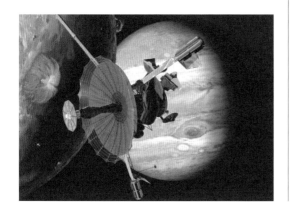

229 다트를 두 개 던졌다. 다트가 꽂힌 두 수의 몫이 다음과 같을 때 두 수를 쓰시오.

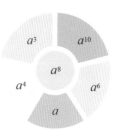

a) a^4 b) a^7 c) a^2

230 다음을 한 수의 거듭제곱으로 나타내고 계산하시오.

a) $\dfrac{2^3 \cdot 2^6}{2^5}$

b) $\dfrac{(-3)^{17}}{(-3)^9 \cdot (-3)^6}$

c) $\dfrac{(-10)^{35} \cdot (-10)^{15}}{(-10)^{46}}$

d) $\dfrac{5^{23} \cdot 5^{47} \cdot 5^{30}}{5^{98}}$

231 다음을 간단히 하시오.

a) $\dfrac{(5a)^3 \cdot (5a)^3}{(5a)^3}$ b) $\dfrac{(-3a)^7 \cdot (-3a)}{(-3a)^2 \cdot (-3a)^3}$

c) $\dfrac{(2a \cdot 2a)^3}{(2a)^5}$ d) $\dfrac{(10ab)^4 \cdot (2a)^2}{(5b)^4}$

232 다음에서 x의 값을 구하시오.

a) $\dfrac{x^5 \cdot x^9}{x^{13}} = -16$ b) $\dfrac{x^8 \cdot x}{x^5} = 10\,000$

c) $\dfrac{x^{12}}{x^7 \cdot x^2} = -8$ d) $\dfrac{x^2 \cdot x^{11}}{x^9 \cdot x} = -64$

233 다음에서 지수 n의 값을 구하시오.

a) $\dfrac{2^n}{2^3} = 2^5$ b) $\dfrac{5^7}{5^n} = 5^6$

c) $\dfrac{9^7}{9^n} = 9^2$ d) $\dfrac{11^n}{11^{12}} = 11^3$

무인 우주탐사선 갈릴레오는 1989년 우주로 발사되어 목성과 목성의 달을 관측했다.

예제 1

다음을 한 수의 거듭제곱식으로 표시하고 계산하시오.

a) $(7^2)^3$ b) $(a^2)^3$

a) $(7^2)^3 = 7^2 \cdot 7^2 \cdot 7^2 = 7^{2+2+2} = 7^{2 \cdot 3} = 7^6$

b) $(a^2)^3 = a^2 \cdot a^2 \cdot a^2 = a^{2+2+2} = a^{2 \cdot 3} = a^6$

거듭제곱의 거듭제곱

$(a^m)^n = a^{m \cdot n}$ 거듭제곱의 거듭제곱은 지수들을 서로 곱하면 된다.

예제 2

다음 거듭제곱식에서 괄호를 없애시오.

a) $(a^4)^6$ b) $(10^3)^2$

a) $(a^4)^6 = a^{4 \cdot 6} = a^{24}$ b) $(10^3)^2 = 10^{3 \cdot 2} = 10^6$

예제 3

다음을 간단히 하시오.

a) $(-3a^2)^3$ b) $\left(\dfrac{a^7}{a^5} \right)^2$

a) $(-3a^2)^3 = (-3)^3 \cdot (a^2)^3 = -27a^{2 \cdot 3} = -27a^6$

b) $\left(\dfrac{a^7}{a^5} \right)^2 = (a^{7-5})^2 = (a^2)^2 = a^4$

예제 4

$\dfrac{8^9}{2^{26}}$ 을 계산기 없이 계산하시오.

$\dfrac{8^9}{2^{26}}$

$= \dfrac{(2^3)^9}{2^{26}}$ ■ 수 8을 2의 거듭제곱으로 나타낸다.

$= \dfrac{2^{27}}{2^{26}}$ ■ 분자를 한 수의 거듭제곱으로 나타낸다.

$= 2^1 = 2$ ■ 지수의 차를 계산한다.

234 다음 식에서 괄호를 없애시오.

a) $(8^4)^5$ b) $(13^8)^9$ c) $(20^6)^7$

235 다음을 간단히 하시오.

a) $(a^2)^4$ b) $(a^3)^7$ c) $(a^6)^5$
d) $(a^4)^4$ e) $(a^2)^9$ f) $(a^8)^7$

236 다음 식에서 괄호를 없애시오.

a) $(10^2)^2$ b) $(5^3)^1$ c) $(2^2)^2$
d) $(2^3)^2$ e) $(3^2)^2$ f) $(1^6)^9$

237 다음을 간단히 하시오.

a) $(2a^4)^3$ b) $(3a^5)^2$ c) $(10a^8)^3$
d) $(2a)^4$ e) $(100a^7)^3$ f) $(0.1a^9)^2$

238 다음을 간단히 하시오.

a) $\left(\dfrac{a^5}{9}\right)^2$ b) $\left(\dfrac{a^9}{2}\right)^5$ c) $\left(\dfrac{5}{a^2}\right)^3$
d) $\left(\dfrac{a}{7}\right)^2$ e) $\left(\dfrac{3}{a}\right)^3$ f) $\left(\dfrac{1}{a^4}\right)^{11}$

239 다음을 간단히 하시오.

a) $a^3 \cdot a^7$ b) $(a^9)^5$ c) $\dfrac{a^{10}}{a}$
d) $\left(\dfrac{a^{13}}{a^9}\right)^2$ e) $(a \cdot a^2)^4$ f) $a^2 \cdot a^5 \cdot a^5$

240 다음을 계산하시오.

a) $(2^4)^2 - 2^4 \cdot 2^4$
b) $2^{12} + 2 \cdot 2^2 - (2^4)^3$
c) $3 \cdot (2^3)^2 - (2^3)^2$

241 다음을 간단히 하시오.

a) $(a \cdot a^2)^2$ b) $(a^4 \cdot a^4)^4$
c) $\left(\dfrac{a^9}{a^2}\right)^5$ d) $(a^3 \cdot a^2)^7$
e) $(a^4 \cdot a^2)^2$ f) $\left(\dfrac{a^8}{a^7}\right)^2$
g) $(a^4 \cdot a^5)^3$ h) $(a^2 \cdot a^2)^2$
i) $(a^8 \cdot a)^3$ j) $\left(\dfrac{a^9}{a}\right)^4$
k) $\dfrac{(a^4)^3}{a^9}$

S	O	F	I	A
a^2	a^{27}	a^{12}	a^6	a^4

T	Ä	R	P	P	A
a^3	a^{35}	a^{32}	a^8	a^{24}	a^{28}

242 다음을 간단히 하시오.

a) $(-2a^9)^3$ b) $(-6a^8)^2$ c) $(-7a^7)^2$

243 다음 빈칸에 알맞은 지수를 쓰시오.

a) $(a^{\square})^2 = a^8$ b) $(a^6)^{\square} = a^{18}$
c) $(a^{\square})^{\square} = a^{81}$ d) $(a \cdot a^4)^{\square} = a^5$

244 다음 x의 값을 구하시오.

a) $(3^2)^x = 9^7$ b) $(2^2)^x = 64$
c) $(10^2)^x = 1\,000\,000$ d) $(2^x)^2 = 4^5$

245 다음을 계산기 없이 계산하시오.

a) $\dfrac{8^2}{2^5}$ b) $\dfrac{8^4}{2^8}$ c) $\dfrac{9^4}{3^4}$

246 다음 빈칸에 알맞은 수를 3의 거듭제곱으로 쓰시오.

4^5	×		=	6^{10}
×		÷		
	×	27^3	=	
=		=		
12^5				

21 지수가 0이나 음수인 거듭제곱

지수	거듭제곱	값
4	3^4	81
3	3^3	27
2	3^2	9
1	3^1	3
0	3^0	
-1	3^{-1}	
-2	3^{-2}	

예제 1

3의 거듭제곱을 지수를 줄여가며 만드시오.

a) 옆 표에서 한 칸씩 내려갈 때 거듭제곱의 다음 값을 직전 값에서 얻는 방법은 무엇인가?

b) 거듭제곱 3^0, 3^{-1}, 3^{-2}의 값을 구하시오.

a) 다음 값은 직전 값을 밑 3으로 나눠서 얻는다.

b) 3^0은 직전 수인 3을 밑 3으로 나눠서 얻는다.

즉, $3^0 = \dfrac{3}{3} = 1$이다. 이와 마찬가지로,

$3^{-1} = \dfrac{1}{3}$ 이고 $3^{-2} = \dfrac{1}{3} \div 3 = \dfrac{1}{3 \cdot 3} = \dfrac{1}{9}$ 이다.

정답 : b) $3^0 = 1$, $3^{-1} = \dfrac{1}{3}$, $3^{-2} = \dfrac{1}{9}$

0이나 음수인 지수

$a^0 = 1$

$a^{-n} = \dfrac{1}{a^n} = \left(\dfrac{1}{a}\right)^n$

어떤 수 a의 0제곱인 a^0은 밑 $a \neq 0$일 때, 항상 1이다.

a^{-n}은 밑 $a \neq 0$일 때, a^n의 역수 즉 $\left(\dfrac{1}{a}\right)^n$이다.

예제 2

다음을 계산하시오.

a) 7^0
b) -15^0
c) $\left(-\dfrac{3}{4}\right)^0$

a) $7^0 = 1$ b) $-15^0 = -1$ c) $\left(-\dfrac{3}{4}\right)^0 = 1$

예제 3

다음을 계산하시오.

a) 5^{-1}
b) 10^{-3}

$a^{-1} = \dfrac{1}{a}$은 밑 $a \neq 0$일 때 a의 역수이다.

a) $5^{-1} = \dfrac{1}{5}$
b) $10^{-3} = \dfrac{1}{10^3} = \dfrac{1}{1\,000}$

247 다음을 계산하시오.

a) 6^0 b) $\left(\dfrac{1}{2}\right)^0$ c) $(-7)^0$ d) -3^0

248 다음을 분수로 나타내시오.

a) 4^{-1} b) 10^{-1} c) 5^{-1} d) 1^{-1}

249 다음을 음의 지수를 이용해서 나타내시오.

a) $\dfrac{1}{a^5}$ b) $\dfrac{1}{a^2}$ c) $\dfrac{1}{a^7}$ d) $\dfrac{1}{a}$

250 다음을 계산하시오.

a) 3^{-2} b) 2^{-3} c) 7^{-2}
d) 10^{-2} e) 4^{-2} f) 5^{-3}
g) 2^{-2}

S	Y	N	U	G	H	E
$\dfrac{1}{4}$	$\dfrac{1}{49}$	$\dfrac{1}{125}$	$\dfrac{1}{8}$	$\dfrac{1}{100}$	$\dfrac{1}{9}$	$\dfrac{1}{16}$

251 2^0, 2^{-1}, 2^1, 2^{-5}, 2^4을 $<$를 이용해서 크기가 가장 작은 수부터 순서대로 나열하시오.

252 $a \neq 0$일 때 다음 보기에서 a^{-2}과 같은 값을 가진 수를 고르시오.

$$-2a \quad -a^2 \quad -\dfrac{2}{a} \quad \dfrac{1}{a^2} \quad -\dfrac{1}{a^2}$$

253 다음을 음의 지수를 이용해서 나타내시오.

a) $\dfrac{1}{2}$ b) $\dfrac{1}{3}$ c) $\dfrac{1}{5}$ d) $\dfrac{1}{9}$

254 다음을 계산하시오.

a) $\dfrac{10^5}{10^6}$ b) $\dfrac{7^4}{7^4}$ c) $\dfrac{8 \cdot 8^5}{8^6}$ d) $\dfrac{9^2 \cdot 9^3}{9^7}$

255 다음을 계산하시오.

a) $3^0 + 4^0$ b) $(2+3)^0$ c) $4^1 \cdot 4^{-1}$
d) $\dfrac{3^0}{5}$ e) $(1-6)^0$ f) $-(-2)^0$

256 다음을 간단히 하시오.

a) $\dfrac{a^5}{a^7}$ b) $\dfrac{a^3}{a^6}$ c) $\dfrac{a^2}{a^3}$ d) $\dfrac{a}{a^9}$

257 다음을 계산하시오.

a) $\dfrac{a^6}{a^3 \cdot a^4}$ b) $\dfrac{a^4 \cdot a}{a^5}$ c) $\dfrac{a^2 \cdot a^6}{a^4 \cdot a^7}$
d) $\dfrac{a^3 \cdot a^0}{a^7}$ e) $\dfrac{(2a)^3}{2a^0}$ f) $\dfrac{(9a)^4}{81a^5}$

258 다트를 두 개 던졌다. 다트가 꽂힌 두 수의 곱이 다음과 같을 때 두 수를 쓰시오.

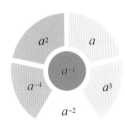

a) $\dfrac{1}{a^2}$ b) $\dfrac{1}{a^3}$ c) $\dfrac{1}{a}$ d) 1

259 다음을 계산하시오.

a) $(3a)^{-2}$ b) $5a^{-2}$ c) $(-2a)^{-3}$

260 다음을 분수로 나타내시오.

a) $(-2)^{-2}$ b) -2^{-4} c) $(-2)^{-3}$
d) -5^{-2} e) $(-10)^{-1}$ f) $(-4)^{-2}$

261 다음을 한 수의 거듭제곱으로 나타내고 계산하시오.

a) $3^2 \cdot 3^{-3}$ b) $6^{-5} \cdot 6^7$ c) $5^{-4} \cdot 5^4$
d) $4^5 \cdot 4^{-7}$ e) $\dfrac{2^7}{2^{10}}$ f) $\dfrac{10^2}{10^{-3}}$

262 다음에서 x의 값을 구하시오.

a) $10^x = 0.0001$ b) $2^x = 0.25$
c) $5^x = 0.2$ d) $50^x = 0.02$

22 계산기로 거듭제곱 구하기

예제 1

25와 18에 대하여 다음을 계산하시오.

a) 제곱의 차   b) 차의 제곱
c) 곱의 제곱   d) 세제곱의 몫

a) $25^2 - 18^2 = 301$ b) $(25 - 18)^2 = 49$

c) $(25 \cdot 18)^2 = 202\,500$ d) $\dfrac{25^3}{18^3} = 2.679 \cdots \fallingdotseq 2.7$

25 − 18 **) x²** =
계산기 사용법

예제 2

소나무 기둥의 부피는 매년 2.8%씩 늘어난다. 10년 뒤에 소나무 기둥의 부피는 몇 배로 늘어나는가?

기둥의 부피는 매년 1.028로 곱한 만큼 늘어난다.

햇수	기둥의 부피에 다음 수를 곱한다.
1	1.028
2	$1.028 \cdot 1.028 = 1.028^2 \fallingdotseq 1.057$
3	$1.028 \cdot 1.028 \cdot 1.028 = 1.028^3 \fallingdotseq 1.086$
10	$1.028^{10} \fallingdotseq 1.318$

정답 : 기둥의 부피는 1.318배로 늘어난다.

1.028 **∧** 10 =
계산기 사용법

예제 3

고고학에서는 방사성탄소연대측정법을 이용하여 물체가 함유한 탄소−14 동위원소의 수치를 측정함으로써 발견물체의 나이를 추측한다. 탄소−14의 수치는 방사성분해로 5\,730년이 흐르면 반이 된다. 다음 시간이 흐른 후에 방사성탄소가 몇 % 남게 되는지 계산하시오.

a) 5\,730년   b) 17\,200년

a) 5\,730년에 수치는 반이 된다.
b) $17\,200 \div 5\,730 \fallingdotseq 3$, 17\,200년에 수치는 세 번 반이 된다.

정답 : a) 50%   b) 약 13%

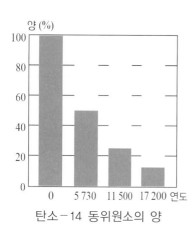

탄소−14 동위원소의 양

263 10에서 20까지의 제곱과 세제곱으로 표를 완성하시오.

x	x^2	x^3
10		
11		
12		

264 10과 11의 다음을 식으로 나타내고 계산하시오.

 a) 세제곱의 차
 b) 차의 제곱
 c) 곱의 세제곱

265 다음을 계산하시오.

 a) $31^2 - 30^2$ b) $100^2 - 99^2$
 c) $1000^2 - 999^2$ d) $(31+30)^2$
 e) $18 \cdot 9^3$ f) $15^3 \div 45$

266 다음의 근삿값을 유효숫자 3개로 나타내시오.

 a) 1.1^{20} b) 1.2^{20} c) 0.8^{20}
 d) 0.9^{20} e) 5^{20} f) 6^{20}

267 다음의 근삿값을 유효숫자 3개로 나타내시오.

 a) 1.05^{20} b) 1.05^{30} c) 1.05^{40}
 d) 0.95^{20} e) 0.95^{30} f) 0.95^{40}

268 세계 인구는 현재 1년에 약 1%씩 증가한다. 인구가 같은 속도로 증가한다면 다음 연도 후에 세계 인구는 몇 배가 되는지 구시오.

 a) 10년 후 b) 30년 후 c) 50년 후

269 다음 표를 완성하시오. (거듭제곱의 값을 정수나 소수로 표시하시오.)

n	2^n	0.5^n	5^n	0.2^n
0				
1				
2				
3				
4				

270 $2^{1\,000}$의 일의 자리 수는 무엇인가? (힌트 : 2의 거듭제곱을 연속해서 열거해 계산한다. 각 수의 일의 자리 수가 만드는 규칙을 구해서 답을 찾는다.)

271 박테리아 증가 실험에서 박테리아의 수는 6시간 만에 두 배로 증가했다.

 a) 박테리아의 수는 하루 동안 몇 배로 증가하는가?
 b) 박테리아의 수가 천 배가 넘을 때까지 시간은 얼마나 걸리는가?

272 요오드-131이 반으로 줄어드는 데는 8일이 걸린다. 방사성요오드는 다음 시간 후에 몇 %가 남는지 구하시오.

 a) 8일 b) 24일 c) 64일

273 세슘-137이 반으로 줄어드는 데는 30년이 걸린다. 방사성세슘은 다음 시간 후에 몇 %가 없어지는지 구하시오.

 a) 30년 b) 60년
 c) 90년 d) 300년

274 북아메리카 유콘 주에서 1985년 매머드의 뼈가 발견되었다. 이 뼈에서 발견된 탄소-14의 양은 6%였다. 방사성탄소방법으로 이 뼈의 나이를 구하시오. (백의 자리에서 반올림하시오.)

미라화된 디마 매머드는 약 39 000년 전에 살았다.

명칭	조	10억	백만	천	일
수	1 000 000 000 000	1 000 000 000	1 000 000	1 000	1
거듭제곱	10^{12}	10^9	10^6	10^3	10^0
표시기호	T(테라－)	G(기가－)	M(메가－)	k(킬로－)	

- 지구의 무게는 약 6 000 000 000 000 000 000 000 000 kg이다.
- 이 큰 수는 10의 거듭제곱을 이용해서 $6 \cdot 10^{24}$ kg으로 나타낼 수 있다.

수를 10의 거듭제곱의 꼴을 이용하여 나타내기

10의 거듭제곱
$$\text{인수} \rightarrow a \cdot 10^n$$

큰 수의 10의 거듭제곱의 꼴은
$1 \leq a < 10$일 때 $a \cdot 10^n$이다.

핀란드의 도로에서는 매년 180 페타줄 에너지가 소비된다. 1페타줄은 10억 메가줄이다.

10의 거듭제곱의 수는 계산기에서 EXP을 눌러 입력한다. 계산기의 종류에 따라 입력 방법이 다를 수도 있다.

2.5 [EXP] 12 [÷] 3.1536 [EXP] 7 [=]

예제 1

a) 5 200 000을 10의 거듭제곱의 꼴로 나타내시오.

b) $6.8 \cdot 10^7$을 10의 거듭제곱이 없는 수로 나타내시오.

a) $5200000 = 5.2 \cdot 1\,000\,000 = 5.2 \cdot 10^6$

b) $6.8 \times 10^7 = 6.8 \cdot 10\,000\,000 = 68\,000\,000$

예제 2

a) 4.32 M초는 며칠인가? (M은 메가를 뜻한다.)

b) 2.5 T초는 몇 년인가? (T는 테라를 뜻한다.)

a) 1일은 $24 \cdot 60 \cdot 60$초 $= 86\,400$초 $= 8.64 \cdot 10^4$초이다
묻고 있는 일수는

$$\frac{4.32 \cdot 10^6}{8.64 \cdot 10^4}$$
　　　　　　　　　　　■ 곱으로 쓴다.

$$= \frac{4.32}{8.64} \cdot \frac{10^6}{10^4}$$
　　　　　　　　　　　■ 나눗셈을 계산한다.

$$= 0.5 \cdot 10^2 = 50$$

b) 1년은 $365 \cdot 24 \cdot 60 \cdot 60$초 $= 3.1536 \cdot 10^7$초이다.
묻고 있는 연수를 계산기로 계산하면

$$\frac{2.5 \cdot 10^{12}}{3.1536 \cdot 10^7} \fallingdotseq 79000$$

정답 : a) 50일　**b)** 약 79 000년

275 다음 수를 10의 거듭제곱의 꼴로 나타내시오.

a) 500 000

b) 75 000 000 000 000

c) 95 000

d) 875 000 000 000

e) 12 000 000

f) 145 000

276 다음 10의 거듭제곱을 전개하시오.

a) $3 \cdot 10^3$ b) $2 \cdot 10^5$

c) $1.9 \cdot 10^7$ d) $1.83 \cdot 10^{12}$

e) $7.04 \cdot 10^6$ f) $3.7 \cdot 10^4$

277 다음을 수로 쓰고 10의 거듭제곱의 꼴로도 나타내시오.

a) 칠만 이천

b) 십일만 천구백

c) 이십삼억 오천만

278 다음의 연간 전기량을 와트시(Wh)로 나타내시오.

a) 핀란드의 총 전기 소비량 65 TWh

b) 핀란드에서 풍력발전으로 만들어진 전기량 188 GWh

c) 5인 가족의 전기 소비량 9.11 MWh

279 다음 길이를 큰 수의 표시기호를 이용해서 나타내시오.

a) 지구에서 달까지의 거리 3억 8천만 m

b) 태양에서 수성까지의 거리 580억 m

c) 태양에서 토성까지의 거리 1조 4천억 m

280 다음 수를 10의 거듭제곱이 없는 수로 바꾸고 읽으시오.

a) 태양의 표면 온도 $5.5 \cdot 10^3$ °C

b) 태양의 반지름 $6.96 \cdot 10^5$ km

c) 태양의 핵의 온도 $1.5 \cdot 10^7$ °C

d) 태양에서 지구까지의 평균 거리 $1.496 \cdot 10^8$ km

281 $5 \cdot 10^3$과 $2 \cdot 10^2$에 대하여 다음을 계산하시오.

a) 합   b) 차

c) 곱   d) 몫

282 다음을 유효숫자 3개와 10의 거듭제곱을 이용하여 나타내시오.

a) 2^{100} b) 3^{100} c) 11^{28}

283 14년은 몇 초인지 계산하시오.

284 다음을 계산기 없이 계산하고 답을 계산기로 확인하시오.

a) $3 \cdot 10^2 \cdot 2 \cdot 10^5$ b) $\dfrac{2.4 \cdot 10^{11}}{1.2 \cdot 10^6}$

c) $5 \cdot 10^3 \cdot 2.2 \cdot 10^4$ d) $\dfrac{2 \cdot 10^7}{8 \cdot 10^4}$

285 니에멜라 가족의 연간 전기 소비량은 12.33 MWh이다. 월간 기본 요금이 3.95 €이고 전기 요금이 8.5센트/kWh일 때 이 가족의 연간 전기 요금은 얼마인가?

286 우주에는 100 G(기가) 개의 은하계가 있다고 추정된다. 한 은하계 안에는 별이 200 G 개가 있다. 우주 안에 있는 별의 수를 계산하시오.

287 빛의 속도는 약 1초에 30만 km이다. 지구에서 태양까지의 평균 거리는 150 Gm(기가미터)이다. 시간 = $\dfrac{거리}{속도}$ 일 때 광선이 태양에서 지구까지 오는 시간을 계산하시오.

24 작은 수

명칭	일	십분의 일	백분의 일	천분의 일	백만분의 일	10억분의 일
수	1	0.1	0.01	0.001	0.000001	0.000000001
거듭제곱	10^0	10^{-1}	10^{-2}	10^{-3}	10^{-6}	10^{-9}
표시기호		d(데시−)	c(센티−)	m(밀리−)	μ(마이크로−)	n(나노−)

- 바이러스의 크기는 약 50 nm(나노미터), 즉 0.00000005 m이다.
- 아주 작은 이 수는 10의 거듭제곱의 꼴인 $5 \cdot 10^{-8}$ m로 나타낼 수 있다.

수를 10의 거듭제곱의 꼴을 이용하여 나타내기

10의 거듭제곱
$$\downarrow$$
인수 → $\boldsymbol{a} \cdot \boldsymbol{10}^{-n}$

작은 수의 10의 거듭제곱의 꼴은
$1 \leq a < 10$일 때 $a \cdot 10^{-n}$이다.

예제 1

a) 소수 0.00092를 10의 거듭제곱의 꼴로 나타내시오.

b) $1.6 \cdot 10^{-2}$을 소수로 나타내시오.

a) $0.00092 = 9.2 \cdot 0.0001 = 9.2 \cdot 10^{-4}$

b) $1.6 \cdot 10^{-2} = 1.6 \cdot 0.01 = 0.016$

예제 2

$1\,000$ ⨉ 0.6 EXP (−) 6 =

계산기 사용법

보렐리아 박테리아의 너비는 0.6 μm(마이크로미터)이다. 만약 이 박테리아 천 개가 나란히 선다면 얼마나 긴 '줄'이 만들어지는가?

줄의 길이는 다음과 같다.

$1\,000 \cdot 0.6\ \mu m$

- $1\,000$과 표시기호인 μ를 10의 거듭제곱으로 쓴다.
- 지수의 합을 계산한다.

$= 10^3 \cdot 0.6 \cdot 10^{-6}$ m
$= 0.6 \cdot 10^{-6+3}$ m
$= 0.6 \cdot 10^{-3}$ m

- 표시기호를 이용하여 10의 거듭제곱이 없는 수로 나타낸다.

$= 0.6\,mm$

정답 : $0.6\,mm$

288 다음을 소수로 나타내시오.

a) $2 \cdot 10^{-3}$ b) $2.5 \cdot 10^{-2}$

c) $4.1 \cdot 10^{-6}$ d) $3.4 \cdot 10^{-3}$

e) $7.61 \cdot 10^{-5}$ f) $1.23 \cdot 10^{-7}$

289 다음을 10의 거듭제곱의 꼴로 나타내시오.

a) 0.07 b) 0.00009

c) 0.0000038 d) 0.00072

e) 0.000689 f) 0.0000000445

290 다음을 소수로 나타내고 10의 거듭제곱의 꼴로도 나타내시오.

a) 천분의 칠

b) 천분의 삼십일

c) 백만분의 사십구

291 다음 수를 읽고, 작은 수의 표시기호를 써서 나타내시오.

a) 종이의 두께 $0.0001\,\text{m}$

b) 머리카락의 두께 $0.00005\,\text{m}$

c) 자동차 배기가스 배출물의 지름 $0.0000025\,\text{m}$

292 다음을 유효숫자 3개와 10의 거듭제곱을 이용하여 나타내시오.

a) 12^{-4} b) 7^{-15} c) 37^{-20}

293 다음을 유효숫자 2개와 10의 거듭제곱을 이용하여 나타내시오.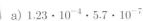

a) $1.23 \cdot 10^{-4} \cdot 5.7 \cdot 10^{-7}$

b) $\dfrac{1.23 \cdot 10^{-15}}{3.0 \cdot 10^{-5}}$

294 다음 보기를 10의 거듭제곱의 꼴로 나타내고 가장 짧은 것부터 차례대로 나열하시오.

$2.5\,\text{nm}$ $0.002\,\text{cm}$ $3 \cdot 10^{-7}\,\text{m}$

$3.2\,\text{mm}$ $0.003\,\mu\text{m}$ $335\,\text{nm}$

295 다음에서 x의 값을 구하시오.

a) $7.4 \cdot 10^x = 0.74$

b) $6.1 \cdot 10^x = 61\,000$

c) $5.4 \cdot 10^x = 0.0000054$

296 $5 \cdot 10^{-2}$과 $6 \cdot 10^{-3}$에 대하여 다음을 계산하시오.

a) 합   b) 차

c) 곱   d) 몫

297 계산기 없이 다음을 계산하고 답을 계산기로 확인하시오.

a) $3 \cdot 10^{-4} \cdot 2 \cdot 10^5$ b) $\dfrac{9 \cdot 10^2}{3 \cdot 10^{-2}}$

c) $4.4 \cdot 10^6 \cdot 5 \cdot 10^{-8}$ d) $\dfrac{2 \cdot 10^{-2}}{5 \cdot 10^{-1}}$

298 알루미늄호일의 두께는 $400\,\text{nm}$(나노미터)이다. 이 알루미늄호일 여러 장을 겹쳐서 $1\,\text{mm}$가 되게 하려면, 몇 장이 필요한가?

▌ [299~300] 다음 물음에 답하시오.

- 수소 원자의 무게 $1.674 \cdot 10^{-27}\,\text{kg}$
- 양성자의 무게 $1.673 \cdot 10^{-27}\,\text{kg}$
- 전자의 무게 $9.109 \cdot 10^{-31}\,\text{kg}$

299 전자의 무게에 비해 다음의 무게는 몇 배인지 계산하시오.

a) 수소 원자   b) 양성자

300 헬륨 원자 한 개의 무게는 $6.647 \cdot 10^{-27}\,\text{kg}$이다. 수소 원자 몇 개의 무게가 헬륨 원자 한 개의 무게와 같은가?

예제 1

정사각형의 넓이가 모눈종이 눈금 칸으로 다음과 같을 때,
정사각형의 한 변의 길이는 몇 칸인가?

a) 9칸   b) 16칸

a) 정사각형의 넓이가 9칸일 때 한 변의 길이는 3칸이다.
b) 정사각형의 넓이가 16칸일 때 한 변의 길이는 4칸이다.

정사각형의 넓이는 한 변의 길이를 제곱해서 얻는다.

한 변의 길이는 넓이의 제곱근을 구해서, 즉 음수가 아닌 수의 제곱
이 넓이와 같은 수를 찾아서 얻는다.

제곱근

루트기호   제곱근
   ↓   ↓
$\sqrt{16} = 4$

• $4^2 = 16$이므로 16의 제곱근은 4이다.
• 어떠한 수의 제곱은 음수가 아니므로, 음수는 제곱근이 없다.

예제 2

다음을 계산하시오.

a) $\sqrt{25}$ b) $\sqrt{49}$ c) $\sqrt{-100}$

a) $5^2 = \sqrt{25}$ 이므로 $\sqrt{25} = 5$이다.
b) $7^2 = 49$이므로 $\sqrt{49} = 7$이다.
c) 어떤 수의 제곱도 -100이 아니므로, $\sqrt{-100}$ 은 구할 수 없다.

0의 제곱근은 0이다.
$\sqrt{0} = 0$
1의 제곱근은 1이다.
$\sqrt{1} = 1$

예제 3

다음을 계산하시오.

a) $2 \cdot \sqrt{9}$ b) $\sqrt{9} + \sqrt{25}$

a) $2 \cdot \sqrt{9} = 2 \cdot 3 = 6$ ■ 먼저 제곱근 9를 계산한다.
b) $\sqrt{9} + \sqrt{25}$ ■ 먼저 제곱근 9와 제곱근 25를 계산한다.
  $= 3 + 5$ ■ 합을 계산한다.
  $= 8$

301 다음을 계산하시오. 답에 제곱을 해서 답을 확인하시오.

　　a) $\sqrt{9}$　　　b) $\sqrt{64}$　　　c) $\sqrt{0}$

　　d) $\sqrt{1}$　　　e) $\sqrt{36}$　　　f) $\sqrt{81}$

302 다음을 식으로 나타내고 계산하시오.

　　a) 제곱근 4　　　　b) 12의 제곱

　　c) -7의 제곱　　　d) 제곱근 49

　　e) 제곱근 -49

303 정사각형의 한 변의 길이와 둘레의 길이를 계산하시오.

　　a)　　　b)　　　c)

　　64 m²　　121 m²　　400 m²

304 다음을 계산하시오.

　　a) $\sqrt{100}$　　　　　b) $2 \cdot \sqrt{4}$

　　c) $\left(\sqrt{16}\right)^2$　　　d) $\sqrt{9} - \sqrt{4}$

　　e) $\sqrt{144} \div 3$　　f) $\sqrt{100} \div \sqrt{25}$

　　g) $\sqrt{25} - \sqrt{16}$　　h) $\sqrt{49} \cdot \sqrt{16}$

　　i) $\sqrt{169}$

M	U	R	S	U	R	E	T	K	I
13	4	1	10	4	1	28	12	2	16

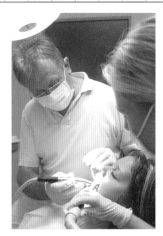

예전에는 수은이 함유된 아말감을 충치 치료에 사용했다.

305 가로줄, 세로줄, 대각선의 제곱근의 합이 같아지도록 마방진을 완성하시오.

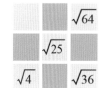

306 $\sqrt{x}$ 의 값이 다음과 같을 때, x는 몇인지 쓰시오.

　　a) 5　　　　　　b) 12

　　c) 15　　　　　d) -2

307 다음을 계산하시오.

　　a) $\sqrt{1} + \sqrt{4} - \sqrt{9}$

　　b) $3 \cdot \sqrt{36} - \sqrt{81} - \sqrt{64}$

　　c) $2 \cdot \sqrt{16} - 4 \cdot \sqrt{49} + 3 \cdot \sqrt{25}$

308 다음을 계산하시오.

　　a) $\sqrt{100^2}$　　　　b) $\left(\sqrt{100}\right)^2$

　　c) $\sqrt{(-400)^2}$　　　d) $\left(\sqrt{-400}\right)^2$

309 변수 x의 자리에 알맞은 수를 쓰시오.

　　a) $\sqrt{x} = 30$　　　b) $\sqrt{1600} = x$

　　c) $\sqrt{-2500} = x$　　d) $\sqrt{x} = 25$

310 제곱근이 정수인 100보다 작은 자연수를 모두 나열하시오.

311 다음을 계산하시오.

　　a) $\dfrac{\sqrt{49} + 3}{5}$　　　b) $\dfrac{\sqrt{81} + \sqrt{121}}{\sqrt{400}}$

　　c) $\dfrac{10 \cdot \sqrt{900}}{\sqrt{10000}}$　　d) $\dfrac{\sqrt{100} \cdot \sqrt{36}}{2 \cdot \sqrt{3600}}$

312 주황색 정사각형의 넓이는 9 m^2이고 회색 정사각형의 넓이는 25 m^2일 때 큰 정사각형의 넓이를 계산하시오.

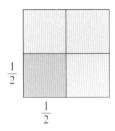

$\frac{1}{2}$

$\frac{1}{2}$

$\sqrt{1}$ $\quad$ $\sqrt{2}$ $\;$ $\sqrt{3}$ $\sqrt{4}$ $\;$ $\sqrt{5}$

1 $\qquad$ 2

$\boxed{\sqrt{\;}}$ 2 $\boxed{=}$

계산기 사용법

■ **계산순서**

1. 괄호나 루트기호 안에 있는 계산
2. 제곱과 제곱근
3. 곱셈과 나눗셈
4. 덧셈과 뺄셈

$\boxed{\sqrt{\;}}$

$\boxed{(}$ 6 $\boxed{x^2}$ $\boxed{+}$ 8 $\boxed{x^2}$ $\boxed{)}$

$\boxed{=}$

$\qquad$ 계산기 사용법

예제 1

다음을 계산기 없이 계산하시오.

a) $\sqrt{\dfrac{1}{4}}$ $\qquad\qquad\qquad$ b) $\sqrt{0.64}$

○

a) $\left(\dfrac{1}{2}\right)^2 = \dfrac{1}{2} \cdot \dfrac{1}{2} = \dfrac{1}{4}$ 이므로 $\sqrt{\dfrac{1}{4}} = \dfrac{1}{2}$ 이다.

b) $0.8^2 = 0.8 \cdot 0.8 = 0.64$ 이므로 $\sqrt{0.64} = 0.8$ 이다.

예제 2

다음을 소수점 아래 둘째자리까지 계산하시오.

a) $\sqrt{2}$ $\qquad\qquad$ b) $\sqrt{10}$ $\qquad\qquad$ c) $\sqrt{\dfrac{1}{2}}$

○

a) $\sqrt{2} = 1.4142\cdots \fallingdotseq 1.41$

b) $\sqrt{10} = 3.1622\cdots \fallingdotseq 3.16$

c) $\sqrt{\dfrac{1}{2}} = \sqrt{0.5} = 0.7071\cdots \fallingdotseq 0.71$

예제 3

다음을 계산하시오.

a) $\sqrt{16+9}$ $\qquad$ b) $\sqrt{4 \cdot 9}$ $\qquad$ c) $\sqrt{6^2 + 8^2}$

○

a) $\sqrt{16+9}$ $\qquad\qquad$ ■ 합을 계산한다.
$= \sqrt{25}$ $\qquad\qquad\quad$ ■ 제곱근을 계산한다.
$= 5$

b) $\sqrt{4 \cdot 9}$ $\qquad\qquad\quad$ ■ 곱셈을 계산한다.
$= \sqrt{36}$ $\qquad\qquad\quad$ ■ 제곱근을 계산한다.
$= 6$

c) $\sqrt{6^2 + 8^2}$ $\qquad\qquad$ ■ 거듭제곱을 계산한다.
$= \sqrt{36+64}$ $\qquad\quad$ ■ 덧셈을 계산한다.
$= \sqrt{100}$ $\qquad\qquad$ ■ 제곱근을 계산한다.
$= 10$

313 다음을 계산하시오.

a) $\sqrt{\dfrac{1}{16}}$ b) $\sqrt{\dfrac{4}{9}}$ c) $\sqrt{\dfrac{36}{49}}$

d) $\sqrt{0.09}$ e) $\sqrt{0.49}$ f) $\sqrt{0.01}$

314 다음을 계산하시오.

a) $\sqrt{25+11}$ b) $\sqrt{57-8}$

c) $\sqrt{25-9}$ d) $\sqrt{8 \cdot 2}$

e) $\sqrt{3 \cdot 2 + 3}$ f) $\sqrt{4 \cdot 10 - 4}$

315 다음을 계산하시오.

a) $2 \cdot \sqrt{9} + 1$ b) $\sqrt{49} - 3 \cdot \sqrt{16}$

c) $\sqrt{2^2 \cdot 6 + 1}$ d) $\sqrt{9} \cdot \sqrt{1+3}$

316 50과 14에 대하여 다음 값의 제곱근을 식으로 나타내고 계산하시오.

a) 합   b) 차

317 해설 및 정답 70쪽에 있는 표에서 제곱근의 값을 찾은 후 계산기로 확인하고 값을 소수점 아래 둘째자리까지 쓰시오.

a) $\sqrt{6}$ b) $\sqrt{14}$

c) $\sqrt{94}$ d) $\sqrt{255}$

318 수직선을 그리고 수직선에 다음 수를 표시하시오.

$\sqrt{9}$, $\sqrt{10}$, $\sqrt{11}$, $\sqrt{12}$, $\sqrt{13}$

319 다음 정사각형의 한 변의 길이와 둘레의 길이를 계산하시오.

a)

2.25 cm²

b)

1.96 m²

320 다음을 계산하시오.

a) $\sqrt{2} + \sqrt{98}$ b) $\sqrt{2+98}$

c) $\sqrt{2} \cdot \sqrt{98}$ d) $\sqrt{2 \cdot 98}$

321 다음 수는 어떤 수의 제곱근인지 구하시오.

a) 0.9 b) 0.02

c) $\dfrac{1}{4}$ d) $\dfrac{3}{7}$

322 다음을 계산하시오.

a) $\sqrt{3 \cdot 8 + 1}$ b) $\sqrt{12 - 3}$

c) $\sqrt{13 + 4 \cdot 3}$ d) $\sqrt{7^2}$

e) $9 - \sqrt{3^2 + 4^2}$ f) $-\sqrt{9 \cdot 9}$

g) $2 \cdot \sqrt{49} - 10$ h) $\sqrt{7^2 - 5^2 - 8}$

i) $\sqrt{2^2 + 5} - \sqrt{16}$

j) $\sqrt{3^2 - 5 - 2^2} - 2 \cdot \sqrt{4 \cdot 2 + 1}$

T	A	R	U	N	L	I	N	N	A
3	5	7	−9	4	−6	−1	4	4	5

323 다음 빈칸에 알맞은 수를 쓰시오.

a) $\sqrt{23 + \boxed{}} = 5$ b) $\sqrt{\boxed{} - 1} = 6$

c) $\sqrt{2 \cdot \boxed{}} = 4$ d) $2 \cdot \sqrt{\boxed{}} = 16$

324 다음을 계산하고 대분수로 나타내시오.

a) $\sqrt{2\dfrac{1}{4}}$ b) $\sqrt{6\dfrac{1}{4}}$ c) $\sqrt{2\dfrac{7}{9}}$

d) $\sqrt{3\dfrac{1}{16}}$ e) $\sqrt{12\dfrac{1}{4}}$ f) $\sqrt{1\dfrac{9}{16}}$

325 다음을 계산하고 유효숫자 3개까지 쓰시오.

a) $\sqrt{5 \cdot 4 + 3^2}$ b) $\sqrt{2^2 + 3^2}$

c) $\sqrt{6^2 - 5^2}$ d) $\sqrt{9^2 - 8^2}$

326 다음을 계산하시오.

a) $\sqrt{5} \cdot \sqrt{20}$ b) $\sqrt{2} \cdot \sqrt{32}$

c) $\sqrt{20} \div \sqrt{5}$ d) $\sqrt{54} \div \sqrt{6}$

27 제곱근 계산의 응용

$1 \text{ ha} = 10\ 000 \text{ m}^2$

참고

a, b에 대하여
- 기하평균 : $\sqrt{a \cdot b}$
- 산술평균 : $\dfrac{a+b}{2}$

에펠 탑은 1889년에 완공되었다.

$\sqrt{}$ ⟮ 2 ✕ 300
÷ 9.81 ⟯ =
계산기 사용법

예제 1

넓이가 다음과 같은 정사각형의 한 변의 길이를 구하시오.

a) 16 cm^2　　　　　　　　　b) 5 ha(헥타르)

정사각형의 넓이가 A라면 정사각형의 한 변의 길이는 $a = \sqrt{A}$ 이다.

a) $A = 16 \text{ cm}^2$이므로 $a = \sqrt{16 \text{ cm}^2} = 4.0 \text{ cm}$ 이다.

b) $A = 5.00 \text{ ha} = 50\ 000 \text{ m}^2$이므로,

　　$a = \sqrt{50\ 000 \text{ m}^2} = 223.60 \cdots \text{ m} \fallingdotseq 224 \text{ m}$ 이다.

　　　　　　　　　　　　　정답 : a) 4.0 cm　**b)** 약 224 m

예제 2

두 수의 기하평균은 두 수의 곱의 제곱근이다. 다음 두 수의 기하평균 및 산술평균을 계산하시오.

a) 4와 9　　　　　　　　　　b) 1과 2

a) 기하평균은 $\sqrt{4 \cdot 9} = \sqrt{36} = 6$이다.

　　산술평균은 $\dfrac{4+9}{2} = \dfrac{13}{2} = 6.5$이다.

b) 기하평균은 $\sqrt{1 \cdot 2} = \sqrt{2} \fallingdotseq 1.4$이다.

　　산술평균은 $\dfrac{1+2}{2} = \dfrac{3}{2} = 1.5$이다.

예제 3

공기의 저항을 고려하지 않을 때, h미터(m) 높이에서 떨어트린 물체가 바닥에 닿을 때까지 걸린 시간을 t초(s)로 나타내는 방정식은 $t = \sqrt{\dfrac{2h}{9.81}}$ 이다. 높이가 300미터인 에펠 탑의 전망대에서 물체를 떨어트리면 바닥에 닿을 때까지 몇 초가 걸리는지 계산하시오.

방정식에 $h = 300$을 넣고 계산하면

$t = \sqrt{\dfrac{2 \cdot 300}{9.81}} = 7.820 \cdots \fallingdotseq 7.8$을 얻는다.　　**정답 :** 약 7.8 s(초)

327 다음을 계산하고 유효숫자 3개까지 쓰시오.

a) $\sqrt{3 \cdot 4.05}$　　b) $\sqrt{\dfrac{1\,504}{3}}$

c) $\sqrt{5^2 + 2^2}$　　d) $\sqrt{7^2 - 3^2}$

328 다음을 계산하고 아래 보기에서 답을 찾아 쓰시오.

| 2 | 5 | 12 | 4 | 9 |

a) $\sqrt{2} \cdot \sqrt{72}$

b) $\dfrac{\sqrt{48}}{\sqrt{3}}$

c) $(\sqrt{3})^4$

d) $(\sqrt{3}+1) \cdot (\sqrt{3}-1)$

329 다음 정사각형의 한 변의 길이를 m로 계산하시오. (소수점 아래 첫째자리에서 반올림)

a)　　　　　　　　　b)

120 m²

15 ha

330 정사각형 모양의 땅 주변에 울타리를 세웠다. 땅의 넓이가 다음과 같다면, 울타리의 길이는 얼마인지 구하시오.

a) 1 ha　　　　　　b) 4 ha

331 다음 수들의 기하평균과 산술평균을 계산하시오. (소수점 아래 둘째자리에서 반올림)

a) 100과 24　　　b) 100과 36
c) 100과 81　　　d) 100과 98

얼음이 견디는 정도는 물의 흐름이나 바닥의 생김새에 따라 많이 달라진다. 얼어붙은 호수나 강, 바다 위를 다닐 때에는 항상 조심해야 한다.

332 인간의 피부 넓이를 m^2로 나타낼 때 다음과 같은 식을 이용할 수 있다. 다음을 계산하시오. (소수점 아래 둘째자리에서 반올림)

$$\sqrt{\dfrac{키(cm) \cdot 몸무게(kg)}{3\,600}}$$

a) 키가 169 cm이고 몸무게가 54 kg인 사람의 피부 넓이
b) 나의 피부 넓이

333 60쪽 예제 3의 방정식을 이용해서 작은 철구슬이 다음 높이에서 떨어져서 바닥에 닿을 때까지 시간이 얼마나 걸리는지 구하시오.

a) 피사의 탑 꼭대기 55 m 높이에서 (유효숫자 2개)
b) 칸네스토르네티의 꼭대기 155 m 높이에서 (유효숫자 3개)

334 자유롭게 떨어지는 물체의 속도 $v(m/s)$를 나타내는 방정식은 $v = \sqrt{19.62 \cdot s}$ 이다. 여기서 s는 m로 나타낸 떨어지는 거리이다. 물체가 다음 거리만큼 떨어졌을 때 이 물체의 속도를 구하시오.

a) 55 m (유효숫자 2개)
b) 155 m (유효숫자 3개)

335 일정한 무게(kg)를 견디는 얼음의 두께(cm)는 다음의 식으로 계산할 수 있다.

$$\sqrt{\dfrac{견뎌야\ 하는\ 무게(kg)}{얼음이\ 견딜\ 수\ 있는\ 무게(kg/cm^2)}}$$

얼음이 견딜 수 있는 무게(kg/cm^2)	견디는 정도
3.5~4	항상
4~8	대체적으로
8~12	간혹
12~20	아주 가끔
>20	전혀 견딜 수 없다

얼음낚시를 하는 낚시꾼의 무게는 70 kg이다. 승용차의 무게는 1 800 kg이고 트럭의 무게는 6 000 kg이다. 얼음이 각 물체를 견디는 정도가 다음과 같을 때 얼음의 두께를 구하시오. (유효숫자 2개)

a) 항상 견딜 수 있을 때
b) 전혀 견딜 수 없을 때

● ●● ●● 연습

336 다음 표를 완성하시오.

식	8^4	$(-6)^7$	-5^9	$(1+4)^0$
밑				
지수				

337 다음 곱셈식을 거듭제곱으로 나타내고 계산하시오.

a) $2 \cdot 2 \cdot 2 \cdot 2 \cdot 2$

b) $-8 \cdot 8$

c) $(-1) \cdot (-1) \cdot (-1) \cdot (-1) \cdot (-1) \cdot (-1)$

338 다음을 계산하시오.

a) 5^2 b) 10^6 c) 30^2

d) 0.2^3 e) 13^1 f) $(-4)^2$

g) -9^2 h) $(-3)^3$

339 다음을 계산하시오.

a) $(10^2)^4$ b) 7^0 c) 6^{-1} d) 2^{-3}

340 다음을 계산하시오.

a) $(3+4)^2$ b) $3+4^2$ c) 3^2+4^2

341 다음을 간단히 하시오.

a) $(9a)^2$ b) $(-7a)^2$ c) $(-5a)^3$

342 다음을 간단히 하시오.

a) $a^7 \cdot a^5$ b) $a^4 \cdot a^{11}$ c) $a^9 \cdot a$

d) $\dfrac{a^4}{a}$ e) $\dfrac{a^6}{a^3}$ f) $\dfrac{a^5}{a^7}$

343 다음을 간단히 하시오.

a) $\left(\dfrac{1}{2}\right)^4$ b) $\left(\dfrac{4}{5}\right)^3$ c) $\left(\dfrac{a}{10}\right)^3$ d) $\left(\dfrac{1}{a}\right)^7$

344 다음을 간단히 하시오.

a) $(a^2)^5$ b) $(-a^2)^9$

c) $(-12a^2)^0$ d) $(2a^3)^5$

345 다음을 수로 쓰고, 10의 거듭제곱의 꼴로도 나타내시오.

a) 만 이천 b) 천사백

c) 오백사십만 d) 구십억

346 다음 표를 완성하시오.

수	10의 거듭제곱의 꼴
5 000	
150 000	
	$1.23 \cdot 10^6$
0.002	
0.00045	
	$7.3 \cdot 10^{-5}$

347 다음을 m로 바꾸시오.

a) 20 km b) 4 hm c) 13 Mm

d) 700 cm e) 5 mm f) 50 μm

348 다음을 식으로 쓰고 계산하시오.

a) 제곱근 64 b) -9의 제곱

c) 제곱근 -9 d) 3의 세제곱

349 다음 정사각형의 한 변의 길이와 둘레의 길이를 계산하시오.

a) b)

81 m²

1 m²

350 다음을 계산하시오.

a) $\sqrt{\dfrac{1}{9}}$ b) $\sqrt{\dfrac{16}{25}}$

c) $\sqrt{0.04}$ d) $\sqrt{0.36}$

351 다음을 계산하시오.

a) $\sqrt{64+36}$ b) $\sqrt{40 \cdot 10}$

c) $\sqrt{3^2+4^2}$ d) $\sqrt{3^2}+\sqrt{4^2}$

352 다음을 계산기 없이 계산하시오.

a) $5^4 \cdot 2^4$ b) $0.6^3 \cdot 50^3$

353 다음을 계산기 없이 계산하시오.

a) $\dfrac{5^4 \cdot 5^5}{5^8}$ b) $\dfrac{(-9)^3 \cdot (-9)^2}{(-9)^5}$

c) $\dfrac{2^7}{2^4 \cdot 2^6}$ d) $\dfrac{-3^3 \cdot (-3)}{-3^2}$

354 다음에서 지수 n의 값을 구하시오.

a) $9^3 \cdot 9^n = 9^8$ b) $9^n \cdot 9^n = 9^{100}$

c) $\dfrac{9^{16}}{9^n} = 9^5$ d) $\dfrac{9^n}{9} = 9^{10}$

e) $(9^n)^5 = 9^{20}$ f) $(9^3)^n = 1$

g) $9^n = \dfrac{1}{81}$ h) $(9^n)^n = 9^{100}$

355 정육면체의 한 모서리의 길이는 $3a$이다. 정육면체의 다음을 구하는 식을 쓰고 간단히 하시오.

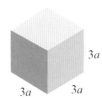

a) 한 면의 넓이를 구하는 식
b) 전체 면의 넓이를 구하는 식
c) 부피를 구하는 식

356 다음을 간단히 하시오.

a) $\left(\dfrac{a^7}{a^3}\right)^9$ b) $\left(\dfrac{a^6}{5}\right)^2$ c) $\left(\dfrac{2}{a^4}\right)^4$ d) $\dfrac{(a^8)^7}{a^6}$

357 다음을 계산하시오.

a) 100^{-1} b) 100^0

c) -100^{-1} d) -100^0

358 다음을 계산하시오.

a) $6^2 - 6$ b) $1^0 - 1^{-1} + (-1)^0$

c) $2 \cdot (2^0 - 2^{-1})$ d) $3 - (4-1)^2$

359 $8 \cdot 10^{-6}$과 $4 \cdot 10^{-5}$에 대하여 다음의 계산식을 쓰고 계산하시오.

a) 합   b) 차
c) 곱   d) 몫

360 다음 보기의 길이를 10의 거듭제곱의 꼴로 나타내고 가장 짧은 길이부터 차례대로 나열하시오.

0.14 Tm   0.3 Mm   300 μm   0.4 mm

0.09 cm   0.2 nm   400 km   200 Gm

361 다음을 계산하시오.

a) $\sqrt{1\dfrac{7}{9} - 2}$ b) $\left(\sqrt{144} - \sqrt{169}\right)^3$

c) $\dfrac{\sqrt{5 \cdot 45}}{\sqrt{25}}$ d) $\dfrac{\sqrt{10000} \cdot \sqrt{0.04}}{2 \cdot \sqrt{100}}$

362 다음에서 변수 x의 값을 구하시오.

a) $\sqrt{x-11} = 9$ b) $\sqrt{75+x} = 11$

c) $\sqrt{2x} = 6$ d) $3 \cdot \sqrt{x} = 24$

e) $\sqrt{2x+9} = 3$ f) $1 - \dfrac{1}{\sqrt{x}} = \dfrac{4}{5}$

363 60쪽 예제 3의 방정식을 이용하여 물체가 다음 높이에서 떨어지는 시간을 계산하시오.

a) 3 m   b) 30 m   c) 90 m

364 지구에는 바닷물이 $1.4 \cdot 10^{21}$ L 있다.

a) 바닷물 1 L에는 소금이 35 g 들어 있다. 지구의 바닷물에 들어 있는 소금의 총량을 계산하여 kg으로 답하시오.
b) 지구에는 62억 명의 인구가 있다. 지구 인구 1명당 소금의 양은 얼마인가?

365 백만 €인 로또 당첨금을 20 € 지폐로 바꿔서 쌓는다면 그 높이가 얼마인가? (20 € 지폐의 두께는 120 μm이다.)

366 종이가 21 cm 쌓여 있다. 종이 한 장의 두께가 70 μm라면 종이 몇 장이 쌓여 있는 것인가?

• **분수, 소수, 백분율**

1%는 100분의 1을 뜻한다.

$$\frac{3}{5} = 0.60 = 60\%$$

15는 60의 몇 %인가?

$$\frac{15}{60} = 0.25 = 25\%$$

15를 기본값 60으로 나눈다.

240의 20%는 몇인가?

$$0.20 \cdot 240 = 48$$

기본값에 소수를 곱한다.

48은 어떤 수의 20%인가?

$$\frac{48}{0.20} = 240$$

기본값을 소수로 나눈다.

50은 40보다 몇 % 더 큰가?

차는 $50 - 40 = 100$이다.

퍼센트로는 $\frac{10}{40} = 0.25 = 25\%$이다.

수들의 차를 기본값 40으로 나눈다.

40은 50보다 몇 % 더 작은가?

차는 $50 - 40 = 100$이다.

퍼센트로는 $\frac{10}{50} = 0.20 = 20\%$이다.

수들의 차를 기본값 50으로 나눈다.

신발의 가격은 60 €이다. 가격이 10% 올랐다. 신발의 새 가격은 얼마인가?

계산법 1
• 인상된 가격은 $0.1 \cdot 60 \, € = 6 \, €$이다.
• 신발의 새 가격은 $60 \, € + 6 \, € = 66 \, €$이다.

계산법 2
• 변화지수는 $1 + 0.1 = 1.1$이다.
• 신발의 새 가격은 $1.1 \cdot 60 \, € = 66 \, €$이다.

거듭제곱

지수 →

거듭제곱의 값 →

$$2^3 = 2 \cdot 2 \cdot 2 = 8$$

↑ 밑

• **밑이 음수일 때의 거듭제곱**

$$(-2)^3 = (-2) \cdot (-2) \cdot (-2) = -8$$
$$(-2)^4 = (-2) \cdot (-2) \cdot (-2) \cdot (-2) = 16$$

• **지수가 0이거나 음수일 때의 거듭제곱**

$$2^0 = 1$$
$$2^{-3} = \frac{1}{2^3} = \frac{1}{8}$$

• **10의 거듭제곱을 이용한 표현**

$$7200 = 7.2 \cdot 1000 = 7.2 \cdot 10^3$$
$$0.05 = 5 \cdot 0.01 = 5 \cdot 10^{-2}$$

거듭제곱의 계산법칙

$(a \cdot b)^n = a^n \cdot b^n$	• 곱셈의 거듭제곱
$\left(\dfrac{a}{b}\right)^n = \dfrac{a^n}{b^n}$	• 나눗셈(분수)의 거듭제곱
$a^n \cdot a^m = a^{n+m}$	• 밑이 같은 거듭제곱끼리의 곱셈
$\dfrac{a^n}{a^m} = a^{n-m}$	• 밑이 같은 거듭제곱끼리의 나눗셈
$(a^n)^m = a^{n \cdot m}$	• 거듭제곱의 거듭제곱

제곱근

• $4^2 = 16$이므로, $\sqrt{16} = 4$이다.
• 양수인 제곱근 $a(\sqrt{a})$는 그 제곱이 a인 양수이다.
• 0의 제곱근은 0이다.
• 음수는 제곱근이 없다.

제 2 부

대수학

■ 다항식의 개념에 대해서 알아보고 다항식의 연산을 배운다. 일차방정식을 푸는 방법을 좀 더 배우고 심화한다. 비례를 해결하고 간단한 이차방정식을 알아본다.

제1장 | 다항식

29 식

변수와 변수의 식

변수
↓
4 x
↑
계수

- 변수는 변하는 값을 나타내는 문자이다.
- 변수의 식은 변수를 포함하는 계산식이다.

입력	출력
1	9
2	10
3	11
4	12
5	
x	
$2x$	

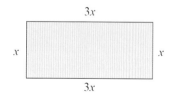

예제 1

a) 함수 기계의 규칙을 추측하시오. 함수 기계에 다음이 입력되면 무엇이 출력되는가?

b) 5 c) x d) $2x$

a) 함수 기계는 입력된 수에 8을 더한다.
b) $5 + 8 = 13$
c) $x + 8$
d) $2x + 8$

예제 2

x의 값이 다음과 같을 때 식 $2x - 7$의 값을 계산하시오.

a) $x = 4$ b) $x = -4$

a) 식의 값은 변수의 자리에 수를 넣어서 계산하면 된다
$$2x - 7 = 2 \cdot 4 - 7 = 8 - 7 = 1$$
b) 변수의 자리에 들어가는 음수는 괄호 안에 넣는다.
$$2x - 7 = 2 \cdot (-4) - 7 = -8 - 7 = -15$$ **정답 :** a) 1 b) -15

예제 3

직사각형의 둘레의 길이를 구하는 식을 만들고 간단히 하시오.

둘레의 길이는 변들의 길이의 합이다.
$$3x + x + 3x + x = 8x$$ **정답 :** $8x$

367 함수 기계는 입력된 수에 4를 더한다. 입력된 수가 다음과 같을 때 출력되는 수를 구하시오.

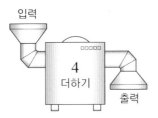

a) 2　　　b) 3　　　c) x　　　d) $3x$

368 함수 기계에 x가 입력된다. 함수 기계의 규칙이 다음과 같을 때 출력되는 수를 구하시오.

a) 입력된 수에 5를 곱한다.

b) 입력된 수에서 4를 뺀다.

c) 입력된 수에 6을 곱한 뒤 7을 더한다.

369 a) 다음 함수 기계의 규칙을 추측하시오.

입력	출력
1	3
2	4
3	5
10	12

입력된 수가 다음과 같을 때 출력되는 수를 구하시오.

b) 4　　　c) x　　　d) $4x$

370 변수가 다음과 같을 때, 식 $5x+5$의 값을 계산하시오.

a) $x=6$　　　b) $x=0$　　　c) $x=-6$

371 변수가 다음과 같을 때, 식 $x-5$의 값을 계산하시오.

a) $x=5$　　　b) $x=0$　　　c) $x=-5$

372 다음 도형의 둘레의 길이를 구하는 식을 만들고 간단히 하시오.

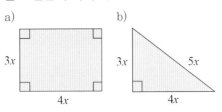

---

373 변수가 다음과 같을 때, 식 $\dfrac{x}{2}+2$의 값을 계산하시오.

a) $x=4$　　　b) $x=0$　　　c) $x=-4$

374 $x=-7$ 일 때, 다음 식의 값을 계산하시오.

a) $-x+3$　　　b) x^2-51　　　c) $\dfrac{5x-4}{3}$

375 다음 도형의 둘레의 길이를 구하는 식을 만들고 간단히 하시오.

a)

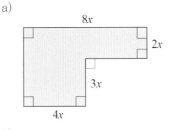

b)

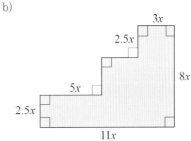

376 다음 도형수열의 도형 4와 도형 5를 그리시오. 도형 1~5의 각 도형에 필요한 성냥개비의 개수를 표로 만드시오. n번째 도형에는 성냥개비가 몇 개 있는가?

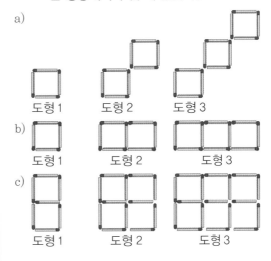

단항식

계수 5 차수 2
$$5x^2$$
문자 x

- 단항식에서 변수의 지수는 0과 자연수 1, 2, 3, … 이다.
- 단항식의 차수는 문자의 곱해진 개수이다.
- $2x$, x^2, 7, $-3y^4$은 모두 단항식이다.
- $2x+3$, $\dfrac{1}{x}$, $4x^{-2}$은 단항식이 아니다.
- 동류항은 문자와 차수가 같은 단항식이다.

$3x^2$	$7x$	$-2x^2$	$3x^4$
$7y^2$	3	x^2	$2x^3$

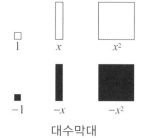

1
x
x^2
-1
$-x$
$-x^2$
대수막대

예제 1

보기에서 다음을 찾아 쓰시오.

a) 차수가 0, 1, 2인 단항식
b) 계수가 3인 단항식
c) 동류항

a) 단항식 $3 = 3x^0$의 차수는 0이다.
  단항식 $7x = 7x^1$의 차수는 1이다.
  단항식 $3x^2$, $-2x^2$, $7y^2$, x^2의 차수는 2이다.
b) 단항식 $3x^2$, $3x^4$, 3의 계수는 3이다.
c) 단항식 $3x^2$, $-2x^2$, x^2은 문자와 차수가 같은 동류항이다.

예제 2

대수막대를 이용해서 다음 단항식을 나타내시오.

a) 3   b) $-4x$ c) $2x^2$

a)

3

b)

$-4x$

c)

$2x^2$

예제 3

$x = -9$일 때, 단항식 $3x^2$의 값을 계산하시오.

$3x^2 = 3 \cdot (-9)^2 = 3 \cdot 81 = 243$

377 다음 보기에서 단항식을 찾아 쓰시오.

$$x \quad 4x^3 \quad x+1 \quad -x^4 \quad 171 \quad \frac{2}{x}$$

378 다음 표를 완성하시오.

단항식	계수	차수
$5x^5$		
$15x^2$		
x		
$-3x$		
$-x^2$		

379 위의 표에서 동류항을 고르시오.

380 아래 보기에서 다음 단항식을 고르시오.

$$-x^3 \quad 7x^3 \quad -5x^{10} \quad x^4$$
$$0.9x^6 \quad x^2 \quad -6x^3 \quad 8x^8$$

a) 차수가 3인 단항식
b) 계수가 음수인 단항식
c) 계수가 1인 단항식

‖ [381~382] 68쪽의 대수막대를 이용해서 다음 물음에 답하시오.

381 다음 대수막대가 나타내는 단항식을 쓰시오.

a) 　b) 　c)

d) 　e) 　f)

382 다음 단항식을 대수막대를 이용해서 표현하시오.

a) -3　　b) $4x$　　c) $-5x$
d) $3x^2$　　e) 6　　f) $-3x^2$

383 다음 단항식의 동류항을 세 개씩 쓰시오.

a) $3x$　　b) $-x^4$　　c) 8

384 $x = 3$일 때, 다음 단항식의 값을 계산하시오.

a) $5x$　　b) $-7x$　　c) $6x^2$
d) $-2x^2$　　e) $2x^3$　　f) $-x^3$

385 $x = -1$일 때, 다음 단항식의 값을 계산하시오.

a) $4x$　　b) $-5x$　　c) $8x^2$
d) $-x^6$　　e) x^3　　f) $-2x^3$

386 다음 단항식들이 동류항인지 아닌지 설명 하시오.

a) $3x^5$과 $6x^5$　b) x^3과 x^4　c) $2x$와 $2y$

387 변수가 x인 다음 단항식을 만드시오.

a) 계수가 -4이고 차수가 3
b) 계수가 -1이고 차수가 5
c) 계수가 1이고 차수가 1
d) 계수가 8이고 차수가 0

388 다음 도형수열에서 도형 4, 도형 5를 그리시오. 도형 1~5의 각 도형에 들어 있는 원의 개수를 표로 만드시오. n번째 도형에는 원이 몇 개 있는가?

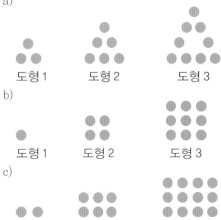

a)

도형 1　도형 2　도형 3

b)

도형 1　도형 2　도형 3

c)

도형 1　도형 2　도형 3

31 단항식의 덧셈과 뺄셈

예제 1

단항식의 합 $2x + 3x$를 간단히 하시오.

$2x + 3x = 5x$
동류항은 하나로 만들 수 있다.

동류항의 덧셈과 뺄셈

$2x + 3x = (2 + 3)x = 5x$

동류항들은
- 계수의 합을 계산해서 덧셈한다.
- 계수의 차를 계산해서 뺄셈한다.
- 변수는 변하지 않는다.

예제 2

다음을 간단히 하시오.

a) $5x^2 + 4x^2$ b) $5x^2 - 4x^2$

c) $5x^2 - 5x^2$ d) $x^2 - 2x^2$

a) $5x^2 + 4x^2 = (5 + 4)x^2 = 9x^2$

b) $5x^2 - 4x^2 = (5 - 4)x^2 = 1x^2 = x^2$

c) $5x^2 - 5x^2 = (5 - 5)x^2 = 0x^2 = 0$

d) $x^2 - 2x^2 = (1 - 2)x^2 = -1x^2 = -x^2$

예제 3

다음 식을 간단히 하고 $x = 10$일 때 식의 값을 계산하시오.

a) $4x^2 + (-7x^2)$ b) $3x^2 - (-2x)$

괄호 없애기

$+(+2) = +2$ $+(-2) = -2$

$-(+2) = -2$ $-(-2) = +2$

a) $4x^2 + (-7x^2)$ ▪ 괄호를 없앤다.

   $= 4x^2 - 7x^2$ ▪ 동류항이면 간단히 한다.

   $= -3x^2$

   $x = 10$이므로,

   $-3x^2 = -3 \cdot 10^2 = -3 \cdot 100 = -300$이다.

b) $3x^2 - (-2x)$ ▪ 괄호를 없앤다.

   $= 3x^2 + 2x$ ▪ 동류항이 아니면 간단히 할 수 없다.

   $3x^2 + 2x = 3 \cdot 10^2 + 2 \cdot 10$

     $= 3 \cdot 100 + 2 \cdot 10 = 300 + 20 = 320$이다.

389 다음 대수막대가 나타내는 식을 만들고 간단히 하시오.

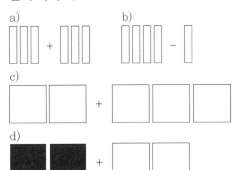

a)   b)

c)

d)

390 대수막대를 이용해서 다음을 나타내고 간단히 하시오.

a) $4x + 2x$ b) $x^2 + 2x^2$

c) $5x - 3x$ d) $3x^2 - x^2$

391 다음을 간단히 하시오.

a) $6x + 6x$ b) $7x^3 - 5x^3$

c) $8x^2 + x^2$ d) $10x^2 - x^2$

e) $-x^3 + x^3$ f) $-7x - 8x$

g) $3x^3 - 9x^3$ h) $-8x^3 + 2x^3$

M	A	N	G	E	L
0	$-15x$	$-6x^3$	$12x$	$2x^3$	$9x^2$

392 가능하다면 다음을 간단히 하시오.

a) $3y^2 + x^2$ b) $9x^3 - x^3$

c) $4x^3 + 4x^3$ d) $10x^2 - 5x$

e) $y^4 + 5$ f) $8y^2 + 5y^2$

393 다음을 계산하시오.

a) $5 + (-7)$ b) $-8 + (-9)$

c) $5 - (-7)$ d) $-8 - (-9)$

394 다음을 간단히 하시오.

a) $6x + (-14x)$ b) $-16x + (-x)$

c) $13x - (-13x)$ d) $11x^3 - (-12x^3)$

e) $-15x - (-x)$ f) $20x^2 - (+20x^2)$

---

395 다음을 간단히 하시오.

a) $4x + 9x + 2x$ b) $x^2 + x^2 + 3x^2 + 6x^2$

c) $8x + 13x - 7x$ d) $11x^3 - 18x^3 + 5x^3$

396 다음 식을 간단히 하고 $x = -5$일 때 식의 값을 계산하시오.

a) $3x + (-6x) - 4x$

b) $-2x^2 - (-8x^2) - x^2$

c) $-x - 10x - (-7x)$

397 다음 삼각형의 둘레의 길이가 $30x$일 때 삼각형의 세 번째 변의 길이를 계산하시오.

a)   b)

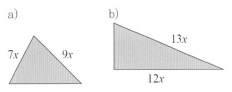

398 다음에 알맞은 두 단항식을 쓰시오.

a) 합이 $3x^2$ b) 차가 $3x^2$

399 다트를 세 개 던져서 각각 다른 식을 맞혔다. 다트가 꽂힌 세 단항식의 합이 다음과 같을 때 세 식을 쓰시오.

a) $7x$

b) $4x$

c) 0

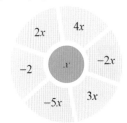

400 다음 빈칸에 알맞은 식을 쓰시오.

$5x$	$-$		$-$		$=$	$3x$
$+$		$-$		$+$		$-$
	$+$		$+$	$9x$	$=$	$5x$
$-$				$+$		$+$
$7x$	$-$		$+$	$-4x$	$=$	
$=$		$=$		$=$		$=$
$-3x$	$+$	$6x$	$-$		$=$	0

32 단항식의 곱셈

곱셈의 교환법칙

식의 순서를 바꾸어도 곱의 결과는 같다.

같은 수나 문자의 거듭제곱의 곱셈

$x^m \cdot x^n = x^{m+n}$

예제 1

다음을 간단히 하시오.

a) $3 \cdot 2x$ b) $-2 \cdot 5x$ c) $4x \cdot 3x^2$

a) $3 \cdot 2x = 2x + 2x + 2x = 6x$

b) $-2 \cdot 5x = -2 \cdot 5 \cdot x = -10x$

c) $4x \cdot 3x^2$ ■ 수와 문자의 순서를 바꾼다.

   $= 4 \cdot 3 \cdot x \cdot x^2$ ■ $x \cdot x^2 = x^1 \cdot x^2 = x^{1+2}$

   $= 12x^3$

단항식의 곱셈

$4x^2 \cdot 7x^3$

$= 4 \cdot 7 \cdot \underbrace{x^2 \cdot x^3}$
    $\underset{\text{계수}}{}$ $\underset{\text{문자}}{}$

$= 28x^5$

- 단항식의 곱셈은 계수는 계수끼리 문자는 문자끼리 곱한다.
- 문자가 같은 거듭제곱은 지수끼리 더한다.

$\boxed{+} \; \boxed{\times} \; \boxed{+} \; \rightarrow \; \boxed{+}$

$\boxed{-} \; \boxed{\times} \; \boxed{-} \; \rightarrow \; \boxed{+}$

$\boxed{+} \; \boxed{\times} \; \boxed{-} \; \rightarrow \; \boxed{-}$

$\boxed{-} \; \boxed{\times} \; \boxed{+} \; \rightarrow \; \boxed{-}$

계산기 사용법

예제 2

다음을 간단히 하시오.

a) $2x \cdot 5x^3$ b) $3x^2 \cdot (-2x^2)$ c) $-x^5 \cdot (-5x^6)$

a) $2x \cdot 5x^3 = 2 \cdot 5 \cdot x \cdot x^3 = 10x^4$

b) $3x^2 \cdot (-2x^2) = 3 \cdot (-2) \cdot x^2 \cdot x^2 = -6x^4$

c) $-x^5 \cdot (-5x^6) = -1 \cdot (-5) \cdot x^5 \cdot x^6 = 5x^{11}$

예제 3

색칠한 부분의 넓이를 구하시오.

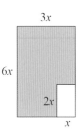

- 먼저 큰 사각형의 넓이를 구한다. $6x \cdot 3x = 18x^2$
- 작은 사각형의 넓이를 구한다. $2x \cdot x = 2x^2$
- 큰 사각형의 넓이에서 작은 사각형의 넓이를 뺀다.

   $18x^2 - 2x^2 = 16x^2$ **정답 : $16x^2$**

401 다음을 간단히 하시오.

a) $3 \cdot x$ b) $4 \cdot 8x$

c) $2 \cdot 12x^2$ d) $-3 \cdot 20x$

402 다음을 간단히 하시오.

a) $x^4 \cdot x^2$ b) $x \cdot x^7$

c) $x \cdot x^2 \cdot x$ d) $x^6 \cdot x^9$

403 다음을 간단히 하시오.

a) $4x \cdot 11x$ b) $4x^2 \cdot 11$

c) $4x \cdot 11x^2$ d) $4x + 11x$

404 다음을 간단히 하시오.

a) $7x \cdot 8x$ b) $2x^2 \cdot x^5$

c) $x^4 \cdot 9x$ d) $5x^4 \cdot 7x^4$

405 다음을 간단히 하시오.

a) $5x \cdot 5x$ b) $x^5 \cdot x^5$

c) $5x \cdot x^5$ d) $5x + 5x$

e) $x \cdot x$ f) $x + x$

406 다음 곱셈식 표를 완성하시오.

$\times$	$3x$	$8x^2$	$-x^3$
9			
$6x$			
$-7x^2$			

407 다음을 간단히 하시오.

a) $5x \cdot (-8x)$ b) $-10x \cdot (-4x^2)$

c) $-8x^3 \cdot 8x^2$ d) $-6x^3 \cdot (-x)$

408 다음 색칠한 부분의 넓이를 구하는 식을 만들고 간단히 하시오.

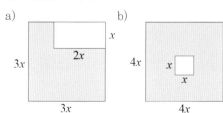

409 단항식 $5x^3$과 $-4x^3$의 다음을 구하는 식을 만들고 간단히 하시오.

a) 합   b) 차

c) 곱   d) 곱의 제곱

410 다음을 간단히 하시오.

a) $4x \cdot 3x$ b) $-2x \cdot 6x$

c) $-3 \cdot 12x$ d) $-4 \cdot (-9x)$

e) $(-6x)^2$ f) $-(6x)^2$

T	E	F	R	A	M	I
$-36x^2$	$-12x^2$	$12x^2$	$-36x$	$36x^2$	$36x$	$-6x^2$

411 다음을 간단히 하시오. 계산 순서에 유의하시오.

a) $3x \cdot 6 - 2 \cdot 5x$

b) $7 \cdot (-6x) + 12x \cdot 3$

c) $2x \cdot 13x - 3 \cdot 7x^2$

d) $-4x \cdot 8x + 14x \cdot (-2x)$

412 다음 빈칸에 알맞은 단항식을 쓰시오.

a) $7y^4 \cdot \boxed{} = 14y^5$

b) $-2y^3 \cdot \boxed{} = -18y^5$

c) $\boxed{} \cdot 9x^5 = -45x^5$

d) $\boxed{} \cdot (-6y) = 18y^5$

413 다트를 세 개 던져서 각각 다른 식을 맞혔다. 다트가 꽂힌 세 단항식의 곱이 다음과 같을 때 세 식을 쓰시오.

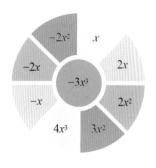

a) $-2x^3$ b) $6x^4$ c) $24x^7$

다항식

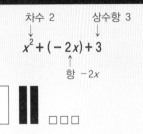

차수 2   상수항 3

$$x^2 + (-2x) + 3$$

항 $-2x$

- 다항식은 단항식이나 단항식들의 합이다.
- 덧셈으로 연결된 단항식들이 다항식의 항을 이룬다.
- 다항식의 차수는 차수가 가장 높은 항의 차수이다.
- 단항식 $5x$에는 항이 $5x$ 한 개 있다.
- 다항식 $7x+5$에는 항이 $7x$, 5 두 개 있다.
- 다항식 x^2-2x+3에는 항이 x^2, $-2x$, 3 세 개 있다.
- 다항식 $x^2+(-2x)+3$을 간단히 하면 x^2-2x+3이 된다.

예제 1

a) 대수막대가 나타내는 다항식은?
b) 다항식의 차수는?
c) 다항식의 상수항은?

a) $-2x^2 + x - 4$
b) 차수가 가장 높은 항은 $-2x^2$이므로 다항식의 차수는 2이다.
c) 상수항은 -4이다.

예제 2

항들이 $3x^2$, $-2x$, -1인 다항식을 쓰시오.

다항식은 단항식 $3x^2$, $-2x$, -1의 합이다.
$$3x^2 + (-2x) + (-1) = 3x^2 - 2x - 1$$

대수막대를 이용한 다항식

예제 3

a) 다항식 $6x - 5 - x^2$의 항들을 차수가 가장 높은 항부터 차례대로 재배열하시오.
b) $x = 2$일 때, 다항식의 값을 계산하시오.

a) $\underline{6x} \cdots \underline{-5} - x^2 = -x^2 + \underline{6x} \cdots \underline{-5}$
b) $x = 2$일 때, 다음과 같다.
$$-x^2 + 6x - 5 = -2^2 + 6 \cdot 2 - 5 = -4 + 12 - 5 = 3$$

414 다음 대수막대가 나타내는 다항식은?

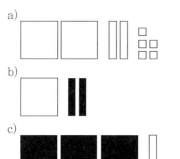

a)

b)

c)

415 대수막대를 이용해서 다음 다항식을 나타내시오.

a) $x^2 + 2$ b) $-2x^2 + 3x + 1$

c) $-x^2 + 4$ d) $4x^2 - 2x + 3$

416 다음 다항식의 항들을 나열하시오.

a) $3x + 15$ b) $3x^4 + 4x - 1$

c) $-x^3 - x$ d) $x^2 + 3x + 4$

417 항들이 다음과 같은 다항식을 쓰시오.

a) $7x^2$, $-9x$, 6 b) $-2x^3$, $-x$, 5

418 아래 보기의 다항식 중 다음 식을 찾아 쓰시오.

$3x$ $3x^3 + 2x - 5$ $x + 1$ 5

$x^5 - x^3 - x$ $x^3 + x^2$ $5x^3$

a) 단항식

b) 항이 2개인 다항식

c) 항이 3개인 다항식

419 다음 표를 완성하시오.

다항식	항의 개수	차수	상수항
$5x^2 + 4$			
$7x^3 + 6x^2 - x$			
$-121x$			

420 다음 다항식의 항들을 차수가 가장 높은 항부터 차례대로 재배열하고 $x = 10$일 때 다항식의 값을 계산하시오.

a) $-x + 1 + x^2$ b) $-2 - 3x + 4x^2$

c) $4 - x^2$ d) $2 - x - x^2 + 2x^3$

421 다음 보기에서 다항식을 찾아 쓰시오.

$x + 2$ $x^5 + 3x^4 + \dfrac{1}{x}$ $9x^{-3}$

$\dfrac{x^2 + 7}{x}$ $\dfrac{x^3}{2} + x^2 - 5$ 6

422 항들이 다음과 같은 다항식을 쓰시오.

a) $4x$, 6 b) $-3x^3$, x, -12

c) x, x^2 d) 16, $-x^2$

423 x의 값이 다음과 같을 때, 다항식의 값이 가장 큰 식의 기호를 쓰시오.

Ⓐ $-x^3 + 2x + 1$ Ⓑ $x^3 + 2x - 1$

Ⓒ $2x^2 - x + 3$ Ⓓ $-2x^2 + x + 3$

a) $x = 2$ b) $x = 0$ c) $x = -2$

424 다음 다항식의 항들을 차수가 가장 높은 항부터 차례대로 재배열하고 $x = -1$일 때 다항식의 값을 계산하시오.

a) $2x + 4 + 5x^2$

b) $5 + 3x^3 + 4x$

c) $-3 + 2x^4 - 7x^2$

d) $5x^5 - 8x - 6x^3$

425 다음 식에서 x의 값을 구하시오.

a) $x^2 - 1 = 48$ b) $x^3 + 1 = 9$

c) $3(x + 4) = 27$ d) $\sqrt{x - 8} = 16$

426 다음 조건을 만족하는 다항식을 모두 쓰시오.

a) 차수가 2이고 계수 또는 상수항이 -1, 3, 3이며 항이 3개인 다항식

b) 차수가 3이고 계수 또는 상수항이 4, -5이며 항이 2개인 다항식

식을 간단히 하기

동류항들을 차수가 가장 높은 항부터 차례대로 합한다.

예제 1

간단히 하시오.

a) $x+1+2x+1$ 　　　　　　　b) $4x+x^2+5+3x^2-7x+2$

a) $\underline{x}+1+\underline{2x}+1=3x+2$

b) $\underline{4x}+\underline{x^2}+5+\underline{3x^2}-\underline{7x}+2=4x^2-3x+7$

정답 : a) $3x+2$　　b) $4x^2-3x+7$

다항식의 덧셈

$3x+1+(2x-5)$
$=\underline{3x}+1+\underline{2x}-5$
$=5x-4$

다항식 $3x+1$과 $2x-5$의 합의 계산

1. 더할 다항식을 괄호 안에 표시한다.
2. 괄호를 없앤다. 이때 부호가 바뀌지 않는다.
3. 식을 간단히 한다.

합은 $(3x+1)+(2x-5)$로 나타내고 간단히 할 수도 있다. 괄호를 없앨 때 괄호 안에 있는 항들의 부호는 바뀌지 않는다.

예제 2

다음 다항식의 합을 구하는 식을 만들고 간단히 하시오.

a) $3x-2$, $x+1$　　　　　　b) $6x+1$, $-x^2-2x+5$

$+(-x^2)=-x^2$
$+(-2x)=-2x$
$+(+5)=+5$

a) $3x-2+(x+1)$
　　$=\underline{3x}-2+\underline{x}+1$
　　$=4x-1$

　　■ 괄호를 없앤다.
　　■ 동류항끼리 더한다.

b) $6x+1+(-x^2-2x+5)$
　　$=\underline{6x}+1-\underline{x^2}-\underline{2x}+5$
　　$=-x^2+4x+6$

　　■ 괄호를 없앤다.
　　■ 동류항끼리 더한다.

정답 : a) $4x-1$　　b) $-x^2+4x+6$

427 다음을 간단히 하시오.

a) $3x+4+2x+5$

b) $2x^2+4+x^2+3x+2$

c) $x^2+3x+4x^2+1+3x+6$

428 다음을 간단히 하시오.

a) $5x+4+18x-5$

b) $11x^2+8x+21-2x^2-9x+4$

c) $10x-4-6x+8x^2-3x^2+4$

429 다음 덧셈식 피라미드를 완성하시오.

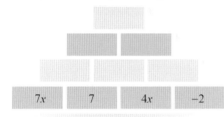

| $7x$ | 7 | $4x$ | -2 |

430 다음을 간단히 하시오.

a) $13x+1+(2x+13)$

b) $x^2+23x+12+(20x^2+x+14)$

c) $6x+(16x+11x)$

431 다음을 간단히 하시오.

a) $17x+15+(-4x-1)$

b) $9x^2-6x+(-13x-9)$

c) $(x^2-x)+(12x^2+17x-10)$

432 다음 식을 간단히 하고 $x=5$일 때 식의 값을 계산하시오.

a) $8x^2+x+(2x^2+45)$

b) $99x^2+101x+(x^2-x)$

433 다음 두 다항식의 합을 구하는 식을 만들고 간단히 하시오.

a) x, $x-3$　　　b) $8x+7$, $9x-6$

434 다음 세 다항식의 합을 구하는 식을 만들고 간단히 하시오.

a) $2x+13$, $-9x+8$, x

b) $2x^2+5x+2$, $-3x+5$, x^2+5x

435 다음 도형의 둘레의 길이를 구하는 식을 만들고 간단히 하시오.

a)

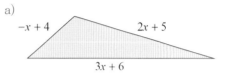

b)

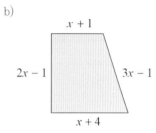

436 다음 식을 간단히 하고 $x=-2$일 때 식의 값을 계산하시오.

a) $-x^2+(3x^2-5x)+(-x^2-4x)$

b) $16x^3+8x^2+8+(-5x^3-7x^2-4)$

437 다음 식에서 x의 값을 구하시오.

a) $x^2+5+(-x^2+x)=17$

b) $x^3+2x-6+(-x+8)=12$

c) $x^3+x^2+(x^2+4)=7$

438 다음 빈칸에 알맞은 항이 2개인 다항식을 구하시오.

a) $2x^2-4x+6+\boxed{}=15x^2-4x+3$

b) $14x^2+8x-4+\boxed{}=7x^2-2x-4$

c) $-20x^2+x-1+\boxed{}=-20x^2+10x-7$

두 단항식의 합은 $2\,250x^2$이고 차는 $2\,750x^2$일 때 내가 생각하고 있는 두 단항식은 무엇일까?

5＝＋5임을 기억하자.

예제 1

다음 방식으로 $9-(5+1)$을 계산하시오.

a) 먼저 괄호 안의 식을 계산하시오.
b) 먼저 괄호를 없애시오.

a) $9-(5+1)=9-6=3$
b) $9-(5+1)=9-5-1=3$

    괄호가 없어지고 괄호 안에 있는 항들의 부호는 반대로 바뀐다.

다항식의 뺄셈

$3x+1-(2x-5)$
$=3x+1-2x+5$
$=x+6$

다항식 $3x+1$과 $2x-5$의 차의 계산

1. 뺄 다항식을 괄호 안에 표시한다.
2. 괄호를 없앤다. 이때 부호가 바뀐다.
3. 식을 간단히 한다.

차는 $(3x+1)-(2x-5)$로 나타내고 괄호를 없애서 간단히 할 수도 있다. 괄호 안에 있는 항들의 부호는 괄호 앞에 음의 부호가 있을 때만 바뀐다.

예제 2

• 괄호를 없애고 필요한 경우 부호를 바꾼다.
• 동류항들을 합한다.

다음을 간단히 하시오.

a) $3x-(x+1)$
b) $x-2-(4x-5)$
c) $x-1-(-x^2+3x-1)$

a) $3x-(x+1)$
   $=3x-x-1$
   $=2x-1$

b) $x-2-(4x-5)$
   $=x-2-4x+5$
   $=-3x+3$

c) $x-1-(-x^2+3x-1)$
   $=x-1+x^2-3x+1$
   $=x^2-2x$

정답 : a) $2x-1$　b) $-3x+3$　c) x^2-2x

439 다음의 괄호를 없애시오.

    a) $-(-6x+5)$ b) $-(11x-9)$

440 다음을 간단히 하시오.

    a) $4x-(2x+5)$ b) $2x-(-7x+3)$

    c) $6x-(5x-3)$ d) $3x-(-4x-4)$

    e) $x-(-x+5)$ f) $-3x-(6x-3)$

    g) $-x-(-2x+3)$ h) $-7x-(-9x+5)$

    i) $-4x-(3x+4)$

L	U	K	I
$7x+4$	$9x-3$	$x+3$	$-9x+3$

S	Ä	D	E
$-7x-4$	$2x+5$	$x-3$	$2x-5$

441 다음 식을 간단히 하고 $x=3.7$일 때 식의 값을 계산하시오.

    a) $-6x-1+(-4x+1)$

    b) $-3x+8-(5-3x)$

    c) $3x+x-(4x+10x)$

442 다음 두 다항식의 차(A−B)를 구하는 식을 만들고 계산하시오.

    a) $A=x^2+x$, $B=9x^2-6x$

    b) $A=6x+5$, $B=-5x-2$

    c) $A=x^2-6x$, $B=-3x-4$

443 다음을 간단히 하시오.

    a) $-x^2+2-(-2x^2+x-2)$

    b) $-4x^2+3x-3-(8x^2-7x+5)$

    c) $(5x^2-x)-(6x^2+5x-12)$

444 다음 뺄셈식 피라미드를 완성하시오. (왼쪽에 있는 식에서 오른쪽에 있는 식을 빼서 그 차를 아래쪽 중간에 표시한다.)

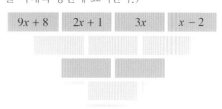

445 다음을 간단히 하시오.

    a) $7x-(3+9x)-5$

    b) $5x-(3x+5x^2)-8x^2$

446 다음을 간단히 하시오.

    a) $-(2x+5x)-(4x+11x)$

    b) $5x+(7x+5)-(-4x-1)$

    c) $-(9x^2-6x)+(-3x-9)$

    d) $x^2-x-(4x^2+3x-3)+x^2$

447 다음 식을 간단히 하고 $x=-3$일 때 식의 값을 계산하시오.

    a) $2x^3-3x^2+5x+(-x^3+4x^2-10x)$

    b) $6x^3+9x-(5x^3-3x^2-x)+3x^2$

448 다음 빈칸에 알맞은 다항식을 구하시오.

    a) $5x-(\quad)=-2x-1$

    b) $3x^2+(\quad)-4=-8x^2-12$

    c) $-2x^2-(\quad)=-7x^2+7x$

449 다음 삼각형의 둘레의 길이는 $16x+3$이다. 변 AB의 길이를 계산하시오.

a)

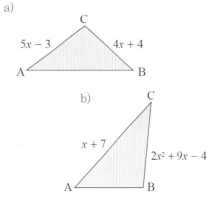

다항식의 덧셈과 뺄셈

$5x - (7x - 3) + (3x - 8)$
$= 5x - 7x + 3 + 3x - 8$
$= x - 5$

1. 더하고 뺄 다항식을 괄호 안에 표시한다.
2. 괄호를 없앤다. 이때 괄호 앞에 음의 부호가 있다면 부호를 바꾼다.
3. 동류항들을 차수가 가장 높은 항부터 차례대로 합한다.

예제 1

다항식 $A = x^2 - 2x + 3$과 $B = -3x^2 + 5x - 2$의 다음을 구하는 식을 만들고 간단히 하시오.

a) $A + B$ b) $A - B$

더할 다항식을 괄호 안에 표시한다. 괄호를 없앤다. 이때 부호가 바뀌지 않는다.

빼 다항식을 괄호 안에 표시한다. 괄호를 없앤다. 이때 부호가 바뀐다.

a) $x^2 - 2x + 3 + (-3x^2 + 5x - 2)$
$= x^2 - 2x + 3 - 3x^2 + 5x - 2$
$= -2x^2 + 3x + 1$
b) $x^2 - 2x + 3 - (-3x^2 + 5x - 2)$
$= x^2 - 2x + 3 + 3x^2 - 5x + 2$
$= 4x^2 - 7x + 5$

예제 2

식 $(-6x^2 - 1) - (-2x^2 - 3x) + (4x^2 + 1)$을 간단히 하고 $x = 9$일 때 식의 값을 계산하시오.

$0x^2 = 0$이라는 것을 기억하자.

$(-6x^2 - 1) - (-2x^2 - 3x) + (4x^2 + 1)$
$= -6x^2 - 1 + 2x^2 + 3x + 4x^2 + 1$
$= 0x^2 + 3x + 0$
$= 3x$
$x = 9$일 때, $3x = 3 \cdot 9 = 27$이다.
     정답 : 간단히 한 식은 $3x$이고 $x = 9$일 때 식의 값은 27이다.

기후측정풍선은 바람의 방향이나 속도를 측정하는 데 쓰인다.

● ● ● ● 연습

450 다음을 간단히 하시오.

a) $-3x+(x+8)$

b) $-3x-(x+8)$

c) $-x+(-x+8)$

d) $-2x-(-2x-8)$

e) $3x-(x+8)$

f) $x+3-(3x-5)$

g) $-5x-2-(-x-6)$

V	I	L	Ä	S
$-4x+4$	$2x-8$	$-4x-8$	$-2x+8$	8

451 다음을 간단히 하시오.

a) $(x+7)+(x+7)$

b) $(2x+4)-(2x-4)$

c) $(6x+3)-(6x+3)$

d) $-(5x+1)-(5x+1)$

452 다항식 $A=12x+4$와 $B=8x-6$의 다음을 구하는 식을 만들고 간단히 하시오.

a) $A+B$ \qquad b) $A-B$

453 다음 식을 간단히 하시오.

a) $(2x^2+5x+3)-(4x^2+x-2)$

b) $(-2x^2+x-2)-(-2x^2+x-2)$

c) $-(-5x^2+7x-2)-(2x^2+x-9)$

454 다항식 $A=2x^3-2x+1$과 $B=-5x^3-4x+7$의 다음을 구하는 식을 만들고 간단히 하시오.

a) $A+B$ \qquad b) $A-B$

455 다음 식을 간단히 하고 $x=99$일 때 식의 값을 계산하시오.

a) $(2x+3)+(x+5)-(2x-4)$

b) $x^2+x+1+(x+3)-(x^2+2x+2)$

456 다음 식을 간단히 하시오.

a) $(4x^2+2x)-(9x^2-x)+(-x^2+4x)$

b) $(-x^2+3x)+(-3x^2+x)-(2x^2+x)$

● ● ● ● 응용

457 다음 식을 간단히 하고 $x=1.2$일 때 식의 값을 계산하시오.

a) $(-5x^3+3x^2+0.12)+(5x^3-x^2)$

b) $(-x^2+10x)-(-97x^2-90x)-96x^2$

458 다음을 식으로 나타내고 $x=7$일 때 식의 값을 계산하시오.

a) 단항식 $7x$에 이항식 $2x+3$을 더한다.

b) 단항식 $3x$에서 이항식 $x-6$을 뺀다.

c) 이항식 $8x-3$에 이항식 $9-x$를 더한다.

d) 이항식 $2x-5$에서 이항식 $-x-7$을 뺀다.

459 다음 빈칸에 알맞은 다항식을 구하시오.

a) $(8x+5)+(\quad)=0$

b) $(\quad)+(-4x-1)=0$

c) $(3x^2-6)-(\quad)=0$

d) $(\quad)-(4x^2+2x-3)=0$

460 아래 보기에서 다음에 알맞은 두 다항식을 고르시오.

$8x+6$	$x+5$	$-2x-2$
$-4x-1$	$6x+7$	$5x-1$

a) 합이 $6x+4$ \qquad b) 차가 $2x-1$

461 다트를 두 개 던졌다. 다트가 꽂힌 두 다항식의 합이나 차가 다음과 같을 때 두 식을 쓰시오.

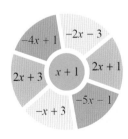

a) 합이 $-3x+2$

b) 차가 $-3x+2$

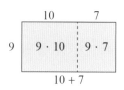

예제 1

다음 방식으로 $9 \cdot (10 + 7)$을 계산하시오.

a) 먼저 괄호 안에 있는 합을 계산하시오.

b) 괄호 안에 있는 각 항에 9를 곱하시오.

a) $9 \cdot (10 + 7) = 9 \cdot 17 = 153$

b) $9 \cdot (10 + 7) = 9 \cdot 10 + 9 \cdot 7 = 90 + 63 = 153$

다항식에 수 곱하기

괄호 안에 있는 각 항에 괄호 밖에 있는 수를 곱한다.

$3 \cdot (x + 2) = 3 \cdot x + 3 \cdot 2 = 3x + 6$

넓이는 $3(x + 2) = 3x + 6$이다.

예제 2

다음을 간단히 하시오.

a) $2(x + 3)$

b) $-5(3x + 7)$

괄호 앞에 있는 곱셈기호는 생략해도 된다.

$2 \cdot (x + 3) = 2(x + 3)$

a) $2(x + 3)$
$= 2 \cdot x + 2 \cdot 3$
$= 2x + 6$

- 각 항에 2를 곱한다.
- 식을 간단히 한다.

b) $-5(3x + 7)$
$= -5 \cdot 3x + (-5) \cdot 7$
$= -15x - 35$

- 각 항에 -5를 곱한다.
- 식을 간단히 한다.

예제 3

다음을 간단히 하시오.

a) $2(4x - 1)$
b) $-3(x - 5)$
c) $-1 \cdot (2x - 3)$

$-1 \cdot (2x - 3) = -(2x - 3)$이라는 것을 기억하자.

a) $2(4x - 1) = 8x - 2$
b) $-3(x - 5) = -3x + 15$
c) $-1 \cdot (2x - 3) = -2x + 3$

462 다음 방식으로 $5 \cdot (20+4)$를 계산하시오.

a) 먼저 괄호 안에 있는 합을 계산하시오.
b) 괄호 안에 있는 각 항에 5를 곱하시오.

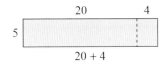

463 괄호 안에 있는 각 항에 괄호 밖에 있는 수를 곱하는 방식으로 다음을 계산하시오.

a) $5 \cdot (40+5)$ b) $-4 \cdot (25-2)$

464 다음을 간단히 하시오.

a) $2 \cdot (x+8)$ b) $5 \cdot (x+6)$
c) $10 \cdot (x+9)$ d) $28 \cdot (x+1)$

465 다음을 간단히 하시오.

a) $3(4x+2)$ b) $4(11x+6)$
c) $7(2x^3-9)$ d) $8(-2x^2+3x)$

466 다음을 간단히 하시오.

a) $12(3x^2-5x+1)$
b) $-9(9x^2+6x-8)$
c) $-7(-2x^2+5x-9)$

467 다음을 간단히 하시오.

a) $2(12x-6)$ b) $4(-9x-2)$
c) $2(-3x+8)$ d) $8(-x-6)$
e) $3(8x-4)$ f) $-4(-8x-5)$
g) $-3(-13x-6)$ h) $-12(-2x+1)$
i) $-6(-4x+2)$ j) $-2(4x+24)$

P	$-8x+48$	V	$-6x+16$
A	$-8x-48$	E	$-36x-8$
N	$24x-12$	L	$32x+20$
U	$24x+12$	I	$39x+18$

468 다음을 간단히 하시오.

a) $-1 \cdot (x^2+3)$
b) $-1 \cdot (-2x^2+6x-9)$
c) $-(-x^2+7)$
d) $-(5x^2+3x-1)$

469 다음을 간단히 하시오.

a) $(6x-9) \cdot 7$ b) $(x^2+3x+5) \cdot 11$
c) $2 \cdot 5(3x+6)$ d) $(-x^2+8x) \cdot 2 \cdot 4$

470 다항식 $2x+3$에 어떤 수를 곱하면 다음과 같은 식이 나오는지 구하시오.

a) $4x+6$ b) $20x+30$
c) $10x+15$ d) $60x+90$

471 다음 빈칸에 알맞은 수를 구하시오.

a) $\boxed{} \cdot (9x-3) = -9x+3$

b) $\boxed{} \cdot (12x-18) = -6x+9$

472 다음 빈칸에 알맞은 다항식을 구하시오.

a) $3(\boxed{}) = 3y+6$

b) $9(\boxed{}) = 18y+36$

c) $-4(\boxed{}) = 8y^2-16$

d) $0.5(\boxed{}) = -4y^2+10$

473 다음 직사각형의 넓이와 둘레의 길이를 구하는 식을 만들고 간단히 하시오.

a)
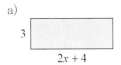

b)

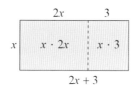

예제 1

다음 곱을 계산하시오.

a) $x(2x+3)$

b) $5x(x^2-4)$

a) $x(2x+3)$
   $=2x^2+3x$

■ 각 항에 x를 곱한다.

b) $5x(x^2-4)$
   $=5x^3-20x$

■ 각 항에 $5x$를 곱한다.

예제 2

$-2x^2(x^2-9x-1)$을 간단히 하시오.

$-2x^2(x^2-9x-1)$
$=-2x^4+18x^3+2x^2$

■ 각 항에 $-2x^2$을 곱한다.

예제 3

다음 물음에 답하시오.

a) 직사각형의 넓이를 구하는 식을 만들고 간단히 하시오.

b) $x=3$일 때 넓이를 계산하시오.

a) 넓이를 구하는 식은
   $2x(3x-2)=6x^2-4x$이다.

b) $x=3$일 때,
   $6x^2-4x=6\cdot3^2-4\cdot3=6\cdot9-12=54-12=42$이다.

정답 : a) $6x^2-4x$ b) 42

474 다음을 간단히 하시오.

    a) $2x \cdot 7$ b) $-5x \cdot 10x$

    c) $-4x^3 \cdot (-15x^2)$ d) $3x \cdot (-6x^3)$

475 다음을 간단히 하시오.

    a) $2x(x+8)$ b) $7x(4x+7)$

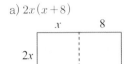 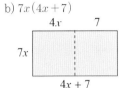

    c) $11x(x+9)$ d) $12x(3x+2)$

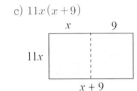 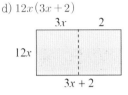

476 다음 직사각형에 대하여 물음에 답하시오.

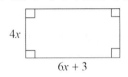

    a) 직사각형의 넓이를 구하는 식을 만들고 간단히 하시오.

    b) $x=2$ 일 때 직사각형의 넓이를 계산하시오.

477 다음을 간단히 하시오.

    a) $4x(13x+10)$ b) $7x(3x^2-6)$

    c) $8x^2(-x^3+9x)$ d) $9x^2(6x^2+5)$

478 다음을 간단히 하시오.

    a) $3x(-11x+6)$ b) $5x^2(3x^2-6)$

    c) $x(x^3+4x)$ d) $12x^4(4x^2-1)$

479 다음 곱셈식 표를 완성하시오.

$\times$	$x+11$	$7x^2-6$	$4x^3+x$
x			
$8x$			
$-10x^2$			

480 다음을 간단히 하시오.

    a) $4x^2(-13x^2+x+6)$

    b) $-8x^2(9x^2-4x-2)$

    c) $(-11x^2+x-6) \cdot 7x$

    d) $(3x^2+4x-6) \cdot 5x$

481 다음 빈칸에 알맞은 단항식을 구하시오.

    a) $\boxed{} \cdot (8x-3) = 56x^2-21x$

    b) $\boxed{} \cdot (-18x^2-12) = 9x^3+6x$

    c) $\boxed{} \cdot (7x^3-x^2) = -7x^5+x^4$

482 직사각형의 넓이가 x^2-5x 이다. 이 직사각형의 가로의 길이가 $x-5$ 라면 세로의 길이는 무엇인가?

483 다음 직사각형의 넓이와 둘레의 길이를 구하는 식을 만들고 간단히 하시오.

    a)   b)

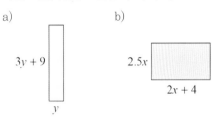

484 다음 직육면체에 대하여 물음에 답하시오.

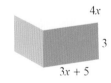

    a) 직육면체의 겉넓이를 구하는 식을 만들고 간단히 하시오.

    b) $x=7.0\,\text{cm}$ 일 때 식육면체의 겉넓이를 구하시오.

485 다음 곱셈식 피라미드를 완성하시오.

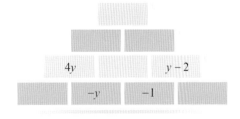

39 다항식과 다항식의 곱셈, (다항식) × (다항식)

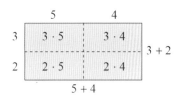

예제 1

다음 방식으로 직사각형의 넓이를 계산하시오.

a) 직사각형의 세로의 길이와 가로의 길이를 곱하시오.

b) 각 부분들의 넓이를 더하시오.

a) $(3+2) \cdot (5+4) = 5 \cdot 9 = 45$

b) $3 \cdot 5 + 2 \cdot 5 + 3 \cdot 4 + 2 \cdot 4$
$= 15 + 10 + 12 + 8$
$= 45$

다항식과 다항식의 곱셈

• 다항식과 다항식의 곱셈은 다항식의 항들을 각각 곱해서 계산한다.

$$(x+2)(2x+3) = x \cdot 2x + x \cdot 3 + 2 \cdot 2x + 2 \cdot 3$$
$$= 2x^2 + 3x + 4x + 6$$
$$= 2x^2 + 7x + 6$$

예제 2

다음을 간단히 하시오.

a) $(x+4)(x-5)$ b) $(x-1)(2x-7)$

a) $(x+4)(x-5)$

$= x^2 - 5x + 4x - 20$ ■ 각 항을 곱한다.

$= x^2 - x - 20$ ■ 동류항끼리 더한다.

b) $(x-1)(2x-7)$

$= 2x^2 - 7x - 2x + 7$ ■ 각 항을 곱한다.

$= 2x^2 - 9x + 7$ ■ 동류항끼리 더한다.

486 다음 방식으로 직사각형의 넓이를 계산하시오.

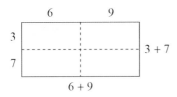

a) 직사각형의 세로의 길이와 가로의 길이를 곱하시오.
b) 각 부분들의 넓이를 더하시오.

487 세로의 길이와 가로의 길이를 곱해서 다음 직사각형의 넓이를 구하는 식을 만들고 식을 간단히 하시오.

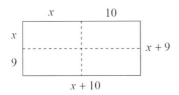

488 다음을 간단히 하시오.

a) $(x+3)(x+8)$　　b) $(x+4)(x+7)$

c) $(x+5)(x+1)$　　d) $(x+9)(x+9)$

489 다음을 간단히 하시오.

a) $(2x+2)(3x+3)$
b) $(7x+7)(7x+7)$
c) $(x+5)(2x+1)$
d) $(3x+5)(6x+4)$

490 다음을 간단히 하시오.

a) $(x+1)(x+1)$　　b) $(x+1)(x-1)$
c) $(x-1)(x+1)$　　d) $(x-1)(x-1)$

491 다음을 간단히 하시오.

a) $(x-8)(x+8)$　　b) $(x-6)(x-7)$
c) $(x-5)(x+6)$　　d) $(x+2)(x-9)$

492 다음 직사각형의 넓이를 구하는 식을 만들고 간단히 하시오.

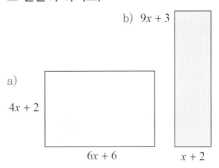

493 한 변의 길이가 $x+2$일 때 정사각형의 넓이를 구하는 식을 만들고 간단히 하시오.

494 다음을 간단히 하시오.

a) $(2x-9)(x-8)$
b) $(-6x+5)(3x-1)$

495 다음을 간단히 하시오.

a) $(4x^2+x)(x-7)$
b) $(2x^2+1)(-x+9)$

496 다항식 $A=7x+5$와 $B=2x-3$의 다음을 구하는 식을 만들고 간단히 하시오.

a) $A+B$　　b) $A-B$　　c) AB

497 다트를 두 개 던졌다. 다트가 꽂힌 두 다항식의 곱이 다음과 같을 때 두 식을 쓰시오.

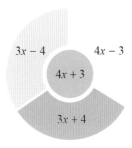

a) $9x^2-16$　　　b) $12x^2-7x-12$

40 │ 다항식과 단항식의 나눗셈, (다항식) ÷ (단항식)

예제 1

다음 방식으로 $\dfrac{6+15}{3}$ 를 계산하시오.

a) 먼저 분자의 합을 계산하시오.

b) 분자의 각 항을 분모인 3으로 나누시오.

a) $\dfrac{6+15}{3} = \dfrac{21}{3} = 7$

b) $\dfrac{6+15}{3} = \dfrac{6}{3} + \dfrac{15}{3} = 2+5 = 7$

다항식을 단항식으로 나누기

$\dfrac{10x-15}{5}$

$= \dfrac{10x}{5} - \dfrac{15}{5} = 2x-3$

- 다항식을 단항식으로 나눌 때는 다항식의 각 항을 단항식으로 나눈다.
- 나눗셈의 결과는 분모에 몫을 곱해서 올바른지 확인할 수 있다.
  $5 \cdot (2x-3) = 10x-15$

예제 2

다음을 간단히 하시오.

a) $\dfrac{4x+12}{4}$　　　　　b) $\dfrac{6x^2+8x}{2x}$

a) $\dfrac{4x+12}{4}$

$= \dfrac{4x}{4} + \dfrac{12}{4}$

$= x+3$

■ 분자의 각 항을 분모로 나눈다.

■ 나눗셈을 계산한다.

같은 수나 문자의 거듭제곱의 나눗셈

$\dfrac{x^m}{x^n} = x^{m-n}$

b) $\dfrac{6x^2+8x}{2x}$

$= \dfrac{6x^2}{2x} + \dfrac{8x}{2x}$

$= 3x+4$

■ 분자의 각 항을 분모로 나눈다.

■ 나눗셈을 계산한다.

정답 : a) $x+3$　　b) $3x+4$

498 다음 방식으로 $\dfrac{77+7}{7}$ 을 계산하시오.

  a) 먼저 분자의 합을 계산하시오.

  b) 분자의 각 항을 분모인 7로 나누시오.

499 다음을 간단히 하시오.

  a) $\dfrac{4x^3}{x}$ b) $\dfrac{x^5}{x}$ c) $\dfrac{8x^2}{4}$

  d) $\dfrac{x^7}{x^3}$ e) $\dfrac{10x^4}{2x}$ f) $\dfrac{8x^6}{2x^5}$

  g) $\dfrac{6x^2}{-x}$ h) $\dfrac{-4x^3}{4x}$ i) $\dfrac{12x^3}{3x^2}$

  j) $\dfrac{-12x^5}{-6x^2}$

J	V	E	N
$2x^2$	$4x^2$	$4x$	$-x^2$

M	E	L	D
$2x^3$	x^4	$5x^3$	$-6x$

500 다음을 간단히 하시오.

  a) $\dfrac{7x+14}{7}$ b) $\dfrac{10x+15}{5}$

  c) $\dfrac{3x^2+2x}{x}$ d) $\dfrac{5x^3+x}{x}$

501 다음을 간단히 하시오.

  a) $\dfrac{32x-8}{8}$ b) $\dfrac{9x-27}{9}$

  c) $\dfrac{-13x+26}{13}$ d) $\dfrac{-33x^2-18x}{3}$

  e) $\dfrac{11x^2+10x}{x}$ f) $\dfrac{17x^3-19x^2}{x}$

502 다음을 간단히 하시오.

  a) $\dfrac{8x^2+6x+2}{2}$

  b) $\dfrac{10x^2+18x-26}{-2}$

  c) $\dfrac{40x^4-50x^3+10x}{-10}$

503 다음 식을 간단히 하고 $x=-10$일 때 식의 값을 계산하시오.

  a) $\dfrac{16x^3+100x^2+200x}{4x}$

  b) $\dfrac{6x^3-15x^2-9x}{3x}$

  c) $\dfrac{70x^3-26x^2-30x}{-2x}$

504 다음을 간단히 하시오.

  a) $\dfrac{24x^2-16x}{8x}$ b) $\dfrac{36x^3-18x}{9x}$

  c) $\dfrac{-6x^3+24x^2}{6x^2}$ d) $\dfrac{20x^4-22x^3}{-2x^3}$

  e) $\dfrac{8x^4-28x^3}{4x^2}$ f) $\dfrac{50x^4-10x^2}{-x}$

505 다음 빈칸에 알맞은 다항식을 구하시오.

  a) $\dfrac{\boxed{}}{2}=9x^2-1$ b) $\dfrac{\boxed{}}{5}=8x^3+4x$

  c) $\dfrac{\boxed{}}{6x}=20x^2-25x$ d) $\dfrac{\boxed{}}{-x}=-3x^2-11$

506 다음 빈칸에 알맞은 단항식을 구하시오.

  a) $\dfrac{75x^2-50}{\boxed{}}=3x^2-2$

  b) $\dfrac{13x^2+6}{\boxed{}}=-13x^2-6$

  c) $\dfrac{32x^2+4x}{\boxed{}}=8x+1$

  d) $\dfrac{-36x^3+30x^2}{\boxed{}}=6x^2-5x$

41 혼합 계산

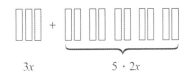

$3x \qquad\qquad 5 \cdot 2x$

곱셈은 덧셈이나 뺄셈을 하기 전에 한다.

예제 1

다음을 간단히 하시오.

a) $3x + 5 \cdot 2x$ b) $4 \cdot 2x - x$ c) $6x^2 + 2x \cdot 4x$

a) $3x + 5 \cdot 2x = 3x + 10x = 13x$

b) $4 \cdot 2x - x = 8x - x = 7x$

c) $6x^2 + 2x \cdot 4x = 6x^2 + 8x^2 = 14x^2$

예제 2

다음을 간단히 하시오.

a) $2x - 2x(5x + 1)$ b) $\dfrac{20x^3 - 12x^2}{7x - 3x}$

a) $2x - 2x(5x + 1)$

$= 2x - 10x^2 - 2x$

$= -10x^2$

■ 괄호 안에 있는 다항식의 각 항에 $-2x$ 를 곱한다.

■ 동류항끼리 계산한다.

b) $\dfrac{20x^3 - 12x^2}{7x - 3x}$

$= \dfrac{20x^3 - 12x^2}{4x}$

$= \dfrac{20x^3}{4x} - \dfrac{12x^2}{4x}$

$= 5x^2 - 3x$

■ 분모에 있는 뺄셈을 계산한다.

■ 분자의 각 항을 분모로 나눈다.

■ 나눗셈을 계산한다.

예제 3

회색 부분의 넓이를 구하는 식을 만들고 간단히 하시오.

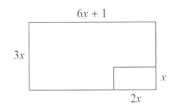

전체 직사각형의 넓이는 $3x(6x + 1)$ 이다.

흰색 직사각형의 넓이는 $x \cdot 2x$ 이다.

회색 부분의 넓이는 다음과 같이 구한다.

$3x(6x + 1) - x \cdot 2x$

$= 18x^2 + 3x - 2x^2$

$= 16x^2 + 3x$

정답 : $16x^2 + 3x$

507 다음을 간단히 하시오.

a) $4x + 3 \cdot 4x$　　　b) $10x - 3 \cdot 3x$

c) $2x^2 + 4x \cdot x$　　　d) $7x^2 - 3x \cdot 2x$

e) $7x^2 - 8x \cdot 2x$　　　f) $-3x^2 - 5x \cdot x$

P	I	E	N	A	R
$6x^2$	x^2	$-9x^2$	$16x$	x	$-8x^2$

508 다음을 간단히 하시오.

a) $5x + 7(2x + 4)$

b) $9x + 3(-2x - 7)$

509 다음을 간단히 하시오.

a) $\dfrac{31x + 25x}{7}$　　　b) $\dfrac{21x^3}{x + 2x}$

c) $\dfrac{70x^3 - 80x^2}{10x}$　　　d) $\dfrac{36x^4 - 6x}{6x}$

510 다음을 간단히 하시오.

a) $7x + 6(7x + 3)$

b) $(x + 5) \cdot 2 + x$

c) $(12x + 2) + (-3x + 9)$

511 다음을 간단히 하시오.

a) $8x + 5(2x - 7)$

b) $6x^2 + 3(x^2 - 9)$

512 다음을 간단히 하시오.

a) $8(x + 2) + 5(x + 3)$

b) $3(6x + 6) + 2(3x + 4)$

513 다음을 간단히 하시오.

a) $-7(4x + 5) + 15$

b) $-2(8x - 9) - 8$

c) $6 - 6(6x - 2)$

d) $5 - 2(3x + 6)$

514 다음 식을 간단히 하고 $x = 10$일 때 식의 값을 계산하시오.

a) $4x \cdot 3x + 4(x^2 + x)$

b) $6x \cdot 9x + 2(2x^2 - 3x)$

515 다음을 간단히 하시오.

a) $10x^2 - 5(2x^2 - x + 2)$

b) $7x - 3(6x^2 + 2x - 5)$

516 다음을 간단히 하시오.

a) $x(4x + 4) + 2x(5x + 5)$

b) $(x + 1)(x + 2) - x^2$

c) $3x^2 + (x + 3)(x + 8)$

d) $(x + 2)(x + 2) - (x^2 + 6)$

517 다음을 간단히 하시오.

a) $\dfrac{-35x^2 + 45x}{7x - 12x}$　　　b) $\dfrac{63x^5 - 27x^5}{7x^2 + 2x^2}$

c) $\dfrac{-x(9x^2 - 6)}{11x - 8x}$　　　d) $\dfrac{2x(14x^3 - 7x)}{19x^2 - 5x^2}$

518 다음을 간단히 하시오.

a) $5(x + 6) - 2(2x + 5)$

b) $7x(3x + 4) - x(5x + 6)$

519 다음 식을 간단히 하고 $x = -8$일 때 식의 값을 계산하시오.

a) $8(2x + 5) + 4x$

b) $7(3x - 4) - 11x$

520 다음 회색 부분의 넓이를 구하는 식을 만들고 간단히 하시오.

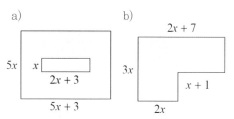

521 작은 정육면체의 한 모서리의 길이는 $2x$이다. 전체 도형의 다음을 구하는 식을 만들고 간단히 하시오.

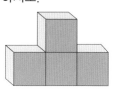

a) 부피　　　　b) 겉넓이

● ● ◐ ◓ 연습

522 a) 다음 함수 기계의 규칙을 추측하시오.

입력	출력
0	0
1	2
2	4
3	6

입력된 수가 다음과 같을 때 출력되는 수를 구하시오.

b) 4　　　　c) 5　　　　d) x

523 다음 표를 완성하시오.

단항식	계수	차수
$9x^4$		
x^3		
$-x$		
$-18x^2$		

524 다음 단항식의 동류항을 세 개 이상 쓰시오.

a) 3　　　　b) $-x$　　　　c) $22x^2$

525 다음을 간단히 하시오.

a) $-4x-(+3x)$　　b) $-x+(+7x)$
c) $-3x+(-2x)$　　d) $9x+(-4x)$
e) $5x-(-2x)$　　f) $-6x-(-x)$
g) $2x-(+8x)$

O	T	A
$6x$	$5x$	$10x$

H	E	R	N	E
$7x$	$-5x$	$-6x$	$-7x$	$-5x$

526 가능하다면 다음을 간단히 하시오.

a) $3x^4+x^4$　　　　b) $9x^2-3x^2$
c) $3x^4+2x^3$　　　　d) $11x^2-9x$
e) x^4+4　　　　f) $8x^3+4x^3$

527 다음 곱셈식 표를 완성하시오.

$\times$	$6x$	$3x^2$	$-7x^3$
8			
$5x$			
$-4x^2$			

528 아래 보기의 항들을 이용해서 다음을 만드시오.

$$-4x^3 \quad x^2 \quad -x \quad 4 \quad -4$$

a) 차수가 2이고 상수항이 4이며 항이 3개인 다항식

b) 차수가 1이고 상수항이 -4이며 항이 2개인 다항식

529 다음을 간단히 하시오.

a) $14x^2-x+(17x^2-16x)$
b) $23x+7x-(14x+12x)$
c) $(15x+12)-(-5x-12)$

530 다음을 간단히 하시오.

a) $9(x+7)$　　　　b) $3x(2x+6)$
c) $-x(3x^2-7)$　　d) $-2x^3(x-4)$

531 다음을 간단히 하시오.

a) $\dfrac{12x+24}{12}$　　　　b) $\dfrac{18x^2+6x}{3x}$

c) $\dfrac{20x \quad 25}{5}$　　　　d) $\dfrac{32x^3 \quad 14x^3}{2x}$

532 다항식 $A=x+8$과 $B=x-1$의 다음을 구하는 식을 만들고 간단히 하시오.

a) $A+B$　　b) $A-B$　　c) AB

533 다음 식을 간단히 하고 $x=2$일 때 식의 값을 계산하시오.

a) $6x+3(4x-7)$
b) $6(x+3)+5(x-5)$

534 변수가 x인 다음 단항식을 만드시오.

a) 계수가 1이고 차수가 4

b) 계수가 -12이고 차수가 1

c) 계수가 -1이고 차수가 0

535 다음 식을 간단히 하고 $x = -3$일 때 식의 값을 계산하시오.

a) $4x + (-8x) - 3x$

b) $-x^2 - (-8x^2) + 3x^2$

c) $-8x - 12x - (-9x)$

d) $-(-7x^2) - 2x^2 + (-7x^2)$

536 다음 도형수열의 도형 4와 도형 5를 그리시오. 도형 1~5의 각 도형에 있는 성냥개비의 수를 표로 만드시오. n번째 도형수열에는 성냥개비가 몇 개 있는가?

a)

도형 1   도형 2   도형 3

b)

도형 1   도형 2   도형 3

537 다음에 알맞은 두 단항식을 쓰시오.

a) 합이 $-11x^4$

b) 차가 x^4

c) 합이 $-x^2$이고 차가 $-11x^2$

538 다음을 간단히 하시오.

a) $2(4x + 9) - 8(3x + 9)$

b) $(x + 2)(x - 2) - x^2$

c) $10x^2 + (x + 3)(x - 5)$

d) $(x + 4)(x + 4) - (x^2 + 16)$

539 다음 삼각형의 둘레의 길이는 $25x + 8$이다. 변 AB의 길이를 계산하시오.

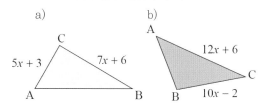

540 다음 뺄셈식 피라미드를 완성하시오.

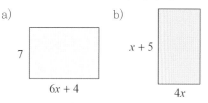

541 다음 직사각형의 넓이와 둘레의 길이를 구하는 식을 만들고 간단히 하시오.

542 다음을 식으로 나타내고 $x = -9$일 때 식의 값을 계산하시오.

a) 단항식 $9x$에서 이항식 $3 + 7x$를 뺀다.

b) 이항식 $5x - 2$에서 이항식 $-x - 11$을 뺀다.

c) 단항식 $-5x$에 이항식 $2x - 4$를 곱한다.

d) 이항식 $x + 2$에 이항식 $2x - 1$을 곱한다.

543 다음을 간단히 하시오.

a) $\dfrac{-48x^2 + 18x}{x - 7x}$

b) $\dfrac{72x^4 - 54x^3}{x^2 + x^2}$

c) $\dfrac{x(28x^3 - 42)}{9x + 5x}$

d) $\dfrac{-6x(7x^2 - 5)}{10x - 7x}$

544 다음 빈칸에 알맞은 다항식을 구하시오.

a) $\dfrac{\boxed{}}{3x} = 9x^2 + 7x - 1$

b) $\dfrac{-30x^3 + 20x^2 - 5}{\boxed{}} = 6x^3 - 4x^2 + 1$

43 방정식

방정식과 방정식 풀기

좌변   우변
$$3x = 15$$
$$x = 5$$
해, 근

- 좌변과 우변의 식이 같을 때 방정식이 성립한다.
- 방정식의 해는 방정식을 성립하게 만들어주는 미지수의 값이다.
- 방정식의 해를 방정식의 근이라고 한다.

예제 1

$x = 6$이 다음 방정식의 근인지 알아보시오.

a) $2x = 14$
b) $4x - 7 = 23 - x$

방정식에 $x = 6$을 넣는다.
a) 좌변 : $2x = 2 \cdot 6 = 12$
    우변 : 14
    좌변과 우변이 서로 같지 않으므로
    $x = 6$은 방정식의 근이 아니다.
b) 좌변 : $4x - 7 = 4 \cdot 6 - 7 = 24 - 7 = 17$
    우변 : $23 - x = 23 - 6 = 17$
    좌변과 우변이 서로 같으므로 $x = 6$은 방정식의 근이다.

예제 2

x에서 3을 빼면 8이 된다. 방정식을 만들고 근을 구하시오.

방정식은 $x - 3 = 8$이다. $11 - 3 = 8$이므로 근은 $x = 11$이다.

예제 3

다음 방정식을 푸시오.

a) $x - 6 = 22$
b) $5x = -75$

a) $x - 6 = 22$
   $x - 6 + 6 = 22 + 6$ ■ 양변에 $+6$을 한다.
   $x = 28$

b) $5x = -75$
   $\dfrac{5x}{5} = \dfrac{-75}{5}$ ■ 양변에 $\div 5$를 한다.
   $x = -15$

노라는 6년 전에 22살이었다. 지금 노라는 몇 살인가?

정답 : 28살

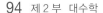

545 $x = 3$이 다음 방정식의 근인지 알아보시오.

 a) $9x = 27$

 b) $2x + 6 = 12$

 c) $5x - 3 = 3x$

 d) $3x + 1 = 7 + x$

546 다음 양팔저울이 균형을 이루기 위한 조건을 방정식으로 나타내고 x의 값을 구하시오.

 a)

 b)

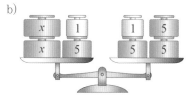

 c)

547 다음 방정식을 푸시오.

 a) $x + 2 = 11$ b) $x - 9 = 3$

 c) $x - 4 = -3$ d) $x + 6 = -5$

 e) $x - 7 = 0$ f) $x + 3 = 0$

548 다음 방정식을 푸시오.

 a) $2x = 26$ b) $5x = 45$

 c) $-7x = 7$ d) $9x = 0$

 e) $-3x = -36$ f) $8x = -32$

549 다음을 나타내는 방정식을 만들고 푸시오.

 a) x에 4를 더하면 12가 된다.

 b) x에서 3을 빼면 13이 된다.

 c) x에 5를 곱하면 55가 된다.

550 $x = -4$가 다음 방정식의 근인지 알아보시오. (힌트 : 음수를 괄호에 넣어서 방정식에 넣는다.)

 a) $8x + 7 = x - 20$

 b) $2x + 1 = -11 - x$

551 다음 방정식을 푸시오.

 a) $x - 12 = 97$ b) $x + 19 = 210$

 c) $x - 140 = -7$ d) $x + 16 = -68$

 e) $x - 13 = 0$ f) $x + 11 = 0$

552 다음 방정식을 푸시오.

 a) $30x = 1500$ b) $17x = -17$

 c) $-5x = 105$ d) $-19x = 0$

 e) $-18x = -360$ f) $5x = 1$

553 $-7x + 2$의 값을 다음과 같이 만드는 x의 값을 구하시오.

 a) -12 b) 23   c) 37

554 다음을 나타내는 방정식을 만들고 아래 보기에서 근을 고르시오.

 $x = -5$ $x = -4$ $x = -2$

 $x = 2$ $x = 4$ $x = 5$

 a) x에서 4를 빼면 x의 두 배가 된다.

 b) x에 8을 더한 것과 4에서 x를 뺀 것이 같다.

 c) 4와 x의 곱에 5를 더하면 5와 x의 곱이 된다.

555 다음 무게를 구하시오.

 a) 양파   b) 토마토

좌변에는 미지수만 남고 우변에는 수만 남을 때까지 방정식을 단계적으로 풀어나간다. 이 수가 방정식의 근이다.

방정식을 단계적으로 해결한다.
• 방정식의 양변에 같은 수나 식을 더하거나 뺄 수 있다.
• 방정식의 양변에 같은 수나 식을 곱하거나 나눌 수 있다.

예제 1

다음 방정식을 푸시오.

a) $4x - 6 = 38$　　　　　　　　b) $7x = 5x - 12$

a) $4x - 6 = 38$　　　　　　　■ 양변에 $+6$을 한다.
　　$4x - 6 + 6 = 38 + 6$
　　$4x = 44$　　　　　　　　　■ 양변에 $\div 4$를 한다.
　　$\dfrac{4x}{4} = \dfrac{44}{4}$
　　$x = 11$

b) $7x = 5x - 12$　　　　　　　■ 양변에 $-5x$를 한다.
　　$7x - 5x = 5x - 12 - 5x$
　　$2x = -12$　　　　　　　　　■ 양변에 $\div 2$를 한다.
　　$x = -6$

정답：a) $x = 11$　　b) $x = -6$

예제 2

다음 방정식을 푸시오.

a) $5 - 3x = x + 13$　　　　　b) $4x - 10 = 0$

a) $5 - 3x = x + 13$　　　　　■ 양변에 -5를 한다.
　　$-3x = x + 8$　　　　　　　■ 양변에 $-x$를 한다.
　　$-4x = 8$　　　　　　　　　■ 양변에 $\div(-4)$를 한다.
　　$x = -2$

b) $4x - 10 = 0$　　　　　　　■ 양변에 $+10$을 한다.
　　$4x = 10$　　　　　　　　　■ 양변에 $\div 4$를 한다.
　　$x = 2\dfrac{1}{2}$

정답：a) $x = -2$　　b) $x = 2\dfrac{1}{2}$

556 다음 방정식을 푸시오.

    a) $x - 9 = 9$ b) $x + 15 = -7$

    c) $5x = 4x - 16$ d) $-11x = -12x + 21$

557 다음 방정식을 푸시오.

    a) $8x + 1 = 17$ b) $5x + 2 = 22$

    c) $4x - 5 = 19$ d) $3x - 6 = 21$

    e) $4x = 2x + 10$ f) $9x = 6x + 6$

    g) $10x = 6x + 16$ h) $x = -x + 12$

	S	I	E	N	E	T
$x =$	9	4	2	6	2	5

558 다음 방정식을 푸시오.

    a) $3x + x = 16$ b) $5x + 2x = 21$

    c) $4x - 2x = 50$ d) $9x - 6x = 39$

559 다음 방정식을 푸시오.

    a) $x - 13 = 0$ b) $x + 18 = 0$

    c) $99 + 9x = 0$ d) $-10 + 5x = 10$

560 다음 방정식을 푸시오.

    a) $5x + 1 = 4x - 3$ b) $8x + 8 = 7x + 1$

    c) $6x - 4 = 5x - 2$ d) $-x - 8 = -2x + 1$

561 다음 방정식을 푸시오.

    a) $6x - 1 = 4x + 7$ b) $x - 8 = -2x + 13$

    c) $5x + 5 = 3x - 5$ d) $-x - 21 = 3x - 5$

562 다음 방정식을 푸시오.

    a) $-x = -101$ b) $-x - 22 = 31$

    c) $x = 2x + 24$ d) $x - 7 = 3x - 7$

    e) $2x = 8x + 42$ f) $x - 9 = 4x + 9$

563 다음 방정식을 푸시오.

    a) $3x + x + 4x + 4x = 72$

    b) $5x + x - 2x = 48$

    c) $2x - x - 3x + 9x = 42$

564 다음을 나타내는 방정식을 만들고 푸시오.

    a) 5와 x의 곱은 24와 x의 합과 같다.

    b) 3과 x의 곱은 12에서 x를 뺀 차와 같다.

565 다음 방정식을 푸시오.

    a) $8x - 3x = 0$

    b) $9x - 7 = 2x$

    c) $12x - 39 = -x$

    d) $4x + 63 = -3x$

566 다음 방정식을 푸시오.

    a) $-6x + 15 = 0$

    b) $3x - 9 = 20$

    c) $-4x + 22 = x$

567 다음 방정식을 푸시오.

    a) $5x + 3x = 4x + 26$

    b) $7x + 3 - 2x = 2x + 19$

    c) $-9x - 1 - x = -15x + 30$

568 다음 도형의 둘레의 길이가 28일 때 이를 나타내는 방정식을 만들고 푸시오. 도형의 각 변의 길이를 구하시오.

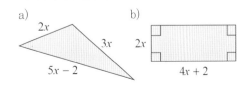

여러 가지 방정식

예제 1

방정식을 푸시오.

a) $0.1x = 1.7$ b) $1.1 - 1.2x = 3.8 - 2.1x$

a) $0.1x = 1.7$
$\quad x = 17$
         ■ 양변에 $\times 10$을 한다.

b) $1.1 - 1.2x = 3.8 - 2.1x$ ■ 양변에 -1.1을 한다.
$\quad -1.2x = 2.7 - 2.1x$ ■ 양변에 $+2.1x$을 한다.
$\quad 0.9x = 2.7$ ■ 양변에 $\div 0.9$을 한다.
$\quad x = \dfrac{2.7}{0.9} = 3$

■ 말로 된 문제 풀기

1. 문제를 잘 읽는다.
2. 문제에서 묻고 있는 수를 x로 표시한다.
3. 문제에 제시된 정보를 토대로 방정식을 만든다.
4. 방정식에서 x의 값을 계산한다.
5. 문제를 한 번 더 읽고 해답을 말로 적는다.
6. 해답이 옳은지 검토하고 확인한다.

예제 2

어떤 수에 3을 곱하면 3에서 어떤 수를 뺀 것과 같다. 어떤 수는 무엇인가?

문제에서 묻는 수를 x로 표시한다. 방정식은 아래와 같다.
$3x = 3 - x$ ■ 양변에 $+x$를 한다.
$4x = 3$ ■ 양변에 $\div 4$를 한다.
$x = \dfrac{3}{4}$

확인 : $3 \cdot \dfrac{3}{4} = \dfrac{9}{4}$, $3 - \dfrac{3}{4} = 2\dfrac{1}{4} = \dfrac{9}{4}$ 정답 : $\dfrac{3}{4}$

예제 3

상자에 칼과 포크가 합해서 59개 들어 있었다. 손님상에 차린 접시 옆에 각각 칼 1개와 포크 2개를 놓았다. 다 차린 후에 상자에는 칼 5개와 포크 3개가 남았다. 초대한 손님은 몇 명인가?

손님의 명수를 x로 표시한다. 이때 칼의 개수는 $x+5$이고 포크의 개수는 $2x+3$이다. 만들어지는 방정식은 아래와 같다.
$x + 5 + 2x + 3 = 59$ ■ 식을 간단히 한다.
$3x + 8 = 59$ ■ 양변에 -8을 한다.
$3x = 51$ ■ 양변에 $\div 3$을 한다.
$x = 17$

정답 : 초대한 손님은 17명이다.

569 다음 방정식을 푸시오.

a) $0.1x = 7.0$　　b) $0.1x = 0.7$

c) $-0.5x = -15$　d) $-0.2x = 1$

e) $0.4x = -12$　　f) $0.12x = 0.6$

	S	O	I	D	E	N
$x =$	30	7	-5	-30	5	70

570 다음 방정식을 푸시오.

a) $0.2x - 0.1 = 0.7$

b) $0.3x + 0.5 = 3.5$

c) $1.5x - 0.8 = 5.2$

d) $1.2x + 0.1 = 2.5$

571 다음 방정식을 푸시오.

a) $0.5x = 0.1x + 0.8$

b) $0.8x = 0.2x + 4.2$

c) $0.9x = -0.2x + 5.5$

572 다음 방정식을 푸시오.

a) $1.3x - 4.2 = 0.3x - 1.2$

b) $-3.8 + 1.4x = 1.2x - 5.6$

c) $-1.5x - 3.1 = -2.2x - 0.3$

573 다음을 나타내는 방정식을 만들고 푸시오.

a) 6과 x의 곱은 x와 10의 합과 같다.

b) 2와 x의 곱은 x에서 9를 뺀 차와 같다.

c) 3과 x의 곱은 8에서 x를 뺀 차와 같다.

574 다음 방정식을 푸시오.

a) $0.01x = 0.3$　　b) $0.01x = -0.09$

575 식 $0.2x - 0.8$의 값이 다음과 같을 때 x의 값을 구하시오.

a) 2　　　　b) -3.4　　　c) 0

576 다음 두 식의 값이 같을 때 x의 값을 구하시오.

a) $4x + 9$와 $7x - 15$

b) $0.7x - 0.8$과 $0.4x + 1$

577 상자에 칼, 포크, 숟가락이 합해서 41개 들어 있었다. 식탁에 있는 접시 옆에 각각 칼 2개, 포크 1개, 숟가락 1개를 놓았다. 상자에는 포크 8개와 숟가락 1개가 남았다. 식탁 위에는 접시가 몇 개 있는가?

578 다음을 구하는 방정식을 만들고 푸시오.

a) 아빠 나이는 안티 나이의 5배이다. 둘의 나이의 합이 42일 때 둘의 나이는 각각 몇 살인가?

b) 할머니 나이는 헤이키 나이의 6배이다. 둘의 나이의 차가 60일 때 둘의 나이는 각각 몇 살인가?

c) 한나와 안니카는 쌍둥이다. 엄마 나이는 한나 나이의 3배이다. 셋의 나이의 합이 75일 때 셋의 나이는 각각 몇 살인가?

579 파이비는 친구들과 수 알아맞히기 놀이를 했다.

- 어떤 수 x를 하나 생각한다.
- x에 7을 곱한다.
- 위의 수에서 4를 뺀다.

마리는 답으로 10이 나왔다. 헬리는 59, 요한나는 -25가 나왔다. 방정식을 만들고 이들이 처음에 생각한 수를 각각 구하시오.

46 방정식에서의 괄호

예제 1

방정식 $3(x-2)=15$를 푸시오.

$3(x-2)=15$

$3x-6=15$

$3x=21$

$x=7$

■ 곱해서 괄호를 없앤다.
■ 양변에 $+6$을 한다.
■ 양변에 $\div3$을 한다.

예제 2

방정식 $2x=3-(x-6)$을 푸시오.

$2x=3-(x-6)$

$2x=3-x+6$

$2x=9-x$

$3x=9$

$x=3$

■ 괄호를 없앤다. 이때 부호가 바뀐다.
■ 수들을 합한다.
■ 양변에 $+x$를 한다.
■ 양변에 $\div3$을 한다.

예제 3

리사의 6년 후 나이는 9년 전 나이의 네 배가 된다. 리사는 지금 몇 살인가?

리사의 현재 나이를 x로 표시한다.

시점	리사의 나이
현재	x
6년 후	$x+6$
9년 전	$x-9$

표의 내용을 토대로 방정식을 만든다.

$x+6=4(x-9)$

$x+6=4x-36$

$x=4x-42$

$-3x=-42$

$x=14$

■ 곱해서 괄호를 없앤다.
■ 양변에 -6을 한다.
■ 양변에 $-4x$를 한다.
■ 양변에 $\div(-3)$을 한다.

확인 : 리사의 나이가 지금 14살이면 6년 후에는 20살이 되고 9년 전에는 5살이었다. 20은 5의 네 배이므로 리사의 지금 나이는 14살이다.

정답 : 14살

580 다음 방정식을 푸시오.

    a) $5(x-3)=15$ b) $6(x+4)=36$

    c) $8(3x-4)=16$ d) $3(4x+1)=39$

581 다음 방정식을 푸시오.

    a) $2(x+10)=50$

    b) $2x+10=50$

    c) $2(x-3)+4=0$

    d) $5x-(x+8)=0$

582 다음 방정식을 푸시오.

    a) $2x=4-(x-5)$

    b) $7x=19-(2x+1)$

    c) $6x=36-(-x-9)$

    d) $9(x-7)=0$

    e) $4(2x+6)=0$

	B	I	L	E	N	O
$x=$	9	4	-3	7	3	2

583 다음 방정식을 푸시오.

    a) $3(8+4x)=60$ b) $3(8-4x)=60$

584 다음을 나타내는 방정식을 만들고 푸시오.

    a) x에 2를 곱한 뒤 4를 빼면 14이다.

    b) x에서 4를 뺀 뒤 2를 곱하면 14이다.

    c) x에 10을 더한 뒤 3을 곱하면 24이다.

585 다음 직사각형의 넓이는 30이다. 직사각형의 세로 길이를 구하는 방정식을 만들고 푸시오.

    a)   b)

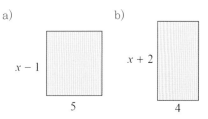

586 다음 방정식을 푸시오.

    a) $7(x+3)=4x$

    b) $4(x-6)=2x$

    c) $5(x-4)=7x$

    d) $3(5x+2)=16x$

587 다음 방정식을 푸시오.

    a) $2(7x-6)=x+1$

    b) $3(3x+4)=-2x-10$

    c) $-6(3x-5)=-11x+2$

588 다음 방정식을 푸시오.

    a) $6(x+7)=5(x+9)$

    b) $7(x+5)=-6(x+5)$

    c) $5(x-4)=-2(2x+8)$

589 다음 방정식을 푸시오.

    a) $-6(x+5)+3x=-1-(4x+1)$

    b) $5x-4(x+3)=8$

    c) $3(x-10)+2(x+5)=0$

590 a) 안네의 2년 후 나이는 10년 전 나이의 세 배가 된다. 안네는 지금 몇 살인가?

시점	안네의 나이
현재	. x
2년 후	$x+2$
10년 전	$x-10$

    b) 유카는 헤이키보다 7살 더 많다. 작년에는 유카의 나이가 헤이키의 나이의 두 배였다. 지금 둘의 나이는 몇 살인가?

방정식 $\dfrac{2x}{5} = 6$을 푸시오.

방정식의 양변에 분모와 같은 수를
곱해서 분모를 없앤다.

$\dfrac{2x}{5} = 6$ ■ 양변에 $\times 5$를 한다.

$\dfrac{\overset{1}{\cancel{5}} \cdot 2x}{\underset{1}{\cancel{5}}} = 5 \cdot 6$ ■ 약분한다.

$2x = 30$ ■ 양변에 $\div 2$를 한다.
$x = 15$

다음 방정식을 푸시오.

a) $\dfrac{5x}{9} - 13 = 2$ b) $2x + \dfrac{x}{4} = 18$

a) $\dfrac{5x}{9} - 13 = 2$ ■ 양변에 $+13$을 한다.

$\dfrac{5x}{9} = 15$ ■ 양변에 $\times 9$를 한다.
$5x = 135$ ■ 양변에 $\div 5$를 한다.
$x = 27$

b) $2x + \dfrac{x}{4} = 18$ ■ 양변에 $\times 4$를 한다.

$4 \cdot 2x + \dfrac{\overset{1}{\cancel{4}} \cdot x}{\underset{1}{\cancel{4}}} = 4 \cdot 18$ ■ 약분한다.

$8x + x = 72$ ■ 동류항들을 합한다.
$9x = 72$ ■ 양변에 $\div 9$를 한다.
$x = 8$

방정식 $\dfrac{x}{2} + \dfrac{x}{3} = 5$를 푸시오.

방정식에 분모가 여러 개 있을 때는
모든 분모를 없앨 수 있는 수를 곱해
서 분모를 없앤다.

b) $\dfrac{x}{2} + \dfrac{x}{3} = 5$ ■ 양변에 $\times 6$을 한다.

$\dfrac{\overset{3}{\cancel{6}} \cdot x}{\underset{1}{\cancel{2}}} + \dfrac{\overset{2}{\cancel{6}} \cdot x}{\underset{1}{\cancel{3}}} = 6 \cdot 5$ ■ 약분한다.

$3x + 2x = 30$
$5x = 30$ ■ 양변에 $\div 5$를 한다.
$x = 6$

591 다음 방정식을 푸시오.

    a) $\dfrac{x}{2} = 4$ b) $\dfrac{x}{6} = 5$

592 다음 방정식을 푸시오.

    a) $\dfrac{2x}{3} = 6$ b) $\dfrac{3x}{4} = 9$

    c) $\dfrac{2x}{9} = 8$ d) $\dfrac{3x}{7} = 6$

593 다음 방정식을 푸시오.

    a) $\dfrac{x}{2} - 1 = 5$ b) $\dfrac{x}{3} + 2 = 11$

    c) $\dfrac{x}{3} - 2 = 6$ d) $\dfrac{x}{2} + 5 = 21$

594 다음 방정식을 푸시오.

    a) $x + \dfrac{x}{3} = 8$ b) $x + \dfrac{x}{4} = 15$

    c) $2x - \dfrac{x}{3} = 10$ d) $3x - \dfrac{x}{5} = 28$

595 다음 방정식을 푸시오.

    a) $\dfrac{x}{2} + \dfrac{x}{5} = 7$ b) $\dfrac{x}{4} + \dfrac{x}{3} = 7$

    c) $\dfrac{x}{2} + \dfrac{x}{4} = 6$ d) $\dfrac{x}{6} + \dfrac{x}{2} = 6$

596 다음 방정식을 푸시오.

    a) $\dfrac{x}{3} + \dfrac{2}{3} = 1$ b) $\dfrac{x}{2} + \dfrac{1}{2} = 13$

    c) $\dfrac{x}{6} - \dfrac{1}{6} = 2$ d) $\dfrac{x}{5} - \dfrac{3}{5} = -1$

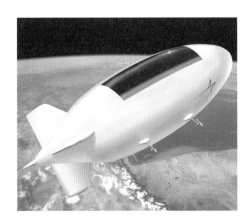

597 다음 방정식을 푸시오.

    a) $\dfrac{x}{6} - \dfrac{1}{3} = 2$ b) $\dfrac{x}{5} + \dfrac{8}{10} = 4$

    c) $\dfrac{x}{9} + \dfrac{2}{3} = 1$ d) $\dfrac{x}{10} - \dfrac{3}{5} = -2$

    e) $\dfrac{x}{4} - \dfrac{x}{8} = 2$ f) $\dfrac{x}{2} - \dfrac{x}{7} = 10$

    g) $\dfrac{x}{4} - \dfrac{x}{6} = -1$ h) $\dfrac{x}{5} - \dfrac{x}{3} = -2$

	N	E	L	L	I
$x =$	15	16	10	28	-12

	Z	A	P	P	A
$x =$	14	4	3	-14	-3

598 다음 방정식을 푸시오.

    a) $\dfrac{3x}{5} - 1 = 8$ b) $\dfrac{4x}{7} + 2 = -6$

    c) $\dfrac{-2x}{3} - 2 = -12$ d) $\dfrac{-5x}{6} + 4 = 9$

599 다음 방정식을 푸시오.

    a) $\dfrac{x}{8} - 2 = \dfrac{1}{4}$ b) $\dfrac{x}{3} + 1 = \dfrac{1}{6}$

600 다음을 나타내는 방정식을 만들고 푸시오.

    a) x의 $\dfrac{1}{5}$에서 x의 $\dfrac{1}{10}$를 뺀 차는 7이다.

    b) x의 $\dfrac{1}{3}$과 x의 $\dfrac{1}{9}$의 합은 8이다.

    c) x의 $\dfrac{1}{5}$에서 x의 $\dfrac{1}{4}$를 뺀 차는 -3이다.

601 삼각형의 한 각은 제일 큰 각의 $\dfrac{1}{3}$이고 다른 한 각은 제일 큰 각의 $\dfrac{1}{6}$이다. 삼각형의 세 각의 크기를 각각 계산하시오.

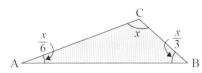

48 ┃ 방정식의 활용

※ 세전 가격 : 세금이 붙기 전의 가격
※ 세후 가격 : 세금이 붙은 판매 가격

예제 1

스키세트의 세후 가격은 255.00 €이다. 부가가치세가 22%
일 때 스키세트의 세전 가격은 얼마인가?

세전 가격을 x로 표시한다.
세후 가격은 세전 가격에 22%를 더한 가격이므로 1.22를 곱해서 얻는다.
만들어지는 방정식은 다음과 같다.

$1.22x = 255.00$ ■ 양변에 ÷1.22를 한다.

$x = \dfrac{255.00}{1.22}$

$x = 209.0163 \cdots \fallingdotseq 209.02$ **정답** : 약 209.02 €

예제 2

지갑에는 20센트와 50센트 동전이 합해서 18개가 있다. 동전
을 모두 합한 금액이 5.40유로일 때 지갑에는 20센트와 50
센트 동전이 각각 몇 개 있는가?

50센트 동전의 개수를 x로 표시하면, 20센트 동전의 개수는 $18-x$이다.
동전을 모두 합한 금액은 $50x + 20(18-x)$이다.
만들어지는 방정식은 다음과 같다.

$50x + 20(18-x) = 540$ ■ 곱해서 괄호를 없앤다.
$50x + 360 - 20x = 540$
$30x + 360 = 540$ ■ 양변에 -360을 한다.
$30x = 180$ ■ 양변에 ÷30을 한다.
$x = 6$

50센트 동전은 6개가 있고 20센트 동전은 $18-6 = 12$개가 있다.

정답 : 50센트 동전은 6개가 있고 20센트 동전은 12개가 있다.

602 다음을 나타내는 방정식을 만들고 푸시오.

a) x와 7의 합에 5를 곱하면 100이다.

b) x와 4의 차에 3을 곱하면 51이다.

c) x와 6의 합을 2로 나누면 10이다.

603 아침 기온에 3℃를 더하면 낮 기온 −20℃ 를 얻는다. 방정식을 만들고 아침 기온을 계산하시오.

604 페카가 눈을 치운 시간은 안니가 눈을 치운 시간의 두 배이다. 눈을 치운 값으로 12 €를 받았다면, 두 명이 이 돈을 어떻게 나누어 야 할지 방정식을 만들고 계산하시오.

605 마리, 사리, 카리는 다락방을 청소했다. 마 리가 일한 시간은 사리가 일한 시간의 다섯 배이고, 카리가 일한 시간은 사리가 일한 시간의 네 배이다. 다락방을 청소한 값으로 40 €를 받았다면, 세 명이 이 돈을 어떻게 나누어야 할지 방정식을 만들고 계산하시오.

606 스키교실에는 두 반이 있고 학생은 합해서 41명이 있다. 첫 번째 반에는 두 번째 반보 다 학생이 9명 더 많다. 각 반에 있는 학생 수는 몇 명인가?

607 스키교실에서 화요일에는 월요일보다 스키 를 7 km 더 탔다. 이틀에 걸쳐 스키를 탄 총 거리는 31 km이다. 월요일과 화요일에 스 키를 탄 거리를 각각 계산하시오.

608 플로어볼 스틱의 세후 가격은 61 €이다. 부 가가치세가 22%일 때 스틱의 세전 가격은 얼마인가?

609 책의 세후 가격은 21.60 €이다. 책의 부가가치 세가 8%일 때 이 책의 세전 가격은 얼마인가?

610 스키장에서 비비가 슬로프를 내려온 횟수 는 사라가 내려온 횟수의 3배이다. 아테는 비비보다 세 번 더 내려왔다. 세 명이 슬로 프를 내려온 횟수를 모두 합하면 24일 때 세 명이 슬로프를 내려온 횟수를 각각 계산 하시오.

611 산나, 안니카, 한나는 오후 5시에 스케이트 장에 도착했다. 안니카가 스케이트를 탄 시 간은 산나가 탄 시간의 세 배이고, 한나는 안니카보다 30분 더 탔다. 세 명이 스케이 트를 탄 시간을 모두 합하면 4시간이다. 세 명이 스케이트장을 떠난 시각을 각각 계산 하시오.

612 요나스는 주말에 크로스컨트리 스키를 35 km 를 탔다. 토요일에는 금요일에 탄 거리의 $\frac{1}{3}$ 만큼을 탔고 일요일에는 토요일보다 15 km 를 더 탔다. 요나스가 탄 거리를 요일별로 계산하시오.

613 소냐, 레타, 오시와 아빠는 스키 휴가 기간에 크로스컨트리 스키를 모두 합해서 87 km를 탔다. 소냐가 탄 거리는 오시가 탄 거리의 두 배이고, 오시는 레타보다 3 km 더 탔다. 아빠는 6 km를 탔다. 이들이 크로스컨트리 스키를 탄 거리를 각각 계산하시오.

614 할아버지가 소풍을 가서 아이들에게 간식 을 사느라 19.50 €를 썼다. 아이들은 모두 주스를 마셨다. 아이들 중에 3명이 빵을 골 랐고 나머지 아이들은 도너츠를 골랐다. 주 스는 1.00 €, 도너츠는 2.00 €, 빵은 1.50 €였 다면 소풍을 간 아이들은 모두 몇 명인가?

615 축구팀의 간식의 가격이 55.80 €였다. 선수들 은 모두 샌드위치를 먹었다. 선수들 중 4명 이 음료수로 생수를 마셨고, 나머지 선수들 은 우유를 마셨다. 샌드위치는 3 €, 우유는 1.20 €, 생수는 1.50 €였다면 이 축구팀 선 수들은 모두 몇 명인가?

49 비율

예제 1

주황색 부분의 넓이는 $10\,\mathrm{m}^2$이다. 흰색 부분은 $20\,\mathrm{m}^2$이다.

a) 각 넓이의 비율을 계산하시오.

b) 각 넓이의 비율을 정수의 비로 표시하시오.

a) $\dfrac{10\,\cancel{\mathrm{m}^2}}{20\,\cancel{\mathrm{m}^2}} = \dfrac{10}{20} = 0.5$ b) $\dfrac{10\,\cancel{\mathrm{m}^2}}{20\,\cancel{\mathrm{m}^2}} = \dfrac{10}{20} = \dfrac{1}{2}$ 즉 1 : 2이다.

각 넓이의 비율은 1 대 2이다.

비율

$\dfrac{10\,\mathrm{m}^2}{20\,\mathrm{m}^2} = \dfrac{1}{2} = 0.5 = 1 : 2$

• 비율은 두 양을 분수로 나타내어 비교하는 것이다.

• 비율은 소수 혹은 정수의 비로도 나타낼 수 있다.

예제 2

다음을 정수의 비로 표시하시오.

a) 12 L의 50 L에 대한 비

b) 9 kg의 6 kg에 대한 비

a) $\dfrac{12\,\mathrm{L}}{50\,\mathrm{L}} = \dfrac{\overset{6}{12}}{\underset{25}{50}} = \dfrac{6}{25} = 6 : 25$ b) $\dfrac{9\,\mathrm{kg}}{6\,\mathrm{kg}} = \dfrac{\overset{3}{9}}{\underset{2}{6}} = \dfrac{3}{2} = 3 : 2$

예제 3

$75\,€$를 키르시와 오우티에게 $2 : 3$의 비로 나누어줄 때 두 명이 각각 얼마를 받는지 구하시오.

비 2 : 3은 금액을 $2 + 3 = 5$와 같이 나눈다는 뜻이다.

$75\,€$를 다섯 부분으로 나눌 때

다섯 부분 중 한 부분은 $\dfrac{75\,€}{5} = 15\,€$ 이다.

키르시는 2부분을 받으므로 $2 \cdot 15\,€ = 30\,€$이고

오우티는 3부분을 받으므로 $3 \cdot 15\,€ = 45\,€$이다.

정답 : 키르시는 $30\,€$를 받고 오우티는 $45\,€$를 받는다.

616 다음 수들의 비율을 계산하시오.

　　a) 3과 6　　　b) 8과 24　　　c) 15와 10

617 주황색 부분의 넓이는 $20\ \text{cm}^2$이고, 흰색 부분은 $30\ \text{cm}^2$이다.

　　a) 각 넓이의 비율을 계산하시오.

　　b) 각 넓이의 비율을 정수의 비로 표시하시오.

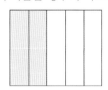

618 다음 표를 완성하시오.

비율	$\dfrac{12\ \text{m}^2}{24\ \text{m}^2}$	$\dfrac{4\ \text{m}^2}{16\ \text{m}^2}$	$\dfrac{2\ \text{m}^2}{10\ \text{m}^2}$
약분한 분수			
소수			
정수의 비			

619 다음을 정수의 비로 표시하시오.

　　a) 3 L의 9 L에 대한 비율

　　b) 5 g의 40 g에 대한 비율

　　c) 20 mm의 400 mm에 대한 비율

620 다음 수치들을 서로에 대한 비율로 표시할 수 있는지 판단하고, 그 이유를 설명하시오.

　　a) 3 m와 27 m　　　b) 5 kg과 25 s(초)

　　c) 4 cm와 16 g　　　d) 6 €와 50 snt(센트)

621 길이가 6.0 m인 나무판자를 $1:2$의 비로 두 부분으로 나누었다. 각 부분의 길이는 얼마인가?

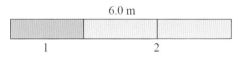

6.0 m

1　　　　　　　　　2

622 길이가 45 m인 줄을 $8:7$의 비로 두 부분으로 나누었다. 각 부분의 길이는 얼마인가?

623 다음 물음에 답하시오.

　　a) 25 €를 $1:4$의 비로 나누시오.

　　b) 42 €를 $3:4$의 비로 나누시오.

624 주스 1.6 L를 $3:5$의 비로 두 부분으로 나누었다. 주스는 각각 몇 L인가?

625 다음을 같은 단위로 바꾸고 정수의 비로 나타내시오.

　　a) 45 cm의 2.25 m에 대한 비

　　b) 6 km의 2 000 m에 대한 비

　　c) $8\ \text{m}^2$의 $4\,000\ \text{cm}^2$에 대한 비

626 다음 혼합 비율을 소수로 나타내고 정수의 비로도 나타내시오.

　　a) 32 L와 $200\ \text{dm}^3$

　　b) 400 g과 1.6 kg

　　c) 0.3 L와 500 mL

　　d) 80 mg과 0.2 g

627 24 m를 $1:2:3$의 비로 세 부분으로 나누었다. 세 부분의 길이는 각각 얼마인가?

628 인바(invar)는 철과 니켈을 $16:9$의 비로 섞어서 만든다. 인바 2.0 kg에 들어 있는 철과 니켈의 양은 얼마인가?

629 미네랄소금은 염화나트륨, 염화칼륨, 황산마그네슘을 $5:4:1$의 비로 섞어서 만든다. 미네랄소금 4.0 kg에 들어 있는 각 성분의 양은 얼마인가?

630 우드 합금은 비스무트, 납, 주석, 카드뮴을 $4:2:1:1$의 비로 섞어서 만든다. 우드 합금에는 다음 성분이 몇 % 들어 있는지 계산하시오.

　　a) 비스무트　　　　b) 납

　　c) 주석　　　　　　d) 카드뮴

50 | 비례식

예제 1

a)

30 m^2

10 m^2

b)

45 m^2

15 m^2

주황색 부분의 넓이와 흰색 부분의 넓이의 비율을 계산하시오. 두 비율을 비교하시오.

a) $\dfrac{10 \text{ m}^2}{30 \text{ m}^2} = \dfrac{10}{30} = 1 : 3$　　b) $\dfrac{15 \text{ m}^2}{45 \text{ m}^2} = \dfrac{15}{45} = 1 : 3$

정답 : 비율은 같다. 즉, $\dfrac{10}{30} = \dfrac{15}{45}$ 이다.

비례식

$$\dfrac{10}{30} = \dfrac{15}{45}$$

$$10 \cdot 45 = 15 \cdot 30$$

• 비례식은 두 비율이 서로 같음을 표시한 방정식이다.

• 비례식은 서로 엇갈려서 곱할 수 있다.

예제 2

다음 비례식을 푸시오.

a) $\dfrac{x}{3} = \dfrac{10}{15}$　　　　b) $\dfrac{6}{x} = \dfrac{8}{4}$　　　　c) $\dfrac{6}{5} = \dfrac{3}{x}$

$\dfrac{x}{3} \rlap{\,\diagup\!\!\!\diagdown} = \dfrac{10}{15}$

a) $\dfrac{x}{3} = \dfrac{10}{15}$

$15 \cdot x = 3 \cdot 10$

$15x = 30$

$x = 2$

■ 엇갈려서 곱한다.

■ 양변에 ÷15를 한다.

$\dfrac{6}{x} \rlap{\,\diagup\!\!\!\diagdown} = \dfrac{8}{4}$

b) $\dfrac{6}{x} = \dfrac{8}{4}$

$8 \cdot x = 6 \cdot 4$

$8x = 24$

$x = 3$

■ 엇갈려서 곱한다.

■ 양변에 ÷8을 한다.

$\dfrac{6}{5} \rlap{\,\diagup\!\!\!\diagdown} = \dfrac{3}{x}$

c) $\dfrac{6}{5} = \dfrac{3}{x}$

$6 \cdot x = 5 \cdot 3$

$6x = 15$

$x = \dfrac{15}{6}$

$x = 2\dfrac{1}{2}$

■ 엇갈려서 곱한다.

■ 양변에 ÷6을 한다.

631 다음 그림에 대하여 물음에 답하시오.

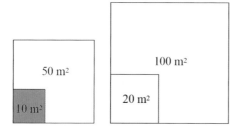

a) 주황색 부분 넓이의 흰색 부분 넓이에 대한 비율을 계산하시오.
b) 회색 부분 넓이의 흰색 부분 넓이에 대한 비율을 계산하시오.
c) 두 비율을 비교하시오.

632 다음 비례식을 푸시오.

a) $\dfrac{10}{x} = \dfrac{1}{2}$
b) $\dfrac{12}{6} = \dfrac{8}{x}$
c) $\dfrac{x}{2} = \dfrac{6}{4}$
d) $\dfrac{1}{3} = \dfrac{x}{18}$

633 다음 비례식을 푸시오.

a) $\dfrac{x}{9} = \dfrac{2}{3}$
b) $\dfrac{12}{21} = \dfrac{x}{7}$
c) $\dfrac{3}{12} = \dfrac{2}{x}$
d) $\dfrac{12}{x} = \dfrac{4}{5}$
e) $\dfrac{x}{12} = \dfrac{10}{3}$
f) $\dfrac{15}{18} = \dfrac{x}{6}$
g) $\dfrac{5}{x} = \dfrac{10}{4}$

	G	O	O	D
$x =$	6	15	15	8

	A	L	I	N	A
$x =$	4	40	5	2	4

634 다음 비례식은 참인가 거짓인가?

a) $\dfrac{15}{31} = \dfrac{3}{6}$
b) $\dfrac{1.2}{4.2} = \dfrac{2}{7}$
c) $\dfrac{7}{0.2} = \dfrac{14}{4}$
d) $\dfrac{9}{0.3} = \dfrac{27}{0.9}$

635 다음 물음에 답하시오.

a) 비 $4 : 1$과 $24 : 8$이 같은가?
b) 비 $1 : 6$과 $9 : 54$가 같은가?

636 다음 비례식을 푸시오.

a) $\dfrac{x}{2} = \dfrac{3.2}{0.4}$
b) $\dfrac{1.2}{x} = \dfrac{4}{6}$
c) $\dfrac{0.2}{6} = \dfrac{8.5}{x}$
d) $\dfrac{0.5}{0.3} = \dfrac{x}{1.8}$

637 다음을 나타내는 비례식을 만들고 푸시오.

a) x와 6의 비율은 28과 12의 비율과 같다.
b) 2와 3의 비율은 x와 120의 비율과 같다.
c) 4와 5의 비율은 600과 x의 비율과 같다.

638 8, 12, 16, 24를 이용해서 참인 비례식을 4개 만드시오.

639 다음 비율은 같은가, 다른가?

a) 길이 3 m와 6 m의 비율과 부피 8 L와 16 L의 비율
b) 무게 5 kg과 15 kg의 비율과 가격 10 €와 40 €의 비율
c) 가격 3 €와 80센트의 비율과 1.5 L와 4 dL의 비율

비례식을 만들고 풀기

1. 묻고 있는 것을 x로 표시한다.
2. 표를 만든다.
3. 비례식을 만든다.
4. 비례식을 엇갈려서 곱한다.
5. 답을 쓴다.
6. 답을 확인한다.

예제 1

보리(dL)	우유(dL)
3	15
2	x

오븐죽은 보리 3 dL와 우유 15 dL를 섞어서 만든다. 보리가 2 dL 있다면 우유는 얼마나 필요한가?

재료의 비율은 같아야 하므로 방정식은 다음과 같다.

$\dfrac{3}{2} = \dfrac{15}{x}$ 　　■ 엇갈려서 곱한다.

$3x = 30$ 　　■ 양변에 ÷3을 한다.

$x = 10$ 　　　　　　　　　　　**정답** : 10 dL

예제 2

호밀가루	밀가루
x	$750 - x$
7	3

카르얄란파이 가루를 만들 때 호밀가루와 밀가루를 7 : 3의 비로 섞는다. 카르얄란파이 가루 750 g에 들어 있는 호밀가루와 밀가루의 양은 각각 얼마인가?

호밀가루의 양을 x로 표시한다.
밀가루의 양은 $750 - x$이다.
비례식을 만들 수 있도록 양과 비율을 가지고 표를 만든다.

$\dfrac{x}{7} = \dfrac{750 - x}{3}$ 　　■ 엇갈려서 곱한다.

$3x = 7(750 - x)$ 　　■ 곱해서 괄호를 없앤다.

$3x = 5\,250 - 7x$ 　　■ 양변에 $+7x$를 한다.

$10x = 5\,250$ 　　■ 양변에 ÷10을 한다.

$x = 525$

호밀가루 525 g과 밀가루 750 g − 525 g = 225 g이다.

　　　　정답 : 호밀가루는 525 g, 밀가루는 225 g이 들어 있다.

640 귀리죽을 만들 때 귀리 $4\,\text{dL}$와 물 $8\,\text{dL}$를 섞는다. 귀리가 $3\,\text{dL}$ 있을 때 물은 얼마나 넣어야 하는가?

귀리죽(dL)	물(dL)
4	8
3	x

641 끓는 물 $7\,\text{dL}$에 쌀을 $3\,\text{dL}$ 넣어서 밥을 짓는다. 쌀이 $4\,\text{dL}$ 있다면 물은 얼마나 필요한가?

쌀(dL)	물(dL)
3	7
4	x

642 올리와 유호는 일한 시간에 비례하여 아르바이트 수당을 받기로 했는데, 두 사람이 일한 시간의 비는 $3:2$이다. 올리가 $15\,€$를 받을 때 유호는 얼마를 받는가?

	일한 시간	수당(€)
올리	3	15
유호	2	x

643 아이스티는 농축액과 물을 $1:9$로 섞어서 만든다.

a) 농축액이 $3\,\text{dL}$ 있을 때 물은 얼마나 필요한가?

b) 아이스티를 $2.0\,\text{L}$ 만들 때 농축액과 물은 각각 얼마씩 필요한가?

644 두 사람이 아르바이트 수당을 $4:5$의 비로 나누어 갖는다. 다음과 같은 경우 두 사람이 각각 얼마를 갖는지 계산하시오.

a) 적게 갖는 사람이 $12\,€$ 가질 때

b) 수당이 $36\,€$일 때

645 다음 비례식을 푸시오.

a) $\dfrac{x-2}{8} = \dfrac{3}{4}$　　b) $\dfrac{2}{3} = \dfrac{x-7}{6}$

c) $\dfrac{5}{4} = \dfrac{15}{x+1}$　　d) $\dfrac{11}{x+2} = \dfrac{1}{4}$

646 다음 비례식을 푸시오.

a) $\dfrac{4-x}{x} = \dfrac{6}{2}$　　b) $\dfrac{7}{x} = \dfrac{4}{x-3}$

c) $\dfrac{9-x}{6} = \dfrac{x}{3}$　　d) $\dfrac{5}{4} = \dfrac{x+1}{x}$

647 어항의 물 $20\,\text{L}$에 영양제 $5\,\text{mL}$를 섞는다. 다른 큰 어항에 물이 $180\,\text{L}$ 있다면 영양제를 얼마나 섞어야 하는지 비례식을 만들고 계산하시오.

648 다음 그림에 있는 돈은 유시가 가지고 있는 돈의 60%이다. 유시가 가지고 있는 돈은 모두 얼마인지 비례식을 만들고 계산하시오.

649 시니카는 당근 씨앗을 20개 심었다. 이 중 17개가 싹이 텄다. 싹 트는 비율이 일정하다고 보고 다음 물음에 답하시오.

a) 싹이 34개 트게 하려면 씨앗을 몇 개 심어야 하는가?

b) 씨앗을 300개 심으면 싹은 몇 개가 트는가?

650 버터밀크치즈를 만들 때 우유와 버터밀크를 $4:3$의 비율로 섞는다.

a) 버터밀크치즈를 $3.5\,\text{L}$ 만든다면 우유와 버터밀크는 각각 얼마나 필요한가?

b) 버터밀크가 $6\,\text{dL}$가 있다면 우유는 얼마나 필요한가?

651 마리아는 귀리, 보리, 호밀을 $2:3:5$의 비로 섞는다. 냄비에는 귀리가 $50\,\text{g}$ 있다. 다음을 얼마나 넣어야 하는지 구하시오.

a) 보리

b) 호밀

어떤 수 x의 제곱이 16일 때, 어떤 수 x는 얼마인가?

어떤 수 x의 제곱은 x^2이므로 만들어지는 방정식은 $x^2=16$이다.
따라서 이 방정식의 근은 16의 제곱근이다.
$x=\sqrt{16}=4$ 또는 $x=-\sqrt{16}=-4$이다.

정답 : $x=4$ 또는 $x=-4$

이차방정식

$x^2=16$
$x=\sqrt{16}$ 또는 $x=-\sqrt{16}$
$x=4$ 또는 $x=-4$

2차 방정식 $x^2=a$는 근이 두 개이다.
$a\geq0$일 때, $x=\sqrt{a}$ 또는 $x=-\sqrt{a}$ 이다.

예제 2

다음 방정식을 푸시오.

a) $x^2=64$ b) $x^2-49=0$

a) $x^2=64$
  $x=\sqrt{64}$ 또는 $x=-\sqrt{64}$
  $x=8$ 또는 $x=-8$
b) $x^2-49=0$ ■ 양변에 $+49$를 한다.
  $x^2=49$
  $x=\sqrt{49}$ 또는 $x=-\sqrt{49}$
  $x=7$ 또는 $x=-7$

정답 : a) $x=8$ 또는 $x=-8$ b) $x=7$ 또는 $x=-7$

예제 3

방정식 $x^2+8=15$를 푸시오. 소수점 아래 첫째자리까지 답을 쓰시오.

$x^2+8=15$
$x^2=7$
$x=\sqrt{7}$ 또는 $x=-\sqrt{7}$
$x=2.645\cdots$ 또는 $x=-2.645\cdots$
$x \fallingdotseq 2.6$ 또는 $x \fallingdotseq -2.6$

정답 : $x \fallingdotseq 2.6$ 또는 $x \fallingdotseq -2.6$

√ 7 =
계산기 사용법

652 어떤 수 x의 제곱이 다음과 같을 때, 어떤 수 x는 얼마인지 구하시오.

a) 9 b) 25

653 다음 방정식을 푸시오.

a) $x^2 = 4$ b) $x^2 = 36$
c) $x^2 = 81$ d) $x^2 = 100$

654 다음 방정식을 푸시오.

a) $x^2 - 400 = 0$ b) $x^2 - 1 = 0$
c) $x^2 - 900 = 0$ d) $x^2 - 10\,000 = 0$

655 다음 방정식을 푸시오.

a) $x^2 - 2 = 7$ b) $x^2 - 21 = 100$
c) $x^2 + 4 = 20$ d) $x^2 + 6 = 150$

656 다음 정사각형의 한 변의 길이 x를 구하는 방정식을 만들고 푸시오.

a) b)

657 다음 방정식을 푸시오. 답은 소수점 아래 첫째자리까지 쓰시오.

a) $x^2 - 2 = 11$ b) $x^2 - 11 = 71$
c) $x^2 + 4 = 50$ d) $x^2 + 12 = 123$

658 다음을 나타내는 방정식을 만들고 푸시오.

a) x에 수 자신을 곱하면 81이 된다.
b) x에 수 자신을 곱하면 0이 된다.
c) x에 수 자신을 곱하고 11을 더하면 60이 된다.

659 다음 방정식을 푸시오.

a) $x^2 = 0.49$ b) $x^2 = 0.04$
c) $x^2 = -0.81$ d) $x^2 = 1.21$

660 다음 방정식을 푸시오.

a) $x^2 + 1.11 = 1.27$
b) $x^2 - 0.99 = 0.45$

661 다음 방정식을 푸시오.

a) $x^2 = \dfrac{1}{9}$ b) $x^2 = \dfrac{1}{100}$
c) $x^2 = \dfrac{4}{25}$ d) $x^2 = \dfrac{36}{49}$

662 다음 방정식을 푸시오.

a) $x^2 + \dfrac{1}{4} = \dfrac{1}{2}$
b) $x^2 - \dfrac{1}{16} = \dfrac{1}{2}$

663 다음 방정식을 푸시오. 답은 소수점 아래 첫째자리까지 쓰시오.

a) $5x^2 - 12 = 4x^2 + 20$
b) $7x^2 + 8 = 6x^2 + 80$
c) $3x^2 - 3 = 2x^2 + 66$
d) $9x^2 - 50 = 8x^2 - 7$
e) $2x^2 + 4 = x^2 + 60$

	$x =$
C	5.7 또는 -5.7
E	7.5 또는 -7.5
R	8.3 또는 -8.3
I	6.6 또는 -6.6
U	8.5 또는 -8.5
M	7.4 또는 -7.4

예제 1

다음 방정식을 푸시오.

a) $3x^2 = 243$ b) $2x^2 - 5 = 45$

a) $3x^2 = 243$ ■ 양변에 ÷3을 한다.

    $x^2 = 81$ ■ 제곱을 없앤다.

    $x = \sqrt{81}$ 또는 $x = -\sqrt{81}$

    $x = 9$ 또는 $x = -9$

b) $2x^2 - 5 = 45$ ■ 양변에 +5를 한다.

    $2x^2 = 50$ ■ 양변에 ÷2를 한다.

    $x^2 = 25$ ■ 제곱을 없앤다.

    $x = \sqrt{25}$ 또는 $x = -\sqrt{25}$

    $x = 5$ 또는 $x = -5$

예제 2

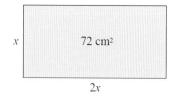

직사각형의 가로 길이는 세로 길이의 두 배이고 넓이는 $72\ \mathrm{cm}^2$ 이다. 직사각형의 변의 길이를 계산하는 방정식을 만들고 푸시오.

직사각형의 세로 길이를 x로 표시한다.

가로 길이는 $2x$이므로 다음과 같은 방정식을 만들 수 있다.

$2x \cdot x = 72$ ■ 간단히 한다.

$2x^2 = 72$ ■ 양변에 ÷2를 한다.

$x^2 = 36$ ■ 제곱을 없앤다.

$x = \sqrt{36}$ 또는 $x = -\sqrt{36}$

$x = 6$ 또는 $x = -6$ ■ 양수인 답을 고른다.

$x = 6$

세로 길이는 6 cm이고 가로 길이는 $2 \cdot 6$ cm $= 12$ cm이다.

         정답 : 세로 길이는 6 cm이고 가로 길이는 12 cm이다.

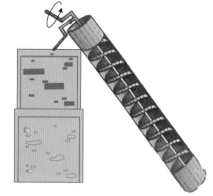

이 기계는 아르키메데스의 나선식 펌프라고 불리는 양수기로 2000여 년 전에 아르키메데스가 발명하였으며 지금도 사용되고 있다.

664 다음 방정식을 푸시오.

a) $2x^2 = 200$　　b) $4x^2 = 100$

c) $3x^2 = 108$　　d) $5x^2 = 125$

e) $2x^2 - 128 = 0$　　f) $10x^2 - 810 = 0$

g) $6x^2 + 7 = 31$　　h) $4x^2 - 84 = 400$

i) $5x^2 + 21 = 26$　　j) $3x^2 - 11 = 136$

	$x =$
S	10 또는 -10
K	11 또는 -11
R	1 또는 -1
I	9 또는 -9
D	6 또는 -6
A	7 또는 -7
H	2 또는 -2
E	5 또는 -5
M	8 또는 -8

665 다음 방정식을 푸시오.

a) $4x^2 = x^2 + 27$　　b) $6x^2 = 4x^2 + 32$

c) $7x^2 = 3x^2 + 144$　　d) $9x^2 = 5x^2 + 16$

666 다음 직사각형의 변의 길이를 구하는 방정식을 만들고 푸시오.

a)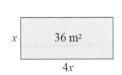

b)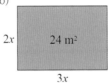

667 다음을 나타내는 방정식을 만들고 푸시오.

a) x에 수 자신과 10을 곱하면 1440이 된다.

b) x에 수 자신과 2를 곱하면 338이 된다.

c) x에 수 자신과 3을 곱하고 7을 더하면 307이 된다.

668 다음 방정식을 푸시오.

a) $2x^2 = 3200$　　b) $4x^2 = -1600$

c) $-3x^2 = -2700$　　d) $8x^2 = 20000$

669 다음 방정식을 푸시오.

a) $5x^2 - 500 = 0$　　b) $2x^2 + 800 = 0$

c) $6x^2 + 13 = 19$　　d) $-2x^2 + 5 = -93$

e) $7x^2 + 32 = 32$　　f) $-5x^2 - 5 = -50$

670 다음 방정식을 푸시오.

a) $9x^2 + 36 = -x^2 + 36\,036$

b) $-x^2 + 5\,000 = x^2 + 5\,000$

c) $-4x^2 - 152 = -8x^2 - 8$

671 식 $-2x^2 + 1$의 값이 다음과 같을 때 x의 값을 구하시오.

a) -49　　b) -199　　c) 19

672 다음 도형의 변의 길이를 구하는 방정식을 만들고 푸시오.

a)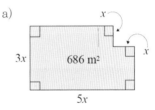

b)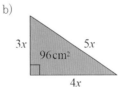

673 다음 직사각형의 변의 길이를 구하는 방정식을 만들고 푸시오.

a) 가로의 길이는 세로의 길이의 세 배이고 넓이가 $1\,200$ cm^{2}일 때

b) 가로의 길이는 세로의 길이의 네 배이고 넓이가 484 cm^{2}일 때

674 다항식 $A = 2x^2 + 7x$와 $B = 2x^2 - 7x$의 합이나 차가 다음과 같을 때 x의 값을 구하시오.

a) $A + B = 196$일 때

b) $A - B = 196$일 때

54 영하의 기온과 바람

기온이 영하일 때 바람은 체감온도를 더 낮춘다. 바람이 불지 않을 때 피부 가까이에는 얇은 보호공기층이 있어서 피부의 온도와 비슷한 온도를 유지한다. 반면, 바람이 불 때는 이 공기층이 사라져서 찬 바람이 피부에 닿아 피부의 온도를 빼앗는다.

바람은 또 피부의 습기를 날려보내서 피부의 온도가 더 떨어지게 만든다.

바람이 덜 부는 곳으로 가거나 겹겹이 옷을 입는 방법으로 추위를 막을 수 있다.

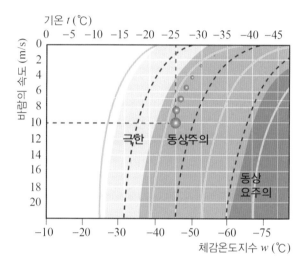

라플란드의 기후는 매우 빨리 변한다. 트인 지역에 만들어놓은 크로스컨트리 스키 코스는 바람이라도 좀 세게 불면 금세 눈으로 뒤덮여버린다.

기온이 영하일 때 바람이 불면 실제 온도계가 나타내는 기온보다 체감온도는 더 낮다. 도표에 있는 곡선에서 기온 t(℃)와 바람의 속도(m/s)를 알면 체감온도지수 w(℃)를 알 수 있다. 특정한 바람의 속도에서 체감온도지수 w(℃)는 기온 t(℃)을 알면 방정식으로 구할 수 있다.

예를 들면
• 바람의 속도가 5 m/s이면 $w = 1.25\,t - 4.94$이다.
• 바람의 속도가 10 m/s이면 $w = 1.32\,t - 7.05$이다.
• 바람의 속도가 15 m/s이면 $w = 1.37\,t - 8.41$이다.
• 바람의 속도가 20 m/s이면 $w = 1.41\,t - 9.42$이다.

예제 1

a) 기온이 −25℃이고 바람의 속도가 10 m/s일 때 도표에서 영하 기온의 체감온도를 읽으시오.

b) a)의 체감온도를 위의 방정식을 이용해서 계산하시오.

a) x축의 −25℃ 점에서 수직으로 선을 긋고 y축의 10 m/s 점에서 수평으로 선을 긋는다. 두 선은 거의 −40℃ 체감온도에 가까운 점에서 만난다.

b) $t = -25$를 바람의 속도 10 m/s일 때의 방정식 $w = 1.32\,t - 7.05$에 넣는다.

$w = 1.32\,t - 7.05 = 1.32 \cdot (-25) - 7.05 \fallingdotseq -40$ **정답 : 약 −40℃**

675 다음과 같은 상황에서 동상의 위험이 있는가?

   a) 기온이 −26℃이고 바람의 속도가 2 m/s
   b) 기온이 −24℃이고 바람의 속도가 8 m/s
   c) 기온이 −19℃이고 바람의 속도가 20 m/s

676 기온이 다음과 같을 때 동상의 위험이 생기는 바람의 속도는 얼마인가?

   a) −25℃   b) −30℃   c) −20℃

677 다음 상황의 체감온도를 116쪽의 그래프에서 찾으시오.

   a) 기온이 −15℃이고 바람의 속도가 2 m/s
   b) 기온이 −15℃이고 바람의 속도가 14 m/s
   c) 기온이 −30℃이고 바람의 속도가 16 m/s

678 체감온도가 −32℃이다. 116쪽의 그래프를 참고해서 다음 표를 완성하시오.

바람의 속도(m/s)	기온(℃)
2	
6	
20	
0	

679 116쪽의 방정식을 이용해서 기온이 −10℃이고 바람의 속도가 다음과 같을 때 체감온도를 계산하시오.

   a) 5 m/s   b) 10 m/s
   c) 15 m/s   d) 20 m/s

680 바람의 속도는 20 m/s이다.

   a) 116쪽의 방정식을 이용해서 표를 완성하시오.

기온(℃)	체감온도(℃)
−5	
−10	
−15	
−20	
−25	
−30	

   b) 위의 표를 이용해서 기온에 따른 체감온도의 변화를 나타내는 도표를 그리시오. (힌트 : x축에 기온을 표시하고 y축에 체감온도를 표시한다. 각 축에 적당한 단위를 설정한다.)

라플란드는 핀란드에서 가장 바람이 많이 부는 지역이다. 사진은 무오니오에 있는 올로스툰투리 지역에 있는 풍력발전기들이다.

평균속력

이동거리
$$V = \frac{s}{t}$$
평균속력 사용시간

• 평균속력이란 어떤 시간 안에 이동한 거리를 나타낸다. 자동차의 평균속력이 80 km/h일 때, 이 차는 한 시간 동안 80 km를 이동한다.
• 이동거리 s의 단위가 미터(m)이고 시간 t의 단위가 초(s)일 때 평균속력 v의 단위는 m/s이다.

예제 1

욘나는 400 m를 80초에 뛰었다.

a) 욘나의 평균속력을 계산하시오.
b) 평균속력의 방정식을 이용해서 시간 t를 구하는 방정식으로 만드시오.
c) 욘나가 평균속력으로 300 m를 뛰는 데 걸리는 시간을 계산하시오.

a) 평균속력을 구하는 방정식에 이동거리(m) $s = 400$, 사용시간(초) $t = 80$을 넣는다.
$$v = \frac{s}{t} = \frac{400}{80} = 5$$

b) $v = \dfrac{s}{t}$ ■ 양변에 $\times t$를 한다.

$t \cdot v = \dfrac{t \cdot s}{t}$ ■ 약분한다.

$t \cdot v = s$ ■ 양변에 $\div v$를 한다.

$\dfrac{t \cdot v}{v} = \dfrac{s}{v}$

$t = \dfrac{s}{v}$

c) 시간을 구하는 방정식에 거리(m) $s = 300$, 평균속력(초) $v = 5$를 넣는다.
$$t = \frac{s}{v} = \frac{300}{5} = 60$$

정답 : a) 5 m/s   b) $t = \dfrac{s}{v}$ c) 60초

681 툴리는 100 m를 16초에 뛰었다.

  a) 툴리의 평균속력을 계산하시오.

  b) 툴리가 평균속력으로 400 m를 뛰는 데 걸리는 시간은?

  c) 평균속력의 방정식을 이용해서 거리 s를 구하는 방정식을 만드시오.

  d) 툴리가 3분 동안 같은 속력으로 뛴다고 가정하면 뛴 거리는?

682 차로 0.5시간 동안 42 km를 갔다.

  a) 이 차의 평균속력을 계산하시오.

  b) 이 차가 평균속력으로 300 km를 갈 때 걸리는 시간은?

  c) 이 차가 평균속력으로 2시간 30분을 갈 때 이동한 거리는?

물체의 밀도

나무의 밀도는 철의 밀도보다 작다. 나무 한 조각의 무게는 같은 크기의 철의 무게보다 작다.

어떤 성분의 밀도는 그 성분으로 만든 물체의 무게 m과 그 부피 V를 알면 계산할 수 있다.

성분의 밀도 p는 방정식 $p = \dfrac{m}{V}$으로 계산한다. 밀도의 단위는 kg/m^{3}이고, 때로는 kg/dm^{3}도 될 수 있다.

683 알루미늄 물체의 무게는 6.75 kg이고 부피는 2.5 dm^{3}이다.

  a) 알루미늄의 밀도를 계산하시오.

  b) 밀도의 방정식을 이용해서 부피 V를 구하는 방정식을 만드시오.

  c) 알루미늄 물체의 무게가 10.8 kg일 때 부피는?

684 얼음 조각의 무게는 138 kg이고 부피는 150 dm^{3}이다.

  a) 얼음의 밀도를 계산하시오.

  b) 무게가 2 000 kg일 때 이 얼음 조각의 부피를 계산하시오.

  c) 얼음 조각의 부피가 5 dm^{3}일 때 무게는?

압력

표면적 A에 힘 F가 가해질 때 표면에 생기는 압력 p는 방정식 $p = \dfrac{F}{A}$로 계산한다.

압력의 단위는 N/m^2, 즉 파스칼(Pa)이다.

685 남학생의 몸무게는 65 kg이다. 이 학생이 한 발로 서 있고 발바닥의 면적이 0.018 m^{2}일 때 학교 바닥에 가해지는 압력은?

686 a) 압력의 방정식을 이용해서 힘 F를 구하는 방정식을 만드시오.

  b) 0.018 m^{2}에 101 kPa의 압력을 가하는 힘은?

687 a) 압력의 방정식을 이용해서 면적 A를 구하는 방정식을 만드시오.

  b) 여학생의 몸무게는 50 kg이다. 학교 바닥에 가해지는 압력이 5 000 kPa일 때 여학생이 신고 있는 신발 바닥의 표면적은?

688 섭씨온도(℃)를 켈빈온도(K)로 바꾸는 방정식은 K = C + 273이다.

  a) 물이 끓는 온도인 100℃는 켈빈온도로 몇 도인가?

  b) 위 방정식을 이용해서 섭씨온도 ℃를 구하는 방정식을 만들고 산소의 끓는 온도인 90 K는 섭씨온도로 몇 도인지 계산하시오.

689 섭씨온도(℃)를 화씨온도(°F)로 바꾸는 방정식은 F $= \dfrac{9C}{5} + 32$이다.

  a) 물이 끓는 온도인 100℃는 화씨온도로 몇 도인가?

  b) 위 방정식을 이용해서 섭씨온도 ℃를 구하는 방정식을 만들고 에탄올의 끓는 온도인 172 °F는 섭씨온도로 몇 도인지 계산하시오. (소수점 아래 첫째자리에서 반올림하시오.)

  c) 완전 영도인 0 K는 화씨온도로 몇 도인가?

● ● 연습

690 $x = 6$이 다음 방정식의 근인지 알아보시오.

a) $2x + 8 = 20$　　　b) $3x - 8 = 4x$

c) $5x - 34 = 2 - x$

691 다음 양팔저울이 균형을 이루기 위한 조건을 방정식으로 나타내고 x의 값을 구하시오.

a)

b)

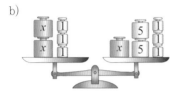

692 다음 방정식을 푸시오.

a) $12x = 36$　　　　b) $x - 8 = 4$

c) $0.2x = 10$　　　　d) $5x + 12 = 42$

e) $7x = x + 24$　　　f) $x = -x + 30$

g) $x + 2x = 150$

	G	Ö	N	T	E	R
$x =$	4	12	50	6	15	3

693 다음을 나타내는 방정식을 만들고 푸시오.

a) $8x$에서 13을 뺀 차는 67이다.

b) 0.4와 x의 곱은 2.8이다.

c) x와 7의 합에 $4x$를 더하면 52이다.

694 다음 각 x의 크기를 구하는 방정식을 만들고 푸시오.

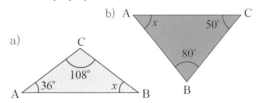

a)

b)

695 다음 방정식을 푸시오.

a) $\dfrac{x}{20} = 40$　　　b) $\dfrac{3x}{4} = 18$

c) $\dfrac{x}{5} - 14 = 6$　　d) $x + \dfrac{x}{3} = 16$

696 다음 방정식을 푸시오.

a) $4(x - 7) = 4$　　b) $6x = 19 - (x - 16)$

697 다음 방정식을 푸시오.

a) $\dfrac{x}{8} = \dfrac{3}{2}$　　　　b) $\dfrac{7}{21} = \dfrac{x}{3}$

c) $\dfrac{5}{x} = \dfrac{10}{6}$　　　　d) $\dfrac{7}{2} = \dfrac{28}{x}$

698 다음 방정식을 푸시오.

a) $x^2 = 64$　　　　b) $2x^2 = 98$

c) $x^2 - 12 = 24$　　d) $x^2 + 15 = 24$

699 두 사람이 아르바이트 수당을 $2 : 3$의 비로 나누어 갖는다. 다음과 같은 경우 두 사람이 각각 얼마를 갖는지 계산하시오.

a) 총 수당이 $45\,€$일 때

b) 적게 갖는 사람이 $8\,€$를 가질 때

c) 많이 갖는 사람이 $66\,€$를 가질 때

700 보리죽은 잘게 자른 보리 $3\,dL$를 우유 $2\,L$에 섞어서 만든다. 우유가 다음과 같이 있을 때 필요한 보리의 양을 구하시오.

a) $0.5\,L$　　b) $1.5\,L$　　c) $2.5\,L$

701 다음 직사각형의 변의 길이를 구하는 방정식을 만들고 푸시오.

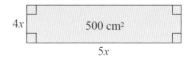

702 −1, 0, 1 중 다음 방정식의 근이 있는지 알아보시오.

a) $7x - 2 = 3x - 2$

b) $5x + 1 = -2x + 8$

703 다음 과일의 무게를 구하시오.

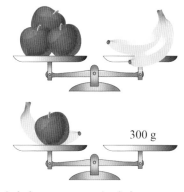

a) 바나나   b) 사과

704 다음을 나타내는 방정식을 만들고 푸시오.

a) 8과 x의 곱에 5를 더하면 32에서 x를 뺀 차와 같다.

b) x와 3의 합에 16을 곱하면 10과 x의 곱과 같다.

c) x와 28의 합을 5로 나누면 3과 x의 곱과 같다.

705 다음 방정식을 푸시오.

a) $3x = 12 - (-x + 4)$

b) $2x + 2x = 10 - (x - 15)$

c) $12(x + 2) = 24$

d) $-5(2x + 21) = -15$

e) $6(x - 3) = 4(x - 3)$

f) $13(x - 18) = 0$

g) $7(3x + 12) = 0$

	L	I	N	G	F	E	M
$x =$	5	3	18	−4	4	0	−9

706 이등변삼각형의 밑변의 길이는 다른 변의 길이보다 5 cm 짧다. 삼각형의 변의 길이의 합이 22 cm일 때 삼각형의 변들의 길이를 계산하시오.

707 직사각형의 넓이는 30이다. 직사각형의 세로의 길이를 구하는 방정식을 만들고 푸시오.

a)
$x + 2$ ___ 6

b)
$2x + 1$ ___ 3

708 다음 물음에 답하시오.

a) 삼각형의 넓이를 구하는 식 $A = \dfrac{ah}{2}$를 이용해서 삼각형의 높이 h를 구하는 방정식을 만드시오.

b) 밑변의 길이가 4 cm이고 넓이가 14 cm²일 때, 삼각형의 높이를 계산하시오.

709 유카, 안티, 페카는 차고를 청소했다. 유카는 이 일의 $\dfrac{1}{5}$, 안티는 반, 페카는 나머지 일을 했다. 페카가 12 €를 받았을 때 이들이 받은 총 금액 및 세 명이 각각 받은 금액을 구하는 방정식을 만들고 계산하시오.

710 다음 방정식을 푸시오.

a) $x^2 + \dfrac{1}{2} = \dfrac{3}{4}$ b) $x^2 - \dfrac{1}{3} = \dfrac{1}{9}$

c) $x^2 + 2 = 9x^2$ d) $-180x^2 = -5$

711 다음 비례식을 푸시오.

a) $\dfrac{x - 4}{4} = \dfrac{9}{2}$ b) $\dfrac{2}{5} = \dfrac{x + 3}{25}$

c) $\dfrac{4x}{5} = \dfrac{20}{x}$ d) $\dfrac{3x}{7} = \dfrac{21}{x}$

712 토마토 400 g이 1.00 €이다.

a) 토마토 2 kg의 가격은 얼마인가?

b) 8 €로 살 수 있는 토마토의 양은 얼마인가?

단항식

차수 2
↓
$5x^2$
계수 5 ↑↑ 문자 x

동류항

동류항은 문자와 차수가 같은 단항식이다. 단항식 $5x^2$과 $4x^2$은 동류항이다. 단항식 $5x^2$과 $4x$는 동류항이 아니다.

단항식의 덧셈과 뺄셈

동류항끼리는 더하거나 뺄 수 있다.
$$5x^2 + 4x^2 = 9x^2$$
$$5x^2 - 4x^2 = 1x^2 = x^2$$

단항식의 곱셈

$$4x^2 \cdot 7x^3 = 4 \cdot 7 \cdot x^2 \cdot x^3 = 28x^5$$

다항식

다항식은 단항식 혹은 단항식들의 합이다.

다항식 $x^2 - 2x + 3$에는 세 개의 항이 있다.

- 2차항은 x^2이다.
- 1차항은 $-2x$이다.
- 상수항은 3이다.

이 다항식의 차수는 2이다.

다항식의 덧셈과 뺄셈

1. 더하거나 뺄 다항식을 괄호 안에 표시한다.
2. 괄호를 없앤다. 괄호 앞에 음의 부호가 있을 때는 부호를 바꾼다.
3. 동류항들을 차수가 가장 높은 항부터 차례대로 합한다.

$$5x - (7x - 3) + (3x - 8) = 5x - 7x + 3 + 3x - 8$$
$$= x - 5$$

다항식에 수나 단항식을 곱하는 식

다항식의 각 항에 수나 단항식을 곱한다.

$$3 \cdot (x + 2) = 3 \cdot x + 3 \cdot 2 = 3x + 6$$

$$3x \cdot (x + 2) = 3x \cdot x + 3x \cdot 2 = 3x^2 + 6x$$

다항식에 다항식을 곱하는 식

다항식을 각 항별로 곱한다.

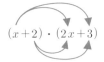

$$= x \cdot 2x + x \cdot 3 + 2 \cdot 2x + 2 \cdot 3$$
$$= 2x^2 + 3x + 4x + 6$$
$$= 2x^2 + 7x + 6$$

다항식을 단항식으로 나누는 식

다항식의 각 항을 단항식으로 나눈다.

$$\frac{6x^2 + 8x}{2x} = \frac{6x^2}{2x} + \frac{8x}{2x} = 3x + 4$$

방정식과 방정식의 근

두 개의 식이 서로 같을 때 방정식이 만들어진다. 방정식의 근은 방정식의 좌변과 우변을 같게 만드는 미지수의 값이다.

방정식 : $3x = 15$
방정식의 근 : $x = 5$

방정식을 단계별로 풀기

- 방정식에 있는 괄호와 분모를 없앤다.
- '$x = 수$'의 형태가 될 때까지 단계적으로 방정식을 바꾼다. 각 단계에서 방정식의 양변에 같은 식을 적용한다. 예를 들면 더하기, 빼기, 곱하기, 나누기를 한다.

비례식

비례식은 두 비율이 서로 같음을 표시한 방정식이다. 비례식은 서로 엇갈려서 곱해서 풀 수 있다.

$$\frac{x}{5} = \frac{6}{10}$$
$$10x = 5 \cdot 6$$
$$x = 3$$

이차방정식

방정식 $x^2 = 16$은 두 개의 근이 있다.
$$x = \sqrt{16} = 4 \text{ 또는 } x = -\sqrt{16} = -4$$

제 3 부

삼각형과 원의 기하학

■ 삼각형과 원의 기하학, 닮음의 개념과 축척에 대해 알아보고 삼각형에 닮음을 적용해본다.

■ 피타고라스의 정리를 배운다. 원의 둘레의 길이와 넓이, 부채꼴의 넓이와 호의 길이를 계산하는 법을 배운다.

57 닮음

 1.0 cm

실제 크기대로 그린 개미

 0.5 cm

크기를 반으로 줄여서 그린
닮은 개미

 2.0 cm

크기를 2배로 늘려서 그린
닮은 개미

닮은 도형의 대응각과 대응변

도형 X와 Y는 닮음이다.
• 대응각들의 크기가 서로 같다.
• 대응변들의 길이의 비율이 서로 같다.
도형X∽도형Y 라는 표시는 서로 닮은 도형이라는 뜻이다.

도형 X

도형 Y

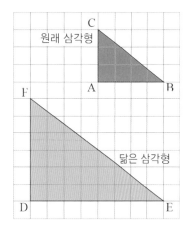

원래 삼각형

닮은 삼각형

예제 1

삼각형 DEF와 삼각형 ABC는 닮은 도형이다. 즉, △DEF∽
△ABC이다.

a) 삼각형의 대응점, 대응각, 대응변을 표로 나타내시오.

b) 삼각형 ABC의 변들의 길이에 얼마를 곱하면 삼각형 DEF의 변
들의 길이를 얻을 수 있는가?

a)

대응점	대응각	대응변
A와 D	∠A와 ∠D	AB와 DE
B와 E	∠B와 ∠E	BC와 EF
C와 F	∠C와 ∠F	CA와 FD

b) 원래 삼각형 ABC의 변들의 길이에 2를 곱하면 삼각형 DEF의 변
들의 길이와 같아진다.
정답 : 2

713 각 변의 길이에 다음 수를 곱하여 삼각형 ABC를 확대한 삼각형을 그리시오.

a) 2

b) 3

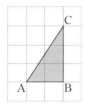

714 각 변의 길이를 다음 수로 나누어 직사각형 ABCD를 축소한 직사각형을 그리시오.

a) 2 　　　　　 b) 4

715 삼각형 DEF와 삼각형 ABC는 닮은 삼각형이다.

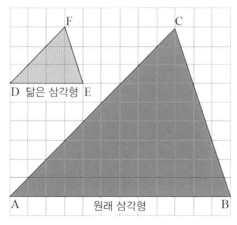

a) 삼각형의 대응점, 대응각, 대응변을 표로 나타내시오.

b) 삼각형 ABC의 변들의 길이를 어떤 수로 나누거나 곱하면 삼각형 DEF의 변들의 길이를 얻을 수 있는가?

716 다음 물고기의 크기를 1.5배 확대한 물고기를 그리시오.

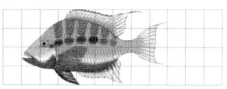

717 삼각형 ABC와 삼각형 DEF는 닮은 삼각형이다.

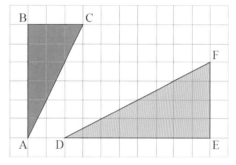

a) 삼각형의 대응점, 대응각, 대응변을 표로 나타내시오.

b) 삼각형 ABC의 변들의 길이를 어떤 수로 나누거나 곱하면 삼각형 DEF의 변들의 길이를 얻을 수 있는가?

718 다음 도형의 모든 길이에 다음 수를 곱해서 닮은 도형을 그리시오.

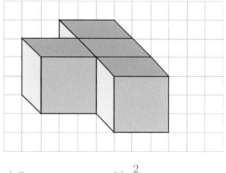

a) 2 　　　　　 b) $\frac{2}{3}$

축소한 삼각형

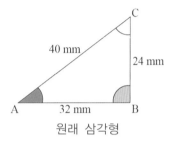

원래 삼각형

예제 1

삼각형 DEF와 삼각형 ABC가 닮은 삼각형인지 대응각들의 크기를 측정하고 대응변들의 길이의 비율을 계산해서 알아보시오.

각의 크기를 측정해서
∠A＝∠D＝37°, ∠B＝∠E＝90°, ∠C＝∠F＝53°임을 알 수 있다.

삼각형	대응변들의 길이		
DEF	DE＝16	EF＝12	FD＝20
ABC	AB＝32	BC＝24	CA＝40

$$\frac{DE}{AB}=\frac{16\,mm}{32\,mm}=\frac{1}{2}, \quad \frac{EF}{BC}=\frac{12\,mm}{24\,mm}=\frac{1}{2}, \quad \frac{FD}{CA}=\frac{20\,mm}{40\,mm}=\frac{1}{2}$$

정답 : 대응각들의 크기가 서로 같고 대응변들의 길이의 비율이 서로 같으므로 두 삼각형은 닮은 삼각형이다.

닮은 도형과 축척

그림에 있는 변의 길이

$$k = 1 : 2$$
↑
실제 변의 길이

닮은 도형들의 축척 k는 도형의 대응변들의 길이의 비율이다.

$$축척 = \frac{그림에 있는 변의 길이}{실제 변의 길이}$$

5 mm
실제 크기의 무당벌레

확대한 무당벌레

예제 2

무당벌레의 그림은 어떤 비율로 확대되었는지 계산하시오.

축척은 무당벌레의 그림의 길이의 실제 무당벌레의 길이에 대한 비율이다.

$$k = \frac{1.5\,cm}{5\,mm} = \frac{15\,mm}{5\,mm} = 3$$

$3 = \dfrac{3}{1}$ 이므로 축척은 3 : 1이다.　　　　　　정답 : 3 : 1

719 삼각형 DEF와 삼각형 ABC가 닮은 삼각형인지 대응각들을 측정하고 대응변들의 길이의 비율을 계산해서 알아보시오.

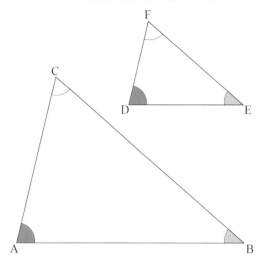

720 다음 닮은 도형들의 축척을 계산하시오.

a)

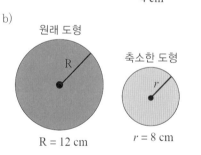

원래 도형

2 cm

확대한 도형

4 cm

b)

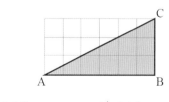

원래 도형

R

R = 12 cm

축소한 도형

r

r = 8 cm

721 삼각형 ABC와 닮은 삼각형을 다음 축척으로 그리시오.

a) 1 : 3   b) 4 : 3

722 아래 그림에서 필요한 부분을 측정하고 다음을 계산하시오.

a) 독수리 그림의 축척
b) 기린 그림의 축척
c) 벌 그림의 축척

독수리 날개의 길이는 140 cm이다.

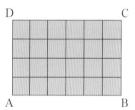

기린의 높이는 5.0 m이다.

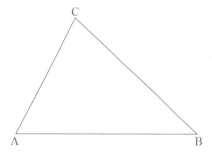

벌의 길이는 13 mm이다.

723 직사각형 ABCD와 닮은 직사각형을 다음 축척으로 그리시오.

a) 1 : 2   b) 3 : 2
c) 1 : 1   d) 2 : 3

724 다음 물음에 답하시오.

a) 삼각형 ABC와 닮은 삼각형을 3 : 2의 축척으로 그리시오.
b) 대응각들의 크기를 측정하시오.

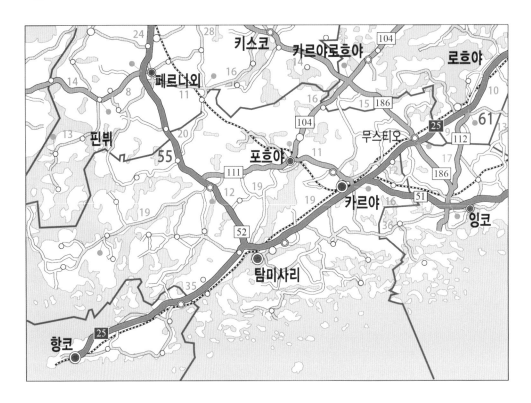

예제 1

항코와 탐미사리 사이의 거리는 약 31 km이다. 지도 위에서 이 두 도시 사이의 거리는 6.2 cm이다. 지도의 축척을 계산하시오.

지도의 축척은 지도 위의 거리 6.2 cm의 실제 거리 31 km=3 100 000 cm에 대한 비율이다.

즉, $k = \dfrac{6.2 \text{ cm}}{3\,100\,000 \text{ cm}} = \dfrac{1}{500\,000} = 1 : 500\,000$

6.2 ÷ 3 100 000 = $a^{b/c}$
계산기 사용법

예제 2

GT 도로 지도의 축척은 1 : 200 000이다. 지도 위 거리가 다음과 같을 때 실제 거리가 얼마인가?

a) 1 cm   b) 7 cm

a) 축척 1 : 200 000은 지도 위 1 cm가 200 000 cm=2 km임을 뜻한다.
b) 1 cm는 2 km이므로 7 cm는 7·2 km=14 km이다.

$$\text{축척} = \frac{\text{지도상 거리}}{\text{실제 거리}}$$

$$1 : 200\,000$$

지도상 거리   실제 거리

킬로미터	헥토미터	데카미터	미터	데시미터	센티미터	밀리미터
km	hm	dam	m	dm	cm	mm
1 000 m	100 m	10 m	1 m	0.1 m	0.01 m	0.001 m

● ● ○ ○ **연습**

725 a) 다음 표를 완성하시오.

지도상 거리	실제 거리
1 cm	4 km
2 cm	
4 cm	
7 cm	

b) 지도의 축척을 계산하시오.

726 a) 다음 표를 완성하시오.

지도상 거리	실제 거리
1 cm	200 m
	600 m
	1.6 km
	2.4 km

b) 지도의 축척을 계산하시오.

727 128쪽의 지도상 거리가 다음과 같을 때 실제 거리를 계산하시오.

a) 페르니외에서 포흐야까지의 거리가 49 mm일 때

b) 페르니외에서 카르야까지의 거리가 6.6 cm일 때

728 다음 두 도시의 지도상 거리를 측정하고 실제 거리를 계산하시오.

a) 항코와 카르야 사이

b) 페르니외와 잉코 사이

729 카르야에서 카르야로흐야까지 다음과 같이 가는 경우 거리를 계산하시오.

a) 무스티오를 거쳐서 갈 때

b) 포흐야를 거쳐서 갈 때

730 핀란드에서 가장 긴 동서간 거리는 네르피외에서 러시아와의 국경에 있는 일로만치까지로 540 km이다. 지도상 이 거리가 36 cm일 때 지도의 축척을 계산하시오.

● ● ● ○ **응용**

731 핀란드에서 가장 긴 거리는 남북으로 항코에서 우츠요키까지로 1 157 km이다. 축척이 1 : 6 000 000인 지도상에서 이 거리는 얼마인가? (소수점 아래 첫째자리까지 구하시오.)

732 오리엔티어링 지도의 축척은 1 : 10 000이다.

a) 지도상 15 cm의 실제 거리는 얼마인가?

b) 실제 거리 1 km의 지도상 거리는 얼마인가?

733 다음 표를 완성하시오.

a) 헬싱키의 자전거도로 지도의 축척은 1 : 30 000이다.

지도상 거리	실제 거리
1 cm	
5 cm	
	600 m
	18 km

b) 국립공원 안내 지도의 축척은 1 : 5 000이다.

지도상 거리	실제 거리
8 cm	
16 cm	
	250 m
	80 m

734 벵츠케리 섬은 핀란드의 최남단 유인도이다. 섬은 항코에서 서남쪽으로 25 km 떨어져 있다. 128의 지도 위에서의 거리는 얼마인가?

삼각형의 닮음

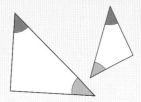

삼각형은 두 쌍의 각의 크기가 서로 같을 때 서로 닮은 삼각형이다. 이 경우에는 나머지 한 각도 서로 크기가 같기 때문이다.

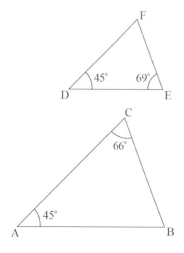

예제 1

삼각형 DEF와 삼각형 ABC가 서로 닮은 삼각형인지 각의 크기를 살펴보시오.

삼각형의 각들의 합은 $180°$이므로 $\angle B = 180° - 45° - 66° = 69°$이다. 즉, $\angle A = \angle D = 45°$이고 $\angle B = \angle E = 69°$이다. 두 삼각형은 크기가 같은 각들을 두 쌍 가지고 있으므로 삼각형 DEF와 삼각형 ABC는 서로 닮은 삼각형이다.

예제 2

삼각형 ABC와 삼각형 DEF는 닮은 삼각형이다. 다음 변의 길이를 계산하시오.

a) 변 AC의 길이 x b) 변 EF의 길이 y

a) 대응변 AC와 DF의 비율은 대응변 AB와 DE의 비율과 같다. 따라서 비례식을 다음과 같이 만들 수 있나.

$$\frac{x}{12} = \frac{4}{6}$$ ■ 엇갈려서 곱한다.

$6x - 48$ ■ 양변에 ÷6을 한디.

$x = 8$

b) 대응변 EF와 BC의 비율은 대응변 DE와 AB의 비율과 같다. 따라서 비례식을 다음과 같이 만들 수 있다.

$$\frac{y}{7} = \frac{6}{4}$$ ■ 엇갈려서 곱한다.

$4y = 42$ ■ 양변에 ÷4를 한다.

$y = 10\frac{1}{2}$

정답 : a) $x = 8$ b) $y = 10\frac{1}{2}$

735 다음 비례식을 푸시오.

a) $\dfrac{x}{4} = \dfrac{3}{2}$ b) $\dfrac{6}{x} = \dfrac{27}{9}$ c) $\dfrac{4}{9} = \dfrac{x}{3}$

736 다음 삼각형의 각들의 크기를 계산해서 닮은 삼각형인지 알아보시오.

a)
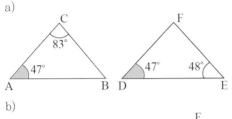

b)
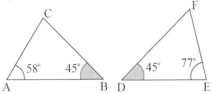

737 다음 삼각형들은 서로 닮은 삼각형이다. 비례식을 쓰고 변의 길이 x를 계산하시오.

a)
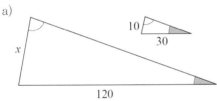

b)
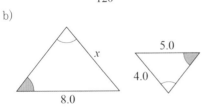

738 다음 삼각형 ABC와 삼각형 DEF는 서로 닮은 삼각형이다. 비례식을 쓰고 변의 길이 x를 계산하시오. (소수점 아래 첫째자리까지 구하시오.)

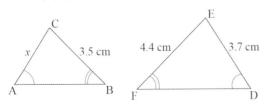

739 삼각형의 두 각의 크기가 $130°$와 $20°$이고, 다른 삼각형의 두 각의 크기가 $30°$와 $20°$일 때, 이 두 삼각형이 닮은 삼각형인지 알아보시오.

740 삼각형의 두 각의 크기가 $28°$와 $72°$이고, 다른 삼각형의 두 각의 크기가 $79°$와 $72°$일 때, 이 두 삼각형이 닮은 삼각형인지 알아보시오.

741 삼각형 ABC와 DEF는 서로 닮은 삼각형이다. 다음 변의 길이를 계산하시오. (소수점 아래 첫째자리까지 구하시오.)

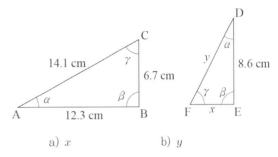

a) x b) y

742 다음 삼각형에 대하여 물음에 답하시오.

a) 삼각형 ABC와 삼각형 DEF가 닮은 삼각형인지 알아보시오.
b) 변의 길이 x와 y를 계산하시오. (소수점 아래 첫째자리에서 반올림하시오.)

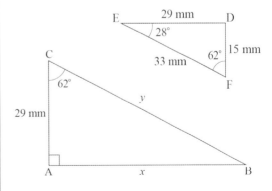

743 6×4의 직사각형을 그리고 이 직사각형을 다음 개수의 직각이등변삼각형으로 나누시오.

a) 6개   b) 5개

예제 1

볼보 V70 자동차의 높이는 1 488 mm이고 길이는 4 710 mm 이다. 길이가 20.0 cm인 이 차의 축소 모형자동차를 만들려고 한다. 이 모형자동차의 높이를 mm 단위까지 계산하시오.

축소 모형자동차의 높이를 변수 x로 표시한다.

	높이(mm)	길이(mm)
축소 모형자동차	x	200
볼보 V70	1 488	4 710

대응변들의 길이의 비율은 서로 같으므로 비례식을 다음과 같이 만든다.

$$\frac{x}{1\ 488} = \frac{200}{4\ 710}$$

■ 양변에 ×1488을 한다.

$$x = \frac{200 \times 1\ 488}{4\ 710} = 63.18 \cdots \doteqdot 63$$

정답 : 63 mm

예제 2

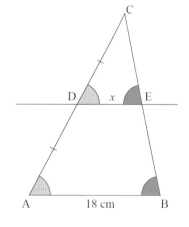

삼각형 ABC의 변 AB의 길이는 18 cm이다. 변 AC의 중점 D를 지나 변 AB와 평행인 직선을 그려 변 BC와 만나는 점을 E라 할 때 다음 물음에 답하시오.

a) 변 DE의 길이를 계산하시오.
b) 점 E는 변 BC를 어떤 비율로 나누는가?

a) 변 DE의 길이를 x로 표시한다. 삼각형 DEC와 삼각형 ABC는 같은 크기의 각을 두 쌍 가지고 있으므로 닮은 삼각형이다.
$\overline{CD} : \overline{CA} = 1 : 2$이므로 비례식을 다음과 같이 만든다.

$$\frac{x}{18} = \frac{1}{2}$$

■ 엇갈려서 곱한다.

$$2x = 18$$

■ 양변에 ÷2를 한다.

$$x = 9$$

b) 삼각형의 닮음에 근거해서 $\dfrac{\overline{CE}}{\overline{CB}} = \dfrac{\overline{CD}}{\overline{CA}} = \dfrac{1}{2}$이다.

따라서, 점 E는 변 BC의 중점이며 변 BC를 1 : 1의 비율로 나눈다.

정답 : a) 9 cm   b) 1 : 1

744 삼각형 ABC와 삼각형 DEF는 서로 닮은 삼각형이다. 변 AC의 길이를 계산하시오.

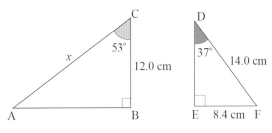

745 타이타닉 호의 너비는 28.9 m이고 길이는 269 m이다. 너비가 51.0 mm인 이 유람선의 축소모델로 만들려고 할 때, 축소모델의 길이를 mm 단위까지 계산하시오.

	너비	길이
축소모델	51.0 mm	x
타이타닉 호	28.9 m	269 m

746 바사 호의 너비는 13 m이다. 길이가 430 mm이고 너비가 90 mm인 바사 호의 축소모델을 만들었다.

a) 바사 호의 길이를 m 단위까지 계산하시오.
b) 바사 호의 돛대의 길이는 50 m이다. 축소모델의 돛대의 길이를 mm 단위까지 계산하시오.

747 삼각형 ABC와 삼각형 DEF는 서로 닮은 삼각형이다. 다음 변의 길이를 계산하시오.

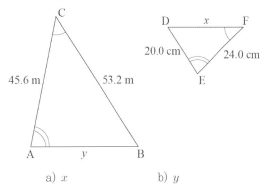

a) x b) y

748 엠브라에르 190 여객기의 날개의 길이는 28.7 m이고 기체의 길이는 36.2 m이다. 이 여객기의 축소모델을 만든다. 축소모델의 축척이 다음과 같을 때, 날개의 길이와 기체의 길이를 mm 단위까지 계산하시오.

a) $1 : 48$ b) $1 : 144$

749 직각삼각형 ABC의 변 AB의 길이는 32.0 cm이다. 점 D는 변 AC를 $1 : 3$의 비율로 나눈다. 점 D를 지나 변 AB와 평행인 직선을 그려 변 BC와 만나는 점을 E라 할 때, 선분 DE의 길이를 계산하시오.

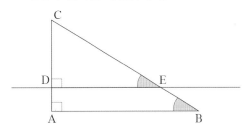

750 삼각형 ABC의 변 AC의 길이는 24 cm이다. 변 AB에 있는 점 D를 지나 변 AC에 평행인 직선을 그려 변 BC와 만나는 점을 E라 한다. 점 D가 변 AB를 다음의 비율로 나눌 때, 선분 DE의 길이를 계산하시오.

a) $1 : 1$ b) $1 : 2$

제 2 장 | 피타고라스의 정리

62 ▌ 직각삼각형

직각삼각형

- 직각삼각형의 두 예각의 합은 90°이다.
- 직각삼각형의 가장 긴 변은 빗변이고 나머지 두 변은 밑변과 높이이다.
- 직각삼각형의 넓이는 밑변의 길이와 높이의 곱의 반이다.

$$A = \frac{ab}{2}$$

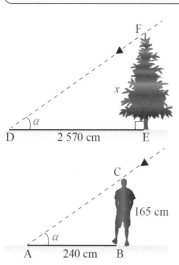

예제 1

전나무의 그림자의 길이는 25.7 m이다. 같은 시각에 키가 165 cm인 남학생의 그림자의 길이는 240 cm이다. 전나무의 길이를 계산하시오.

전나무의 길이를 x로 표시한다. 삼각형 ABC와 삼각형 DEF는 같은 크기의 각 α와 90°를 가지고 있으므로 닮은 삼각형이다. 전나무의 그림자의 길이를 cm로 바꾸고 비례식을 쓴다.

$$\frac{x}{165} = \frac{2\,570}{240}$$ ■ 양변에 ×165를 한다.

$$x = \frac{165 \times 2\,570}{240} = 1\,766.875 ≒ 1\,770$$

전나무의 높이는 약 1770 cm$=17.7$ m이다.   **정답** : 약 17.7 m

예제 2

직각삼각형의 밑변의 길이와 높이는 각각 6과 8이고 빗변의 길이가 10이다. 빗변에 내린 높이 h를 계산하시오.

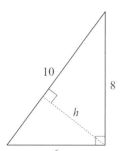

삼각형의 넓이는 밑변의 길이와 높이의 곱의 반이다.

$$A = \frac{6 \cdot 8}{2} = 24$$

또한 넓이는 $\frac{10h}{2} = 5h$로 나타낼 수 있으므로 다음의 방정식을 만들 수 있다.

$5h = 24$ ■ 양변에 ÷5를 한다.

$h = 4.8$ **정답** : 4.8

751 아래 직각삼각형 ABC에서 다음에 해당하는 변의 기호를 쓰시오.

a) 밑변과 높이
b) 빗변

752 다음 삼각형이 직각삼각형인지 알아보시오.

a)　　　　　　　b)

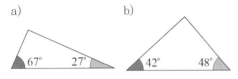

753 다음 삼각형의 예각 α의 크기를 계산하시오.

a)　　　　　　　b)

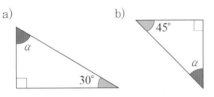

754 다음 삼각형의 넓이를 계산하시오.

a)　　　　　　　b)

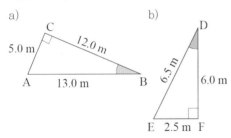

755 다음 그림에서 평지에 생기는 깃대의 그림자의 길이는 14.7 m이다. 같은 시각에 길이가 1.5 m인 막대의 그림자의 길이는 2.0 m이다. 깃대의 높이를 계산하시오. (소수점 아래 첫째자리까지 구하시오.)

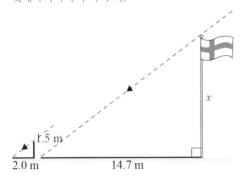

756 다음 두 삼각형은 닮은 삼각형이다. 변의 길이 x를 계산하시오. (유효숫자 2개)

a)

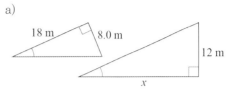

b)

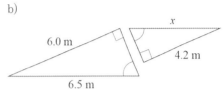

757 북유럽에서 가장 높은 등대인 벵츠케리가 평평한 바위에 드리우는 그림자의 길이는 35.5 m이다. 같은 시각에 길이가 2.2 m인 막대의 그림자의 길이는 1.7 m이다. 등대의 높이를 계산하시오. (소수점 아래 첫째자리에서 반올림하시오.)

758 다음 직각삼각형을 그리시오.

a) 밑변의 길이 7.0 cm, 높이 4.0 cm
b) 밑변의 길이 8.0 cm, 넓이 16 cm²
c) 밑변의 길이와 높이는 같고 넓이는 32 cm²

759 다음 삼각형의 빗변에 내린 높이 h를 계산하시오. (유효숫자 2개)

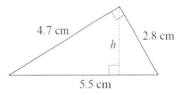

760 다음 삼각형의 밑변의 길이 x를 계산하시오.

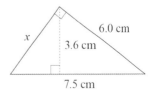

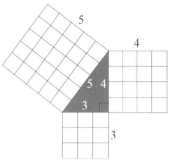

16 + 9 = 25이므로 $4^2 + 3^2 = 5^2$

예제 1

직각삼각형의 밑변의 길이와 높이는 3과 4이고 빗변의 길이는 5이다. 다음 물음에 답하시오.

a) 밑변, 높이, 빗변에 그려진 정사각형의 넓이를 계산하시오.

b) 넓이들 간에 어떤 관계가 있는가?

a) 밑변과 높이에 그려진 정사각형의 넓이는 $3^2 = 9$ 와 $4^2 = 16$ 이다.
   빗변에 그려진 정사각형의 넓이는 $5^2 = 25$ 이다.

b) $16 + 9 = 25$ 이므로 $4^2 + 3^2 = 5^2$ 이다.
   즉, 밑변과 높이에 그려진 정사각형의 넓이의 합은 빗변에 그려진 정사각형의 넓이와 같다. 이러한 결과는 모든 직각삼각형에 동일하다.

피타고라스의 정리

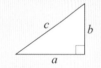

직각삼각형의 밑변의 길이의 제곱과 높이의 제곱의 합은 빗변의 길이의 제곱과 같다.

$a^2 + b^2 = c^2$

예제 2

다음 삼각형이 직각삼각형인지 알아보시오.

삼각형의 가장 긴 변의 길이의 제곱은 $58^2 = 3\,364$ 이다.
다른 두 변의 길이의 제곱의 합은 $40^2 + 42^2 = 1\,600 + 1\,764 = 3\,364$ 이다.
결과가 같기 때문에 변의 길이들은 $40^2 + 42^2 = 58^2$ 을 만족한다. 따라서 이 삼각형은 직각삼각형이다.

정답 : 직각삼각형이다.

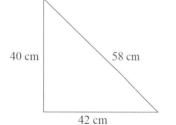

피타고라스의 정리의 역

만약 삼각형의 변들의 길이 a , b , c 가 $a^2 + b^2 = c^2$ 을 만족하면, 이 삼각형은 직각삼각형이다.

761 다음 직각삼각형에 대하여 물음에 답하시오.

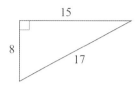

a) 빗변의 길이는 얼마인가?
b) 밑변의 길이와 높이는 얼마인가?
c) 다음 보기에서 삼각형의 변들의 길이가 만족하는 방정식을 고르시오.

$$8+15=17 \qquad 8^2+17^2=15^2$$
$$8^2+15^2=17^2 \qquad 15^2+17^2=8^2$$

762 다음 직각삼각형에 대하여 물음에 답하시오.

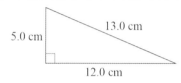

a) 빗변의 길이는 얼마인가?
b) 밑변의 길이와 높이는 얼마인가?
c) 밑변의 길이의 제곱과 높이의 제곱의 합이 빗변의 길이의 제곱과 같음을 계산해서 이 삼각형이 직각삼각형임을 증명하시오.

763 직각삼각형의 각 변의 길이가 12, 37, 35일 때, 다음 물음에 답하시오.
a) 빗변의 길이는 얼마인가?
b) 밑변의 길이와 높이는 얼마인가?
c) 밑변의 길이의 제곱과 높이의 제곱의 합이 빗변의 길이의 제곱과 같음을 계산해서 이 삼각형이 직각삼각형임을 증명하시오.

764 다음 물음에 답하시오.
a) 밑변의 길이와 높이가 각각 6.0 cm와 8.0 cm인 직각삼각형을 그리시오.
b) 위 도형에서 빗변의 길이를 측정하시오.
c) 밑변의 길이의 제곱과 높이의 제곱의 합이 빗변의 길이의 제곱과 같음을 계산해서 이 삼각형이 직각삼각형임을 증명하시오.

765 다음 삼각형의 변의 길이가 만족하는 피타고라스의 정리의 방정식을 쓰시오.

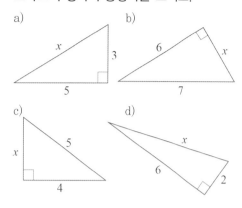

766 변들의 길이가 다음과 같을 때, 이 삼각형이 직각삼각형인지 계산해서 알아보시오.
a) 7, 24, 25
b) 5, 11, 12
c) 16, 30, 34
d) 7, 11, 13

767 삼각형의 세 변의 길이가 7.3 cm, 4.8 cm, 5.5 cm일 때, 이 삼각형이 직각삼각형인지 계산해서 알아보시오.

768 피타고라스의 정리에 따라 $28^2+45^2=x^2$이다. 다음 보기에서 빗변의 길이 x를 찾으시오.

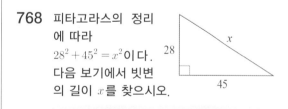

73 51 52 53

769 직각삼각형의 변들을 크기 순서대로 나열하면 36, x, 164이다. 피타고라스의 정리에 따라 $36^2+x^2=164^2$이다. 다음 보기에서 빗변의 길이 x를 찾으시오.

128 136 160 144

64 빗변의 길이

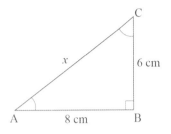

 √ (8 x² + 6 x²)
=
계산기 사용법

예제 1

직각삼각형 ABC의 빗변의 길이를 계산하시오.

빗변 AC의 길이를 x로 표시한다.
피타고라스의 정리를 이용하여 빗변의 길이의 제곱 x^2은 밑변의 길이의 제곱과 높이의 제곱인 8^2과 6^2의 합이다. 만들어진 방정식은 다음과 같다.

$x^2 = 8^2 + 6^2$ ■ 제곱의 합을 계산한다.
$x^2 = 100$ ■ 제곱을 없앤다.
$x = \sqrt{100}$ ■ 제곱근을 계산한다.
$x = 10$

변의 길이는 항상 양수이므로
방정식의 근 중 음수인 $x = -\sqrt{100} = -10$은 답이 될 수 없다.

정답 : 10 cm

예제 2

사다리는 벽에서 2.2 m 떨어진 곳에서 벽의 4.8 m 높이에 기대어 있다. 사다리의 길이를 계산하시오.

묻고 있는 길이를 x로 표시한다.
밑변의 길이와 높이가 각각 2.2 m와 4.8 m이고 빗변의 길이는 x이다.
피타고라스의 정리를 이용하여 방정식을 만든다.

$x^2 = 2.2^2 + 4.8^2$
$x^2 = 27.88$
$x = \sqrt{27.88}$
$x = 5.280 \cdots ≒ 5.3$

정답 : 5.3 m

 √ (4.8 x² + 2.2 x²)
=
계산기 사용법

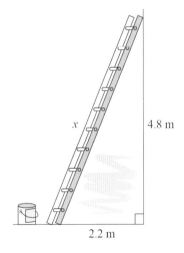

770 다음을 계산하시오.

a) $\sqrt{144}$ b) $\sqrt{65}$ c) $\sqrt{180}$ d) $\sqrt{-25}$

771 다음 방정식을 만족하는 빗변의 길이 x를 구하시오.

a) $x^2 = 12^2 + 5^2$ b) $x^2 = 12^2 + 16^2$
c) $x^2 = 35^2 + 12^2$ d) $x^2 = 16^2 + 30^2$

772 다음 직각삼각형의 빗변의 길이 x를 계산하시오.

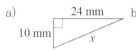
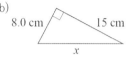

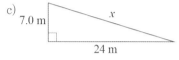

773 다음 직각삼각형의 빗변의 길이 x를 소수점 아래 첫째자리까지 계산하시오.

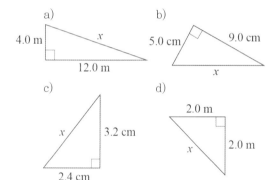

774 다음 직사각형의 대각선의 길이 x를 계산하시오.

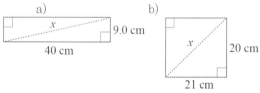

775 다음과 같은 노트북 스크린의 대각선의 길이를 계산하시오. (소수점 아래 첫째자리에서 반올림하시오.)

a) 너비는 $324\,mm$이고 높이는 $241\,mm$이다.
b) 너비는 $250\,mm$이고 높이는 $186\,mm$이다.

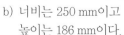

776 다음 물음에 답하시오.

a) 밑변의 길이와 높이가 각각 $5.0\,cm$와 $7.0\,cm$인 직각삼각형을 그리시오.
b) 피타고라스의 정리를 이용하여 소수점 아래 첫째자리까지 빗변의 길이를 계산하고 길이를 측정해서 답을 확인하시오.

777 아래 판자가 다음 크기의 문을 통과할 수 있는지 알아보시오.

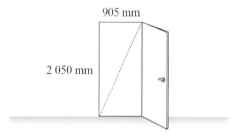

a) 높이가 $2\,400\,mm$이고 너비가 $1\,200\,mm$인 판자
b) 높이와 너비가 각각 $2\,250\,mm$인 판자

778 다음 그림에서 부러지기 전 나무의 높이는 얼마인가? (소수점 아래 첫째자리까지 구하시오.)

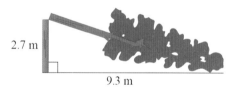

779 미카는 엘리한테 걸어간다. 공원을 가로질러 걸어가면 인도를 따라 걷는 것에 비해 얼마나 짧은가?

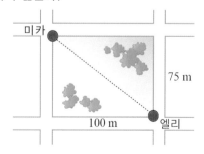

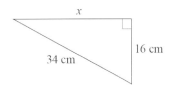

예제 1

직각삼각형의 빗변의 길이는 34 cm이고 밑변의 길이는 16 cm 이다. 삼각형의 높이를 계산하시오.

묻고 있는 높이를 x로 표시한다.
피타고라스의 정리를 이용하여 밑변의 길이의 제곱과 높이의 제곱인 x^2과 16^2의 합은 빗변의 길이의 제곱인 34^2이다.
만들어진 방정식은 다음과 같다.

$x^2 + 16^2 = 34^2$ ■ 양변에 -16^2을 한다.
$x^2 = 34^2 - 16^2$ ■ 제곱의 차를 계산한다.
$x^2 = 900$ ■ 제곱을 없앤다.
$x = \sqrt{900}$ ■ 제곱근을 계산한다.
$x = 30$

정답 : 30 cm

계산기 사용법

예제 2

왼쪽 그림과 같은 헬싱키 지하철역 이테케스쿠스의 에스컬레이터의 높이를 계산하시오.

묻고 있는 높이를 x로 표시한다.
직각삼각형 ABC가 만들어지고, 피타고라스의 정리를 이용하여 다음과 같은 방정식을 만들 수 있다.

$x^2 + 8.3^2 = 9.6^2$ ■ 양변에 -8.3^2을 한다.
$x^2 = 9.6^2 - 8.3^2$
$x^2 = 23.27$
$x = \sqrt{23.27}$
$x = 4.823 \cdots ≒ 4.8$

정답 : 약 4.8 m

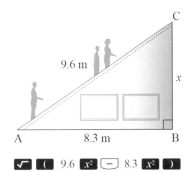

계산기 사용법

780 다음 식에서 직각삼각형의 밑변의 길이 또는 높이 x를 구하시오.

a) $x^2 + 5^2 = 13^2$ b) $8^2 + x^2 = 10^2$

c) $x^2 + 32^2 = 40^2$ d) $7^2 + x^2 = 25^2$

781 다음 직각삼각형의 밑변의 길이 또는 높이 x를 구하시오.

a)
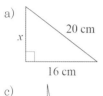

b)
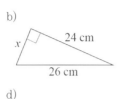

c)
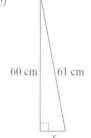

d)
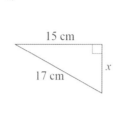

782 다음 직각삼각형의 밑변의 길이 또는 높이 x를 소수점 아래 첫째자리까지 구하시오.

a)   b)
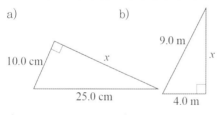

c)   d)
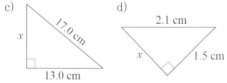

783 다음 직각삼각형의 밑변의 길이 또는 높이 x를 소수점 아래 첫째자리까지 구하시오.

a)

b)
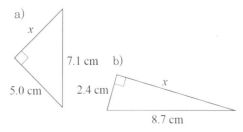

784 사다리의 길이가 5.0 m일 때, 다음 물음에 답하시오. (소수점 아래 첫째자리까지 구하시오.)

a)

b)
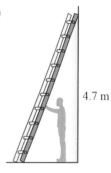

a) 사다리가 닿아 있는 벽의 높이는?

b) 사다리가 바닥에 닿아 있는 지점은 벽에서 얼마나 떨어져 있는가?

785 다음은 헬싱키 지하철역 캄피의 승강장과 역 밖의 인도의 높이 차를 나타낸 그림이다. 높이의 차를 계산하시오. (소수점 아래 첫째자리까지 구하시오.)

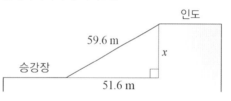

786 다음 직사각형의 변의 길이 x를 계산하시오. (일의 자리까지 구하시오.)

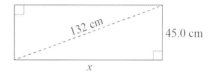

787 직각삼각형의 빗변의 길이가 10.0 m이고 밑변의 길이가 다음과 같을 때, 높이를 계산하시오. (소수점 아래 첫째자리까지 구하시오.)

a) 5.0 m   b) 9.0 m

788 직각삼각형의 빗변의 길이가 5.3 m이고 밑변의 길이가 2.8 m일 때 이 삼각형의 다음을 계산하시오. (소수점 아래 첫째자리까지 구하시오.)

a) 둘레의 길이   b) 넓이

예제 1

다음 시소의 길이 x를 계산하시오.

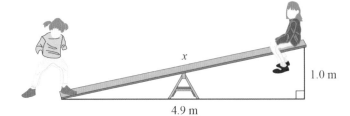

x

1.0 m

4.9 m

시소의 길이는 밑변의 길이와 높이가 각각 4.9 m와 1.0 m인 직각삼각형의 빗변의 길이이다. 피타고라스의 정리를 이용해서 방정식을 다음과 같이 만든다.

$x^2 = 4.9^2 + 1.0^2$

$x^2 = 25.01$

$x = \sqrt{25.01}$

$x = 5.000 \cdots = 5.0$

정답 : 약 5.0 m

예제 2

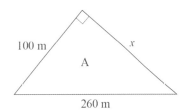

100 m

A

x

260 m

직각삼각형 모양의 밭의 빗변의 길이는 260 m이고 밑변의 길이는 100 m이다. 넓이 A를 계산하여 ha(헥타르)로 답하시오.

높이를 x로 표시한다.
피타고라스의 정리를 이용해서 방정식을 다음과 같이 만든다.

$x^2 + 100^2 = 260^2$　　　　■ 양변에 -100^2을 한다.

$x^2 = 260^2 - 100^2$

$x^2 = 57\,600$

$x = \sqrt{57\,600} = 240$

넓이 A는 밑변의 길이와 높이의 곱의 반이므로,

$A = \dfrac{100 \text{ m} \cdot 240 \text{ m}}{2} = 12\,000 \text{ m}^2 = 1.2 \text{ ha}$이다.

정답 : 1.2ha(헥타르)

789 다음 식에서 직각삼각형의 변의 길이 x를 구하시오.

a) $x^2 = 55^2 + 48^2$　　b) $588^2 + x^2 = 637^2$

790 아래 삼각형의 변들의 길이가 만족하는 방정식을 다음 보기에서 모두 고르시오.

$45^2 + 53^2 = 28^2$　　$45^2 + 28^2 = 53^2$

$28^2 + 45^2 = 53^2$　　$53^2 - 28^2 = 45^2$

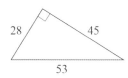

791 변들의 길이가 다음과 같을 때 삼각형이 직각삼각형인지 계산해서 알아보시오.

a) 7, 24, 25　　b) 16, 31, 34

792 다음 직각삼각형의 변의 길이 x를 계산하시오.

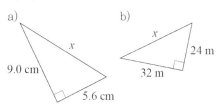

793 다음 직각삼각형의 변의 길이 x를 계산하시오. (유효숫자 2개)

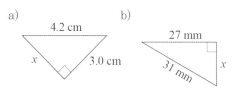

794 텔레비전 화면의 크기는 화면의 대각선의 길이를 인치($''$)로 나타낸다. 다음 그림의 화면의 크기 x를 계산하시오.

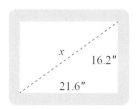

795 아래 공원의 다음을 구하시오. (유효숫자 3개)

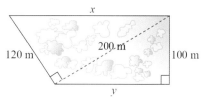

a) 변의 길이 x　　b) 변의 길이 y
c) 둘레의 길이　　d) 넓이

796 다음 직각삼각형 모양의 공원의 넓이를 구하고 a(아르)로 답하시오. (지도의 축척 1 : 5 000)

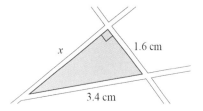

797 다음 그림에 알맞은 변의 길이를 구하시오. (유효숫자 2개)

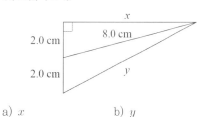

a) x　　b) y

798 다음 삼각형 ABC의 넓이를 계산하시오. (일의 자리까지 구하시오.)

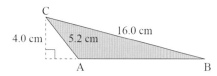

799 다음 그림에 대하여 물음에 답하시오.

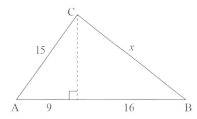

a) 변 BC의 길이 x를 계산하시오.
b) 계산을 통해 삼각형 ABC가 직각삼각형인지 알아보시오.

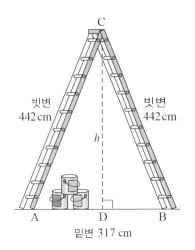

빗변 442 cm

빗변 442 cm

h

A   D   B

밑변 317 cm

√   (442 x^2 −   158.5 x^2)

=

계산기 사용법

예제 1

이중사다리의 한쪽의 길이는 442 cm이다. 이 사다리를 펼쳤을 때 바닥에 만들어지는 거리가 밑변 317 cm일 때, 가장 윗면까지의 높이 h를 계산하시오.

사다리는 빗변의 길이가 442 cm이고 밑변의 길이가 317 cm인 삼각형을 만든다. 가장 윗면까지의 높이 h는 꼭짓점 C에서 밑변에 내린 높이 선분 CD의 길이이다.

점 D는 밑변 AB의 중점이므로 $\overline{DB} = 317$ cm $\div 2 = 158.5$ cm 이다.
직각삼각형 BCD에서 피타고라스의 정리를 이용하면 다음과 같다.

$h^2 + 158.5^2 = 442^2$ ■ 양변에서 -158.5^2을 뺀다.

$h^2 = 442^2 - 158.5^2$

$h^2 = 170\,241.75$

$h = \sqrt{170241.75}$

$h = 412.60 \cdots \fallingdotseq 413$ **정답** : 약 413 cm

예제 2

마름모의 두 대각선의 길이는 각각 800 m와 600 m이다. 마름모의 변의 길이 x를 계산하시오.

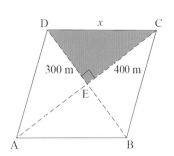

D x C

300 m   400 m

E

A   B

마름모의 대각선은 서로 수직이고 만나는 점 E는 대각선을 이등분한다.
직각삼각형 CDE의 밑변의 길이와 높이는

$\overline{EC} = \dfrac{800 \text{ m}}{2} = 400 \text{ m}$ 와 $\overline{ED} = \dfrac{600 \text{ m}}{2} = 300 \text{ m}$ 이다.

피타고라스의 정리에 의해서

$x^2 = 300^2 + 400^2$

$x^2 = 250\,000$

$x = \sqrt{250\,000} = 500$ 이다.   **정답** : 500 m

800 다음 지붕 밑 다락의 높이 h를 계산하시오.
(소수점 아래 첫째자리까지 구하시오.)

a)

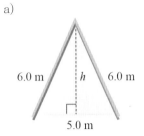

b)

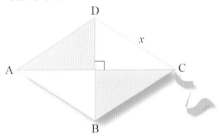

801 마름모의 대각선의 길이는 $\overline{AC} = 90$ cm 와 $\overline{BD} = 56$ cm 이다. 마름모의 변의 길이 x를 계산하시오.

802 이등변삼각형의 두 변의 길이는 각각 5.0 cm이고 밑변의 길이는 2.8 cm이다. 다음 물음에 답하시오. (유효숫자 2개)
a) 삼각형을 그리고 밑변에 내린 높이를 표시하시오.
b) 높이를 계산하시오.
c) 삼각형의 넓이를 계산하시오.

803 정삼각형의 한 변의 길이는 8.0 cm이다. 다음 물음에 답하시오. (유효숫자 2개)
a) 삼각형을 그리고 밑변에 내린 높이를 표시하시오.
b) 높이를 계산하시오.
c) 삼각형의 넓이를 계산하시오.

804 돛단배가 처음 25 km는 서쪽으로 간 다음 10 km를 북쪽으로 갔다. 출발점에서 이 배는 얼마나 떨어져 있는가? (일의 자리까지 구하시오.)

805 다음 등변사다리꼴의 높이 x를 계산하시오.

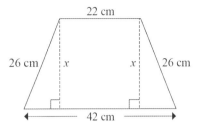

806 직사각형의 가로의 길이는 20.0 cm이고 대각선의 길이는 25.0 cm이다. 도형을 그리고 직사각형의 다음을 구하시오.
a) 세로의 길이   b) 넓이

807 멘튀하르유에 있는 비한타살미 다리는 건설 당시 세계 최대의 나무다리였다. 이등변삼각형 모양의 다리 위 구조물의 주기둥의 길이는 33 m이고 세로기둥의 길이는 26 m이다. 교각 사이의 길이를 계산하시오. (일의 자리까지 구하시오.)

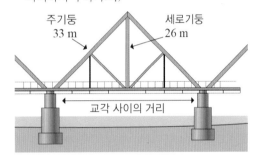

808 다음 그림과 같이 원에 내접하는 정사각형을 그렸다. 다음을 구하시오. (소수점 아래 첫째자리까지 구하시오.)
a) 원의 반지름이 3.5 cm일 때 정사각형의 한 변의 길이
b) 정사각형의 한 변의 길이가 10.0 cm일 때 원의 반지름의 길이

809 지구의 반지름의 길이가 $6\,367$ km일 때 수평선의 다음 높이에서는 얼마나 멀리까지 내다볼 수 있는지 구하시오.
a) 150 cm   b) 10 m

● ● ● ● 연습

810 a) 삼각형 DEF와 ABC의 대응점, 대응각, 대응변을 표로 나타내시오.

b) 삼각형 ABC의 변들의 길이에 얼마를 곱하면 삼각형 DEF의 변들의 길이를 얻을 수 있는가?

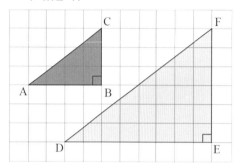

811 다음 그림에서 닮은 도형의 비를 계산하시오.

812 a) 다음 표를 완성하시오.

지도상 길이	실제 거리
1 cm	300 m
2 cm	
5 cm	
7 cm	

b) 지도의 축척을 계산하시오.

813 다음 삼각형 DEF와 삼각형 ABC가 닮은 삼각형인지 알아보시오.

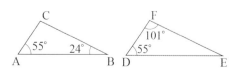

814 다음 두 도형은 서로 닮은 도형이다. 비례식을 쓰고 변의 길이 x를 계산하시오.

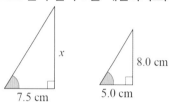

815 다음 식에서 직각삼각형의 변의 길이 x를 구하시오.

a) $x^2 = 3^2 + 4^2$ b) $x^2 + 12^2 = 13^2$

c) $x^2 + 21^2 = 29^2$ d) $x^2 = 15^2 + 20^2$

816 다음 직각삼각형의 밑변의 길이 또는 높이 x를 계산하시오. (소수점 아래 첫째자리까지 구하시오.)

a)

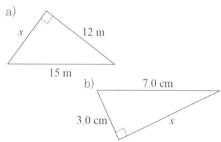

b)

817 다음 직각삼각형의 빗변의 길이 x를 구하시오.

a)   b)

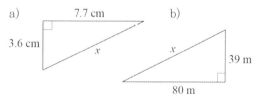

818 다음 지붕 밑 다락의 높이 x를 계산하시오.

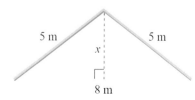

819 다음 사다리꼴 ABCD와 닮은 사다리꼴 EFGH를 다음과 같은 닮음비로 그리시오.

a) 3 : 4   b) 3 : 2

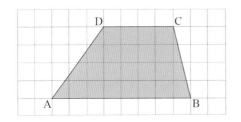

820 다음을 만족하는 지도의 축척을 구하시오.

a) 길이가 20 km인 도로의 지도상 길이는 4.0 cm이다.

b) 너비가 600 m인 숲의 지도상 너비는 3.0 cm이다.

821 삼각형의 두 내각의 크기가 64°와 53°이고, 다른 삼각형의 두 내각의 크기가 다음과 같을 때 이 두 삼각형이 닮은 삼각형인지 알아보시오.

a) 53°와 53°   b) 63°와 64°

822 삼각형 ABC와 삼각형 DEF가 닮은 도형일 때, 다음 변의 길이를 계산하시오. (일의 자리까지 구하시오.)

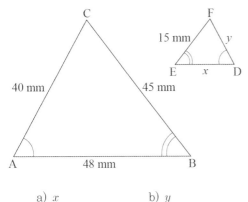

a) x b) y

823 국기게양대의 그림자의 길이가 19.2 m이고 높이가 1.5 m인 담장의 그림자의 길이가 3.2 m이다. 그림을 그리고 국기게양대의 높이를 계산하시오.

824 삼각형의 변들의 길이가 다음과 같을 때 삼각형이 직각삼각형인지 계산해서 알아보시오.

a) 4, 7, 8   b) 12, 9, 15

c) 30, 45, 55   d) 85, 13, 84

825 다음 물음에 답하시오.

a) 밑변의 길이와 높이가 각각 3.0 cm와 5.0 cm인 직각삼각형을 그리시오.

b) 피타고라스의 정리를 이용하여 빗변의 길이를 소수점 아래 첫째자리까지 계산하시오.

c) 그림을 자로 측정해서 답을 확인하시오.

826 아래 직사각형의 다음을 구하시오.

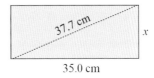

a) 변의 길이 x b) 둘레의 길이

c) 넓이

827 아래 삼각형 ABC의 다음을 구하시오. (일의 자리까지 구하시오.)

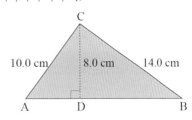

a) 밑변 AB의 길이

b) 넓이

828 직각삼각형의 두 변의 길이는 6.0 cm와 9.0 cm이다. 다른 한 변의 길이를 계산하시오. (유효숫자 2개)

829 이등변삼각형의 빗변의 길이는 각각 12.5 cm이고 밑변의 길이는 15.0 cm이다.

a) 삼각형을 그리고 밑변에 내린 높이를 그리시오.

b) 삼각형의 높이를 구하시오.

c) 삼각형의 넓이를 구하시오.

69 원주율 파이

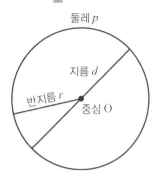

둘레 p
지름 d
반지름 r
중심 O

물체	둘레의 길이 p(cm)	지름의 길이 d(cm)	$\dfrac{둘레의\ 길이}{지름의\ 길이} = \dfrac{p}{d}$
머그컵의 윗둘레	26.1	8.2	$\dfrac{26.1}{8.2} \fallingdotseq 3.18$
양동이의 윗둘레	87.3	27.8	$\dfrac{87.3}{27.8} \fallingdotseq 3.14$
의자의 둘레	105.8	34.2	$\dfrac{105.8}{34.2} \fallingdotseq 3.09$

세 물체의 측정값을 토대로 얻은 두 수치의 비 $\dfrac{p}{d}$ 의 평균값은

$$\dfrac{3.18 + 3.14 + 3.09}{3} = 3.136666 \cdots \fallingdotseq 3.14 \text{이다.}$$

모든 원은 서로 닮음이다. 그러므로 지름의 길이에 대한 원의 둘레의 길이의 비율은 항상 같다. 이 비율을 원주율이라고 하며 그리스 문자로 π(파이)로 표기한다.

기호 π는 영국의 윌리엄 존스(1675~1749)가 1706년에 처음 사용했다.

원주율 파이

$$\pi = \dfrac{p}{d} = \dfrac{원의\ 둘레의\ 길이}{원의\ 지름의\ 길이} = 3.14159 \cdots$$

π의 소수점 아래의 숫자는 무한하고 일정한 규칙이 없다. 소수점 20자리까지의 근삿값 $\pi \fallingdotseq 3.14159265358979323846$이다.

계산기에 있는 π 버튼은 근삿값을 최소 9 자리까지 계산해준다. 원주율 파이는 일반적으로 근삿값 $\pi \fallingdotseq 3.14$를 사용한다.

예제 1

계산기에서 π 버튼을 찾고 원주율 파이의 근삿값을 다음 개수의 유효숫자로 나타내시오.

a) 한 개   b) 두 개

계산기에서 $\pi \fallingdotseq 3.141592654$를 얻는다.

a) $\pi \fallingdotseq 3$ b) $\pi \fallingdotseq 3.1$

SHIFT π
EXP =
계산기 사용법

설명

• 줄자와 마스킹테이프를 준비한다.

• 원의 지름의 길이를 줄자를 이용해서 측정한다.

• 원의 둘레의 길이를 줄자와 마스킹테이프를 이용해서 측정한다.

830 다음 물음에 답하시오.

a) 네 개의 서로 다른 크기의 원의 둘레의 길이 p와 지름의 길이 d를 측정하고 두 수치의 비 $\frac{p}{d}$를 계산해서 표로 만드시오.

물체	p(cm)	d(cm)	$\frac{p}{d}$

b) 두 수치의 비 $\frac{p}{d}$의 평균값을 계산하시오.

c) 평균값을 짝과 비교하고, 반의 다른 학생들과도 비교하시오.

831 원주율 파이의 근삿값을 다음 개수의 유효숫자로 나타내시오.

a) 세 개

b) 다섯 개

c) 일곱 개

832 수직선을 그리고 원주율 파이를 수직선 위에 나타내시오.

833 계산기의 π 버튼을 이용하여 다음을 계산하시오.

a) $2 \cdot \pi \cdot 5.0$

b) $\pi \cdot 4.3^2$

c) $\pi \cdot 6.1$

d) $\dfrac{15.3}{\pi}$

e) $\dfrac{10.0}{2 \cdot \pi}$

f) $\sqrt{\dfrac{5.0}{\pi}}$

834 기원전 2000년경 바빌론 사람들은 원주율 파이의 근삿값으로 $3\frac{1}{8}$을 사용했다.

a) 근삿값 $3\frac{1}{8}$을 소수로 나타내면 유효숫자가 몇 개 있는가?

b) 근삿값 $3\frac{1}{8}$은 파이보다 큰가 작은가?

c) 근삿값 $3\frac{1}{8}$은 계산기가 알려주는 파이의 근삿값과 비교해 몇 %가 차이 나는가?

835 그리스의 수학자이자 물리학자인 아르키메데스(기원전 287년 경~기원전 212년)는 원의 둘레를 측정하는 것에 대해서 원주율 파이는 $3\frac{10}{71} < \pi < 3\frac{10}{70}$의 조건을 만족한다고 하였다.

a) π의 근삿값 $3\frac{10}{71}$을 소수로 나타내면 유효숫자가 몇 개 있는가?

b) π의 근삿값 $3\frac{10}{70}$을 소수로 나타내면 유효숫자가 몇 개 있는가?

c) 이 수는 계산기가 알려주는 파이의 근삿값과 비교해 몇 %가 차이 나는가?

원의 둘레의 길이

$p = \pi d$

$p = 2\pi r$

원의 둘레의 길이 p는 원주율 π와 지름의 길이 d의 곱이거나 원주율 π와 반지름의 길이 r의 곱에 2를 곱한 수이다.

예제 1

CD의 지름의 길이는 12.0 cm이다. CD의 둘레의 길이 $p = \pi d$를 계산하시오.

$d = 12.0$을 넣어서

$p = \pi d = \pi \cdot 12.0 = 37.699 \cdots \doteqdot 37.7$을 얻는다.

정답 : 약 37.7 cm

계산기 사용법

예제 2

아라비아 사의 테마 접시의 반지름의 길이는 10.5 cm이다. 접시의 둘레의 길이 $p = 2\pi r$을 계산하시오.

$r = 10.5$를 넣어서

$p = 2\pi r = 2 \cdot \pi \cdot 10.5 = 65.973 \cdots \doteqdot 66.0$을 얻는다.

정답 : 약 66.0 cm

예제 3

캘리포니아에 있는 세쿼이아 나무의 밑둥의 둘레의 길이는 2 m 높이에서 31 m이다. 이 나무의 지름의 길이를 계산하시오.

나무 밑둥의 둘레의 길이가 31 m이다. $p = \pi d$이므로 지름의 길이 d는 둘레의 길이를 원주율 π로 나누어서 얻을 수 있다.

즉 $d = \dfrac{p}{\pi}$이다.

$p = 31$을 식에 넣으면 $d = \dfrac{31}{\pi} = 9.867 \cdots \doteqdot 9.9$이다.

정답 : 약 9.9 m

이 나무의 이름은 제너럴 셔먼이다. 이 나무의 나이는 2000년이 넘고 높이는 84 m이며, 약 5 m의 높이에서 잰 나무 밑둥의 둘레의 길이는 20 m이다.

836 다음을 계산하시오.

a) $\pi \cdot 4.0$ cm b) $2 \cdot \pi \cdot 15.6$ mm

c) $\dfrac{35 \, mm}{\pi}$ d) $\dfrac{23 \, cm}{2 \cdot \pi}$

837 다음 원의 둘레의 길이를 계산하시오.

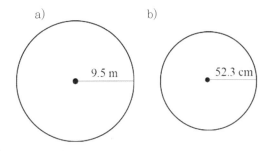

a) b)

9.5 m 52.3 cm

838 다음 원의 둘레의 길이를 계산하시오.

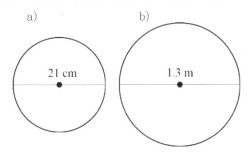

a) b)

21 cm 1.3 m

839 원의 반지름의 길이가 다음과 같을 때, 원의 둘레의 길이를 계산하시오.

a) 4.0 cm b) 85 cm d) 11 m

840 원의 둘레의 길이가 다음과 같을 때, 원의 지름의 길이를 계산하시오.

a) 53 m b) 22 m c) 3580 m

841 다음 원에 표시된 길이를 측정하고 원의 둘레의 길이를 계산하시오.

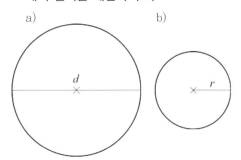

a) b)

d r

842 처음 발견된 지구의 충돌 분화구는 애리조나 주에 있다. 이 분화구의 나이는 4천 9백만 년이고 둘레의 길이는 $3\,726$ m이다. 이 분화구의 지름의 길이를 계산하시오.

843 자전거 바퀴의 반지름은 30.5 cm이다. 바퀴가 한 번 돌 때 자전거가 움직이는 거리를 계산하시오.

844 둥근 식탁보의 지름의 길이가 65.0 cm이다. 식탁보 둘레에 레이스를 달아서 장식하려면 얼마나 긴 레이스가 필요한지 계산하시오.

845 핀란드 티볼리의 대회전 관람차는 북유럽에서 가장 크다. 관람차의 지름의 길이는 19.5 m이다. 이 대회전 관람차가 두 바퀴를 돌았을 때 승객이 움직인 거리를 계산하시오.

846 카이누 지역에서 가장 큰 전나무의 나이는 250살이고 카야니에 있다. 이 전나무의 높이는 30 m이고 1 m 높이에서 측정한 밑둥의 둘레의 길이는 321 cm이다. 이 전나무의 지름의 길이를 계산하시오.

847 둘레의 길이가 다음과 같을 때, 원의 반지름의 길이를 계산하시오.

a) 82 cm

b) 5.0 m

c) 180 cm

71 │ 원의 넓이

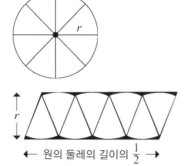

← 원의 둘레의 길이의 $\frac{1}{2}$ →

원을 크기가 같은 여러 개의 부채꼴로 나누고 이 부채꼴들을 왼쪽의 아래 그림처럼 다시 배열한다. 다시 배열한 부채꼴들이 만들어 내는 모양은 밑변의 길이는 거의 원의 둘레의 길이의 반,

즉 $\frac{1}{2} \cdot 2\pi r = \pi r$,   높이는 원의 반지름 r,

넓이는 $A = \pi r \cdot r = \pi r^2$이 되는 평행사변형이다.
원을 최대한 많은 부채꼴로 나눌수록 원의 넓이는 평행사변형의 넓이에 가까워진다.

원의 넓이

원의 넓이는 π와 반지름의 제곱의 곱이다.
$A = \pi r^2$

예제 1

원의 넓이를 계산하시오.

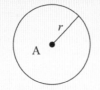

원의 반지름의 길이가 $r = 2.3$ cm이므로
원의 넓이는 $A = \pi r^2 = \pi \cdot 2.3^2 = 16.61 \cdots ≒ 17$이다.

정답 : 약 17 cm^2

예제 2

드럼세트의 베이스드럼의 판의 넓이를 계산하여 dm^{2}로 답하시오.

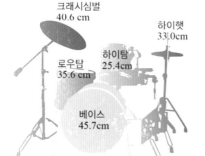

크래시심벌
40.6 cm

하이햇
33.0cm

하이탐
25.4cm

로우탐
35.6 cm

베이스
45.7cm

드럼세트에 있는 각 악기의 지름은 인치로 나타낸다. 그림의 치수는 cm로 변환한 수치이다.

베이스드럼의 판의 반지름은
$r = \dfrac{45.7 \text{ cm}}{2} = 22.85 \text{ cm} = 2.285 \text{ dm}$ 이다.
판의 넓이는
$A = \pi r^2 = \pi \cdot 2.285^2 = 16.402 \cdots ≒ 16.4$이다.   **정답** : 약 16.4 dm^2

848 다음을 계산하시오.

a) $\pi \cdot (4.0)^2$ b) $\pi \cdot (15.6)^2$ c) $\pi \cdot \left(\dfrac{1.4}{2}\right)^2$

849 다음 원의 넓이를 계산하시오.

a)   b)

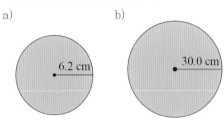

6.2 cm   30.0 cm

850 다음 원의 넓이를 계산하시오.

a)   b)

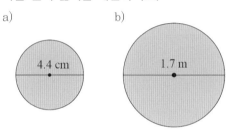

4.4 cm   1.7 m

851 다음의 넓이를 계산하시오.

a) LP 판   b) CD

15.0 cm   12.0 cm

852 152쪽의 드럼세트를 보고 다음을 구하시오.

a) 하이탐의 판의 넓이
b) 로우탐의 판의 넓이
c) 크래시심벌의 원의 넓이

853 동전의 지름의 길이가 다음과 같을 때 동전의 넓이를 계산하시오.

a) 23.25 mm
b) 25.75 mm

854 다음 원의 지름의 길이를 측정하고 원의 넓이를 계산하시오.

a)   b)

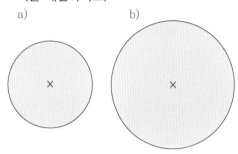

855 다음은 관을 측면으로 잘라냈을 때 보이는 단면이다. 이 단면의 넓이를 계산하시오.

a)   b)

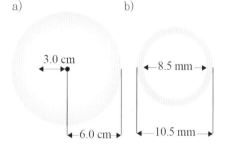

3.0 cm   8.5 mm

6.0 cm   10.5 mm

856 주황색으로 색칠한 부분의 넓이를 모눈종이의 눈금 칸의 개수로 나타내시오.

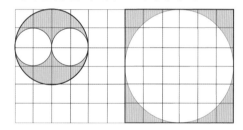

857 양을 길이가 5.0 m인 줄에 묶어서 들판에 있는 말뚝에 연결해 놓았다. 이때 양이 움직일 수 있는 영역의 넓이를 계산하시오.

858 반지름의 길이가 다음과 같을 때, 원의 넓이를 계산하시오.

a) 1.0 cm   b) 2.0 cm   c) 4.0 cm
d) 반지름의 길이가 두 배가 될 때 원의 넓이는 몇 배가 되는가?

859 나무 밑둥의 둘레의 길이가 12.0 m이다. 이 나무를 자른 단면의 다음을 계산하시오.

a) 반지름의 길이   b) 넓이

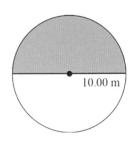

예제 1

반원의 반지름의 길이는 10.00 m이다. 반원의 다음을 계산하시오.

a) 넓이   b) 둘레의 길이

a) 반원의 넓이 A는 원 전체 넓이의 반이다.

$$\frac{1}{2} \cdot \pi r^2 = \frac{1}{2} \cdot \pi \cdot 10.00^2 = 157.079 \cdots \fallingdotseq 157.1$$

b) 반원의 둘레의 길이 p는 반원의 호와 지름으로 이루어져 있다.

$$p = \frac{1}{2} \cdot 2\pi r + 2r = \frac{1}{2} \cdot 2 \cdot \pi \cdot 10.00 + 2 \cdot 10.00$$
$$= 51.4159 \cdots \fallingdotseq 51.42 \text{ m}$$

정답 : a) 약 157.1 m^2 b) 약 51.42 m

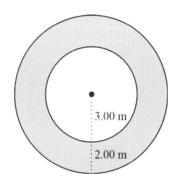

예제 2

공원에 있는 원 모양의 분수연못의 지름의 길이는 6.00 m 이다. 분수연못의 주위에는 폭이 2.00 m인 산책로가 있다. 이 산책로의 넓이를 m^2 단위로 소수점 아래 첫째자리까지 계산하시오.

산책로의 넓이는 큰 원의 넓이에서 작은 원의 넓이를 빼서 얻는다. 두 원의 반지름은 각각 5.00 m와 3.00 m이다.
산책로의 넓이 A는
A = $\pi \cdot 5.00^2 - \pi \cdot 3.00^2 = 50.265 \cdots \fallingdotseq 50.3$ 이다.

정답 : 50.3 m^2

860 다음을 계산하시오.

a) 원의 반지름의 길이가 12 m일 때 둘레의 길이 $2\pi r$

b) 원의 반지름의 길이가 4.2 cm일 때 넓이 πr^2

c) 원의 지름의 길이가 0.32 mm일 때 둘레의 길이 πd

861 다음 원의 넓이와 둘레의 길이를 계산하시오.

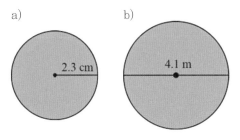

a) 2.3 cm   b) 4.1 m

862 다음 색칠한 부분의 넓이와 호의 길이를 계산하시오.

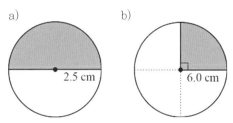

a) 2.5 cm   b) 6.0 cm

863 길이가 7.0 m인 줄로 양을 묶어놓았다. 양이 움직일 수 있는 원의 넓이를 계산하시오.

864 다음 줄의 길이를 계산하시오.

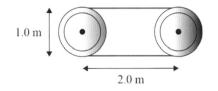

1.0 m   2.0 m

865 농구공의 지름의 길이는 24.0 cm이고 골대 바스켓의 지름의 길이는 45.0 cm이다.

a) 공을 이등분한 단면의 넓이를 계산하시오.

b) 바스켓의 넓이를 계산하시오.

c) 이등분한 공의 단면의 넓이가 바스켓 넓이의 몇 %인가?

866 둥근 탑의 둘레의 길이는 12.0 m이다. 이 탑을 보호하기 위해서 탑 주변에 2.0 m 거리를 두고 울타리를 만들었다. 이 울타리의 길이를 계산하시오.

867 다음 원의 반지름의 길이가 12.0 cm일 때 색칠한 부분의 넓이를 계산하시오.

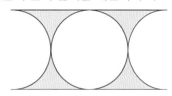

868 다음 색칠한 부분의 넓이를 계산하시오.

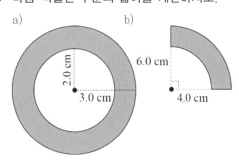

a)   b)

2.0 cm   6.0 cm

3.0 cm   4.0 cm

869 넓이가 9.0 cm^2인 다음 도형을 그리시오.

a) 정사각형

b) 원

중심각과 원주각

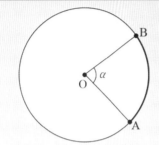

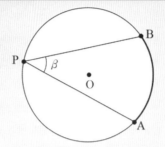

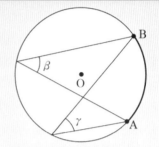

원의 중심 O에서 출발한 반지름 OA와 반지름 OB는 호 AB에 대한 중심각 α를 만든다.

원의 둘레의 점 P에서 출발한 현 PA와 현 PB는 호 AB에 대하여 원주각 β를 만든다.

원주각 β와 γ는 같은 호 AB에 대한 원주각이다.

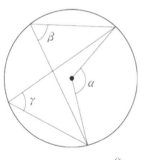

$\beta = \gamma$ 그리고 $\beta = \dfrac{\alpha}{2}$

예제 1

중심각 α와 원주각 β와 γ의 크기를 측정하시오.

각을 측정하면
$\alpha = 124°$이고 $\beta = \gamma = 62°$이다.
같은 호에 대한 원주각들은 크기가 같고 중심각의 크기의 반이라는 것을 알 수 있다.

원주각에 대한 정리

- 같은 호에 대한 원주각들은 크기가 같다.
- 원주각은 같은 호에 대한 중심각의 크기의 반이다.

예제 2

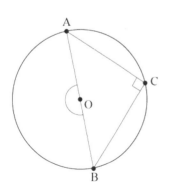

점 O는 원의 중심이고 점 A, B, C는 이 원의 원주 위에 있다. 각 ACB는 $90°$이다. 각 AOB의 크기를 계산하시오.

중심각 AOB와 원주각 ACB는 같은 호 AB에 대한 각들이다. 원주각에 대한 정리에 의해 중심각 AOB의 크기는 원주각 ACB의 크기의 두 배이다. 따라서 $\angle AOB = 2 \cdot 90° = 180°$이다. **정답** : $180°$

870 다음 원에서 원주각과 중심각의 기호를 쓰시오.

a)   b)

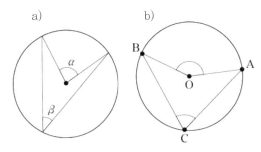

871 다음 각 α의 크기를 계산하고 그 이유를 설명하시오.

a)   b)

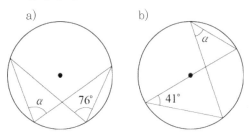

872 다음 각 α의 크기를 계산하시오.

a)   b)

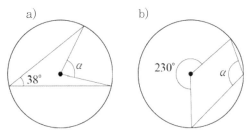

873 부채꼴에서 호의 각도는 $46°$이다. 이 호에 대한 다음 각의 크기를 구하시오.

a) 중심각   b) 원주각

874 호에 대한 원주각의 크기가 다음과 같을 때 같은 호에 대한 중심각의 크기를 구하시오.

a) $15°$ b) $90°$ c) $150°$

875 점 O는 원의 중심이고 점 A, B, C는 이 원의 원주 위에 있다. 각 ACB의 크기가 $67°$일 때, 각 AOB의 크기를 계산하시오.

876 반지름이 $5.0\,\mathrm{cm}$인 원을 그리시오.

a) 원에 지름 AB와 원주각 APB를 그리시오.

b) 원주각 APB의 크기를 계산하고 각의 크기를 측정해서 답을 확인하시오.

877 다음 각 α와 β의 크기를 추측 혹은 계산하고 그 이유를 설명하시오.

a)   b)

c)   d)

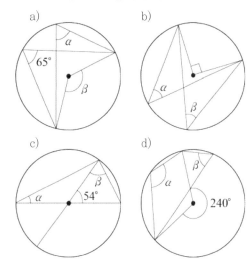

878 다음 도형은 정다각형이다. 각 α와 β의 크기를 추측 혹은 계산하시오.

a)   b)

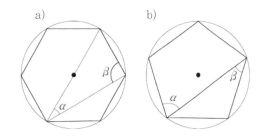

879 점 O는 원의 중심이고 점 A, B, C는 이 원의 원주 위에 있다. 호 AB, BC, CA는 원주를 $1:3:6$의 비율로 나눈다. 원주각 CBA의 크기를 계산하시오.

부채꼴

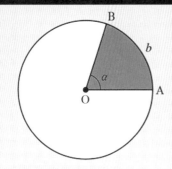

• 두 개의 반지름 OA와 OB와 원의 호 AB는 부채꼴을 이룬다.
• 각 α는 부채꼴의 중심각이고 호 AB는 부채꼴의 호이다.
• 부채꼴의 중심각의 크기는 호 AB에 대한 중심각의 크기와 같다.
• 부채꼴의 넓이 A와 호의 길이 b는 중심각 α의 크기에 정비례한다.
• 부채꼴의 넓이 $A = \dfrac{\alpha}{360°} \cdot \pi r^2$이고

  호의 길이 $b = \dfrac{\alpha}{360°} \cdot 2\pi r$이다.

예제 **1**

원의 반지름의 길이는 3.0 cm이다. 다음을 계산하시오.

a) 원의 넓이
b) 중심각 45°에 대한 부채꼴의 넓이

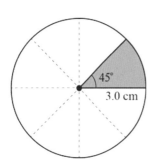

a) 원의 넓이는
  $A = \pi r^2 = \pi \cdot (3.0)^2 = 28.27 \cdots \fallingdotseq 28$이다.
b) $\dfrac{45°}{360°} = \dfrac{1}{8}$ 이므로, 부채꼴의 넓이는 원 넓이의 $\dfrac{1}{8}$ 이다.

  $A = \dfrac{1}{8} \cdot 28.27 \cdots = 3.533 \cdots \fallingdotseq 3.5$

정답 : a) 약 28 cm^2 b) 약 3.5 cm^2

예제 **2**

원의 지름의 길이는 4.6 cm이다. 다음을 계산하시오.

a) 원의 둘레의 길이
b) 중심각 60°에 대한 부채꼴의 호의 길이

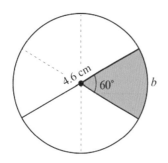

a) 원의 둘레의 길이는
  $p = \pi d = \pi \cdot 4.6 = 14.45 \cdots \fallingdotseq 14$이다.
b) $\dfrac{60°}{360°} = \dfrac{1}{6}$ 이므로, 부채꼴의 호의 길이는 원의 전체 둘레 길이의

  $\dfrac{1}{6}$ 이다.

  $b = \dfrac{1}{6} \cdot 14.45 \cdots = 2.408 \cdots \fallingdotseq 2.4$

정답 : a) 약 14 cm   b) 약 2.4 cm

880 다음 원의 넓이는 $30\ \text{cm}^2$이다. 색칠한 부채꼴의 넓이를 계산하시오.

a) b)

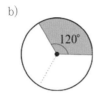

881 다음 원의 둘레의 길이는 $90\ \text{cm}$ 이다. 색칠한 부채꼴의 호의 길이를 계산하시오.

a) b)

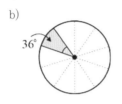

882 다음 색칠한 부채꼴의 넓이를 계산하시오.

a) b)

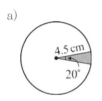

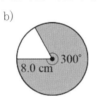

883 다음 색칠한 부채꼴의 호의 길이를 계산하시오.

a) $d = 10.2\ \text{cm}$ b) $r = 15.3\ \text{cm}$

884 필요한 부분의 길이를 측정하고 다음 부채꼴의 넓이와 호의 길이를 계산하시오.

a) b)

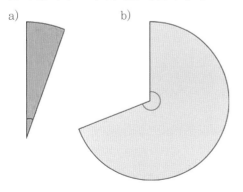

885 다음 도형의 넓이를 계산하시오.

a) b)

886 중심각의 크기가 다음과 같을 때 부채꼴의 넓이는 원 넓이의 몇 %인지 계산하시오.

a) $45°$ b) $72°$ c) $240°$

887 부채꼴의 넓이는 $15.0\ \text{cm}^2$이다. 부채꼴의 중심각의 크기가 다음과 같을 때 원 전체의 넓이를 계산하시오.

a) $90°$ b) $120°$ c) $270°$

888 스케이트보드의 반원통형 구조물은 두 개의 사분원 모양으로 구부린 판의 위쪽·아래쪽·옆쪽에 평평한 판을 연결해서 만든다. A에서 B까지의 거리를 계산하시오.

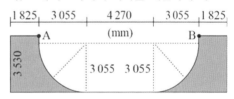

889 다음 거리를 계산하시오.

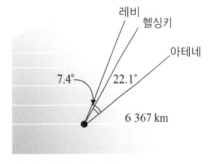

a) 헬싱키에서 레비까지
b) 헬싱키에서 아테네까지

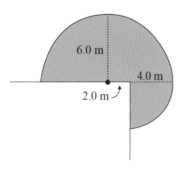

예제 1

양은 잔디밭 위에 있는 직사각형 모양의 건물의 한 귀퉁이에서 2.0 m 떨어진 건물벽에 묶여 있다. 양을 묶은 줄의 길이가 6.0 m이고 벽의 길이가 9.0 m일 때 이 양이 돌아다니면서 풀을 뜯을 수 있는 영역의 넓이는 얼마인가?

묻고 있는 넓이 A는 반원과 사분원으로 만들어진다. 반원의 반지름의 길이는 6.0 m이고 사분원의 반지름의 길이는 4.0 m이다.
묻고 있는 넓이는

$$A = \frac{1}{2} \cdot \pi \cdot (6.0)^2 + \frac{1}{4} \cdot \pi \cdot (4.0)^2 = 69.11 \cdots \fallingdotseq 69 \text{이다.}$$

정답 : 약 69 m^2

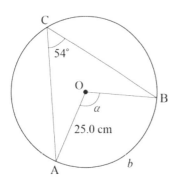

예제 2

원의 반지름은 25.0 cm이다. 점 A, B, C는 원의 둘레에 놓여 있다. 각 ACB의 크기는 54°이다. 호 AB의 길이를 계산하시오.

호 AB에 대한 중심각 α를 그린다. 각 ACB는 같은 호 AB에 대한 원주각이다.
따라서 $\alpha = 2 \cdot 54° = 108°$이다.
묻고 있는 호의 길이는

$$b = \frac{\alpha}{360°} \cdot 2\pi r = \frac{108°}{360°} \cdot 2 \cdot \pi \cdot 25.0 = 47.123 \cdots \fallingdotseq 47.1 \text{이다.}$$

정답 : 약 47.1 cm

890 다음 색칠한 부채꼴의 넓이와 호의 길이를 계산하시오.

a)   b)

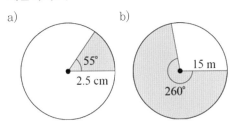

891 원의 반지름의 길이는 8.6 cm이다. 부채꼴의 중심각의 크기가 다음과 같을 때 부채꼴의 넓이와 호의 길이를 계산하시오.

a) 26°   b) 68°   c) 136°

892 핀란드 야구에서 1루와 2루의 영역은 반지름이 3 000 mm인 부채꼴 모양이다. 넓이를 계산하시오.

a) 1루   b) 2루

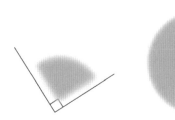

893 다음 색칠한 부채꼴의 넓이가 원의 넓이에서 차지하는 비율을 계산하시오.

a)   b)

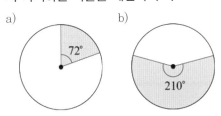

894 부채꼴의 넓이가 원의 넓이의 다음과 같을 때 중심각의 크기를 구하시오.

a) $\frac{1}{2}$일 때   b) $\frac{1}{4}$일 때   c) $\frac{1}{6}$일 때

895 부채꼴의 넓이는 45 cm²이다. 중심각의 크기가 다음과 같을 때, 원의 넓이를 계산하시오.

a) 60°   b) 36°   c) 18°

896 직사각형 모양의 건물의 벽의 길이는 8.0 m, 13.0 m이다. 개 한 마리가 건물의 한 귀퉁이에서 4 m 떨어진 지점의 긴 벽에 묶여 있다. 그림을 그리고 개를 묶은 줄의 길이가 다음과 같을 때, 개가 움직일 수 있는 영역의 넓이를 구하시오.

a) 3.0 m   b) 7.0 m   c) 13.0 m

897 다음 색칠한 부분의 둘레의 길이를 구하시오.

a)   b)

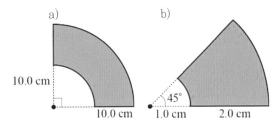

898 다음을 계산하시오.

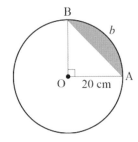

a) 반지름 OA와 OB와 호 AB가 만드는 부채꼴의 넓이
b) 삼각형 ABO의 넓이
c) 색칠한 부분의 넓이

899 원의 반지름의 길이는 12.0 cm이다. 점 A, B, C는 원의 둘레 위에 있다. 각 ACB의 크기가 다음과 같을 때 호 AB의 길이를 구하시오.

a) 17°   b) 44°   c) 73°

900 다음 색칠한 부분의 둘레의 길이를 구하시오.

a)   b)

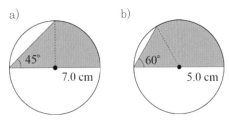

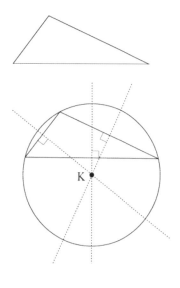

예제 1

삼각형에 외접하는 원, 즉 삼각형의 모든 꼭짓점을 지나는 원을 그리시오.

1. 삼각형의 세 변의 수직이등분선을 각각 그린다. 세 수직이등분선은 한 점 K에서 만난다. 이 점에서 삼각형의 세 꼭짓점까지의 거리는 모두 같다. 이 점은 삼각형에 외접하는 원의 중심이다.
2. 컴퍼스의 촉을 점 K에 놓고 한 꼭짓점을 거쳐서 원을 그린다. 이 원은 다른 꼭짓점도 지나므로 문제에서 요구하는 원이다.

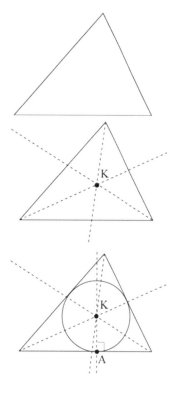

예제 2

삼각형에 내접하는 원, 즉 삼각형의 모든 변과 각각 한 점에서 접하는 원을 그리시오.

1. 삼각형의 세 각의 이등분선을 각각 그린다. 세 각의 이등분선들은 한 점 K에서 만난다. 이 점에서 삼각형의 세 변까지의 거리는 모두 같다. 이 점은 삼각형에 내접하는 원의 중심이다.

2. 삼각형의 한 변에 점 K를 지나는 수직선을 그린다. 수직선은 변 위의 점 A를 지난다.
3. 컴퍼스의 촉을 점 K에 놓고 반지름이 $\overline{KA}$인 원을 그린다. 이 원은 삼각형의 다른 변들과도 한 점에서 만나므로 문제에서 요구하는 원이다.

901 다음 도형을 모눈종이 위에 그리고 점 A~C 중 어느 점이 삼각형에 외접하는 원의 중심 인지 원을 그려서 찾으시오.

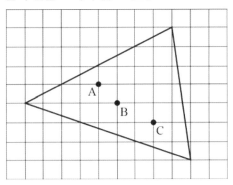

902 삼각형 ABC를 그리시오.

a) 삼각형의 세 변의 수직이등분선을 그리시오.

b) 삼각형의 세 꼭짓점을 지나는 원을 그리시오.

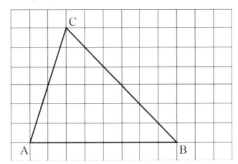

903 삼각형 ABC를 그리시오.

a) 삼각형의 세 각의 이등분선을 그리시오.

b) 삼각형의 안에서 세 변과 각각 한 점에서 만나는 원을 그리시오.

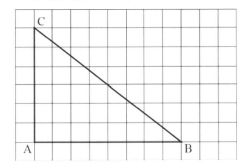

904 직각삼각형을 그리고 세 꼭짓점을 지나는 원을 그리시오.

905 정삼각형을 그리고 삼각형의 안에서 세 변과 각각 한 점에서 만나는 원을 그리시오.

906 다음 원은 삼각형의 세 변과 한 점에서 만난다. 각 α와 β의 크기를 각각 계산하시오.

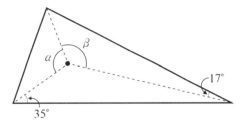

907 다음 지도에 표시한 점들은 버스정류장이다. 그림을 모눈종이 위에 그리고 각 정류장까지의 거리가 모두 같은 위치에 있는 엠미의 집을 표시하시오.

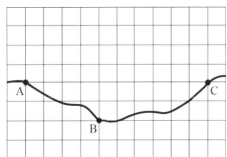

908 원을 그리고 꼭짓점이 모두 원의 둘레 위에 있는 사각형을 그리시오.

a) 사각형의 각의 크기를 모두 측정하고 서로 마주 보는 각들의 합을 구하시오.

b) 네 각의 크기가 $60°$, $90°$, $100°$, $110°$인 사각형의 네 꼭짓점을 모두 지나는 원을 그릴 수 있는가?

제4장 | 응용편

77 참값

식을 계산한 결과는 참값 또는 근삿값, 즉 반올림해서 소수로 나타낼 수 있다.

예제 1

정사각형의 한 변의 길이는 1이다. 대각선의 길이 d를 계산하시오. 참값과 소수점 아래 둘째자리까지의 근삿값을 모두 쓰시오.

피타고라스의 정리에 의해 다음과 같은 방정식을 만들 수 있다.

$d^2 = 1^2 + 1^2 = 2$

$d = \sqrt{2} = 1.4142 \cdots \fallingdotseq 1.41$

정답 : 참값은 $\sqrt{2}$ 이고 근삿값은 1.41이다.

예제 2

원의 반지름의 길이는 5이다. 다음을 계산하여 참값을 쓰시오.

a) 원의 둘레의 길이 p

b) 원의 넓이 A

a) 원의 둘레의 길이 $p = 2\pi r = 2\pi \cdot 5 = 10\pi$이다.

b) 원의 넓이 $A = \pi r^2 = \pi \cdot 5^2 = 25\pi$이다.   **정답** : a) 10π b) 25π

예제 3

정사각형의 한 변의 길이는 2이다. 사각형에 내접하는 원의 넓이 A_1과 외접하는 원의 넓이 A_2의 비를 계산하시오.

사각형에 내접하는 원의 반지름은 1이다. 내접하는 원의 넓이는

$A_1 = \pi \cdot 1^2 = \pi$이다.

예제 1에서처럼 사각형에 외접하는 원의 반지름은 $\sqrt{2}$ 이다. 외접하는 원의 넓이는

$A_2 = \pi \cdot (\sqrt{2})^2 = \pi \cdot 2 = 2\pi$이다.

묻고 있는 넓이의 비는

$\dfrac{A_1}{A_2} = \dfrac{\pi}{2\pi} = \dfrac{1}{2} = 1 : 2$이다.   **정답** : $1 : 2$

909 다음 삼각형의 변의 길이 x를 계산하시오. 참값과 소수점 아래 둘째자리까지의 근삿값을 모두 쓰시오.

a)
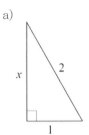

b)
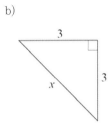

910 다음 표를 완성하시오. 참값을 쓰시오.

원의 반지름	원의 둘레	원의 넓이
1		
2		
4		
8		

911 다음 큰 원의 반지름은 6이다. 색칠한 부분의 넓이가 큰 원의 넓이에서 차지하는 비율을 계산하시오.

a)
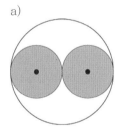

b)
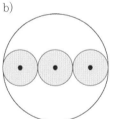

912 다음 선분의 길이를 계산하시오. 참값을 쓰시오.

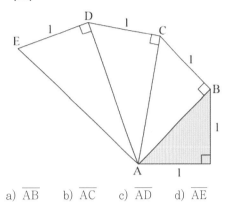

a) $\overline{AB}$ b) $\overline{AC}$ c) $\overline{AD}$ d) $\overline{AE}$

913 다음 비율을 계산하시오.

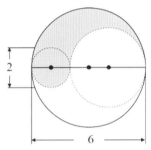

a) 회색 부분의 둘레의 길이가 큰 원의 둘레의 길이에서 차지하는 비율
b) 회색 부분의 넓이가 큰 원의 넓이에서 차지하는 비율

914 원의 반지름은 5이다. 원에 외접하는 정사각형의 넓이와 내접하는 정사각형의 넓이의 비를 계산하시오.

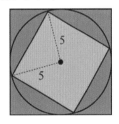

915 정삼각형에 내접하는 원의 반지름의 길이와 외접하는 원의 반지름의 길이의 비는 1 : 2이다. 원의 넓이의 비를 계산하시오.

916 선분의 길이 : 직사각형 ABCD에 다음과 같은 사분원을 그렸다. 원의 반지름의 길이는 12 cm이고 선분 AB의 길이는 5 cm이다. 선분 BD의 길이를 계산하시오.

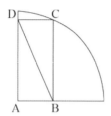

917 사각형 만들기 : 모눈종이에서 한 변의 길이가 3칸인 정사각형을 1개 오려내시오. 밑변의 길이와 높이가 각각 9칸과 12칸인 직각삼각형을 4개 오려내시오.

  a) 직각삼각형 4개와 정사각형 한 개로 큰 정사각형을 1개 만드시오.

  b) 큰 정사각형의 넓이를 계산하시오.

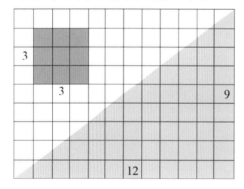

918 뮐러–리어의 도형 : 선분 AB와 CD 중 어느 것이 더 긴가?

919 사라진 넓이 : 도형 1의 부분들을 도형 2처럼 재배열했다. 도형 2에는 왜 한 칸이 남는가?

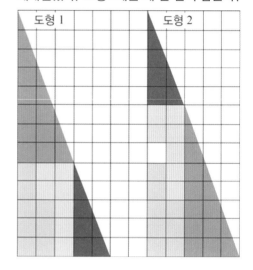

920 헤르만 그리드 현상 : 사각형들이 모여 만들어진 다음 도형을 일정 시간 들여다보시오. 이때 검정색 사각형들의 교차 지점에 회색의 사각형들이 보이는 것은 왜일까?

921 사라진 넓이 : 영국의 수학자 찰스 도지슨 (1832~1898)은 다음과 같은 문제를 제시했다. 모눈종이 위에 13×13 칸의 정사각형을 그린다. 이 사각형을 그림에 나타난 부분들로 오려낸다. 이 부분들을 직사각형으로 재배열한다.

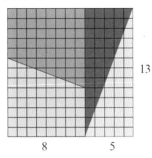

정사각형의 넓이는 $13^2 = 169$칸이고 직사각형의 넓이는 $8 \cdot 21 = 168$칸이다. 1칸이 어디로 사라진 걸까?

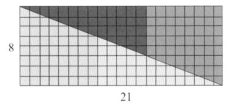

922 자전거의 톱니바퀴 : 자전거의 가운데에 있는 톱니바퀴에는 톱니가 42개 있고 뒤쪽에 있는 톱니바퀴에는 톱니가 14개 있다.

a) 페달을 한 바퀴 돌리면 자전거의 뒷바퀴는 몇 번 돌아가는가?

b) 자전거의 바퀴의 지름이 17인치이다. 1 km를 가려면 페달을 몇 번 돌려야 하는가? (1인치는 2.54 cm이다.)

923 톱니바퀴 : 톱니바퀴 A는 시계 반대 방향으로 돌아간다.

a) 톱니바퀴 E는 어느 방향으로 돌아가는가?

b) 바퀴 A가 한 바퀴 돌아갈 때 바퀴 E는 몇 번 돌아가는가?

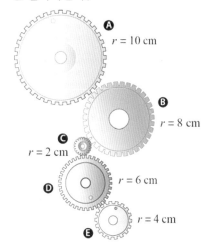

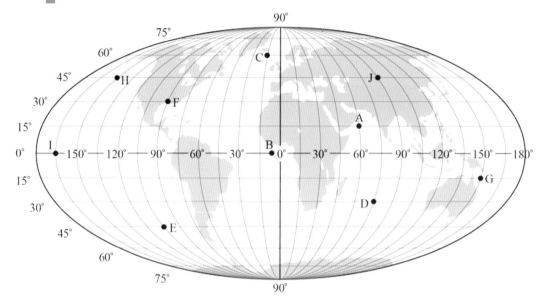

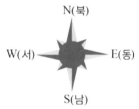

경도와 위도를 이용해서 지구 표면에 있는 위치를 나타낼 수 있다. 위도란 적도와 평행인 방향으로 그려서 만들어진 원으로 도수는 적도에서부터 북쪽으로 혹은 남쪽으로 몇 도인지 측정한다. 경도란 북극과 남극을 통과하도록 그려서 만들어진 원으로 도수는 런던의 그리니치에서부터 동쪽으로 혹은 서쪽으로 몇 도인지 측정한다.

예를 들어 위에 있는 지구의 지도에서 점 J는 적도에서부터 북쪽으로 45°, 그리니치에서부터 동쪽으로 90°에 있다. 즉, 이 점의 위치는 북위 45°와 동경 90°이다. 점의 좌표는 (45°N, 90°E)이다.

예제 1

헬싱키의 위치는 약 북위 60°와 동경 25°이다. 헬싱키는 적도에서 얼마나 떨어져 있는가? (지구의 반지름의 길이 R=6 367 km이다.)

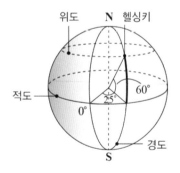

두 지점 사이의 최단 거리는 지구 표면에 그릴 수 있는 큰 원으로 나타낼 수 있다. 묻고 있는 거리 b는 각 60°에 해당하는 경도의 원의 호의 길이와 같으므로 다음과 같다.

$$b = \frac{\alpha}{360°} \cdot 2\pi R = \frac{60°}{360°} \cdot 2 \cdot \pi \cdot 6\ 367 \text{ km}$$

$$= 6\ 667.5 \cdots \fallingdotseq 6\ 700 \text{ km}$$

924 168쪽의 지구 지도에서 다음 위치에 있는 점들을 찾으시오.

a) (15°N, 60°E)   b) (30°N, 90°W)
c) (15°S, 150°E)   d) (0°N, 165°W)

925 다음 점들의 좌표를 찾아 표시하시오.

a) 점 C   b) 점 D
c) 점 H   d) 점 B

926 헬싱키의 좌표는 (60°N, 25°E)이다. 다음 지역들의 좌표를 찾으시오.

a) 우츠요키는 헬싱키에서 북쪽으로 10°, 동쪽으로 2°에 있다.
b) 예테보리는 헬싱키에서 남쪽으로 2°, 서쪽으로 13°에 있다.

927 지구의 반지름은 6 367 km이다. 적도의 길이를 계산하시오.

928 포트 엘리자벳은 헬싱키와 같은 경도에 있다. 포트 엘리자벳의 좌표를 추측하시오.

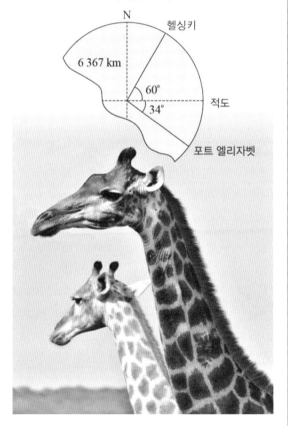

929 지구 표면에서의 다음 거리를 계산하시오.

a) 헬싱키에서 북극점 N까지
b) 헬싱키에서 남극점 S까지
c) 헬싱키에서 남아프리카의 포트 엘리자벳까지

▌ 위의 다른 문제들에 있는 정보를 이용하시오.

930 a) 헬싱키에서 적도까지의 지구 표면에서의 최단 거리를 계산하시오.
b) 헬싱키에서 적도까지 땅 밑으로 최단 거리의 터널을 판다고 가정할 때 이 터널의 길이는?
c) 터널의 길이는 지구 표면에서의 거리보다 얼마나 더 짧은가?
지구의 반지름 R = 6 367 km이다.

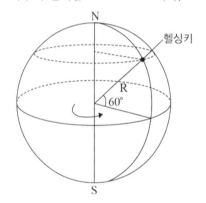

931 쿠오피오와 바사는 거의 같은 위도에 있다. 쿠오피오의 위치는 동경 28°이고 바사의 위치는 동경 22°이다.

a) 지구가 1° 돌아갈 때 걸리는 시간은 얼마인지 계산하시오.
b) 두 도시 중 어느 도시에서 태양이 먼저 뜨는지 얼마나 더 먼저 뜨는지 계산하시오.

- 지구는 24개의 시간대로 나뉜다.
- 국제해역의 시간대는 경도에 따라 나뉜다.
- 다른 지역에서 시간대는 국경에 따라 나뉜다.
- 시간이 다른 두 시간대의 시차는 1시간이다.

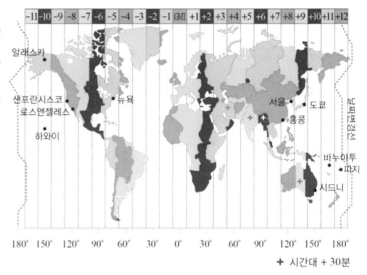

+ 시간대 + 30분

그리니치 평균태양시 : 지구에서 시간은 런던에 있는 그리니치 천문대를 지나는 경도 0도선에 따라서 정해진다. 이 시간대는 GMT 0(Greenwich Mean Time)이다. 동쪽으로 이동하면서 시간은 빨라지고 서쪽으로 이동하면서 느려진다. 핀란드의 시간은 GMT + 2로 0도선의 시간보다 2시간 더 빠르다.

출발	도착
헬싱키[HEL]	도쿄[NRT]
10월 25일 17 : 20	10월 26일 08 : 55

예제 1

일본의 시간은 GMT + 9이다. 헬싱키에서 도쿄까지 가는 비행기가 17시 20분에 출발한다.

a) 비행기가 출발할 때 도쿄의 날짜와 시각은?

b) 비행시간은 얼마나 걸리는가?

a) 일본의 시각은 GMT + 9이고 핀란드의 시각은 GMT + 2이다. 일본의 시간은 핀란드보다 9h - 2h = 7h 빠르다. 헬싱키에서 비행기가 출발한 시각의 일본 시각은 17 : 20 + 7 : 00 = 24.20, 즉 다음 날 0시 20분이다.

b) 비행시간은 08 : 55 - 00 : 20 = 8시간 35분이다.

정답 : a) 10월 26일 0시 20분 **b)** 8시간 35분

●●○○ 연습

932 안나는 런던에서 12시에 아다에게 전화했다. 아다가 다음 도시에서 전화를 받을 때 아다의 시계는 몇 시를 가리키는지 구하시오.

    a) 헬싱키   b) 뉴욕

933 엘사는 핀란드의 카야니에서 16시에 샌프란시스코에 있는 친구에게 전화했다. 친구는 샌프란시스코 시각으로 몇 시에 전화를 받는가?

934 핀란드의 시간대는 GMT+2이고, 스웨덴의 시간대는 GMT+1이다. 다음 비행시간을 계산하시오.

    a) 핀란드의 투르쿠에서 현지 시각으로 16시에 출발해서 스웨덴의 스톡홀름에 현지 시각으로 15시 55분에 도착한다.
    b) 스톡홀름에서 현지 시각으로 21시에 출발해서 투르쿠에 현지 시각으로 22시 35분에 도착한다.

935 다음 비행시간을 계산하시오.

출발	도착
헬싱키[HEL]	뉴욕[JFK]
10월 26일 14 : 20	10월 26일 15 : 55

936 다음 비행시간이 9시간 50분일 때 현지 시각으로 몇 날 몇 시에 목적지에 도착하는지 계산하시오.

출발	도착
헬싱키	홍콩
10월 27일 23 : 35	도착 일시

●●○○ 응용

937 다음 물음에 답하시오.

    a) 한 시간대는 경도 몇 도인가?
    b) 한 시간대는 적도선상에서 몇 km인가?

938 시차가 다음과 같은 두 지역을 고르시오.

    a) 20시간   b) 21시간   c) 22시간

939 국제적인 날짜변경선은 180°에 있다. 태평양을 가로질러 서쪽으로 날아가면 다음 날이 된다. 반면 동쪽으로 날아가면 이전 날이 된다. 다음 비행시간은 얼마인가?

a)

출발	도착
로스앤젤레스[LAX]	도쿄[NRT]
10월 28일 AM 11 : 45	10월 29일 PM 03 : 05

b)

출발	도착
서울[ICN]	로스앤젤레스[LAX]
10월 28일 PM 08 : 20	10월 28일 PM 03 : 20

● ● ● ○ 연습

940 다음을 계산하시오.

a) $2 \cdot \pi \cdot 12.8$ b) $\pi \cdot 10.8^2$

c) $\dfrac{36}{2 \cdot \pi}$ d) $\pi \cdot \left(\dfrac{7.2}{2}\right)^2$

941 다음 원의 둘레의 길이와 넓이를 계산하시오.

a)   b)

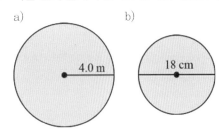

942 다음 원의 둘레의 길이와 넓이를 계산하시오.

a) 원의 지름의 길이가 52 cm일 때
b) 원의 반지름의 길이가 1.5 cm일 때

943 다음 각 α와 β의 크기를 계산하시오.

a)   b)

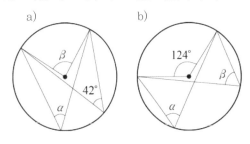

944 다음 색칠한 부채꼴의 넓이와 호의 길이를 계산하시오.

a)   b)

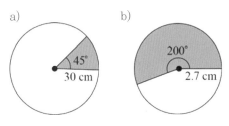

945 원의 지름의 길이는 20.0 cm이다. 다음 부채꼴의 넓이를 계산하시오.

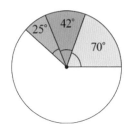

a) 회색
b) 청록색
c) 황토색
d) 흰색

946 부채꼴의 넓이가 60 cm^2이다. 부채꼴의 중심각의 크기가 다음과 같을 때, 전체 원의 넓이를 계산하시오.

a) $180°$ b) $60°$ c) $36°$

947 큰 원의 반지름의 길이는 9.0 cm 이다. 색칠한 부분의 넓이를 계산하시오.

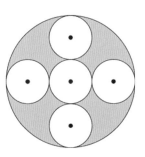

948 육상경기 중 포환던지기 종목에서 선수는 지름이 7피트, 즉 213 cm인 동그란 원 안에서 포환을 던져야 한다. 다음을 계산하시오.

a) 원의 넓이
b) 원의 둘레에 설치한 절틀의 길이

949 둘레의 길이가 다음과 같을 때 원의 반지름의 길이를 계산하시오.

a) 60 cm   b) 76 m   c) 6π

950 둥그런 화분의 지름의 길이는 80 cm이다. 꽃 한 포기가 차지하는 넓이가 300 cm²일 때, 이 화분에 꽃을 몇 포기 심을 수 있는가?

951 나무 밑둥의 둘레의 길이가 56.0 cm이다. 이 나무를 자른 단면의 다음을 계산하시오.

a) 지름   b) 넓이

952 1 km를 가는 동안 자전거의 바퀴는 522번 돌아갔다. 이 바퀴의 지름의 길이를 계산하시오.

953 다음 삼각형 ABC의 꼭짓점들은 원의 둘레 위에 있다. 삼각형의 세 각의 크기를 계산하시오.

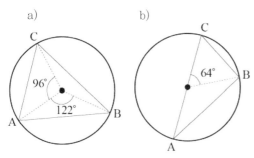

a)   b)

954 다음 시계추의 길이 x를 계산하시오.

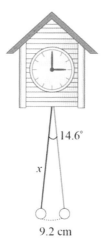

14.6°

x

9.2 cm

955 $r = 2.0$ m일 때, 다음 도형의 넓이와 둘레의 길이를 계산하시오.

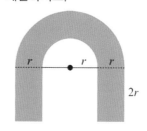

r r r

$2r$

956 다음 색칠한 부분의 넓이를 계산하시오.

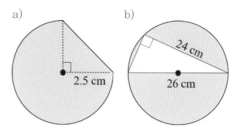

a)   b)

2.5 cm   24 cm   26 cm

957 전설에 따르면 아더 왕에게는 13명의 기사가 둘러앉는 원탁이 있었다. 기사 한 명당 50 cm의 길이의 탁자 가장자리에 앉았다면 이 원탁의 지름의 길이는 얼마였을까?

958 고대 이집트 사람들은 원주율 파이의 근삿값으로 $3\frac{1}{6}$을 사용했다. 이 수를 계산기가 알려주는 파이의 근삿값에 비교했을 때 몇 %가 차이 나는가?

959 아래 교통표지판의 다음을 계산하여 dm²로 답하시오.

10 mm   115 mm

640 mm   차량통행 금지구역

a) 전체 넓이
b) 빨간색 부분의 넓이

• 닮음

닮은 도형들은 모양은 같지만, 크기가 다르다. 닮은 도형들의 대응각들의 크기는 서로 같고 대응변들의 길이의 비율이 서로 같다.

• 축척

닮은 도형들의 축척 k는 도형의 대응변들의 길이의 비이다.

$$축척\ k = \frac{그림에\ 있는\ 변의\ 길이}{실제\ 변의\ 길이}$$

$$k = 1 : 20\ 000$$

그림에 있는 변의 길이   실제 변의 길이

• 삼각형의 닮음

두 삼각형은 두 쌍의 각의 크기가 같을 때 서로 닮은 삼각형이다.

• 닮은 삼각형의 변의 길이 계산하기

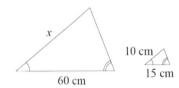

$$\frac{x}{10} = \frac{60}{15},\ x = \frac{10 \cdot 60}{15} = 40$$

$x = 40$ cm 이다.

피타고라스의 정리

직각삼각형의 밑변의 길이의 제곱과 높이의 제곱의 합은 빗변의 길이의 제곱과 같다.
즉, $a^2 + b^2 = c^2$ 이다.

직각삼각형이 될 조건

삼각형의 세 변의 길이 a, b, c가 방정식 $a^2 + b^2 = c^2$을 만족할 때, 이 삼각형은 직각삼각형이다.
$54^2 + 72^2 = 8\ 100 = 90^2$ 이므로 이 삼각형은 직각삼각형이다.

• 파이(π)

$$\pi = \frac{원의\ 둘레의\ 길이}{원의\ 지름의\ 길이} = \frac{p}{d}$$

$$\pi = 3.14159 \cdots \fallingdotseq 3.14$$

• 원의 둘레의 길이와 넓이

– 원의 둘레의 길이 $p = \pi d = 2\pi r$
– 원의 넓이 $A = \pi r^2$

• 원주각

같은 호에 대한 원주각들은 크기가 같고 이 호에 대한 중심각의 크기의 반이다.

• 부채꼴

반지름 OA, 반지름 OB, 호 AB는 부채꼴을 만든다. 부채꼴의 중심각은 α 이다.
부채꼴의 넓이 A와 호의 길이 b는 각각 중심각 α의 크기에 정비례한다.

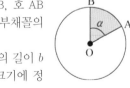

– 부채꼴의 넓이 $A = \dfrac{\alpha}{360°} \cdot \pi r^2$

– 호의 길이 $b = \dfrac{\alpha}{360°} \cdot 2\pi r$

001 색이 다른 부채꼴들이
전체 원에서 차지하는
부분들은 얼마인가?
약분해서 분수로 나타
내고 백분율로도 나타
내시오. (백분율은 유효
숫자 2개로 표시)

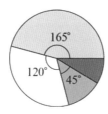

002 8A 반 학생들의 50%가 독어, 60%가 불어를
선택했다. 20%는 독어와 불어를 둘 다 선택
했다. 어떤 언어도 선택하지 않은 학생들은
전체 반 학생들 중 몇 %인지 계산하시오.

003 9B 반 학생들의 45%가 독어, 65%가 불어를
선택했다. 35%는 둘 중 어떤 언어도 선택하
지 않았다. 두 언어 모두 선택한 학생들은
전체 반 학생들 중 몇 %인지 계산하시오.

004 다음 색으로 색칠한 부분
이 전체 정사각형에서
차지하는 부분들은 각각
얼마인가? 분수와 백분
율로 나타내시오.

a) 보라색
b) 흰색

005 다음 도형수열에 대하여 물음에 답하시오.

도형 1   도형 2   도형 3

a) 도형 1~도형 3에서 보라색으로 색칠한
부분은 각각 몇 %인지 쓰시오. (유효숫
자 3개)

b) 도형 4를 그리시오. 이 도형의 넓이에서
흰색은 몇 %인지 쓰시오. (유효숫자 3개)

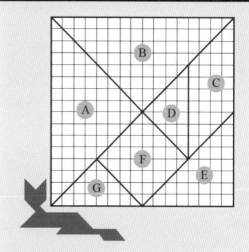

탱그램은 오래된 중국의 퍼즐로서 7개의 조각
이 모여 정사각형을 이룬다. 탱그램을 모눈종
이에 16×16의 크기로 그리고 각 부분에 이름
을 쓰고 잘라낸다.

006 전체 탱그램에서 A~G 부분들은 각각
몇 %인지 쓰시오.

007 전체 탱그램의 넓이에 대해 다음 백분율
의 삼각형을 몇 가지 방법으로 만들 수
있는지 쓰시오.

a) 25%   b) 100%

008 전체 탱그램의 넓이에 대해 다음 백분율
의 사각형을 몇 가지 방법으로 만들 수
있는지 쓰시오.

a) 25%   b) 18.75%   c) 37.5%

009 전체 탱그램의 넓이에 대해 다음 백분율
의 오각형을 몇 가지 방법으로 만들 수
있는지 쓰시오.

a) 31.25%   b) 37.5%

유럽연합 가입에 대한 국민투표의 결과

국가와 연도	투표권자 수 (1 000)	투표자 수 (1 000)	투표율 (%)	찬성표 (1 000)	찬성률 (%)
오스트리아 1994	5 717	4 705		3 134	
핀란드 1994	4 043	2 862		1 621	
스웨덴 1994	6 449	5 373		2 834	
노르웨이 1994	3 266	2 907		1 389	
폴란드 2003	29 860	17 570		13 510	
에스토니아 2003	867	556		370	

010 위 표에 빠져 있는 백분율을 계산해서 표를 완성하시오. (소수점 아래 첫째자리까지 구하시오.)

011 다음 국가의 투표자들 중 유럽연합 가입에 반대한 사람들은 각각 몇 %인지 쓰시오.

a) 폴란드   b) 에스토니아

012 다음 국가의 전체 투표권자들 중 유럽연합 가입에 찬성한 사람들은 각각 몇 %인지 쓰시오.

a) 핀란드   b) 스웨덴   c) 노르웨이

013 위 표의 국가들 중 투표권자들의 50% 이상이 유럽연합 가입에 찬성한 나라는 어디인지 쓰시오.

014 다음 표를 보고 물음에 답하시오.

국적	핀란드 출생	외국 출생
핀란드	5 082 809	84 967
기타 국가	15 147	117 561

a) 핀란드 국적 소유자들 중 몇 %가 핀란드가 아닌 다른 나라에서 출생했는지 쓰시오.
b) 핀란드 전체 인구 중 몇 %가 핀란드가 아닌 다른 나라에서 출생했는지 쓰시오.

015 2009년에 유럽연합 가입국 27개국들 중 16개국이 유로화를 사용했다. 가입국들 중 스웨덴, 덴마크, 에스토니아는 크로나화를 사용했다.

a) 유럽연합 가입국들 중 유로화를 사용한 국가들은 다른 통화를 사용한 국가들보다 몇 % 더 많은지 쓰시오. (소수점 아래 첫째자리까지 쓰시오.)
b) 유럽연합 가입국들 중 몇 %가 크로나화를 사용했는지 계산하시오.

▌ [16~18] 다음에 대하여 물음에 답하시오.

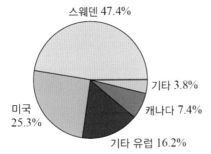

1860~2004년 핀란드인들이 이민을 간 국가

1860~2004년 사이에 핀란드에서 1 267 000명이 이민을 떠났다. 1800~1900년대에는 대부분의 이민자들이 미국으로 떠났다. 제2차 세계대전이 끝난 후에는 많은 사람들이 스웨덴으로 이민을 갔다.
출처 : 핀란드 이민연구소

016 1860~2004년에 다음 국가로 이민을 간 핀란드인들은 몇 명인지 쓰시오. (백의 자리에서 반올림하시오.)

   a) 스웨덴

   b) 미국

   c) 캐나다

017 1860~2004년 북미나 유럽이 아닌 다른 곳으로 이민을 간 핀란드인들 중 53.7%는 오세아니아, 17.9%는 아시아, 13.7%는 아프리카, 나머지는 남미로 이민을 갔다. 다음 대륙으로 이민을 간 핀란드인들은 몇 명인지 쓰시오. (유효숫자 3개)

   a) 오세아니아

   b) 아시아

   c) 남미

018 1860~2004년의 이민자에 대하여 다음 물음에 답하시오.

   a) 미국보다 스웨덴으로 이민을 간 사람은 몇 % 더 많은가?

   b) 오세아니아보다 스웨덴으로 이민을 간 사람은 몇 % 더 많은가?

   c) 아프리카보다 오세아니아로 이민을 간 사람은 몇 % 더 많은가?

▌ [19~20] 다음 그래프에 대하여 물음에 답하시오.

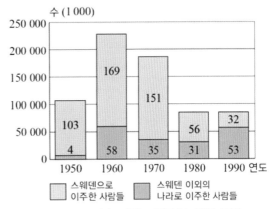

1950~1990년 핀란드인들의 국외 이주
출처 : 핀란드 이민연구소

019 국외로 이주한 핀란드 사람들 중 다음 연도에 스웨덴으로 이주한 사람들은 몇 %인지 쓰시오. (유효숫자 3개)

   a) 1950년대

   b) 1960년대

   c) 1970년대

   d) 1990년대

020 1980년대에 스웨덴으로 이주한 사람들의 비율은 1970년대에 스웨덴으로 이주한 사람들의 비율보다 몇 % 더 많은지 쓰시오.

021 2000년대에 미국의 인구 3억 명 중 스웨덴 출신은 1.3%였다. 핀란드 출신은 스웨덴 출신보다 1.1% 더 적었고, 노르웨이 출신은 스웨덴 출신보다 0.2% 더 많았다. 미국의 인구 중 다음 국가 출신은 몇 명이었는지 쓰시오.

   a) 핀란드   b) 노르웨이

022 플로어볼은 청소년 약 131 000명이 즐기는 종목이다. 다음 종목을 즐기는 청소년들이 몇 명인지 반올림하여 천의 자리까지 구하시오.

청소년 사이에 인기있는 팀경기 종목

종목	동호인 수
축구	22.9%
플로어볼	13.0%
아이스하키	10.4%

출처 : 2005~2006년 국가스포츠조사

　　a) 축구

　　b) 아이스하키

023 다음 골키퍼들이 허용한 골은 몇 골인지 쓰시오.

2008~2009년 남자 플로어볼 리그 경기 결과

골키퍼	팀	선방 수	선방률 (%)
헨리 코르홀라	Oilers	306	87.42
에로 유보넨	TPS	13	86.66
헨리 토이보니에미	SSV	343	86.39
야노 이메	SPV	549	85.24

출처 : 플로어볼협회

　　a) 코르홀라　　　b) 유보넨

　　c) 토이보니에미　　d) 이메

024 다음 종목을 좋아하는 여자들은 몇 명인지 구하시오. (유효숫자 3개)

좋아하는 스포츠

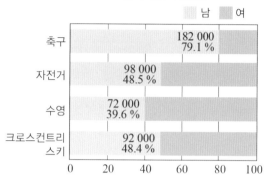

출처 : 2005~2006년 국민스포츠조사

　　a) 축구　　　　　b) 자전거

　　c) 수영　　　　　d) 크로스컨트리스키

025 플로어볼 경기에서 골키퍼의 선방률은 80%이다. 경기는 5대 2로 끝났다.

　　a) 이긴 팀의 골키퍼가 막아낸 골의 개수는 몇 개인가?

　　b) 진 팀의 골키퍼가 막아낸 골의 개수는 몇 개인가?

026 2008년 세계 플로어볼 대회에서 핀란드는 스웨덴을 7 대 6으로 물리치고 우승했다. 핀란드의 골키퍼 헨리 토이보니에미의 선방률은 77%였다. 스웨덴의 골키퍼 피터 쇼그렌의 선방률은 50%였다. 핀란드가 4−0으로 앞서나가자 스웨덴은 골키퍼를 교체했다. 스웨덴의 두 번째 골키퍼 다니엘 람신의 선방률은 82%였다. 골키퍼들이 막아낸 골의 개수를 골키퍼별로 구하시오.

플로어볼 경기 장면. 플로어볼은 하키 형식을 변형한 경기로 남녀노소 누구나 하키의 재미를 즐길 수 있도록 만든 스포츠 종목이다.

학교 학생회 선거

그룹 A		그룹 B		그룹 C		그룹 D	
후보자	표수	후보자	표수	후보자	표수	후보자	표수
아다	45	벤	21	카리타	52	덴	19
알렉스	51	비에른	9	카밀라	8	데니스	21
안나	78	보	43			딕	11
아스타	11	브로르	32			디사	33

비례선거 방법

한 표는 후보자 외에 후보자가 속해 있는 그룹에 돌아간다. 모든 후보자들을 선택한 표의 수를 세고 나면 후보자들의 그룹 내에서 많은 표를 얻은 순서를 가려낸다. 다음은 비교득표수를 각 후보자별로 세야 한다. 가장 많은 표를 얻은 후보자가 그룹의 전체 표수를 얻는다. 두 번째로 많은 표를 얻은 후보자는 그룹의 표수의 반을 갖는다. 세 번째로 많은 표를 얻은 후보자는 그룹 표수의 $\frac{1}{3}$을 갖는다. 네 번째로 많은 표를 얻은 후보자는 그룹 표수의 $\frac{1}{4}$을 갖는다. 마지막으로 선거의 모든 후보자들의 비례득표수를 비교해서 순서대로 배열한다. 선거구에서 정한 명수대로 선거에 통과한 후보자를 정한다.

027 학생회 선거에서 5명을 뽑는다.

   a) 모든 후보자들의 비례득표수를 계산하시오.

   b) 후보자들 중 누가 학생회 구성원으로 선출되었는가?

028 총 투표 수 중 다음 후보자는 표를 몇 % 얻었는지 계산하시오. (유효숫자 3개)

   a) 안나   b) 카리타

   c) 알렉스   d) 보

029 총 투표 수 중 각 그룹은 표를 몇 % 얻었는지 계산하시오. (유효숫자 3개)

   a) 그룹 A   b) 그룹 B

   c) 그룹 C   d) 그룹 D

030 학생회 선거에서 여자 후보자는 총 투표 수 중 52.3%를 획득했다. 여자 후보자들이 받은 총 득표수는 몇 표인지 쓰시오.

031 이전 학생회 선거에서 남자 후보자는 총 투표 수 중 51.2%, 즉 235표를 획득했다. 이전 선거의 총 투표자는 몇 명인지 계산하시오.

소그룹들은 선거에서 선거연합을 만든다. 비례선거는 큰 그룹에 더 유리한 방법이기 때문이다. 선거연합의 모든 후보자들의 득표수를 세고 비례득표수는 연합 내에 있는 후보자들간에 나눈다.

032 그룹 C와 D는 선거연합을 만들었다. 학생회 선거에서 5명의 대표를 선출한다.

   a) 선거연합에 있는 그룹 C와 D의 후보자들의 비례득표수를 계산하시오.

   b) 후보자들 중에 누가 대표가 되는가?

033 그룹 C와 D가 만든 선거연합이 그룹 B보다 더 많이 얻은 표는 전체의 몇 %인지 계산하시오.

헬싱키 올림픽

최초의 하계올림픽은 1896년 아테네에서 열렸다. 아테네 올림픽에는 13개국에서 43개 종목에 262명의 선수들이 참가했다. 헬싱키 올림픽에는 69개국에서 149개 종목에 4 925명의 선수들이 참가했다. 헬싱키 올림픽은 1952년 7월 19일부터 8월 3일까지 열렸다. 전설적인 장거리달리기 선수인 파보 누르미가 관중들의 뜨거운 호응을 받으며 성화를 주 경기장으로 봉송했다.

이 올림픽은 올림픽 역사 중 가장 많은 핀란드 선수들이 참가한 올림픽으로 260명이 참가했다. 다른 북유럽 국가들도 이 올림픽에 참가했지만 아이슬란드는 한 명의 선수도 보내지 않았다.

헬싱키 올림픽에서 핀란드는 메달을 22개 땄다. 메달 중 금메달이 27%, 은메달이 14%, 동메달이 59%였다.

미국은 메달을 76개 땄고, 소련은 71개, 그리고 헝가리는 42개 땄다.

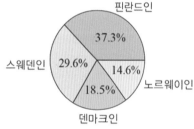

1952년 헬싱키 올림픽에 참가한
북유럽 국가 사람들

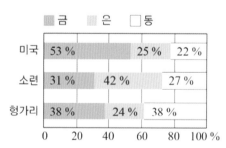

1952년 헬싱키 올림픽에서 가장 많은
메달을 딴 3대 국가

034 1896년 아테네 올림픽보다 헬싱키 올림픽에서 다음이 몇 % 더 많았는지 쓰시오.

a) 참가국   b) 종목   c) 선수들

035 핀란드는 금메달을 다음 메달보다 몇 % 더 혹은 덜 땄는지 쓰시오.

a) 은메달   b) 동메달

036 헬싱키 올림픽에 핀란드인은 다음 국가 사람들보다 몇 % 더 많이 참가했는지 계산하시오. (유효숫자 3개)

a) 스웨덴인   b) 덴마크인   c) 노르웨이인

037 다음 국가가 딴 금 · 은 · 동메달의 개수는 헝가리가 딴 금 · 은 · 동메달의 개수보다 몇 % 더 많은지 각 메달별로 계산하시오.
(유효숫자 2개)

a) 미국   b) 소련

[38~40] 다음 표에 대하여 물음에 답하시오.

핀란드의 유무선전화 개통 수

연도	유선전화 개통 수	무선전화 개통 수
1980	1 740 000	23 000
1990	2 670 000	258 000
2000	2 849 000	3 729 000
2007	1 750 000	6 069 000

출처 : 핀란드 통계청

38 다음 기간 동안 유선전화 개통 수가 몇 % 증가 혹은 감소했는지 구하시오. (유효숫자 3개)

　a) 1980년에서 2000년 사이

　b) 2000년에서 2007년 사이

39 다음 기간 동안 무선전화 개통 수가 몇 % 증가했는지 구하시오.

　a) 1980년에서 1990년 사이

　b) 1980년에서 2000년 사이

　c) 1980년에서 2007년 사이

　d) 2000년에서 2007년 사이

40 a) 1980년에 무선전화보다 유선전화가 몇 % 더 많았는가?

　b) 2007년에 유선전화보다 무선전화가 몇 % 더 많았는가?

[41~42] 다음 표에 대하여 물음에 답하시오.

스마트폰의 판매량과 평균 가격

연도	판매량(개)	평균 가격(€)
2004	10 459	809
2005	69 216	707
2006	366 880	422
2007	394 594	451
2008	443 813	381

출처 : 가전제품포럼 등

41 a) 이전 연도에 비해 스마트폰 판매 증가율이 가장 높은 연도는 언제인가?

　b) a)의 답에 해당하는 연도의 판매 증가율을 %로 나타내시오.

42 a) 이전 연도에 비해 스마트폰의 평균 가격 하락률이 가장 높은 연도는 언제인가?

　b) a)의 답에 해당하는 연도의 평균 가격하락률을 %로 나타내시오.

[43~44] 다음 그래프에 대하여 물음에 답하시오.

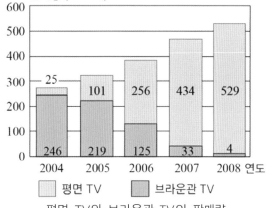

평면 TV와 브라운관 TV의 판매량

출처 : 가전제품포럼

43 a) 2004년에 평면 TV는 브라운관 TV보다 몇 % 덜 판매되었는가?

　b) 2008년에 평면 TV는 브라운관 TV보다 몇 % 더 판매되었는가?

44 a) 이전 연도에 비해 브라운관 TV의 판매율이 가장 크게 변화한 연도는 언제인가?

　b) 이전 연도에 비해 평면 TV의 판매율이 가장 크게 변화한 연도는 언제인가?

45 2008년 디지털박스의 판매량은 909 000개였다. 2007년의 판매량은 2008년의 148%, 2006년의 판매량은 2008년의 71.5%였다. 다음 기간 중 디지털박스의 판매율의 증가폭 혹은 감소폭은 몇 %인지 구하시오.

　a) 2006년에서 2007년 사이

　b) 2007년에서 2008년 사이

046 수학여행 기금을 마련하기 위해 학생들은 링곤베리를 200 L 따서, 바자회에서 3.50 €/L에 팔았다. 그다음 해 가을에 학생들이 딴 링곤베리의 양은 30% 감소했지만, 값은 20% 올랐다. 두 해 동안 학생들이 번 돈은 모두 합해서 얼마인가?

047 휘발유의 가격은 1.411 €/L였다. 그러나 원유 가격의 변화로 인하여 처음에는 2% 올랐다가 나중에는 5% 내렸다.
   a) 휘발유의 최종 리터당 가격은 얼마인가?
   b) 휘발유의 최종 가격은 원래 가격에 비해 몇 % 변동한 것인가?

048 가격을 임의로 정하고 다음과 같이 변동하면 최종 가격은 몇 % 변동한 것인지 구하시오.
   a) 먼저 23% 내리고 나중에 17% 더 내린다
   b) 먼저 10% 올리고 나중에 15% 더 올린다.
   c) 먼저 35% 올리고 나중에 15% 내린다.

049 제품의 가격을 먼저 25% 내렸다가 나중에 25% 더 내리면 할인 후 최종 가격은 270 €이다. 원래 가격은 얼마인지 구하시오.

050 제품의 가격을 먼저 15% 내렸다가 나중에 5% 올리면 가격의 변동 후 최종 가격은 53.55 €이다. 원래 가격은 얼마인지 구하시오.

051 컴퓨터의 가격은 1년에 30% 정도 내려간다. 새 컴퓨터의 가격은 990 €이다. 이 컴퓨터를 구입하고 다음과 같은 기간이 지났을 때 가격은 얼마가 되는지 구하시오.
   a) 1년 후   b) 2년 후
   c) 6년 후   d) 10년 후

052 새 차의 세전 가격은 20 000 €이다. 차의 세전 가격은 1년에 20% 정도 내려간다. 차 구입 후 다음과 같은 기간이 지났을 때 가격은 얼마가 되는지 구하시오.
   a) 1년 후   b) 2년 후   c) 3년 후

053 차의 가치가 1년에 20%씩 감소한다. 5년 된 차의 가격이 9 175 €이다. 이 차의 구입 당시 가격은 얼마인지 구하시오. (소수점 아래 첫째자리에서 반올림하시오.)

054 티모의 일주일 용돈은 매년 10%씩 증가한다. 티모가 15살이었을 때 그의 일주일 용돈은 12 €였다. 티모가 다음 나이일 때의 용돈은 얼마인지 구하시오.
   a) 16살   b) 18살
   c) 14살   d) 10살

055 이전에는 식료품의 부가가치세가 17%였다. 2009년에 부가가치세를 5% 내렸다. 부가가치세의 인하가 식료품의 가격에 적용된다면 다음 식재료의 가격은 얼마나 인하되는지 구하시오.
   a) 당근 한 봉지 1.30 €
   b) 호밀빵 1.85 €
   c) 수박 5.40 €
   d) 소고기 안심 61.60 €

그림에 있는 안니는 50 kg, 에시는 60 kg, 이로는 60 kg, 위르키는 70 kg, 니코는 80 kg이다.

혈중 알코올 농도

알코올은 체내에서 간을 통해 체외로 나간다. 성인의 간은 한 시간에 몸무게 10 kg당 순수 알코올 1 g을 태운다.

혈중 알코올 농도는 다음과 같이 계산할 수 있다.

$$\text{혈중 알코올 농도(‰)} = \frac{\text{순수 알코올의 양(g)}}{(\text{액체부피지수}) \cdot [\text{몸무게(kg)}]}$$

액체부피지수는 여자는 0.66이고 남자는 0.75이다.

056 일반 맥주 33 cL짜리 한 병에는 순수 알코올이 12 g이 들어 있다. 사진에 있는 사람들이 일반 맥주 한 병을 마셨다. 순수 알코올이 체외로 빠져나가는 데 걸리는 시간을 각각 계산하시오.

057 사진에 있는 사람들이 33 cL짜리 A 맥주 두 병을 마셨다. A 맥주 한 병에는 순수 알코올이 15 g 들어 있다. 순수 알코올이 체외로 빠져나가는 데 걸리는 시간을 계산하시오.

058 사진에 있는 사람들이 다음 맥주를 마셨을 때 이들의 체내에 있는 혈중 알코올 농도를 ‰로 계산하시오.

a) 일반 맥주를 한 병 마셨을 때
b) A 맥주를 두 병 마셨을 때

059 몸무게가 70 kg인 남자가 사우나를 하면서 다음과 같이 맥주를 마셨다. 23시에 이 남자의 혈중 알코올 농도를 계산하시오.

- 18시 일반 맥주 1병
- 19시 A 맥주 1병
- 20시 일반 맥주 1병
- 21시 A 맥주 1병
- 22시 A 맥주 1병

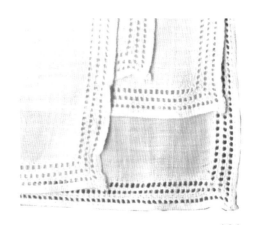

060 주택 융자금 78 000 €의 연간 이자율은 첫 두 달 동안은 3.8%이고 그다음 달부터는 3.55%이다. 융자금은 매달 1000 €씩 갚는다. 동시에 한 달의 이자도 갚는다.

　　a) 첫 번째 달에 갚은 이자는 얼마인가?
　　b) 두 번째 달에 갚은 이자는 얼마인가?
　　c) 세 번째 달에 낸 이자와 원금 상환액의 합은 얼마인가?

061 어떤 은행에서 고객들에게 예금액에 따라 이자율이 늘어나는 성장계좌를 제공하고 있다. 예금액이 다음과 같을 때 1년 동안 받은 이자는 얼마인지 구하시오.

예금액(€)	이자율(%)
0.01 ~ 3 300.00	0.70
3 300.01 ~ 8 400.00	0.85
8 400.01 ~ 16 800.00	1.00
16 800.01 ~ 42 000.00	1.35
42 000.01 ~	1.60

성장계좌는 예금액이 높아짐에 따라 이자율이 높아지는 계좌이다. 은행에서는 위의 이자율 표에 의해서 이자를 준다. 예를 들어 예금액이 3 600 €일 때 그중 3 300 €에 대해서는 이자를 0.70%, 300 €에 대해서는 이자를 0.85%를 주는 방식이다.
출처 : 노르데아 은행

　　a) 3 600 €　　b) 25 000 €　　c) 51 000 €

062 공장에서 어느 해 1월 초에 선반기계를 구입하기 위해 5 000 €를 융자했다. 이 융자의 연간 이자율은 5%이다. 이자는 6개월에 한 번씩 남아 있는 원금에 대해 갚기로 했다. 원금도 6개월에 한 번씩 500 €를 갚기로 했다.

　　a) 다음 표를 완성하시오.

횟수	남은 융자금(€)	이자 (€)	할부금 (€)	총액 (€)
1	4 500	125.00	500	
2	4 000	112.50	500	
3				
4				
...				
전체				

　　b) 결과적으로 선반기계의 총 구입 비용은 얼마인가?
　　c) 언제 이 융자금을 다 갚게 되는가?

063 24 000 €를 연간 이자율 6%로 빌리고 6개월에 한 번씩 원금 2 000 €와 6개월 동안의 이자를 갚는다고 할 때 위의 문제처럼 표를 만드시오. 그리고 원금과 이자의 합계가 얼마인지 계산하시오.

선반은 도구 등을 제작하는 데 쓰인다. 선반으로 작업을 할 때에는 다양한 기술이 필요하다. 손기술 외에도 재료의 성질에 대한 지식이나 수학적인 사고력도 중요하다.

064 다음을 계산하시오.

a) $-3 \cdot 2^3 + 4$ b) $\dfrac{2^3}{6} \cdot 3^2$

c) $\dfrac{2^2}{10} - \dfrac{3}{5}$ d) $\left(\dfrac{3-1}{3}\right)^2 - 2$

065 다음을 식으로 나타내고 계산하시오.

a) 2의 세제곱과 2의 제곱의 차
b) 7의 제곱과 6의 제곱의 차
c) 8과 3의 차의 제곱

066 다음을 거듭제곱으로 나타내시오.

a) 81을 3의 거듭제곱으로
b) 128을 2의 거듭제곱으로
c) 343을 7의 거듭제곱으로
d) 625를 5의 거듭제곱으로

067 다음에서 지수 n의 값을 구하시오.

a) $2^n = 4$ b) $5^n = 125$

c) $3^n = 27$ d) $0.1^n = 0.0001$

e) $\left(\dfrac{1}{15}\right)^n = \dfrac{1}{15}$ f) $\left(\dfrac{1}{2}\right)^n = \dfrac{1}{4}$

068 x의 값이 다음과 같을 때 식 $x^3 + x^2 + x$의 값을 계산하시오.

a) $x = 3$ b) $x = 30$ c) $x = 4$

069 x의 값이 다음과 같을 때 식 $x^3 + 2x^2$의 값을 계산하시오.

a) $x = 1$ b) $x = 5$ c) $x = 20$

070 다음에서 x의 값을 구하시오.

a) $x^6 = 1\,000\,000$ b) $100^x = 10\,000$

c) $2^x = 8$ d) $x^3 = 64$

071 다음에서 x의 값을 구하시오.

a) $x^2 = 0.25$ b) $x^3 = 0.064$

c) $x^2 = 0.0009$ d) $x^3 = 216$

072 다음에서 x의 값을 구하시오.

a) $(x+3)^2 = 49$ b) $(2x)^3 = 64$

c) $10 - x^3 = 2$ d) $100 - 2^x = 36$

073 어떤 수의 소수점 아래의 자리 수가 다음과 같을 때, 그 수의 제곱은 소수점 아래의 자리 수가 몇 자리인지 구하시오.

a) 1 b) 2 c) 3 d) 4

074 어떤 수의 소수점 아래의 자리 수가 다음과 같을 때, 그 수의 세제곱은 소수점 아래의 자리 수가 몇 자리인지 구하시오.

a) 1 b) 2 c) 3 d) 4

075 다음을 계산하시오.

a) 0.0001^2 b) 0.0001^3

c) 0.009^2 d) 0.009^3

연구

076 다음 물음에 답하시오.

a) 다음 표를 완성하시오.

a	b	$a^2 - b^2$
5	4	
6	5	
7	6	
8	7	

b) 식 $13^2 - 12^2$의 값을 구하시오.
c) 식 $300^2 - 299^2$의 값을 구하시오.

077 다음 표를 완성하시오.

x	x^2	$x^2 + 2x + 1$
1		
2		
3		
4		
5		

078 다음을 계산하시오.

a) $12^2 = 144$일 때 13^2
b) $22^2 = 484$일 때 23^2
c) $122^2 = 14884$일 때 123^2

079 다음을 계산하시오.

a) $20 \cdot (-1)^{199}$　　b) $-1^{202} \cdot (-1)^{198}$

c) $-183 \cdot (-1)^{21}$　　d) $(-1)^{40} \div (-1)^{81}$

e) $(-1)^{56} + (-1)^{19}$　　f) $2^{46} - (-2)^{46}$

080 밑이 -1일 때 다음 값을 구하시오.

a) 50제곱하고 그 수를 51제곱한 수

b) 51제곱하고 그 수를 50제곱한 수

081 다음을 계산하시오.

a) $(-1)^1 + (-1)^2$

b) $(-1)^1 + (-1)^2 + (-1)^3$

c) $(-1)^1 + (-1)^2 + \cdots\cdots + (-1)^9 + (-1)^{10}$

d) $(-1)^1 + (-1)^2 + \cdots\cdots + (-1)^{98} + (-1)^{99}$

082 $(-5)^2$, -2^4, $-(-3)^3$, $(-3)^2$, $(-2)^3$, $(-1)^4$ 중 다음 빈칸에 알맞은 수를 쓰시오.

28	$-$		$=$	3
$-$		$+$		$-$
	$+$		$=$	11
$=$		$=$		$=$
	$-$		$=$	

083 다음을 계산하시오.

a) $8 \cdot (-3)^2 - (-3)^3$

b) $((-5)^2 - (-15))^2$

c) $-6 \cdot ((-2)^5 + (-2)^3)$

d) $72 - (-6)^2 \div 3^2$

084 x의 값이 다음과 같을 때 식 $(-10)^x$의 값을 구하시오.

a) $x = 1$　　　　b) $x = 2$

c) $x = 5$　　　　d) $x = 8$

085 다음 x의 값을 구하시오.

a) $x^2 = 25$　　　b) $x^3 = -8$

c) $x^2 = -100$　　d) $x^3 = -27$

086 다음 정수 x의 값을 구하시오.

a) $x^2 \leq 4$　　　b) $x^2 \geq 121$

c) $x^3 < 10$　　　d) $x^3 < -100$

087 다음 x의 값을 구하시오.

a) $-2^x = -16$

b) $(-2)^x = 64$

c) $(-10)^x = -10$

d) $(-10)^x = 10\,000$

e) $(-100)^x = 10\,000$

f) $(-1000)^x = -10^9$

088 다음 조건을 만족하는 정수의 값을 구하시오.

a) 어떤 수의 제곱과 어떤 수의 세제곱은 같다.

b) 어떤 수의 제곱은 0보다 작다.

c) 어떤 수의 세제곱은 0보다 작다.

089 x의 값이 다음과 같을 때 $x^3 + x^2 + x$의 값을 계산하시오.

a) $x = -1$　　b) $x = -4$　　c) $x = -10$

090 x의 값이 다음과 같을 때 $x^3 + 2x^2$의 값을 계산하시오.

a) $x = -1$　　b) $x = -4$　　c) $x = -10$

091 $3^8 = 6561$일 때 다음 식의 값을 구하시오.

a) -3^8　　　b) $(-3)^8$　　c) $(-3)^9$

092 다음을 간단히 하시오.

   a) $(-0.5a)^2$ b) $(-0.2a)^2$ c) $(-0.1a)^3$

   d) $-(-a)^2$ e) $-(-2a)^3$ f) $-(9a)^2$

093 다음 물음에 답하시오.

정육면체의 한 모서리의 길이	a	2a	3a	4a
정육면체의 한 면의 넓이				
정육면체의 부피				

   a) 표를 완성하시오.

   b) 표를 토대로 한 모서리의 길이가 10배가 되면 한 면의 넓이는 몇 배가 되는가?

   c) 표를 토대로 한 모서리의 길이가 10배가 되면 정육면체의 부피는 몇 배가 되는가?

094 작은 정육면체의 한 모서리의 길이는 5a이다. 큰 정육면체에 대하여 다음을 구하는 식을 만들고 간단히 하시오.

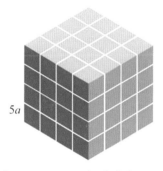

   a) 부피   b) 겉넓이

095 정육면체의 부피가 다음과 같을 때 정육면체의 한 모서리의 길이를 구하시오.

   a) 1000 m^3 b) $216x^3$ c) $729x^3$

096 작은 정육면체의 부피는 $8a^3$이다. 다음 도형의 겉넓이와 부피를 구하시오.

097 산나는 친구들에게 수 알아맞히기 놀이를 제안했다.

   (1) 양의 정수를 하나 생각한다.

   (2) (1)의 수에 3을 곱한다.

   (3) (2)의 수를 제곱한다.

   (4) (3)의 수에서 9를 뺀다.

   헬리는 답으로 27, 야리는 891, 미카는 0이 나왔다. 이들이 처음에 생각한 수는 무엇인지 각각 구하시오.

098 야리는 친구들에게 수 알아맞히기 놀이를 제안했다.

   (1) 수를 하나 생각한다.

   (2) (1)의 수에서 2를 뺀다.

   (3) (2)의 수에 2를 곱한다.

   (4) (3)의 수를 제곱한다.

   헬리는 답으로 36, 미카는 16, 산나는 400이 나왔다. 이들이 원래 생각한 수는 무엇인지 각각 구하시오.

099 계산 놀이를 위해 헤이디는 다음과 같은 계산을 생각했다.

   A : 제곱한다.

   B : 2를 곱한다.

   C : 2를 더한다.

   헤이디는 5를 골라서 실험했다. 헤이디가 답으로 다음과 같은 수를 얻었다면, 어떤 순서로 계산을 했을까? A, B, C의 순서를 쓰시오.

   a) 54   b) 144   c) 196

100 다음을 계산기 없이 계산하시오.

a) $\dfrac{15^2}{18^2}$ b) $\dfrac{11^4}{22^4}$ c) $\dfrac{7^3}{21^3}$

d) $\dfrac{120^3}{150^3}$ e) $\dfrac{54^2}{72^2}$ f) $\dfrac{42^2}{48^2}$

101 다음의 세제곱을 식으로 나타내고 계산하시오.

a) $\dfrac{a}{10}$ b) $\dfrac{4a}{5}$ c) $\dfrac{-2}{3a}$

102 다음을 한 수의 세제곱으로 나타내시오.

a) $\dfrac{a^3}{125}$ b) $\dfrac{216}{a^3}$ c) $\dfrac{-64}{a^3}$

103 다음 빈칸에 알맞은 수를 구하시오.

a) $\left(\dfrac{12}{\boxed{}}\right)^2 = 9$ b) $\left(\dfrac{\boxed{}}{5}\right)^3 = 8$

c) $\left(\dfrac{15}{\boxed{}}\right)^2 = \dfrac{25}{49}$ d) $\left(\dfrac{\boxed{}}{8}\right)^2 = \dfrac{9}{16}$

104 큰 정육면체의 한 모서리의 길이가 다음과 같을 때 작은 정육면체의 부피를 구하는 식을 만들고 간단히 하시오.

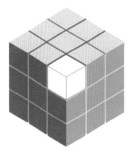

a) 2a b) 1.5a

105 정육면체의 부피가 다음과 같을 때 정육면체의 한 모서리의 길이를 구하시오.

a) $\dfrac{8x^3}{125}$ b) $\dfrac{64x^3}{729}$ c) $0.343\,\text{m}^3$

106 입력되는 수가 다음과 같을 때 출력되는 수를 구하시오.

a)

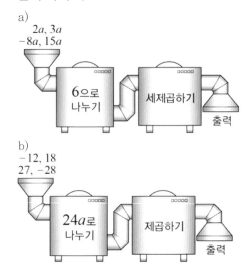

b)

107 함수 기계는 함수 기계 A, B, C로 이루어진다. 입력된 수와 출력된 수가 다음과 같을 때 어떤 순서로 함수 기계를 통과했는가? A, B, C를 순서대로 쓰시오.

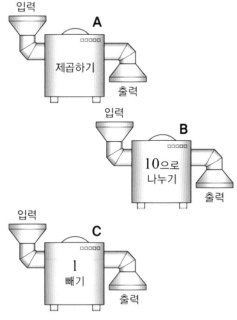

a) 입력된 수가 3일 때 출력된 수가 $\dfrac{49}{100}$

b) 입력된 수가 10일 때 출력된 수가 0

c) 입력된 수가 10일 때 출력된 수가 $\dfrac{81}{100}$

108 다음을 간단히 하시오.

a) $a^4 \cdot a^2 \cdot a^5$ b) $a^6 \cdot a^3 \cdot a^3$

c) $a^2 \cdot a^3 \cdot a^2$ d) $a^7 \cdot a \cdot a^5$

e) $a \cdot a^3 \cdot a^4$ f) $a \cdot a^2 \cdot a^6$

C	A	U	R	I	S
a^{12}	a^7	a^8	a^{13}	a^{11}	a^9

109 $x^3 = 3$일 때 다음 식의 값을 구하시오.

a) $-x^3$ b) $(-x)^3$ c) x^6

d) $(3x)^3$ e) $\left(\dfrac{3}{x}\right)^3$ f) $\left(\dfrac{3}{2x}\right)^6$

110 다음의 식을 2의 거듭제곱으로 나타내시오.

a) $2 \cdot 2^{30}$ b) $2^{13} \cdot 2^{13}$

c) $4 \cdot 2^{10}$ d) $2^5 + 2^5$

111 다음을 한 수의 거듭제곱으로 나타내고 계산하시오. 답을 유효숫자 2개까지 나타내시오.

a) $3^{18} \cdot 3^2 \cdot 3^3 \cdot 3^7 \cdot 3^3$

b) $(-5)^2 \cdot (-5)^{12} \cdot (-5)^6 \cdot (-5)^3 \cdot (-5)$

112 다음 물음에 답하시오.

a) 다음 곱셈식 피라미드를 완성하시오.

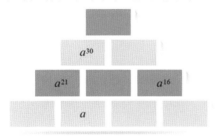

b) $a = 7$일 때 제일 위에 있는 칸의 값을 계산하시오. 답을 유효숫자 2개까지 나타내시오.

113 미로에서는 오로지 오른쪽이나 위쪽으로만 움직일 수 있고, 지나면서 거듭제곱수들을 곱해야 한다고 할 때 다음 물음에 답하시오.

a) 거듭제곱의 지수가 가장 큰 경로를 찾으시오.

b) $a = 2$일 때, 거듭제곱의 값을 계산하시오.

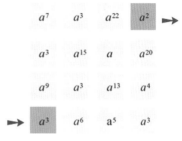

연구

예제 $a^m \cdot a^5$을 간단히 하시오.

계산법칙에 따라 밑이 같은 거듭제곱의 곱은 지수를 더해서 계산할 수 있다. 즉, $a^m \cdot a^5 = a^{m+5}$이다.

114 다음을 간단히 하시오.

a) $a^n \cdot a^2$ b) $a^n \cdot a^n$ c) $a^{3n} \cdot a^n$

115 다음에서 지수 n의 값을 구하시오.

a) $8^n = 8^2 \cdot 8^5$ b) $8^n \cdot 8^6 = 8^{17}$

c) $8^9 = 8^n \cdot 8^2$ d) $8^4 \cdot 8^2 = 8^n \cdot 8$

116 다음에서 지수에 대한 방정식을 이용하여 n의 값을 구하시오.

a) $3^n \cdot 3 = 3^8$ b) $3^n \cdot 3^n \cdot 3 = 3^7$

c) $5^2 \cdot 5^n = 5^6$ d) $5^{3n} = 5^n \cdot 5^{12}$

117 다음 방정식의 좌변을 4의 거듭제곱으로 나타내고, 지수에 대한 방정식을 이용하여 n의 값을 구하시오.

a) $4^n \cdot 4^n \cdot 4^n \cdot 4^n = 4^8$

b) $4^n + 4^n + 4^n + 4^n = 4^8$

118 다음 함수 기계에 대하여 물음에 답하시오.

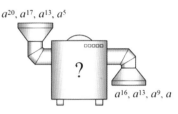

$a^{20}, a^{17}, a^{13}, a^{5}$

a^{16}, a^{13}, a^{9}, a

a) 어떤 규칙에 의해 함수 기계가 움직이는가?

b) 입력된 수가 a^{10}일 때 출력되는 수는?

c) 출력된 수가 a^{10}일 때 입력되는 수는?

119 다음을 계산기 없이 계산하시오.

a) $\dfrac{0.2^{13} \cdot 0.2^{5}}{0.2^{17}}$
b) $\dfrac{0.5^{5} \cdot 0.5^{8}}{0.5^{7} \cdot 0.5^{4}}$

120 $a^{3} = 7$일 때, 다음 식의 값을 구하시오.

a) $a^{3} + a^{3}$
b) $\dfrac{a^{2} \cdot a^{5}}{a^{4}}$
c) $a^{2} \cdot a^{4}$

d) $\dfrac{a^{4} \cdot a^{5}}{a^{3}}$
e) $(10a)^{3}$
f) $\dfrac{a^{5} \cdot a}{a^{6}}$

121 미로에서는 각 방을 한 번씩만 지날 수 있다. 결과로 얻어지는 거듭제곱의 지수에 대하여 다음 물음에 답하시오.

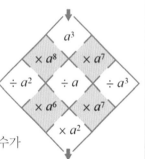

a) 거듭제곱의 지수가 가장 큰 경로

b) 거듭제곱의 지수가 가장 작은 경로

122 다음 표를 완성하시오.

5^{1}	5
5^{2}	25
5^{3}	
5^{4}	
5^{5}	
5^{6}	

123 다음을 5의 거듭제곱으로 나타내고 계산하시오.

a) $\dfrac{15625}{25}$
b) $\dfrac{5 \cdot 625}{125}$

c) $\dfrac{125 \cdot 625}{15625}$
d) $\dfrac{3125 \cdot 25}{125 \cdot 5}$

124 다음 수를 먼저 5의 거듭제곱으로 나타내고, 지수에 대한 방정식을 이용하여 n의 값을 구하시오.

a) $\dfrac{5^{n}}{625} = 125$
b) $\dfrac{5^{n} \cdot 25}{15625} = 625$

c) $\dfrac{3125}{5^{n}} = 5$
d) $\dfrac{15625}{5^{n}} = 25$

연구

예제 계산기 없이 $\dfrac{21^{4}}{3^{2} \cdot 7^{3}}$의 값을 구하시오.

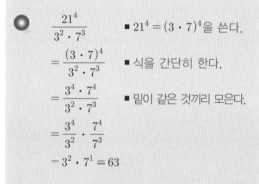

$\dfrac{21^{4}}{3^{2} \cdot 7^{3}}$ ■ $21^{4} = (3 \cdot 7)^{4}$을 쓴다.

$= \dfrac{(3 \cdot 7)^{4}}{3^{2} \cdot 7^{3}}$ ■ 식을 간단히 한다.

$= \dfrac{3^{4} \cdot 7^{4}}{3^{2} \cdot 7^{3}}$ ■ 밑이 같은 것끼리 모은다.

$= \dfrac{3^{4}}{3^{2}} \cdot \dfrac{7^{4}}{7^{3}}$

$= 3^{2} \cdot 7^{1} = 63$

125 다음을 계산기 없이 계산하시오.

a) $\dfrac{15^{4}}{3^{3} \cdot 5^{2}}$
b) $\dfrac{35^{7}}{7^{7} \cdot 5^{4}}$

c) $\dfrac{2^{12} \cdot 11^{11}}{22^{9}}$
d) $\dfrac{3^{10} \cdot 13^{9}}{39^{8}}$

e) $\dfrac{42^{3}}{2^{2} \cdot 7^{3}}$
f) $\dfrac{90^{3}}{2^{4} \cdot 9^{3}}$

126 다음 수를 10의 거듭제곱의 꼴로 쓰시오.

　　a) 1조(兆) $(10^2)^6$

　　b) 100경(京) $(10^3)^6$

　　c) 1자(秭) $(10^4)^6$

　　d) 100양(穰) $(10^5)^6$

　　e) 1간(澗) $(10^6)^6$

　　f) 100정(正) $(10^7)^6$

　　g) 1극(極) $(10^8)^6$

127 $(10^{100})^{100}$을 100 ⋯ 000의 형태로 쓰면 0이 몇 개나 있는가? (1988년 고등학교 졸업 자격 시험 문제)

128 googol(구골)은 10^{100} 이다. googolplex (구골플렉스)는 10^{googol}(10 구골제곱)이다. 다음에는 0이 몇 개 있는지 구하시오.

　　a) googol　　　　b) googolplex

129 다음 보기 중 $(3^3)^2$과 같은 수를 고르시오.

$3 \cdot 3 \cdot 3 \cdot 3 \cdot 3 \cdot 3$	9^2	27^2
3^9	$3^3 \cdot 3^3$	$2 \cdot 3^3$
3^6	$3 \cdot 3^5$	9^3

130 4^{50}과 2^{101} 중 어느 수가 더 큰지 구하시오.

131 $2^k = 3$일 때 다음 식의 값을 구하시오.

　　a) -2^k　　　b) 2^{k+2}　　　c) $(2^k)^3$

　　d) 2^{4k}　　　e) 4^k　　　f) 4^{2k}

132 다음 물음에 답하시오.

　　a) 어떤 식의 제곱이 $49a^{10}$인가?

　　b) 어떤 식의 세제곱이 $64a^{12}$인가?

133 다음을 간단히 하시오.

　　a) $(a^m)^5$　　　b) $(a^m \cdot a^m)^7$　c) $(a^m)^4 \cdot a$

134 다음에서 지수 n의 값을 구하시오.

　　a) $\dfrac{(6^3)^n}{6^{27}} = 1$　　　　b) $\dfrac{(5^n)^4 \cdot 5}{5^9} = 1$

135 다음 표를 완성하시오.

3^1	3
3^2	9
3^3	
3^4	
3^5	
3^6	

136 다음을 3의 거듭제곱식으로 나타내고 계산하시오.

　　a) $\left(\dfrac{3^3}{9}\right)^2$　　　　b) $\left(\dfrac{27 \cdot 27}{3^4}\right)^2$

　　c) $\left(\dfrac{3^{10}}{81 \cdot 243}\right)^3$　　　d) $\dfrac{9^2 \cdot 27^2}{3^7}$

137 다음에서 x와 y의 값을 구하시오.

　　a) $81^3 = 9^x = 3^y$

　　b) $x^2 = y^3 = 729$

　　c) $256 = x^4 = y^8$

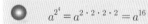

연구

예제 a^{m^n} 에서는 지수인 m^n을 먼저 계산한다.

　　$a^{2^4} = a^{2 \cdot 2 \cdot 2 \cdot 2} = a^{16}$

138 다음을 간단히 하시오.

　　a) a^{7^2}　　　b) a^{5^3}　　　c) $(a^6)^2$

　　d) $(a^4)^7$　　　e) a^{4^3}　　　f) a^{9^2}

139 다음을 계산하시오.

　　a) 10^{2^3}　　　b) $(10^2)^3$　　　c) 10^{3^2}

　　d) 2^{3^2}　　　e) 5^{2^2}　　　f) 100^{2^3}

140 9^{9^9}과 $(9^9)^9$ 중 어느 수가 더 큰지 구하시오.

141 다음 물음에 답하시오.

a) 다음 표를 완성하시오.

거듭제곱	10^0	10^{-1}	10^{-2}	10^{-3}	10^{-4}
분수					
소수					

다음에서 지수 n의 값을 구하시오.

b) $\dfrac{10^2}{10^n} = 0.1$

c) $10^{12} \cdot 10^n = 0.001$

d) $\dfrac{0.0001}{10^3}$ 의 몫을 10의 거듭제곱으로 나타내고, 소수로 쓰시오.

142 $\dfrac{1}{4}$ 은 2의 거듭제곱인 2^{-2} 으로 나타낼 수 있다. 다음을 거듭제곱으로 나타내시오.

a) $\dfrac{1}{9}$ 을 3의 거듭제곱으로

b) $\dfrac{1}{64}$ 을 2의 거듭제곱으로

c) $\dfrac{1}{125}$ 을 5의 거듭제곱으로

143 다음 물음에 답하시오.

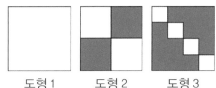

도형 1   도형 2   도형 3

a) 도형 4와 도형5를 8×8 칸에 그리시오. 도형의 흰 정사각형의 넓이가 전체 정사각형의 넓이에서 차지하는 부분은 수열을 형성한다.

b) 도형수열의 1~5항을 분수로 나타내시오.

c) 규칙을 쓰시오.

d) 도형수열의 1~5항을 2의 거듭제곱의 꼴로 나타내시오.

144 다음 빈칸에 알맞는 수를 구하시오.

a) $\dfrac{a^{\square}}{a^4} = a^{-3}$ b) $(5a)^{\square} = \dfrac{1}{25a^2}$

145 다음 빈칸에 맞는 수를 구하시오.

a) $\dfrac{5^{\square}}{5^2} = 5^{-1}$ b) $\dfrac{2^{\square} \cdot 2^2}{2^7} = 2^{-3}$

c) $\dfrac{3^3}{3^{\square}} = 3^9$ d) $\dfrac{6^3}{6^2 \cdot 6^{\square}} = 6^{-2}$

146 다음에서 변수 n에 알맞은 정수를 구하시오.

a) $5^n = 1$ b) $1^n = 1$

c) $3^{n-1} = 1$ d) $(n-2)^n = 1$

147 이 마방진은 가로줄, 세로줄, 대각선의 식들의 곱이 1이다. 다음 보기에서 알맞은 식을 골라 이 마방진을 완성하시오.

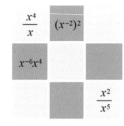

$\dfrac{xx^2}{(x^2)^2}$	$\dfrac{x^3 \cdot x^3}{x^6}$	$(xx)^2$	$\left(\dfrac{x^4}{x^3}\right)^2$	xx^0

연구

분수를 -1 제곱하면 분수의 분자와 분모가 바뀌어서 $\left(\dfrac{m}{n}\right)^{-1} = \dfrac{n}{m}$ 이 된다.

148 다음을 계산하시오.

a) $\left(\dfrac{3}{5}\right)^{-1}$ b) $\left(\dfrac{1}{6}\right)^{-1}$

c) $\left(-\dfrac{7}{10}\right)^{-1}$ d) $\left(\dfrac{1}{2}\right)^{-2}$

e) $\left(-\dfrac{3}{4}\right)^{-2}$ f) $-\left(\dfrac{2}{3}\right)^{-2}$

149 다음 소수를 분수로 바꾸고 계산하시오.

a) 0.5^{-1} b) 0.3^{-1} c) 0.9^{-1}

d) 1.5^{-1} e) 2.2^{-1} f) 3.75^{-1}

150 태양의 밀도는 $1\,409\,\mathrm{kg/m^3}$이고 지구의 밀도는 $5\,517\,\mathrm{kg/m^3}$이다. (유효숫자 3개)

    a) 태양의 부피가 $1.412 \cdot 10^{27}\,\mathrm{m^3}$일 때 무게를 계산하시오.

    b) 지구의 부피가 $1.083 \cdot 10^{21}\,\mathrm{m^3}$일 때 태양의 무게는 지구의 무게의 몇 배인가?

    (팁 : 무게＝밀도 · 부피)

1969년 아폴로 11호는 달의 표면에 착륙했고 닐 암스트롱은 인류 최초로 달을 밟았다.

151 다음 물음에 답하시오.

지구에서 밝게 빛나는 별까지 광년으로 나타낸 거리	
시리우스	8.7
카노푸스	100
알파센타우리	4.3

    a) 광년이란 빛이 1년 동안에 움직인 거리를 말한다. 빛의 속력은 $300\,000\,\mathrm{km/s}$이다. 광년을 km로 나타내시오. (유효숫자 3개)

    b) 위 표의 밝게 빛나는 별들은 지구에서 몇 km 거리에 있는가?

    c) 속력이 $900\,\mathrm{km/h}$인 우주선으로 지구에서 알파센타우리까지 얼마나 걸리는가?

152 지구에서 달까지의 평균 거리는 $3.844 \cdot 10^8\,\mathrm{m}$이다. 아폴로 11호는 휴스턴 현지 시각 7월 16일 오전 9시 32분에 발사되었다. 아폴로 11호는 7월 19일 13시 28분에 속력을 줄이기 시작했다. 아폴로 11호의 출발부터 속력을 줄이기 시작했을 때까지의 평균 속력을 계산하시오. (유효숫자 3개)

연구

▌아르키메데스의 모래알

큰 수는 예로부터 인류의 관심의 대상이었다. 그리스의 천재적인 수학자였던 아르키메데스(기원전 287년~212년)은 이 세상에 모래알이 몇 개 있는지 계산했다. (유효숫자 2개)

- 지구의 넓이는 $5.1 \cdot 10^8\,\mathrm{km^2}$이다.
- $1\,\mathrm{mm^2}$에는 모래알이 약 20개 들어 있다.
- 지구의 부피는 약 $4.2 \cdot$ 반지름^{3}이다.

153 모래알이 다음 두께로 지구의 표면을 뒤덮는다면 모래알은 몇 개일지 구하시오.

    a) $1\,\mathrm{m}$ b) $10\,\mathrm{m}$

154 지구의 반지름의 길이가 $1.37 \cdot 10^{10}\,\mathrm{mm}$라고 계산했다. 이 세상을 1광년이라고 하면 이 세상에는 모래알이 총 몇 개 있는지 계산하시오.

- 아르키메데스의 "모래계산자"는 큰 수에 대한 저서이다.
- 아르키메데스는 기본수로 1억, 즉 10^8의 그룹으로 나눈다. 1억의 1억제곱, 즉 $(10^8)^8 = 10^{64}$은 1아승기(阿僧祇)이다.
- 아르키메데스의 계산에 의하면 이 세상에는 1아승기의 모래알이 있다.

155 다음에서 변수 x의 값을 구하시오.

a) $11 \cdot 10^{-8} = 1.1 \cdot 10^x$

b) $905 \cdot 10^{-9} = 9.05 \cdot 10^x$

c) $0.000059 = x \cdot 10^{-6}$

156 다음을 계산기 없이 계산하시오. 10의 거듭제곱의 꼴로 답을 쓰시오.

a) $\dfrac{3 \cdot 10^{-12}}{4 \cdot 10^{-19}}$

b) $\dfrac{4.8 \cdot 10^6 \cdot 3 \cdot 10^{-2}}{4 \cdot 10^{-7}}$

c) $\dfrac{3 \cdot 10^{-13}}{2 \cdot 10^{-4} \cdot 6 \cdot 10^8}$

157 다음 수를 10의 거듭제곱의 꼴로 나타내고 계산기 없이 계산하시오. 10의 거듭제곱의 꼴로 답을 쓰시오.

a) $0.001 \cdot 0.003$

b) $0.008 \cdot 0.000007$

c) $0.02 \cdot 0.0000017$

d) $0.0004 \cdot 0.00025$

158 물 1 L에는 물 분자가 약 $3.34 \cdot 10^{25}$개 들어 있다. 물 분자 한 개의 무게를 계산하고 g 단위로 답하시오.

159 원자의 무게는 원자의 질량 단위(u)로 표시 한다. 국제협약에 따라 1 u는 탄소-12 원자 무게의 $\dfrac{1}{12}$인 $1.99265 \cdot 10^{-23}$ g이다. 다음 을 g으로 바꾸시오.

a) 헬륨 원자의 무게 4.00 u

b) 철 원자의 무게 55.85 u

c) 은 원자의 무게 107.87 u

▌길이의 열팽창

고체인 물체는 온도가 올라가면 팽창하고 내려 가면 수축한다. 다른 물질들은 서로 그 정도가 다르다. 길이의 온도지수 α는 온도가 1도씩 바 뀔 때 얼마나 그 길이가 얼마나 바뀌는지를 나 타낸 것이다.

길이 변화의 방정식은 $\Delta l = \alpha \cdot l \cdot \Delta t$이다. α는 길이의 온도지수, l은 원래 길이(mm), Δt 는 온도의 변화이다.

물질	길이의 온도지수(1/℃)
알루미늄	$23.2 \cdot 10^{-6}$
강철	$12 \cdot 10^{-6}$
유리(창문)	$8 \cdot 10^{-6}$

160 길이가 3.00 m인 알루미늄 줄자를 20℃인 실내에서 -20℃인 실외로 가져가면 길 이는 얼마나 수축하는가? (유효숫자 2개)

161 길이가 2.00 m인 강철봉의 온도가 20℃ 에서 55℃로 올라가면 길이는 얼마나 팽창 하는가?

162 기온이 20℃일 때 쇼윈도의 폭은 5.00 m 이다. 유리창의 온도가 -30℃에서 $+45$℃까지 바뀔 수 있는 핀란드에서 유리창을 설치할 때 어느 정도의 틈을 주고 설치해야 하는가?

163 다음을 만족하는 음이 아닌 정수를 나열하시오.

a) 4보다 작거나 같은 수
b) 제곱근이 4보다 작거나 같은 수
c) 제곱근이 2보다 크고 5보다 작은 수

164 100보다 크고 250보다 작으며 제곱근이 정수인 모든 정수를 나열하시오.

165 수직선을 그리고 다음 보기의 수들을 수직선에 표시하시오.

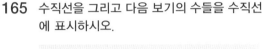

$\sqrt{4}$	$\sqrt{9}$	$\sqrt{5}$
$\sqrt{38}$	$\sqrt{50}$	$\sqrt{90}$

166 학생들은 $\sqrt{17}$ 의 근삿값을 유효숫자 2개로 알아맞히기로 했다. 한나는 4.2, 민나는 4.3을 말했다. 계산기를 쓰지 말고 누구의 답이 더 $\sqrt{17}$ 에 가까운지 알아보시오.

167 회색 틀의 넓이가 48 cm^2 이고 흰색 정사각형의 넓이가 121 cm^2 일 때, 바깥쪽에 있는 정사각형의 한 변의 길이를 계산하시오.

168 큰 정사각형에서 작은 정사각형을 잘라내고 남은 부분의 넓이가 405 cm^2 일 때, 잘라낸 정사각형의 한 변의 길이를 계산하시오.

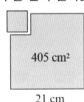

405 cm²

21 cm

연구

제곱근은 제곱의 반대의 계산식이다.
정사각형의 넓이가 9 cm^2 일 때 정사각형의 한 변의 길이는 $\sqrt{9} \text{ cm} = 3 \text{ cm}$ 이다.

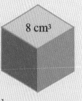

9 cm²

세제곱근은 세제곱의 반대의 계산식이다.
정사각형의 부피가 8 cm^3 일 때 한 모서리의 길이는 세제곱이 8인 수이다. 이 수를 $\sqrt[3]{8}$ 이라고 표시하고 세제곱근 8이라고 한다.
$2^3 = 8$ 이므로 한 모서리의 길이는 $\sqrt[3]{8} \text{ cm} = 2 \text{ cm}$ 이다.

8 cm³

169 다음을 계산하시오.

a) $\sqrt[3]{1}$ b) $\sqrt[3]{0}$ c) $\sqrt[3]{27}$
d) $\sqrt[3]{125}$ e) $\sqrt[3]{64}$ f) $\sqrt[3]{1000}$

170 사용하는 계산기에 세제곱근 버튼이 있다면 소수점 아래 둘째자리까지 계산하시오.

a) $\sqrt{9}$ 와 $\sqrt[3]{9}$ b) $\sqrt{16}$ 과 $\sqrt[3]{16}$
c) $\sqrt{30}$ 과 $\sqrt[3]{30}$ d) $\sqrt{4}$ 와 $\sqrt[3]{4}$

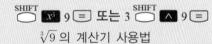

$\sqrt[3]{9}$ 의 계산기 사용법

171 A 시리즈 종이의 긴 변의 길이는 짧은 변의 길이에 $\sqrt{2}$를 곱해서 얻는다. A4 종이의 짧은 변의 길이가 210 mm일 때 다음 종이의 변의 길이들을 계산하시오.

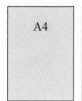

a) A4   b) A5   c) A6

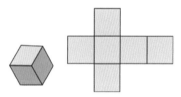

| A4 | A5 | A6 | A6 |
| | A5 | A6 | A6 |

172 정사각형의 대각선의 길이는 변의 길이에 $\sqrt{2}$를 곱해서 얻는다. 넓이가 다음과 같은 정사각형을 그리시오.

a) 2   b) 8   c) 18

173 정육면체의 겉넓이가 $54\ \mathrm{cm}^2$이다. 다음을 구하시오.

a) 한 모서리의 길이
b) 부피

174 정사각형의 넓이가 다음과 같이 늘어날 때 한 변의 길이는 몇 배가 되는지 계산하시오.

a) 4배   b) 9배

175 $x = 36$일 때, 식 $\dfrac{\sqrt{x} + \sqrt{2x + 9}}{3}$ 의 값을 계산하시오.

176 다음을 계산하시오.

a) $\sqrt{\sqrt{81}}$ b) $\sqrt{\dfrac{\sqrt{4}}{2}}$

c) $\sqrt{\sqrt{49} - \sqrt{9}}$ d) $\sqrt{13 + \sqrt{1 + \sqrt{64}}}$

e) $\sqrt{\dfrac{50}{2}}$ f) $\sqrt{12 \cdot \sqrt{9}}$

O	B	A	P	E	R	U
4	7	6	5	3	2	1

연구

제곱근과 세제곱근 외에도 네제곱근, 다섯제곱근 등을 만들 수 있다. 짝수의 제곱근은 항상 음이 아닌 수이다.

$2^4 = 16$이므로 $\sqrt[4]{16} = 2$이다.
$2^5 = 32$이므로 $\sqrt[5]{32} = 2$이다.

177 다음을 계산하시오.

a) $\sqrt[4]{10\,000}$ b) $\sqrt[6]{1\,000\,000}$

c) $\sqrt[4]{81}$ d) $\sqrt[5]{32}$

e) $\sqrt[5]{1}$ f) $\sqrt[4]{625}$

178 n이 양의 정수일 때 $\sqrt[n]{1}$과 $\sqrt[n]{0}$의 값은 얼마인가?

179 다음을 소수점 아래 둘째자리까지 계산하시오.

a) $\sqrt[5]{100}$ b) $\sqrt[6]{100}$

c) $\sqrt[7]{100}$ d) $\sqrt[8]{100}$

SHIFT
5 ◯ ∧ 100 =

$\sqrt[5]{100}$ 의 계산기 사용법

180 다음을 식으로 나타내시오.

a) x를 2로 나눈 수를 4에서 뺀다.

b) x에서 6을 뺀 수에 3을 곱한다.

c) x에 1을 더한 수를 2로 나눈다.

181 다음 변수 x의 식을 문장으로 쓰시오.

a) $\dfrac{x}{2}+12$　　　b) $4x-9$

182 다음 물음에 답하시오.

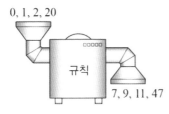

0, 1, 2, 20

규칙

7, 9, 11, 47

a) 함수 기계의 규칙을 추측하시오.

b) 입력된 수가 3일 때 출력되는 수는?

c) 출력된 수가 17일 때 입력된 수는?

d) 입력된 수가 x일 때 출력되는 수는?

183 다음 도형의 둘레의 길이를 구하는 식을 만들고 간단히 하시오.

a)　　　　　　b)

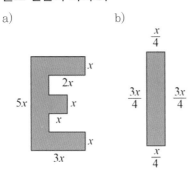

184 정사각형을 직선 한 개로는 최대 두 부분으로 나눌 수 있고, 직선 두 개로는 최대 네 부분으로 나눌 수 있다. 직선의 개수를 x라고 할 때 나뉘는 부분의 개수는 최대 $\dfrac{1}{2}x^2+\dfrac{1}{2}x+1$이다. 직선의 개수가 다음과 같을 때 정사각형을 최대 몇 부분으로 나눌 수 있는지 이 식을 이용해서 계산하시오. 그림을 그려서 답을 확인하시오.

1개 직선　　　　2개 직선

a) 직선 3개

b) 직선 4개

c) 직선 5개

185 초콜릿에는 표시선을 따라 홈이 파여 있어서 조각으로 잘라내기 편하다. 초콜릿을 표시선을 따라 다음 조각으로 나누기 위해서는 최소 몇 번 부러뜨려야 하는지 구하시오.

a) 4 조각　　　　b) 6 조각

c) 9 조각　　　　d) 12 조각

186 초콜렛을 표시선을 따라 n 조각으로 나누기 위해서는 최소 몇 번 부러뜨려야 하는가?

197

187 다음 표에서 변수 x의 계수와 지수를 골라 변수 x로 만들어지는 모든 단항식을 쓰시오.

계수	-4	1	2
지수	1	2	0

188 변수가 x인 다음 단항식을 만드시오.

a) 제곱에 -3을 곱한다.

b) 세제곱에 4를 곱한다.

c) 제곱을 5로 나눈다.

189 변수가 x인 다음 단항식을 만드시오.

a) 계수가 -1이고 지수가 1이다.

b) 계수가 8이고 지수가 0이다.

c) 계수가 $-\dfrac{1}{2}$이고 지수가 0이다.

190 다트를 던졌을 때, 다트의 수를 변수 x의 자리에 넣은 단항식의 값이 점수이다. 두 개의 다트는 서로 다른 곳에 꽂혀야 한다.

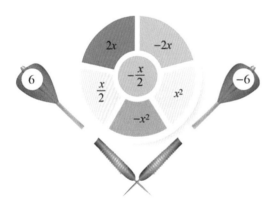

a) 나올 수 있는 최대의 점수는?

b) 나올 수 있는 최소의 점수는?

c) 나온 점수의 합이 6일 때 각각의 다트가 꽂힌 식은?

191 식 $\dfrac{x}{3} = \dfrac{1 \cdot x}{3} = \dfrac{1}{3} \cdot x$ 이므로 단항식 $\dfrac{x}{3}$의 계수는 $\dfrac{1}{3}$이다. 다음 단항식의 계수를 쓰시오.

a) $\dfrac{x}{2}$ b) $\dfrac{3x^2}{5}$ c) $-\dfrac{2x}{3}$

지수는 $18x^0$과 같고
계수는 단항식 $-2x^6$의 계수의 반일 때,
내가 생각하고 있는 단항식은 무엇일까?

연구

- 단항식은 한 개 혹은 여러 개의 문자로 만들 수 있다.
- 두 단항식의 문자와 차수가 같다면 동류항이다.
- 단항식 $2xy$, $-4xy$, $3yx$는 $yx = xy$이므로 동류항이다.
- 단항식 x^2y와 xy^2은 다른 형태이다. 즉, 동류항이 아니다.

192 다음 단항식의 계수와 변수를 각각 쓰시오.

a) $9xy$ b) $-xy^2$ c) a^2bc

193 다음 단항식의 동류항을 세 개 쓰시오.

a) $3ab$ b) $-x^2y$ c) -1

194 다음 두 단항식은 동류항인가, 아닌가?

a) vy와 yv

b) $5xyz$와 $5xzv$

c) x^2y와 yx^2

d) $-a^2bc^3$과 $-2a^3bc^2$

195 다음 빈칸에 알맞은 단항식을 쓰시오.

a) $\boxed{} + 2x^2 = 15x^2$

b) $5x^2 + 3x^2 - \boxed{} = 4x^2$

c) $\boxed{} + 3x^3 + 7x^3 = 8x^3$

196 다음 덧셈식 피라미드를 완성하시오.

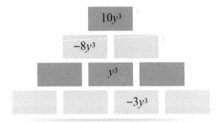

197 직사각형의 둘레의 길이가 $12x$이고 각 변의 길이는 계수가 양의 정수인 단항식이다. 직사각형의 가로 길이와 세로 길이의 가능한 모든 길이를 추측하시오.

198 다음 도형수열에 대한 물음에 답하시오.

도형 1　　도형 2　　도형 3

a) 도형 4와 도형 5를 그리시오.

b) 각 도형을 이루는 점의 개수를 적어서 다음 표를 완성하시오.

도형	점의 개수
1	
2	
3	
4	
5	

c) n번째 도형을 이루는 점의 개수는?

연구

정사각형의 각 꼭짓점에는 단항식이 있다. 변의 양쪽 꼭짓점에 있는 단항식 중 큰 단항식에서 작은 단항식을 빼고 그 결과를 변의 중점에 적는다. 중점들을 이으면 새로운 정사각형이 만들어진다. 꼭짓점들의 단항식이 같아질 때까지 뺄셈식을 계속한다.

예제 처음 정사각형의 네 꼭짓점의 단항식이 각각 $6x$, $8x$, $2x$, $11x$일 때, 이 정사각형의 안에는 작은 정사각형은 모두 몇 개 만들어지는가?

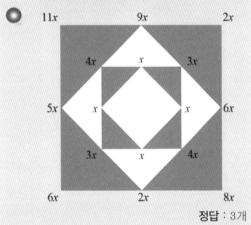

정답 : 3개

199 위의 정사각형에서 위 꼭짓점 두 개의 단항식 $11x$와 $2x$는 그대로 두고 아래 꼭짓점 두 개의 단항식 $6x$와 $8x$에 각각 다음 단항식을 더하면 정사각형의 안에 작은 정사각형이 모두 몇 개 만들어지는지 알아보시오.

a) x　　b) $2x$　　c) $3x$　　d) $10x$

200 다음을 간단히 하시오.

a) $6x \cdot 5x^2 - 7x^3$

b) $7x^2 \cdot (-5x^2) - 5x^4$

c) $-9x \cdot x - 11x \cdot (-x)$

d) $-4y^2 + y \cdot 20y + y \cdot y$

201 다음 곱셈식 피라미드를 완성하시오.

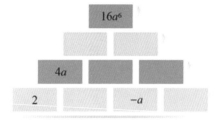

202 두 단항식의 합과 곱이 다음과 같을 때 이 두 단항식을 구하시오.

a) 합이 $10x$이고 곱이 $21x^2$일 때

b) 합이 $-9x^2$이고 곱이 $20x^4$일 때

203 서로 다른 두 단항식의 곱으로 다음을 나타내시오. (세 가지 방법으로 쓰시오.)

a) $10x$　　b) $-12x^3$　　c) $\dfrac{1}{2}x^2$

204 아래 직사각형의 넓이가 다음과 같을 때 직사각형의 다른 한 변의 길이를 구하시오.

a) $10x^2$　　　　b) $36y^2$

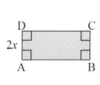 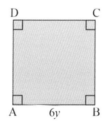

205 다음 도형의 넓이가 $28x^2$이다. 변 EF의 길이를 구하시오.

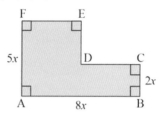

206 직사각형의 둘레가 $20x$이고 넓이가 다음과 같을 때 직사각형의 가로의 길이와 세로의 길이를 구하시오.

a) $24x^2$　　　　b) $16x^2$

연구

예제 다음을 간단히 하시오.

a) $5a \cdot 2b$　　　　b) $3a^2b \cdot ab$

a) $5a \cdot 2b = 5 \cdot 2 \cdot a \cdot b = 10ab$

b) $3a^2b \cdot ab = 3 \cdot a^2 \cdot a \cdot b \cdot b = 3a^3b^2$

207 다음을 간단히 하시오.

a) $ab \cdot ab \cdot ab$　　b) $ab \cdot ab \cdot b$

c) $ab^2 \cdot a^2$　　d) $a^2b \cdot b^2 \cdot b$

e) $a^2b \cdot ab^2 \cdot b$　　f) $ab \cdot ab^2 \cdot a$

N	O	W	E	T
a^3b^3	a^2b^3	a^2b^4	a^3b^4	a^3b^2

208 단항식 2, 4, 8, a, b, $4a$, $8ab$ 중 다음 빈칸에 알맞은 단항식을 넣어 계산식 표를 완성하시오.

	×		=	ab
×		×		×
	×		=	
=		=		=
	×	$2b$	=	

209 x가 다각형의 꼭짓점의 개수일 때 다항식 $\dfrac{x^2}{2} - \dfrac{3x}{2}$ 를 이용하면 다각형의 대각선의 개수를 계산할 수 있다. 이 다항식을 이용해서 다음 도형의 대각선의 개수를 계산하시오. 도형들을 그려서 답을 확인하시오.

a) 삼각형   b) 사각형

c) 오각형   d) 육각형

210 다음의 가로열쇠와 세로열쇠에 알맞은 다항식을 만들고 그 답을 빈칸에 쓰시오.

(단, 다항식의 변수는 x이고 항은 부호를 포함하여 내림차순으로 쓴다. 한 칸에는 한 개의 항을 쓴다.)

가로열쇠

1. 차수가 2이고 상수항이 5인 다항식 (항 3개)

3. 차수가 1이고 계수가 2인 다항식 (항 2개)

5. 차수가 2인 항의 계수가 7인 다항식 (항 2개)

6. 차수가 2이고 모든 항의 계수가 4인 다항식(항 3개)

세로열쇠

1. 최고 차수 항의 계수가 6이고 상수항이 −1인 다항식(항 3개)

2. 차수가 1인 항의 계수는 −2이고 상수항이 3인 다항식(항 2개)

4. 최고 차수 항의 차수가 2이고 계수가 −1이며, 차수가 1인 항의 계수가 1인 다항식(항 3개)

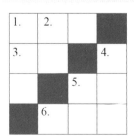

211 다음 도형수열의 도형 4와 도형 5를 그리시오. 회색의 작은 정사각형의 개수를 표로 만드시오. n번째 도형에는 회색의 작은 정사각형이 몇 개 있는지 구하시오.

a)

도형 1   도형 2   도형 3

b)

도형 1   도형 2   도형 3

연구

212 다음의 연속된 함수 기계에 x가 입력될 때 출력되는 식을 구하시오.

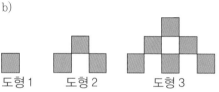

a)

제곱하기 / 3 곱하기 / 8 더하기 / 출력

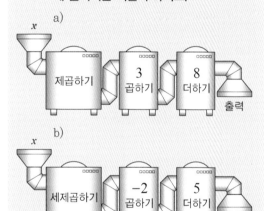

b)

세제곱하기 / −2 곱하기 / 5 더하기 / 출력

213 x가 입력될 때 다음과 같은 식이 출력되는 함수 기계를 그리시오.

a) $x^2 - 2$

b) $10x^2 + 11$

214 다음에서 다항식 P와 Q를 구하시오.

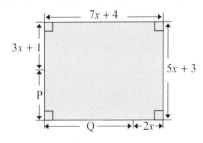

215 다음 빈칸에 알맞은 다항식을 구하시오.

a) $\boxed{} + (3x^2 + 7x - 3) = 8x^2 + x - 7$

b) $-5x + 1 + (3x - 1) + \boxed{} = 4x - 3$

c) $11x^3 - x^2 + \boxed{} + (6x + 2) = 5x^3 - 2x$

216 아래 보기에서 다음 조건을 만족하는 다항식을 고르시오.

$$3x^2 - 2x + 1 \qquad 4x^2 + 3$$
$$-3x + 7 \qquad 4x^2 - 8x - 6$$
$$-x^2 - 2x - 2 \qquad x^2 - 9x$$

a) 두 다항식의 합이 $4x^2 - 11x + 1$

b) 세 다항식의 합이 $4x^2 - 11x + 1$

217 다음 덧셈식 피라미드를 완성하시오.

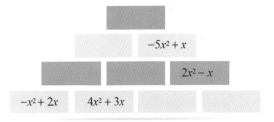

218 다음 직사각형들의 넓이의 합을 구하는 식을 만들고 간단히 하시오.

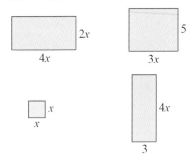

219 다음 마방진의 가로줄, 세로줄, 대각선의 다항식들의 합은 같다. 다항식 P, Q, R, S, T를 구하시오.

P	Q	R
$x^3 + x^2 + x$	x^3	$x^3 - x^2 - x$
$x^3 - x$	S	T

예제 다음을 간단히 하시오.
$$1 - 2 + 3 - 4 + 5 - 6 + 7 - 8 + 9 - 10$$

● 연이어 있는 두 정수의 차는 -1이다.
따라서
$$\underbrace{1-2}+\underbrace{3-4}+\underbrace{5-6}+\underbrace{7-8}+\underbrace{9-10}$$
$$= \underbrace{-1-1-1-1-1}_{5개}$$
$$= -5$$

220 다음을 계산하시오.

a) $20 - 21 + 22 - 23 + 24 - 25 + 26$
$- 27 + 28 - 29$

b) $1 - 2 + 3 - 4 + \cdots + 97 - 98 + 99 - 100$

221 다음을 간단히 하시오.

a) $(x+1) + (x-2) +$
$(x+3) + (x-4) + \cdots$
$+ (x+99) + (x-100)$

b) $(x+1) + (-x-2) +$
$(x+3) + (-x-4) + \cdots$
$+ (x+99) + (-x-100)$

c) $(x+1) + (x-1) + (x+2) +$
$(x-2) + \cdots + (x+50) + (x-50)$

222 다음 빈칸에 알맞은 다항식을 구하시오.

a) $4x + 5 - \left(\boxed{}\right) = 3x + 3$

b) $\boxed{} - (-2x - 2) = 4x^2 + 3x - 2$

c) $-3x^2 - 6 - \left(\boxed{}\right) = x^2 + 2x - 3$

d) $\boxed{} - (4x^2 + 2x - 3) = -2x - 6$

223 두 식의 차가 다음과 같은 두 다항식을 만드시오.

a) $-3y^2 - 7$ b) $2y^2 - 4y + 3$

224 어떤 두 다항식의 합이 $5x + 2$이고 차가 $x + 8$일 때 두 다항식을 추측하시오.

225 다항식 $7y^2 - 3y + 5$와 $2y^2 - y - 3$의 차에서 다항식 $-3y^2 - 4y + 3$을 뺀다. 식을 만들고 간단히 하시오.

226 아래 수열의 다음 세 항을 쓰시오.

a) $x + 1$, $2x + 3$, $3x + 5$, $\cdots$

b) $3x^2 + 1$, $x^2 + 2$, $-x^2 + 3$, $\cdots$

c) $-x + 1$, 0, $x - 1$, $\cdots$

227 학교, 도서관, 가게, 집이 이 순서대로 같은 길 위에 있다. 가게에서 학교까지의 거리는 $18x + 3$, 학교에서 집까지의 거리는 $22x + 12$, 도서관에서 집까지의 거리는 $21x + 5$이다. 그림을 그리고 도서관과 가게 사이의 거리를 계산하시오.

228 아이노가 생각하고 있는 다항식을 구하시오.

- 다항식의 항의 개수는 3개이고 계수들은 정수이다.
- x가 10일 때 다항식의 값은 19이다.
- 지수가 가장 높은 항과 다항식 $x^3 + x^2$의 차는 $-x^2$이다.
- 다항식의 상수항은 다항식 $x^3 + x^2$의 상수항보다 9 크다.

연구

예제 다음 다항식과 합하여 0이 되는 다항식을 쓰시오.

a) $6x$ b) $2x + 3$

a) $6x + (-6x) = 6x - 6x = 0$이므로 $-6x$이다.

b) $2x + 3 + (-2x - 3)$
$= 2x + 3 - 2x - 3 = 0$이므로 $-2x - 3$이다.

229 다음 다항식과 합하여 0이 되는 다항식을 쓰시오.

a) $10x$ b) $-x^2$

c) $x + 1$ d) $-3x - 10$

230 다음 빈칸에 알맞은 다항식을 구하시오.

a) $x + 2 + \left(\boxed{}\right) = 0$

b) $8x - 7 + \left(\boxed{}\right) = 0$

c) $\left(\boxed{}\right) + (3x^2 + 4x - 5) = 0$

d) $-7x^2 + 9x - 1 + \left(\boxed{}\right) = 0$

231 $x=41$일 때 다항식 $x^2-22x-779$의 값은 0이다. $x=41$일 때 다음의 다항식의 값을 계산기 없이 계산하시오.

a) $x^2-22x-778$

b) $x^2-22x-780$

c) $x^2-21x-779$

232 다음의 가로열쇠와 세로열쇠의 다항식을 간단히 하고 그 답을 빈칸에 쓰시오.

(단, 한 칸에는 한 개의 항을 쓴다. 지수는 왼쪽에서 오른쪽으로 갈수록, 위쪽에서 아래쪽으로 내려갈수록 작아진다.)

가로열쇠

1. $x^3-2x^2-(-x^3-3x^2)$

3. $-12x^2+7-(-3x^2-4x+7)$

5. $5x^2-x+(-6x^2-x+3)$

8. $-x^3+4x^2+2x-(-x^2-2x)$

10. $-(-8x+9)+(-11x+13)$

11. $-4x^3+(x+2)-(-4x^3-5x-3)$

세로열쇠

1. $-(-x^3+3x^2)+x^3+2x^2$

2. $-2x^2+3x+(3x^2-x-5)-4x+4$

4. $-6x^3+x+2-(-6x^3-3x+4)$

6. $9x^3+(4x^2-2x)-(6x^3-x^2-8x)$

7. $3x^2-(-3x^3-4x^2+2x)-3x^3-x$

9. $7x^3-4x^2+4x-(7x^3-4x^2-5)$

1.	2.		3.	4.
5.				
			6.	
7.		8.		9.
10.			11.	

233 다음 다항식의 미로에서는 위쪽에서 아래쪽으로 움직인다. 회색 칸에 있는 다항식은 더하고 흰색 칸에 있는 다항식은 뺀다. 다항식들의 계산 결과가 0이 되는 경로를 찾으시오.

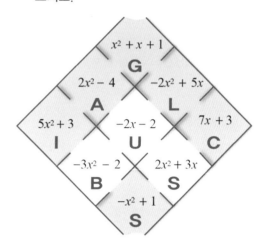

234 아이노가 생각하고 있는 두 다항식을 구하시오.

• 다항식은 모두 항이 3개이다.

• 두 다항식의 합은 $12x^3+6x^2+4x-2$이고 차는 $12x^3+12x^2-4x-6$이다.

235 올리가 생각하고 있는 두 다항식을 구하시오.

• 다항식은 모두 항이 3개이다.

• 두 다항식의 합은 $7x^3-8x^2$이고 차는 $3x^3+2$이다.

236 식 $3(2x-1)-x+2$를 간단히 하고 $x=\dfrac{2}{5}$
일 때 이 식의 값을 계산하시오.

237 다음 빈칸에 알맞은 수를 구하시오.

a) $\boxed{} \cdot (-2x+2) = 8x-8$

b) $\boxed{} \cdot \left(\dfrac{1}{2}x - \dfrac{3}{5}\right) = 5x-6$

238 다음 식을 정수와, 항이 두 개인 다항식의
곱으로 나타내시오. (세 가지 방법으로 쓰시오.)

a) $12x^2 - 6$ b) $-20x^2 + 30x$

239 이리스의 나이가 x살일 때 안티, 알렉시,
올리의 나이를 구하는 식을 만들고 간단히
하시오.

a) 안티의 나이는 이리스의 1년 전 나이의
두 배이다.

b) 알렉시의 나이는 이리스의 1년 후 나이
의 세 배이다.

c) 올리의 나이는 이리스의 2년 전 나이의
다섯 배이다.

240 다음을 식으로 나타내고 간단히 하시오.

a) x에서 3을 뺀 수에 -2를 곱한 뒤 1을 뺀다.

b) x와 3을 더한 수에 6을 곱한 뒤 7을 더한다.

241 다음 직사각형과 정사각형은 둘레의 길이가
서로 같다. 정사각형의 한 변의 길이를 계
산하시오.

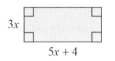

$3x$

$5x + 4$

242 다음 회색 부분의 넓이를 구하는 식을 만들
고 간단히 하시오.

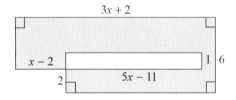

$3x + 2$

$x - 2$

$5x - 11$

2 1 6

연구

예제 $9 \cdot 101$을 계산기 없이 계산하시오.

$9 \cdot 101 = 9 \cdot (100 + 1)$
$= 9 \cdot 100 + 9 \cdot 1 = 900 + 9 = 909$

예제 $9 \cdot 999$를 계산기 없이 계산하시오.

$9 \cdot 999 = 9 \cdot (1000 - 1)$
$= 9 \cdot 1\,000 - 9 \cdot 1 = 9\,000 - 9 = 8\,991$

243 다음을 계산기 없이 계산하시오.

a) $17 \cdot 101$ b) $37 \cdot 1\,001$

c) $6 \cdot 16$ d) $8 \cdot 106$

244 다음을 계산기 없이 계산하시오.

a) $7 \cdot 39$ b) $7 \cdot 49$

c) $12 \cdot 99$ d) $25 \cdot 99$

245 다음을 계산기 없이 계산하시오.

a) $19 \cdot 999$ b) $19 \cdot 19$

c) $99 \cdot 99$ d) $101 \cdot 101$

246 다음 삼각형의 넓이를 구하는 식을 만들고 계산하시오.

a)   b)

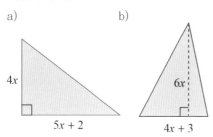

247 다음 물음에 답하시오.

a) 두 수 중에서 작은 수가 x일 때, 연속된 두 정수의 곱을 구하는 식을 만들고 간단히 하시오. 식을 이용해서 다음을 계산하시오.

b) $10 \cdot 11$ c) $20 \cdot 21$ d) $90 \cdot 91$

248 다음 도형의 넓이를 구하는 식을 만들고 간단히 하시오.

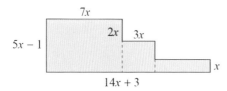

249 직사각형의 둘레의 길이는 16 m이다.

a) 가로의 길이가 x일 때 직사각형의 세로의 길이를 구하는 식을 만드시오.
b) 직사각형의 넓이를 구하는 식을 만들고 간단히 하시오.
c) 변수 x에 가능한 모든 정수를 넣고 식을 이용해서 넓이를 계산하시오. 또 넓이가 가장 클 때의 x의 값을 구하시오.

250 다음 빈칸에 알맞은 다항식을 구하시오.

a) $4x^2(\boxed{}) = -4x^3 + x^2$

b) $-x(\boxed{}) = 5x^4 + 3x^3 - x$

c) $\dfrac{1}{2}x^2(\boxed{}) = 10x^3 - x^2$

연구

▋ 다항식을 약수의 곱으로 나타내기

예제 다음을 약수의 곱으로 나타내시오.

a) 35 b) 단항식 $15x$
c) 다항식 $2x+2$ d) 다항식 x^2-3x

● a) $35 = 5 \cdot 7$
b) $15x = 3 \cdot 5 \cdot x$
c) $2x+2 = 2 \cdot x + 2 \cdot 1 = 2(x+1)$
d) $x^2-3x = x \cdot x - 3 \cdot x = x(x-3)$

251 다음 다항식을 약수의 곱으로 나타내시오.

a) $7x+7$ b) $6x+8$
c) $3x-6$ d) $15x-25$

252 다음 다항식을 약수의 곱으로 나타내시오.

a) x^2+3x b) $11x^2+x$
c) x^2-x d) $10x^2-10x$

253 다음을 다항식의 곱으로 쓰고 전개하시오.

a) $(x+3)^2$ b) $(x+10)^2$

c) $(x-5)^2$ d) $(x-8)^2$

254 다음을 전개하시오.

a) $(3x+1)^2$ b) $(-x+4)^2$

c) $(5x-4)^2$ d) $(-3x-2)^2$

255 킴은 친구들에게 계산 놀이를 제안했다. 다음 계산의 결과를 구하시오.

- 어떤 수 x를 고른다.
- 위의 수에 2를 곱한다.
- 위의 수에 6을 더한다.
- 위의 수에 0.5를 곱한다.
- 위의 수에서 처음의 수를 뺀다.
- 위의 수를 3으로 나눈다.

256 다음을 전개하시오.

a) 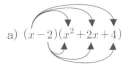 $(x-2)(x^2+2x+4)$

b) $(x+1)(x^2-x+1)$

c) $(x^2-2)(x^2+2)$

257 다음을 전개하시오.

a) $5(3x-4)(2x-7)$

b) $3x(4x-1)(-x+1)$

258 정육면체의 한 모서리의 길이는 $x+1$이다. 정육면체의 다음을 구하는 식을 만들고 전개하시오.

a) 겉넓이

b) 부피

예제 수 a와 b의 합과 차의 곱을 나타내는 식을 만들고 전개하시오.

$(a+b)(a-b)$
$= a^2 - ab + ba - b^2 = a^2 - b^2$
$ab = ba$이므로
$-ab + ba = 0$임을 주목한다.

> 두 수의 합과 차의 곱은 이 두 수의 제곱들의 차와 같다.

예제 다음 식을 전개하시오.

$(x+3)(x-3)$

$(x+3)(x-3) = x^2 - 3^2 = x^2 - 9$

예제 다항식 $x^2 - 49$를 두 수의 합과 차의 곱으로 쓰시오.

$x^2 - 49 = x^2 - 7^2 = (x+7)(x-7)$

> 두 수의 제곱의 차는 이 두 수의 합과 차의 곱과 같다.

예제 계산기 없이 $98 \cdot 102$를 계산하시오.

$98 \cdot 102 = (100-2)(100+2)$
$= 100^2 - 2^2 = 10\,000 - 4 = 9\,996$

259 다음을 간단히 하시오.

a) $(x+2)(x-2)$ b) $(x+5)(x-5)$

c) $(x+4)(x-4)$ d) $(x+9)(x-9)$

260 다음을 합과 차의 곱으로 나타내시오.

a) $x^2 - 36$ b) $x^2 - 64$

c) $x^2 - 100$ d) $x^2 - 1$

261 다음을 계산기 없이 계산하시오.

a) $18 \cdot 22$ b) $49 \cdot 51$

c) $95 \cdot 105$ d) $990 \cdot 1010$

262 다음 식을 간단히 하시오.

a) $\dfrac{62x^9 - 31x^5}{31x^5}$

b) $\dfrac{20x \cdot 40x^2}{10x^3}$

c) $\dfrac{-14x^2 \cdot 7x^2}{7x^2}$

d) $\dfrac{-18x^3 - 9x^2}{3x^2}$

263 다음 식을 간단히 하시오.

a) $\dfrac{8x^2(4x^2 - 8x)}{8x^2}$

b) $\dfrac{x^3(3x^3 - 8)}{x^3}$

c) $\dfrac{x(-28x^2 + 7)}{-7x}$

d) $\dfrac{-4(2x^3 - x^2)}{-2x^2}$

e) $\dfrac{x(-6x^3 + x^2)}{-x^3}$

f) $\dfrac{9x^3(4x^4 - 3x^3)}{-3x^5}$

H	E
$3x^3 - 8$	$6x - 1$

L	A	S	T
$4x - 2$	$4x^2 - 1$	$-12x^2 + 9x$	$4x^2 - 8x$

264 다음을 식으로 나타내고 간단히 하시오.

a) 단항식 $2x$로 다항식 $4x^3 + 3x$와 $16x^2 + 5x$의 합을 나눈다.

b) 단항식 $-5x$로 다항식 $-35x^3 + 22x^2$과 $12x^2 + 45x$의 차를 나눈다.

265 아래 보기에서 다음 대문자에 알맞은 다항식을 고르시오. (단, 다항식들은 각각 한 번씩만 사용할 수 있다.)

$6x$	$2x^2 + 1$	$24x^3 + 12x$
$8x$	$3x^2 + 2$	$24x^3 + 16x$
$12x$	$4x^2 + 3$	$24x^3 + 24x$

a) $\dfrac{A}{8x} = B$

b) $\dfrac{24x^3 + 18x}{C} = D$

c) $\dfrac{E}{F} = 3x^2 + 3$

d) $\dfrac{G}{H} = I$

예제 다음 식을 간단히 하시오.

a) $\dfrac{6x + 6}{6}$

b) $\dfrac{8x^2 - 6x}{2x}$

a) $\dfrac{6x + 6}{6} = \dfrac{\overset{1}{\cancel{6}}(x + 1)}{\underset{1}{\cancel{6}}} = x + 1$

b) $\dfrac{8x^2 - 6x}{2x} = \dfrac{\overset{1}{\cancel{2x}}(4x - 3)}{\underset{1}{\cancel{2x}}} = 4x - 3$

예제 다음 식을 간단히 하시오.

a) $\dfrac{24x - 12}{12x - 6}$

b) $\dfrac{x^2 - 36}{x - 6}$

a) $\dfrac{24x - 12}{12x - 6} = \dfrac{2\overset{1}{\cancel{(12x - 6)}}}{\underset{1}{\cancel{12x - 6}}} = 2$

b) $\dfrac{x^2 - 36}{x - 6}$

■ 합과 차의 곱으로 쓴다.

$= \dfrac{(x + 6)\overset{1}{\cancel{(x - 6)}}}{\underset{1}{\cancel{x - 6}}}$ ■ 약분한다.

$= x + 6$

266 다음 식을 간단히 하시오.

a) $\dfrac{8x + 32}{8}$

b) $\dfrac{-20x - 40}{-5}$

c) $\dfrac{14x^3 + 42x^2}{14x^2}$

d) $\dfrac{121x^5 - 33x^4}{11x^3}$

267 다음 식을 간단히 하시오.

a) $\dfrac{6x + 6}{x + 1}$

b) $\dfrac{10x - 10}{x - 1}$

c) $\dfrac{19x + 38}{x + 2}$

d) $\dfrac{15x - 45}{x - 3}$

268 다음 식을 간단히 하시오.

a) $\dfrac{x^2 - 9}{x - 3}$

b) $\dfrac{x^2 - 25}{x + 5}$

c) $\dfrac{x^2 - 121}{x + 11}$

d) $\dfrac{x^2 - 169}{x - 13}$

269 다음을 간단히 하고 $x = -6$일 때 식의 값을 계산하시오.

a) $8x(2x+1)+4x^2$

b) $5x(25x-4)-25x^2$

c) $\dfrac{4x(12x-6)}{12x-8x}$

270 다음을 간단히 하시오.

a) $-10x(9x-8)-80x$

b) $60x^2-7x(6x-4)$

c) $12x \cdot 5x - (15x^2+60)$

271 다음을 간단히 하시오.

a) $(x-1)(x+x)-x^2$

b) $x(7x+4)-2x(3x+3)$

c) $(x+1)(x-2)-(x^2+3)$

272 다음을 간단히 하시오.

a) $x^2-(x+2)(x+9)$

b) $4x^2-(2x+5)(3x+1)$

273 다음 회색 부분의 넓이를 구하는 식을 만들고 간단히 하시오.

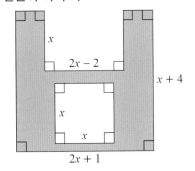

274 다음 도형은 정사각형들로 만들어졌다. 회색 부분의 넓이를 구하는 식을 만들고 간단히 하시오.

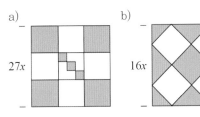

275 다음 회색 부분의 넓이를 구하는 식을 만들고 간단히 하시오.

a)

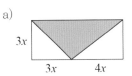

b)

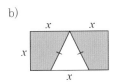

276 다음 빈칸에 알맞은 항을 구하시오.

a) $(\ \boxed{} + \boxed{}\ ) \cdot (2x+5)$

$= 2x^2+9x+10$

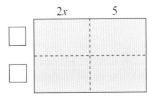

b) $(2x+ \boxed{}) \cdot (\boxed{} +1)$

$= 6x^2+11x+3$

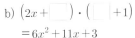

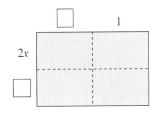

277 다음을 식으로 나타내고 간단히 하시오.

a) 다항식 $x+3$의 제곱에서 다항식 $x+2$와 $x+1$의 곱을 뺀다.

b) 다항식 $2x+3$과 $x+2$의 합의 제곱에서 같은 이항식들의 차의 제곱을 뺀다.

c) 다항식 x^2+4x와 $6x+8$의 곱을 단항식 $7x$와 $-5x$의 합으로 나눈다.

278 방정식의 근이 $x = -2$일 때, 다음 보기에서 방정식의 좌변과 우변에 알맞은 식을 고르시오.

$3x$	$-x+3$	$-x+8$
$x-4$	$2x$	$5x+6$

279 다음 E의 값을 구하시오. (답은 디오판토스가 살았던 연대이다. 디오판토스는 고대 알렉산드리아에서 활약한 그리스의 수학자이다.)

A=B, C=A+100, E=D-300,
D=C, B=500

280 다음 야채의 무게를 구하시오.

a) 파프리카　b) 버섯　　c) 콜리플라워

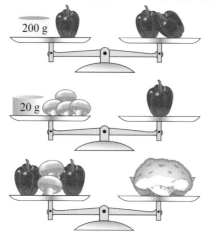

281 다음 과일의 무게를 구하시오.

a) 체리　　b) 자두　　c) 사과

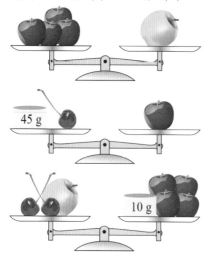

다음은 모두 균형을 이루고 있다.

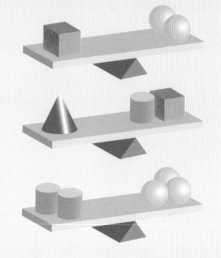

282 다음은 균형을 이루고 있는지 알아보시오.

a)

b)

c)

d)

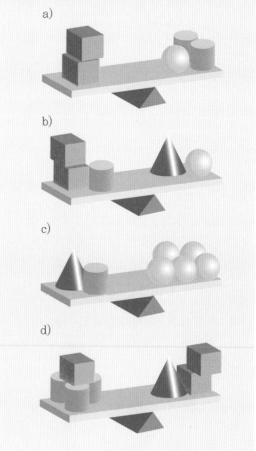

연구

예제 방정식 $x - 5 = 3$을 푸시오.

$$x - 5 = 3$$
$$x = 3 + 5$$
$$x = 8$$

> 방정식에서 항은 다른 쪽으로 옮길 수 있고, 이때 항의 부호는 바뀐다.

예제 방정식 $6x - 7 = 4x + 3$을 푸시오.

$$6x - 7 = 4x + 3$$
$$6x - 4x = 3 + 7$$
$$2x = 10 \qquad \blacksquare\ 양변에 \div 2를\ 한다.$$
$$x = 5$$

283 다음 방정식을 푸시오. 수를 방정식의 우변으로 옮기고 부호를 바꾸시오.

a) $x - 10 = 6$ b) $x + 2 = 25$

284 다음 방정식을 푸시오. 변수를 포함한 항을 방정식의 좌변으로 옮기고 부호를 바꾸시오.

a) $2x = x - 9$ b) $-5x = -6x - 2$

285 다음 방정식을 푸시오.

a) $9x - 4 = 8x + 6$

b) $15x + 9 = 14x + 2$

c) $-x + 2 = -2x - 16$

d) $2 = -x - 9$

286 다음 방정식을 푸시오.

a) $12x - 16 = 4x + 16$

b) $25x - 6 = 16x + 57$

c) $-x + 2 = -5x - 18$

d) $6x - 2 = -x - 23$

287 다음을 이용해서 x와 y의 값을 구하는 방정식을 만들고 x와 y의 값을 구하시오.

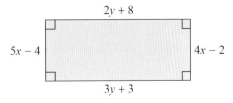

288 합이 81인 세 개의 연속한 수를 찾으시오.

289 비밀번호를 세 개의 수로 만들었다. 다음 보기를 이용해서 비밀번호의 세 개의 수를 구하는 방정식을 만들고 비밀번호를 쓰시오.

- 첫 번째 수는 마지막 수보다 12 더 작다.
- 두 번째 수는 마지막 수의 반이다.
- 수들의 합은 168이다.

290 비밀번호를 세 개의 수로 만들었다. 다음 보기를 이용해서 비밀번호의 세 개의 수를 구하는 방정식을 만들고 비밀번호를 쓰시오.

- 첫 번째 수는 두 번째 수의 세 배이다.
- 두 번째 수는 마지막 수보다 10 더 크다.
- 수들의 합은 45이다.

291 다음 직사각형의 넓이는 36이다. x의 값을 구하는 방정식을 만들고 푸시오. 그리고 직사각형의 긴 변의 길이를 구하시오.

a)

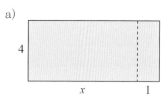

b)

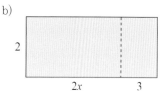

292 다음 도형에 대하여 물음에 답하시오.

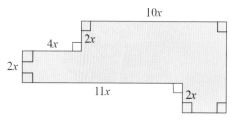

a) 도형의 둘레의 길이를 구하는 식을 만들고 간단히 하시오.

b) 도형의 둘레가 88 cm일 때, x의 값을 구하시오.

293 n번째 도형에 들어 있는 점의 개수를 구하는 식이 다음과 같을 때 몇 번째 도형에 점이 113개 있는지 구하시오.

a) $2n - 1$개

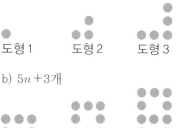

b) $5n + 3$개

294 다음 도형수열에 대하여 물음에 답하시오.

도형 1   도형 2   도형 3

a) 도형 4와 도형 5를 그리시오. 도형 1~5의 각 도형을 이루는 점의 개수를 표로 만드시오.

b) n번째 도형에는 점이 몇 개 있는가?

c) 몇 번째 도형에 점이 101개 있는지 계산하시오.

295 사과에는 물이 80%, 탄수화물이 11%, 지방이 0.4% 들어 있다.

a) 사과에 들어 있는 다른 성분들은 모두 몇 %인가?

b) 다른 성분들의 무게가 4.3 g일 때 사과의 무게를 구하는 방정식을 만들고 푸시오.

296 고고학자들은 허벅지뼈의 길이를 이용해서 그 사람의 키를 추정한다. 허벅지뼈의 길이가 x cm일 때,
여자의 키는 식 $2.47x + 54.10$으로
남자의 키는 식 $2.32x + 65.53$으로 계산한다.

a) 허벅지뼈의 길이가 41 cm인 여자의 키를 구하시오.

b) 키가 180 cm인 남자의 허벅지뼈의 길이를 구하시오.

c) 나의 허벅지뼈의 길이를 구하시오.

297 바구니에 든 과일 중 사과는 50%, 오렌지는 20%, 배는 10%, 나머지는 바나나 8개이다. 방정식을 만들고 바구니에 각 과일이 몇 개씩 들어 있는지 계산하시오.

298 다음 방정식을 푸시오.

a) $7-3(-x+2)=2x+5$

b) $-(x+5)-(x-8)=0$

c) $-6(x-3)=4x-(-5x+12)$

299 다음 방정식을 푸시오.

a) $x(x+2)-x^2=28$

b) $x(x-3)=x^2-51$

c) $2x(x+4)-x^2=x^2+64$

300 다음 직사각형의 넓이는 삼각형의 넓이보다 $24\ \mathrm{cm}^2$ 더 크다. x의 값을 구하고 도형의 넓이를 계산하시오.

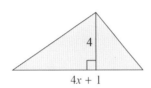

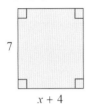

301 다음 표를 이용하여 사람의 나이와 고양이의 나이의 관계를 나타내는 방정식을 만들고 사람의 나이 72살에 해당하는 고양이의 나이를 계산하시오.

고양이의 나이(살)	사람의 나이(살)
2	24
3	28
4	32
5	36

302 올리는 어떤 수 x를 떠올리고 이 수에 4를 곱하고 6을 뺀 뒤 2를 곱했더니 -36이 나왔다. 방정식을 만들고 올리가 생각했던 원래의 수를 말하시오.

303 아이노는 필비보다 돈이 $8\ \text{€}$가 더 많다. 아이노가 가지고 있는 돈의 $\frac{1}{4}$을 필비에게 주고 나면 필비가 가지고 있는 돈은 아이노의 돈보다 $6\ \text{€}$가 더 많다. 아이노와 필비가 원래 가지고 있던 돈의 액수를 각각 구하시오.

304 금액이 더 큰 쪽에 3을 곱하면 작은 쪽에 4를 곱한 것보다 $85\ \text{€}$가 더 크게 되도록 $180\ \text{€}$를 두 부분으로 나누시오.

연구

305 1909년에 모론은 직사각형 한 개를 정사각형 아홉 개로 나누었다. 정사각형 H의 한 변의 길이를 미지수 x로 표시하고 모든 정사각형의 변의 길이를 계산하시오. (정사각형 B의 한 변의 길이는 15이고 정사각형 I의 한 변의 길이는 1이다.)

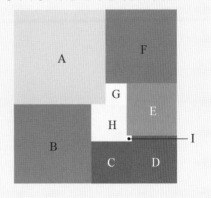

연구

▌ 분모들의 최소공배수

분모들의 최소공배수란 분모들의 가장 작은 공배수로서 방정식의 모든 분모로 나눌 수 있는 가장 작은 자연수이다.

분모들의 최소공배수는 모든 분모들이 같아질 때까지 가장 큰 분모에 자연수를 1부터 차례대로 곱하여 얻는다.

예제 다음 식에서 분모들의 최소공배수를 구하시오.

a) $\dfrac{x}{4} - \dfrac{x}{8} = \dfrac{1}{2}$ b) $\dfrac{x}{6} - \dfrac{x}{9} = \dfrac{1}{3}$

- a) 방정식 $\dfrac{x}{4} - \dfrac{x}{8} = \dfrac{1}{2}$의 분모들의 최소공배수는 8이다.

- b) 방정식 $\dfrac{x}{6} - \dfrac{x}{9} = \dfrac{1}{3}$의 분모들의 최소공배수는 18이다. 가장 큰 분모인 9에 자연수를 차례로 곱한 9, 18, 27, … 중 18이 3과 6과 9가 같아지는 첫 번째 수이기 때문이다.

306 다음 방정식을 분모들을 최소공배수로 통분해서 푸시오.

a) $\dfrac{x}{4} - \dfrac{x}{8} = \dfrac{1}{2}$ b) $\dfrac{x}{6} - \dfrac{x}{9} = \dfrac{1}{3}$

307 다음 방정식을 푸시오.

a) $\dfrac{2x}{3} - \dfrac{1}{6} = \dfrac{x}{3}$ b) $\dfrac{2x}{3} - \dfrac{3}{5} = \dfrac{4x}{5}$

308 다음 방정식을 푸시오.

a) $\dfrac{1}{2}x - \dfrac{1}{10} = \dfrac{1}{5}x + \dfrac{1}{2}$

b) $-\dfrac{1}{3}x + \dfrac{3}{4} = -\dfrac{5}{12}x + \dfrac{1}{2}$

309 다음 두 식의 값을 같게 만드는 미지수 x의 값을 구하시오.

a) $\dfrac{x}{2} - 5$와 $x + \dfrac{1}{2}$

b) $\dfrac{x}{4} + 9$와 $\dfrac{5x}{6} + 2$

310 다음 방정식을 푸시오.

a) $\dfrac{1}{2}(x-4) = 6$

b) $\dfrac{1}{5}(x-15) = 4$

c) $\dfrac{1}{3}(x+12) = 7$

d) $\dfrac{1}{4}(x+16) = 3$

311 다음 방정식을 푸시오.

a) $\dfrac{3}{5}(x-10) = 3$ b) $\dfrac{2}{3}(x+9) = 2$

312 할아버지는 50센트, 1유로, 2유로 동전을 가지고 있다. 동전의 $\dfrac{1}{5}$는 50센트, $\dfrac{1}{3}$은 1유로 동전이다. 2유로 동전은 14개 있다. 할아버지가 가진 동전의 총 금액은 얼마인지 계산하시오.

313 학교 앞 버스정류장에서 버스가 출발했다. 다음 정거장에서 승객들 중의 반이 내렸다. 두 번째 정거장에서는 남아 있던 승객들 중의 반이 내렸다. 세 번째 정류장에서는 3명 내렸고 버스에는 12명이 남아 있었다. 학교 앞 정류장에서 출발할 때에 타고 있던 승객의 수를 구하는 방정식을 만들고 푸시오.

314 타파니와 헬레나는 사리셀케에서 라닐라를 거쳐서 킬로 정상까지 크로스컨트리 스키를 탔다. 돌아올 때 이들은 룰람피와 루마쿠루를 거쳐서 사리셀케에 도착했다. 이들이 스키를 탄 총 거리는 $31 \ km$이다. 다음 거리를 계산하시오.

a) 갈 때 스키를 탄 거리

b) 돌아올 때 스키를 탄 거리

315 학생들은 캠핑여행을 가기 위해서 주말에 열리는 행사에서 도우미로 일을 해서 돈을 모았다. 토요일에는 54명, 일요일에는 69명이 일했다. 일요일에 일한 여학생 수는 토요일에 일한 여학생 수보다 25% 더 많았고 일요일에 일한 남학생 수는 토요일에 일한 남학생 수보다 30% 더 많았다. 토요일에 일한 여학생 수는 몇 명인가?

316 이로와 알리사가 가진 돈의 합은 $102 \ €$이다. 이로가 알리사에게 $2 \ €$를 주었더니, 이로가 가진 돈은 알리사가 가진 돈의 두 배가 되었다. 처음에 이로와 알리사가 가지고 있던 돈은 각각 얼마인가?

317 안나, 올리, 밀라는 제비뽑기에서 탄 $220 \ €$ 상금을 나누어 가졌다. 이때 안나는 올리보다 $20 \ €$ 더 많은 금액을, 밀라는 안나보다 60% 적은 금액을 가졌다. 이 셋이 나누어 가진 각각의 금액은 얼마인가?

▌ 린드 파피루스

1858년 스코틀랜드의 상인 헨리 린드는 이집트에서 약 기원전 1650년경에 만들어진 파피루스 두루마리를 구입했다. 그것은 파라오의 서기인 아메드가 분수, 방정식, 넓이, 부피 등에 대한 계산

식을 더 오래된 파피루스에서 옮겨 적은 것이었다. 린드의 파피루스는 런던에 있는 대영박물관에 보관되어 있다.

파피루스에 있는 문제에는 변수에 대해 카사(kasa)라는 단어가 언급되어 있다.

카사를 변수 x로 표시하고 아메드가 적어놓은 다음 방정식을 푸시오.

예제 카사와 그 반은 합해서 12이다. 카사의 값은 얼마인가?

$x + \dfrac{x}{2} = 12$ ■ 양변에 ×2를 한다.

$2 \cdot \left(x + \dfrac{x}{2} \right) = 2 \cdot 12$

$2 \cdot x + 2 \cdot \dfrac{x}{2} = 24$

$2x + x = 24$

$3x = 24$ ■ 양변에 ÷3을 한다.

$x = 8$

318 다음에서 카사의 값을 구하시오.

a) 카사와 카사의 $\dfrac{1}{4}$이 합해서 15일 때

b) 카사와 카사의 $\dfrac{1}{7}$이 합해서 16일 때

319 다음에서 카사의 값을 구하시오.

a) 카사 두 개와 카사의 $\dfrac{1}{5}$이 합해서 121일 때

b) 카사 다섯 개와 카사의 $\dfrac{1}{6}$을 합한 것이 카사와 200을 합한 것과 같을 때

연구

▌황금비율

황금비율(라틴어 : sectio aurea)은 정확하게 $\frac{1}{2}(1+\sqrt{5})$ 이다.

사람들은 고대부터 황금비율을 따른 그림은 인간의 눈에 가장 이상적인 것이라고 여겨왔다.

320 계산기를 이용해서 황금비율의 근삿값을 계산하시오.

321 다음의 긴 변과 짧은 변의 길이를 측정하고 그 비율을 계산하시오. 그 결과를 황금비율과 비교하시오.

a) 레오나르도 다빈치의 명화 '모나리자'

b) 아테네에 있는 파르테논 신전

c) A4 종이

322 인간의 신체에서도 황금비율을 찾을 수 있다. 다음 길이를 측정하고 그 비율을 계산하시오. 그 결과를 황금비율과 비교하시오.

a) 검지의 끝에서 세 번째 마디까지와 검지의 끝에서 두 번째 마디까지의 길이

b) 턱에서 머리끝까지와 턱에서 귀의 가장 윗부분까지의 길이

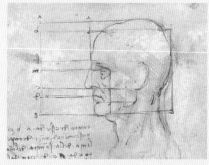

c) 바닥에서 머리끝까지와 바닥에서 배꼽까지의 길이

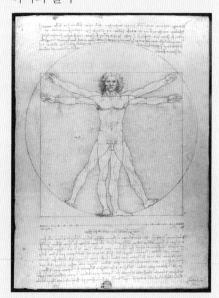

323 다음은 2009년 봄의 유로화의 환율이다.

   a) 1유로는 미국 달러(USD)로 1.34달러였다. 50.00달러는 몇 유로였는가?

   b) 1유로는 스웨덴 크로나로 10.48크로나였다. 750.00크로나는 몇 유로였는가?

324 미국 달러(USD)를 소냐는 40.00달러, 센니는 30.00달러를 가지고 있었다. 둘이 미국 달러를 합해서 유로화로 바꾸었더니 52.25유로였다. 이 둘이 각각 나누어 가질 금액은 얼마인가?

325 스웨덴 크로나를 칼레는 300.00크로나, 욘네는 250.00크로나를 가지고 있었다. 둘이 스웨덴 크로나를 합해서 유로화로 바꾸었더니 52.50유로였다. 이 둘이 각각 나누어 가질 금액은 얼마인가?

연구

‖ 피보나치의 수열

326 수열 1, 1, 2, 3, 5, 8, …은 세 번째 항부터 직전 두 항의 합인 수열이다. 이 수열을 피보나치의 수열이라고 한다.

   a) 피보나치의 수열의 1~10항을 쓰시오.

   b) 수열의 다음 항을 직전 항으로 나누어서 연속한 항의 비율을 계산하시오. 10항까지 하시오. 결과를 황금비율과 비교하시오. 어떤 결론을 얻는가?

327 피보나치의 수열을 이용해서 나선을 그리시오.

   1. 변의 길이가 모눈종이 눈금 한 칸의 길이인 정사각형을 그린다.

   2. 정사각형의 아래에 정사각형의 한 변이 공통인 다른 정사각형을 그린다.

   3. 만들어진 직사각형의 긴 변에 긴 변을 한 변으로 하는 정사각형을 그린다.

   4~7. 같은 방법으로 계속 그린다.

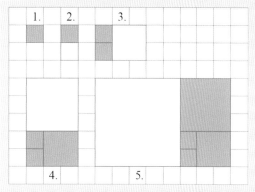

   8. 컴퍼스를 이용해서 첫 번째 정사각형부터 시작하여 각 정사각형에 원의 $\frac{1}{4}$ 을 그린다.

328 나선의 주위에 있는 직사각형의 가로 길이와 세로 길이를 측정하고 비율을 계산하시오. 무엇을 알 수 있는지 쓰시오.

329 다음 비례식을 푸시오.

a) $\dfrac{2x-4}{10} = \dfrac{2}{5}$

b) $\dfrac{5x+3}{8} = \dfrac{7}{2}$

c) $\dfrac{x-1}{4} = \dfrac{x+1}{2}$

d) $\dfrac{4x-3}{3} = \dfrac{3x+6}{5}$

e) $\dfrac{5}{10} = \dfrac{x+1}{x+2}$

f) $\dfrac{x-5}{3x+2} = \dfrac{7}{4}$

	G	A	R	T	H	I	W
$x=$	3	2	5	-2	0	-3	4

330 길이가 $2.4\,\text{m}$인 막대를 4부분으로 자르는데 60초가 걸린다. 길이가 같은 막대를 8부분으로 자르는 데는 몇 초가 걸리는지 쓰시오.

331 225를 어떤 수로 나누어야 6을 8로 나눈 결과가 같아지는가?

332 12와 $x-2$의 곱이 4와 $x+2$의 곱과 같을 때 비례식을 만들고 x의 값을 구하시오.

333 다음의 두 정수를 구하시오.

a) 두 정수의 합이 63이고 비율이 $4:5$이다.

b) 두 정수의 비율이 $1:4$이고, 작은 수에 3을 더하고 큰 수에서 3을 빼면 수들의 비가 $1:3$이 된다.

334 로사의 나이와 헨니의 나이의 비율은 지금 $3:4$이다. 3년 후에 나이의 비율은 $4:5$가 된다. 지금 로사와 헨니는 각각 몇 살인가?

335 직사각형의 변의 길이의 비율은 $3:4$이다. 직사각형의 둘레가 $35\,\text{cm}$일 때, 각 변의 길이를 계산하시오.

336 작은 정사각형의 한 변의 길이와 큰 정사각형의 한 변의 길이의 비율은 $2:3$이다. 이 정사각형들의 다음 비율을 계산하시오.

a) 둘레의 비율　　b) 넓이의 비율

337 붉은 황토 페인트의 재료인 붉은 황토, 호밀가루, 황산철의 비율은 $16:9:4$이다. 페인트 $100\,\text{L}$를 만들 때 붉은 황토 $16\,\text{kg}$이 필요하다. 페인트를 다음 양만큼 만들 때 필요한 재료들의 양을 각각 계산하시오.

a) $50\,\text{L}$　　b) $75\,\text{L}$　　c) $250\,\text{L}$

338 삼각형의 세 각의 비율이 $5:11:20$일 때 세 각의 크기를 각각 구하시오.

(출처 : 2003년 춘계 수학 1 고교 졸업 자격 시험)

339 부부인 타이스토와 이르멜리는 청구서의 금액 $615 \,€$를 자신들의 월급 액수의 비율에 비례해서 나누어 낸다. 타이스토의 월급은 $1\,801\,€$이고 이르멜리는 $1\,354\,€$이다. 이들이 각각 내는 금액은 얼마인가?

(출처 : 2002년 추계 수학 1 고교 졸업 자격 시험)

340 다음 방정식을 푸시오.

    a) $x^2 = 2\frac{1}{4}$ b) $x^2 = 2\frac{7}{9}$

    c) $x^2 = 3\frac{1}{16}$ d) $x^2 = 3\frac{6}{25}$

341 다음을 나타내는 방정식을 만들고 푸시오.

    a) x 에 x 를 곱하면 $\frac{4}{5}$ 와 $7\frac{1}{5}$ 의 곱을 얻는다.

    b) x 에 x 를 곱하고 1을 더하면 $1\frac{1}{4}$ 과 $2\frac{5}{16}$ 의 곱이 된다.

342 다음 비례식을 푸시오.

    a) $\frac{1}{x} = \frac{x}{49}$

    b) $\frac{3}{x} = \frac{x}{27}$

    c) $\frac{x}{3} = \frac{2x}{x+6}$

    d) $\frac{4}{x+12} = \frac{x}{3x+1}$

    e) $\frac{4}{x+4} = \frac{5x}{x^2+5x+16}$

    f) $\frac{8}{x+8} = \frac{9x}{x^2+9x+18}$

M	Y
2 또는 −2	7 또는 −7

S	A	R	A
0	8 또는 −8	12 또는 −12	9 또는 −9

343 다음 두 사각형의 넓이는 같다. 두 사각형의 각 변의 길이를 계산하시오.

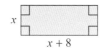
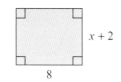

자동차의 정지거리는 반응거리와 제동거리의 합이다. 반응거리란 운전자가 제동장치(브레이크)를 밟기 전까지 자동차가 움직인 거리이다. 반응거리는 속력에 비례하고, 제동거리는 속력의 제곱에 비례한다.

속력 (km/h)	반응거리 (m)	제동거리 (m)	정지거리 (m)
40	11	8	19
80	22	32	54
120	33	72	105

마른 아스팔트 도로에서 완전 제동시 반응속력는 약 1초이다.

344 자동차의 속력이 다음과 같을 때, 마른 아스팔트 도로에서 정지거리를 계산하시오.

    a) 60 km/h   b) 100 km/h

345 제동거리가 다음과 같을 때, 마른 아스팔트 도로에서 속력을 계산하시오.

    a) 60 m   b) 100 m

346 운전자가 도로에서 말코손바닥사슴을 발견하고 브레이크를 밟아서 자동차를 세우고 충돌을 피했다. 자동차의 속력이 80 km/h였고 제동거리는 42 m였다. 자동차의 속도가 다음과 같았다면 제동거리는 얼마였을지 계산하시오.

    a) 100 km/h   b) 120 km/h

347 346번의 상황에서 제동거리가 다음과 같았다면 자동차의 속력은 얼마였을지 계산하시오.

    a) 50 m   b) 120 m

348 아래 보기에서 다음 방정식을 고르시오.

$$2x = 3 \qquad 2x-6=0 \qquad x^2=-9$$
$$x^2=9 \qquad x^2=3 \qquad 2x^2=6$$

a) 근이 $x=3$ 하나인 방정식
b) 근이 $x=3$과 $x=-3$인 방정식
c) 근이 없는 방정식

349 다음과 같은 방정식을 만드시오.

a) 근이 $x=2$ 하나인 방정식
b) 근이 $x=2$와 $x=-2$인 방정식
c) 근이 없는 방정식

350 다음 방정식을 푸시오.

a) $\dfrac{1}{2}x^2 = \dfrac{18}{49}$ b) $\dfrac{1}{3}x^2 = \dfrac{27}{100}$

c) $\dfrac{1}{2}x^2 = 3\dfrac{5}{9}$ d) $\dfrac{1}{4}x^2 = 1\dfrac{11}{25}$

351 정사각형의 넓이가 $36\ \mathrm{cm}^2$이다.

a) 정사각형의 넓이가 네 배가 되려면 정사각형의 한 변의 길이가 얼마나 더 길어져야 하는가?

b) 정사각형의 넓이가 $\dfrac{1}{9}$ 배가 되려면 정사각형의 한 변의 길이가 얼마나 더 짧아져야 하는가?

352 작은 정사각형의 한 변의 길이는 큰 정사각형의 한 변의 길이의 $\dfrac{1}{3}$ 이다. 색칠한 부분의 넓이가 $200\ \mathrm{cm}^2$일 때, 작은 정사각형의 한 변의 길이를 계산하시오.

연구

예제 방정식 $x^2-5x=0$을 푸시오.

$x^2-5x=0$ ▪약수의 곱으로 나타낸다.

$x\cdot x - 5\cdot x = 0$

$x(x-5)=0$ ▪결과가 0일 때를 찾는다.

$x=0$ 또는 $x-5=0$

$x=0$ 또는 $x=5$

정답 : $x=0$ 또는 $x=5$

예제 방정식 $2x^2=6x$를 푸시오.

$2x^2=6x$ ▪양변에 $-6x$를 한다.

$2x^2-6x=0$ ▪약수의 곱으로 나타낸다.

$2x\cdot x - 6\cdot x = 0$

$2x(x-3)=0$ ▪결과가 0일 때를 찾는다.

$2x=0$ 또는 $x-3=0$

$x=0$ 또는 $x=3$

정답 : $x=0$ 또는 $x=3$

353 다음 방정식을 푸시오.

a) $x^2+9x=0$ b) $x^2-11x=0$
c) $x^2+13x=0$ d) $x^2-17x=0$

354 다음 방정식을 푸시오.

a) $3x^2=12x$ b) $2x^2=12x$
c) $4x^2=-20x$ d) $6x^2=-42x$

355 다음 방정식을 푸시오.

a) $8x^2-2x=0$ b) $18x^2+6x=0$
c) $24x^2=3x$ d) $28x^2=4x$

356 다음 직사각형들 중 서로 닮음인 것을 찾으시오.

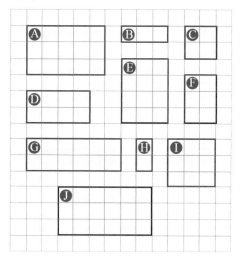

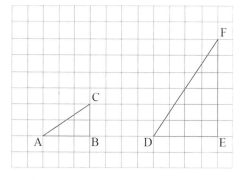

357 다음의 모든 도형은 서로 닮은 도형인가? 참, 거짓을 확인하시오.

a) 이등변삼각형
b) 원
c) 정삼각형
d) 직사각형
e) 정사각형
f) 직각삼각형

358 다음 물음에 답하시오.

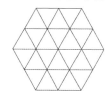

a) 삼각형 ABC와 삼각형 DEF는 서로 닮은 삼각형인가?
b) 삼각형 DEF에서 변 AC의 대응변은?
c) 삼각형 DEF에서 변 AB의 대응변은?

359 합동하는 도형은 서로 겹칠 수 있다. 합동하는 도형들은 크기가 같은 대응 부분을 가지고 있다. 아래 도형을 다음과 같은 개수로 원래의 도형과 닮은 도형으로 나누시오.
(단, 나누어진 도형들은 서로 합동이어야 한다.)

a) 4개 b) 9개

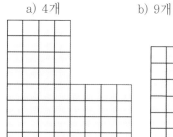

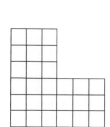

360 다음 도형에 대하여 물음에 답하시오.

a) 도형 안에 정육각형이 몇 개 있는가?
b) 도형 안에 정삼각형이 몇 개 있는가?

연구

361 아래 도형의 한 변의 길이에 다음의 수를 곱할 때 만들어지는 닮은 직사각형을 그리시오.

a) 2 b) 3 c) 4 d) 7

362 a) 위 문제의 a)~d) 직사각형의 넓이를 모눈종이 칸의 개수로 나타내시오.
b) 위 문제의 a)~d) 직사각형의 넓이는 원래의 도형의 넓이에 비교했을 때 각각 몇 배로 변했는가?

363 한 변의 길이가 모눈종이 눈금의 6칸인 정사각형 ABCD를 그리시오. 정사각형 ABCD와 닮은 정사각형 EFGH를 다음 비율로 그리시오.

　　a) 2 : 3　　　　　　b) 4 : 3

364 좌표평면에 삼각형 ABC와 삼각형 DEF를 그리시오. 세 꼭짓점의 좌표는 A(−2, 2), B(6, 2), C(−2, 6)과 D(5, 1), E(2, 1), F(5, −5)이다. 다음 삼각형들의 닮음비를 구하시오.

　　a) 삼각형 DEF의 삼각형 ABC에 대한 비율
　　b) 삼각형 ABC의 삼각형 DEF에 대한 비율

365 삼각형 ABC와 삼각형 DEF는 3 : 5의 비율로 닮아 있다. 삼각형 DEF는 어떤 비율로 삼각형 ABC와 닮아 있는가?

366 삼각형 DEF와 ABC는 닮은 삼각형이다. 변 x와 y에 해당하는 변을 쓰시오.

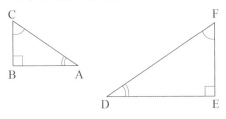

$$k = \frac{\overline{DE}}{\overline{AB}} = \frac{\overline{EF}}{x} = \frac{y}{\overline{AC}}$$

연구

도형은 어떤 점에 대해 연장해서 닮은 도형을 그릴 수 있다.

예제 **삼각형의 세 꼭짓점의 좌표는** A(2, 1), B(4, 0), C(3, 4)**이다.**

　　a) 삼각형 ABC와 닮은 삼각형 A′B′C′을 삼각형 ABC를 원점 O에 대해 2 : 1의 비율로 늘려서 그리시오.
　　b) 삼각형 A′B′C′의 세 꼭짓점의 좌표를 쓰시오.

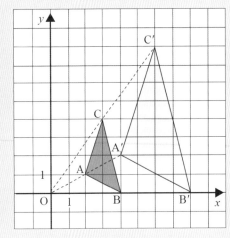

　　a) 점 A′은 원점에서 시작해서 점 A를 지나는 반직선 위에 있으므로 $\overline{OA′} = 2\overline{OA}$ 이다. 이처럼 $\overline{OB′} = 2\overline{OB}$ 이고 $\overline{OC′} = 2\overline{OC}$ 이다. 삼각형 A′B′C′는 삼각형 ABC와 2 : 1의 비율이다.
　　b) A′(4, 2), B′(8, 0), C′(6, 8)

367 삼각형의 세 꼭짓점의 좌표는 A(2, −2), B(6, 0), C(4, 2)이다. 삼각형 ABC를 다음과 같이 확대 또는 축소하시오.

　　a) 원점에 대해 2 : 1로 확대한 삼각형
　　b) P(−2, 4)에 대해 1 : 2로 축소한 삼각형

368 다음 하트 모양을 원점 O에 대해 2 : 1의 비율로 확대하시오.

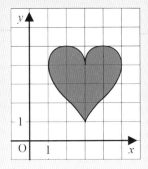

축척 1:200

369 위 그림에서 다음 길이를 측정하고 실제 길이 및 넓이를 계산하시오.

a) 마구간의 외벽 길이와 넓이
b) 창고의 내벽 길이와 넓이
c) 해산실의 넓이
d) 마구실의 벽 길이

370 위 그림에서 다음 길이를 측정하고 실제 길이를 계산하시오.

a) 창고의 출입문의 너비
b) 창고의 창문의 너비

SILL MAN
ARKKITEHTITOIMISTO

실만 건축사무소

연구

371 다음을 그리시오.

a) 흰 종이 한가운데에 1 : 500의 비율로 동서의 길이가 15 m이고 남북의 길이가 10 m인 마구간을 그리시오.

b) 다음과 같이 지도를 그리시오.

1. 우물은 마구간의 북동 모서리에서 남쪽으로 25 m 거리에 있다.

2. 창고의 남동 모서리는 마구간의 북동 모서리에서 북쪽으로 15 m 거리에 있다. 창고의 가로 길이와 세로 길이는 각각 5 m이고 창고의 벽들의 방향은 마구간과 같다.

3. 건초더미의 북동 모서리는 마구간의 남서 보서리에서 서쪽으로 20 m 거리에 있다.

4. 강은 북남 방향으로 마구간에서 서쪽으로 30 m 거리에서 흐른다. 강의 폭은 10 m이다.

5. 마구간과 강 사이에는 동서의 길이가 30 m인 직사각형 모양의 울타리가 쳐져 있다. 울타리의 남쪽 경계는 마구간의 남쪽벽에서 시작해서 강까지 이어지는 울타리이다. 울타리의 남북 길이는 50 m이다.

372 삼각형 ABC와 삼각형 DEF는 서로 닮은 도형이다. 변의 길이 x와 y의 값을 계산하시오.

a)
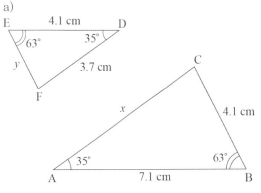

b)
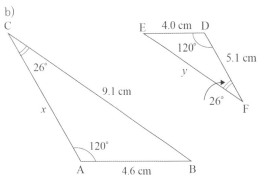

373 다음 도형은 서로 닮은 도형이다. 다음 변의 길이를 계산하시오.

a) 변 AF   b) 변 AB

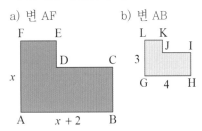

374 다음 조건을 만족하는 서로 닮지 않은 두 사각형을 그리시오.

a) 대응각의 크기가 서로 같음
b) 대응변의 비율이 같음

▍삼각형의 닮음

삼각형은 대응변들의 비율이 같을 때 서로 닮음이다.

375 대응변들의 길이의 비율을 계산해서 삼각형이 서로 닮음인지 알아보시오.

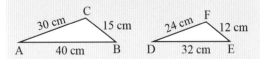

376 다음 두 삼각형이 서로 닮음인지 알아보시오.

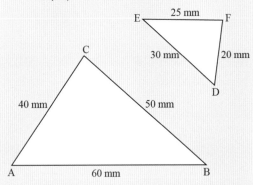

377 다음 삼각형 ABC와 DEF가 서로 닮음인지 알아보시오.

a)

b)

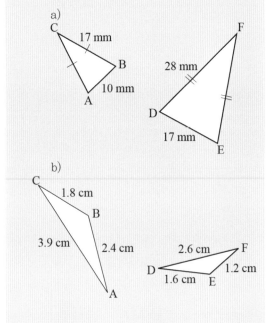

378 다음 물음에 답하시오.

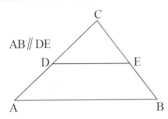

AB∥DE

a) 삼각형 ABC와 삼각형 DEC가 서로 닮음인 이유를 설명하시오.
b) 삼각형의 대응변을 표로 나타내시오.

379 다음 물음에 답하시오.

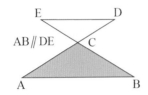

AB∥DE

a) 삼각형 ABC와 DEC가 서로 닮음인 이유를 설명하시오.
b) 삼각형의 대응변을 표로 나타내시오.

380 다림질판의 다리가 만드는 삼각형 ABC와 삼각형 DEC는 서로 닮음이다. 다음 선분의 길이를 계산하시오.

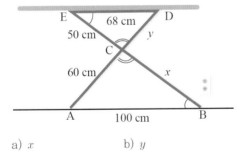

68 cm
50 cm
y
60 cm
x
100 cm

a) x b) y

381 삼각형 ABC와 삼각형 ADE는 서로 닮음이다. $\overline{AB} = 3.6$ cm, $\overline{BD} = 1.5$ cm, $\overline{AC} = 2.2$ cm 일 때, 선분 CE의 길이를 계산하시오.

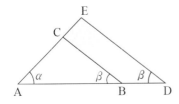

382 삼각형 ABC와 삼각형 DEC는 서로 닮음이다. $\overline{AD} = 3.1$ cm, $\overline{DC} = 9.3$ cm, $\overline{BE} = 2.8$ cm 일 때, 선분 BC의 길이를 계산하시오.

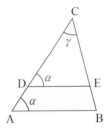

연구

닮은 삼각형을 이용해서 높이를 측정할 수 있다. 자신의 팔 길이 정도 되는 막대를 준비한다. 막대를 세로로 쥐고 팔을 편다. 높이를 측정할 대상을 한쪽 눈으로 바라보면서 앞뒤로 왔다갔다해서 막대의 길이와 대상이 일치하는 지점에서 멈춘다. 이 지점에서 대상까지의 거리가 대상의 높이이다.

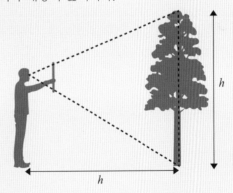

h

h

383 닮음의 성질을 이용해서 이 방법으로 측정한 높이가 옳다는 것을 설명하시오.

384 같은 방법으로 학교에 있는 나무나 가로등, 기타 높은 물체의 높이를 측정하시오.

225

385 다음과 같은 강의 폭 x의 값을 계산하시오.

a)

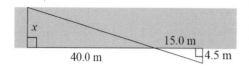

b)

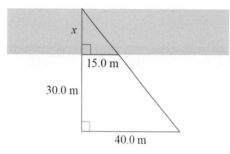

386 정사각형 ABCD의 한 변의 길이는 12.0 cm 이다. $\overline{BE} = 7.0$ cm일 때, 선분 CF의 길이를 계산하시오.

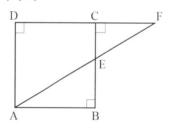

387 삼각형 ABC와 삼각형 BCD는 서로 닮은 도형이다. 다음 변의 길이를 계산하시오.

a) 변 CD b) 변 AC

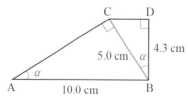

388 세 직각삼각형 ABC, ACD, CBD에 대하여 물음에 답하시오.

a) 서로 닮음임을 설명하시오.
b) 삼각형의 대응변들을 표로 나타내시오.

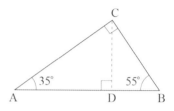

389 세 직각삼각형 ABC, ACD, CBD는 서로 닮음이다.

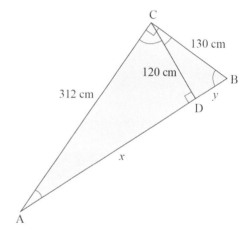

a) 변 AD와 변 BD의 길이를 계산하시오.
b) 세 삼각형의 넓이를 각각 계산하시오.

390 직각삼각형 ABC의 변들의 길이는 각각 AB=10.0 cm, BC=6.0 cm, AC=8.0 cm 이다. 빗변에 수직 이등분선을 그으면 삼각형 ABC와 닮은 직각삼각형 AED를 그릴 수 있다. 삼각형 AED의 변들의 길이를 계산하시오.

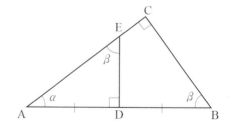

391 다음 선분 a, b, c를 이용해서 삼각형을 만들 수 있다.

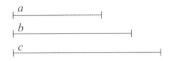

a) 선분의 길이를 mm 단위까지 측정하시오.

b) 이 선분들로 만들어지는 삼각형이 직각삼각형인지 알아보시오.

392 다음 물음에 답하시오.

a) 다음 표를 완성하시오.

m	n	$a = 2mn$	$b = m^2 - n^2$	$c = m^2 + n^2$
6	5			
11	8			
8	2			

b) 표에 계산된 정수들 a, b, c가 방정식 $a^2 + b^2 = c^2$, 즉 피타고라스의 정리의 세 수임을 증명하시오.

c) 같은 방법으로 두 개의 다른 피타고라스의 정리의 세 수를 구하시오.

393 다음 그림에 대하여 물음에 답하시오.

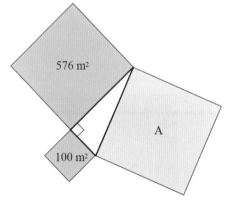

a) 삼각형의 밑변의 길이와 높이를 계산하시오.

b) 빗변에 그려진 정사각형의 넓이를 구하시오.

c) 삼각형의 빗변의 길이를 계산하시오.

394 다음 그림에 대하여 물음에 답하시오.

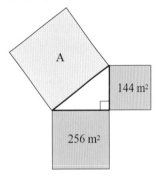

a) 삼각형의 밑변의 길이와 높이를 계산하시오.

b) 빗변에 그려진 정사각형의 넓이를 구하시오.

c) 삼각형의 빗변의 길이를 계산하시오.

연구

▌ 피타고라스의 정리의 증명

직각삼각형 ABC의 밑변과 높이는 각각 a와 b이고, 빗변은 c이다.

변의 길이가 $a+b$인 두 개의 정사각형을 그려서 삼각형 ABC 네 개를 정사각형 안에 그림과 같이 배열한다.

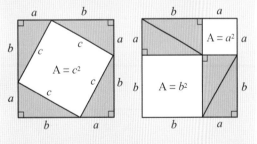

395 위 그림을 이용해서 피타고라스의 정리를 증명하시오.

396 미코는 서쪽으로 2.0 km를 트래킹하여 강가에 도착한 뒤, 북쪽으로 3.0 km를 더 가서 오두막에 도착했다. 오두막에서 미코는 동쪽으로 1 km를 간 뒤, 남동쪽으로 방향을 꺾어 출발점으로 돌아갔다.

   a) 출발점에서 오두막까지의 직선 거리는 얼마인가?

   b) 미코가 트래킹한 총 거리는 얼마인가?

397 사미와 레이요는 각자의 모터보트를 타고 섬을 출발했다. 사미는 보트를 타고 12시에 출발해 20 km/h의 속도로 섬에서 서쪽으로 갔다. 레이요는 30분 뒤에 출발해서 30 km/h의 속도로 섬에서 북쪽으로 갔다. 13시에 이 둘 사이의 직선 거리는 얼마인가?

398 아래 그림에서 다음 선분의 길이를 mm 단위까지 계산하시오.

   a) $\overline{AB}$

   b) $\overline{AC}$

   c) $\overline{AD}$

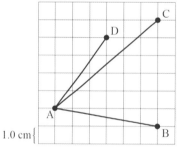

399 다음 삼각형의 둘레의 길이를 mm 단위까지 계산하시오.

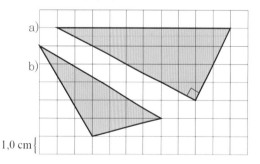

400 다음 그림에 대하여 물음에 답하시오.

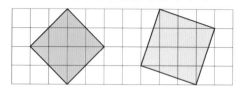

   a) 두 정사각형의 넓이를 모눈종이의 칸 수로 각각 계산하시오.

   b) 회색 정사각형은 보라색 정사각형보다 몇 % 더 큰가?

   c) 보라색 정사각형은 회색 정사각형보다 몇 % 더 작은가?

연구

텔레비전의 크기인 인치(1″=2.54 cm)는 화면의 대각선의 길이이다. 화면의 모양은 가로 길이의 세로 길이에 대한 비율로 표시한다. 구형 텔레비전의 화면 비율은 4 : 3이고 와이드 텔레비전의 화면 비율은 16 : 9이다.

401 구형 텔레비전의 화면의 가로 길이가 55.0 cm일 때 다음 길이를 계산하여 인치로 답하시오.

   a) 세로의 길이   b) 대각선의 길이

402 다음 와이드 텔레비전의 화면의 다음 길이를 계산하여 인치로 답하시오.

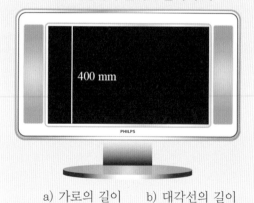

   a) 가로의 길이   b) 대각선의 길이

403 다음 그림과 같이 올리와 엔니는 연을 날리고 있다. 올리는 1 m 높이에 있는 손에 연을 쥐고 있다. 올리가 28 m인 연줄을 모두 풀고 나면 정확히 엔니가 서 있는 곳의 위쪽에 다다른다. 연이 있는 곳의 높이를 계산하시오.

15 m

404 다음 삼각형의 넓이를 계산하시오.

a) b)

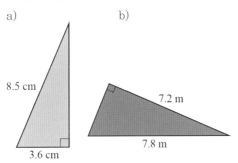

8.5 cm

3.6 cm

7.2 m

7.8 m

405 다음 소방트럭의 사다리의 총 길이는 15 m 이다. 사다리가 다다를 수 있는 최고 지점의 높이를 계산하시오.

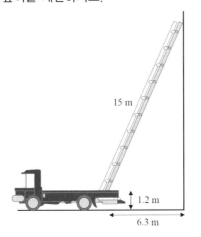

15 m

1.2 m

6.3 m

406 다음 삼각형의 높이 h를 소수점 아래 첫째 자리까지 계산하시오.

a) b)

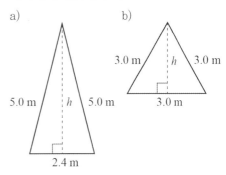

5.0 m h 5.0 m

2.4 m

3.0 m h 3.0 m

3.0 m

연구

예제 직각이등변삼각형의 빗변의 길이는 4.0 cm이다. 밑변의 길이 및 높이를 계산하시오.

4.0 cm x

x

밑변의 길이 및 높이를 변수 x로 표시한다. 피타고라스의 정리에 의해 다음과 같은 방정식을 얻는다.

$x^2 + x^2 = 4.0^2$

$2x^2 = 16.00$　　　■ 양변에 ÷ 2를 한다.

$x^2 = 8.00$

$x = \sqrt{8.00}$

$x = 2.828 \cdots \fallingdotseq 2.8$

정답 : 약 2.8 cm

407 다음 직각이등변삼각형의 밑변의 길이 및 높이를 계산하시오.

a) b)

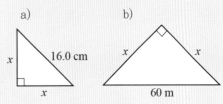

x 16.0 cm

x

x x

60 m

408 가로 길이가 $200\,cm$이고 세로 길이가 $90\,cm$인 침대가 다음 그림과 같이 놓여 있다. 이 침대를 세우지 않고 침대의 긴쪽이 긴 벽쪽에 붙도록 옮길 수 있는지 계산하시오.

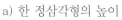

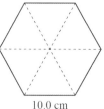

2.3 m

3.5 m

409 다음 정육각형은 정삼각형 6개로 나눌 수 있다. 원래의 정육각형의 한 변의 길이는 $10.0\,cm$일 때, 다음을 계산하시오.

a) 한 정삼각형의 높이
b) 한 정삼각형의 넓이
c) 정육각형의 넓이

10.0 cm

아우라 강가에 투르쿠 성을 짓기 시작한 것은 1200년대였다. 이 성의 전성기는 1500년대 유하나 공작이 살던 시기로, 이때 성은 지금의 모습을 갖추었다. 성은 1960년대에 복구되었다.

연구

410 1200년대에 투르쿠 성 주위에 높이가 약 $9.0\,m$인 담을 쌓았다. 벽에서 $2.5\,m$ 거리에서 담벽 위까지 닿도록 사다리를 놓았다면 이 사다리의 길이는 얼마인가?

411 어느 보초실의 바닥은 정사각형이고 대각선의 길이는 $10.5\,m$이다. 이 바닥의 넓이를 계산하시오.

412 1200년대에 투르쿠 성에는 바닥이 정사각형 모양인 탑이 있었다. 벽의 두께는 $3.0\,m$였고 탑의 외벽에서 외벽까지의 대각선의 길이는 $17.5\,m$였다. 이 탑의 실내 바닥의 넓이를 계산하시오.

413 투르쿠 성에 있는 부인들 방의 창의 바닥 부분을 위에서 보았을 때 옆 그림과 같이 이등변삼각형 모양이다. 벽의 두께가 $2.5\,m$일 때, 창의 한 변의 길이 x의 값을 구하시오.

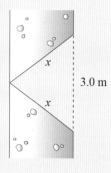

x

x

3.0 m

414 성의 앞부분에 있는 안쪽 정원의 모양은 사다리꼴이다. 다음을 계산하시오.

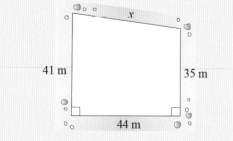

x

41 m

35 m

44 m

a) 두 대각선의 길이
b) 변의 길이 x
c) 정원의 넓이

415 엄마의 자전거 바퀴는 지름의 길이가 70 cm 이고 아이의 자전거 바퀴는 지름의 길이가 40 cm이다. 엄마와 아이가 함께 자전거를 타고 있는데 엄마의 자전거 바퀴가 1 600번을 돌았다. 엄마와 아이가 자전거를 타고 같은 거리를 갔을 때, 아이의 자전거 바퀴는 몇 번 돌았는지 계산하시오.

416 자전거 바퀴의 크기는 인치로 표현한다. 첫 번째 수는 바퀴의 외지름의 길이, 두 번째 수는 바퀴의 높이, 세 번째 수는 겉바퀴의 두께이다.

　a) 자전거 바퀴의 크기는

　　$26'' \times \left(1\frac{5}{8}\right)'' \times \left(1\frac{3}{4}\right)''$ 이다.

　　$1''$(인치)$=2.54$ cm일 때, 자전거 바퀴의 치수들을 각각 cm 단위로 바꾸시오.

　b) 한 바퀴 돌 때, 이 자전거가 앞으로 나아가는 거리는 얼마인가?

　c) 학교까지 거리가 2.5 km일 때, 이 자전거를 이용하면 바퀴가 몇 번 돌아가야 하는가?

417 옆 그림에서 원의 둘레의 길이는 41 cm이다. 정사각형의 다음을 계산하시오.

　a) 한 변의 길이

　b) 정사각형의 넓이

418 다음 그림에 대하여 물음에 답하시오.

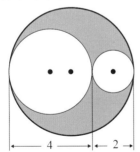

　a) 작은 원들의 둘레의 길이의 합을 계산하시오.

　b) 큰 원의 둘레의 길이를 계산하시오.

　c) a)와 b)의 답을 비교하시오.

419 반원들로 만들어진 다음 색칠한 부분의 둘레의 길이를 계산하시오.

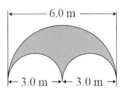

420 말 조련사가 원 모양의 훈련장에서 말을 훈련시키고 있다. 말을 묶은 줄이 6 m에서 7 m로 길어질 때 말이 뛰어야 하는 거리는 몇 m 더 늘어나게 되는지 계산하시오.

연구

지구의 반지름은 적도에서 6 380 km이다. 달의 반지름은 1 740 km이고 지구와 달의 평균 거리는 384 400 km이다.

421 다음 물음에 답하시오.

　a) 지구의 둘레의 길이를 계산하시오.

　b) 달의 둘레의 길이를 계산하시오.

　c) 지구의 둘레의 길이는 달의 둘레의 길이보다 몇 % 더 긴지 계산하시오.

422 지면으로부터 1 m 높이에서 적도를 따라 줄을 두른다고 가정하자. 줄의 길이는 지면에서 잴 때와 비교하여 얼마나 더 늘어나는가?

423 달이 지구 주위를 원 모양으로 돈다고 가정할 때, 달이 지구 주위를 회전하는 거리를 구하시오.

424 다음 색칠한 부분의 넓이를 계산하시오.

a)   b)

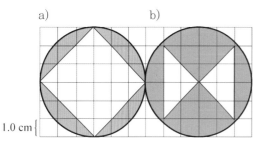

1.0 cm{

425 정사각형의 한 변의 길이가 16.0 cm일 때 다음 원의 넓이를 계산하시오.

a)   b)

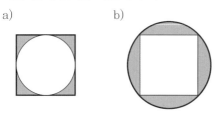

426 정사각형 모양의 울타리 안의 넓이는 4.0 a (아르)이다. 이 울타리를 해체한 뒤에 이 울타리를 재사용해 가장 큰 원 모양을 만든다고 할 때, 이 원의 넓이를 계산하시오.

427 정사각형의 한 변의 길이는 12이다. 도형수열의 다음을 계산하시오.

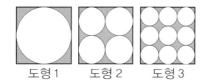

도형1   도형2   도형3

a) 첫 번째 도형의 색칠한 부분의 넓이
b) 누 번째 도형의 색칠한 부분의 넓이
c) 세 번째 도형의 색칠한 부분의 넓이
d) 어떤 사실이 눈에 띄는가?

428 원의 중심이 (−2, 1)이고 둘레가 다음 점을 지나는 원을 모눈종이 위에 그리고 원의 넓이를 모눈종이의 눈금 칸의 개수로 계산하시오.

a) (−2, −1)을 지날 때
b) (1, 5)를 지날 때

429 핀란드 북부에는 110년이 된 전나무가 있다. 이 나무의 밑둥의 단면을 이루는 원의 지름의 길이는 27 cm이다. 전나무의 단면의 반지름은 1년에 1.5 mm씩 자란다.

a) 나무의 단면의 넓이는 1년에 몇 % 증가하는가?
b) 나무의 밑둥의 둘레는 1년에 몇 %씩 증가하는가?

연구

예제 원 모양의 패밀리 사이즈 피자의 넓이는 11.4 dm²이다. 이 피자의 반지름의 길이를 계산하여 cm로 답하시오.

방정식 $A = \pi r^2$에 값을 넣는다.
$A = 11.4 \text{ dm}^2 = 1\,140 \text{ cm}^2$
$\pi r^2 = 1\,140$ ■ 양변에 ÷π를 한다.
$r^2 = \dfrac{1\,140}{\pi}$ ■ r^2을 푼다.
$r = \sqrt{\dfrac{1\,140}{\pi}} = 19.049 \cdots ≒ 19$

정답 : 19 cm

430 레귤러 사이즈 피자의 넓이는 6.16 dm² 이다. 피자의 반지름의 길이를 계산하여 cm로 답하시오.

431 원의 넓이가 다음과 같을 때, 원의 반지름의 길이를 계산하여 cm로 답하시오.

a) 53 cm²   b) 1.0 m²

432 큰 원의 반지름의 길이는 $10.0\,\mathrm{cm}$이다. 작은 원의 넓이는 큰 원의 넓이의 절반이다. 작은 원의 반지름의 길이를 계산하시오.

433 직각삼각형의 빗변의 길이를 지름으로 해서 반원을 그렸다. 색칠한 부분의 둘레의 길이와 넓이를 계산하시오.

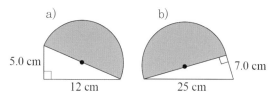

a)
b)

5.0 cm

12 cm

7.0 cm

25 cm

434 다음 그림에 대하여 물음에 답하시오.

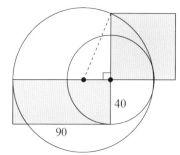

40

90

a) 큰 원의 반지름의 길이를 계산하시오.
b) 정사각형의 넓이와 직사각형의 넓이가 같음을 설명하시오.

435 다음과 같이 직각삼각형의 각 변을 지름으로 해서 반원들을 그렸다.

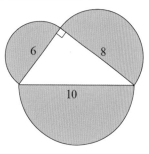

6

8

10

a) 밑변과 높이에 그린 반원들의 넓이의 합을 계산하시오.
b) 빗변에 그린 반원의 넓이를 계산하시오.
c) 어떤 사실이 눈에 띄는가?

436 다음 색칠한 부분의 넓이의 합은 직각삼각형의 넓이와 같음을 설명하시오.

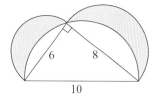

6

8

10

437 다음 그림에 대하여 물음에 답하시오.

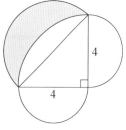

4

4

a) 사분원의 넓이는 삼각형의 밑변과 높이에 그린 반원들의 넓이의 합과 같음을 설명하시오.
b) 빗변에 그린 반원의 넓이를 계산하시오.
c) 색칠한 부분의 넓이를 계산하시오.

연구

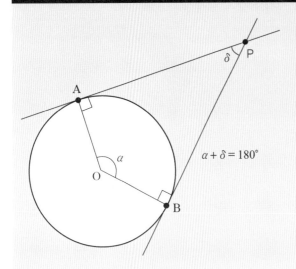

▌ 탄젠트각

탄젠트는 원 위의 한 점(접점)에서 그은 접선으로 원과 한 점에서 만나는 직선이다. 탄젠트는 접점에 그린 원의 반지름에 수직이다.

서로 만나는 두 탄젠트는 탄젠트각 $\delta = \angle APB$를 만든다. 이 탄젠트각과 마주 보고 있는 중심각은 $\alpha = \angle BOA$이다.

사각형 AOBP의 각들의 크기의 합은 360°이므로, 탄젠트 각 δ와 마주 보는 중심각 α의 크기의 합은 180°이다.

438 중심각의 크기가 다음과 같을 때 마주 보는 탄젠트각의 크기를 구하시오.

a) 49°   b) 165°   c) 90°

439 다음 각 α와 β의 크기를 계산하시오. 답이 나온 이유를 설명하시오.

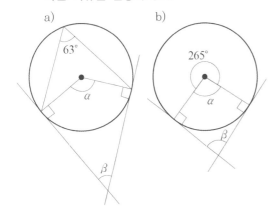

440 한 호에 대한 원주각의 크기가 다음과 같을 때 같은 호에 대한 중심각과 마주 보는 탄젠트각의 크기를 구하시오.

a) 85°   b) 21°   c) 60°

441 다음 그림에 대하여 물음에 답하시오.

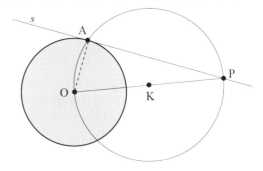

a) 각 OAP의 크기를 추정하시오.
b) 직선 s가 왜 색칠한 원의 탄젠트인지 설명하시오.

442 반지름의 길이가 3.5 cm인 원을 그리고 중심을 O로 표시하시오. 원의 바깥쪽에 점 P를 표시하시오.

a) 선분 OP의 중점 K를 표시하시오.
b) 점 K가 중심이고 점 O를 지나는 원을 그리시오.
c) 원래의 원에 점 P를 지나는 탄젠트를 2개 그리시오.

443 부채꼴의 중심각의 크기는 $45°$이고 넓이는 157 cm^2이다. 원의 반지름의 길이를 계산하시오.

444 다음 부채꼴의 중심각의 크기를 계산하시오.

a) 부채꼴의 호의 길이는 28 cm이고 원의 반지름의 길이는 8.9 cm이다.

b) 부채꼴의 넓이는 20 cm^2이고 원의 반지름의 길이는 8.1 cm이다.

445 세계에서 가장 잘 알려진 시계탑은 런던의 상징인 국회의사당의 시계탑 빅벵이다. 시계의 분침과 시침의 길이는 각각 427 cm와 274 cm이다.

a) 한 시간 동안에 분침의 끝이 움직이는 거리를 계산하시오.

b) 한 시간 동안에 시침의 끝이 움직이는 거리를 계산하시오.

연구

예제 다음은 라이타라 중학교 8학년 학생들이 좋아하는 실기과목이다. 원그래프를 그리시오.

좋아하는 실기과목	학생 수(명)	학생 수(%)
체육	10	14.3
미술	15	21.4
음악	32	45.7
가정	13	18.6

백분율을 이용해서 중심각의 크기를 계산할 수 있다.
체육 $0.143 \cdot 360° ≒ 51°$
미술 $0.214 \cdot 360° ≒ 77°$
음악 $0.457 \cdot 360° ≒ 165°$
가정 $0.186 \cdot 360° ≒ 67°$
원을 그리고 각 과목들이 차지하는 부분을 부채꼴로 그리되 제일 큰 부분부터 차례대로 그린다.
시계의 3시 방향에서 시작해서 시계 반대 방향으로 진행한다.

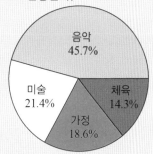

446 라이타라 중학교 8학년 학생들이 좋아하는 학습과목의 백분율을 계산하고 원그래프를 그리시오.

좋아하는 학습과목	학생 수(명)
모국어	15
역사	10
지리	25
영어	20

447 다음을 계산하시오.

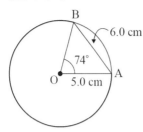

a) 반지름 OA와 OB와 호 AB가 만드는 부
채꼴의 넓이
b) 삼각형 ABO의 넓이
c) 색칠한 현의 넓이

448 다음 색칠한 부분의 넓이를 계산하시오.

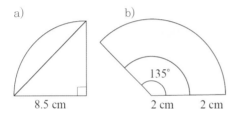

449 아래와 같이 생긴 천조각 4개를 합해서 치
마를 만들었다. 치마의 다음을 계산하시오.

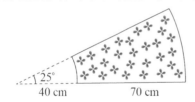

a) 허리의 둘레
b) 단의 너비
c) 넓이 (dm²로 답한다.)

450 다음 색칠한 부분의 넓이를 눈금 칸의 개수
로 계산하시오.

451 아이스하키 경기장의 최대 가로 길이는 61 m
이고 최대 세로 길이는 30 m이다. 경기장의
모서리는 반지름의 길이가 8.5 m인 원의 호
로 둥글다. 경기장의 둘레를 계산하시오.

452 포환던지기 경기장의 부채꼴의 호의 길이
는 45 m이다. 부채꼴의 넓이를 추정하시오.

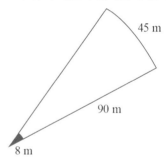

453 원 안에 정육각형을 그렸다.

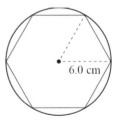

a) 색칠한 부분의 넓이를 계산하시오.
b) 원의 넓이는 정육각형의 넓이에 비교해
서 몇 % 더 큰가?

001 다음 도형의 색칠한 부분을 분수, 소수, 백분율로 쓰시오.

a)

b)

c)

d)

002 모눈종이 위에 10×10 사각형을 그리고 24%는 빨간색으로 칠하고 36%는 파란색으로 칠하시오. 색칠하지 않은 부분은 몇 %인지 쓰시오.

003 다음 표를 완성하시오.

분수	소수	백분율
$\dfrac{1}{4}$		
		20%
	0.55	
	0.125	
		250%

004 태양은 수소가 73.5%, 헬륨이 24.8%이다. 다른 원소들은 태양의 몇 %를 차지하는가?

005 양은숟가락은 구리가 60%, 니켈이 18%, 나머지는 아연이다.

a) 아연은 몇 % 들어 있는가?

b) 구리는 아연에 비해서 전체의 몇 % 더 들어 있는가?

006 다음을 바꾸시오.

a) 48%를 소수로   b) 0.17을 백분율로

007 다음을 구하시오.

a) 4는 10의 몇 %인가?

b) 150은 200의 몇 %인가?

c) 15는 50의 몇 %인가?

d) 22는 25의 몇 %인가?

008 다음을 구하시오.

a) 15 cm는 1 m의 몇 %인가?

b) 200 kg은 1톤의 몇 %인가?

c) 45분은 1시간의 몇 %인가?

009  2006년에 실시한 대통령 선거 2차 투표에서 타르야 할로넨은 1 630 980표, 사울리 니니스퇴는 1 518 333표를 얻었다. (유효숫자 3개)

a) 전체 투표 수에서 할로넨은 몇 %의 표를 얻었는가?

b) 전체 투표 수에서 니니스퇴는 몇 %의 표를 얻었는가?

c) 할로넨은 니니스퇴를 몇 % 차로 이겼는가?

010 스위스에서 다음 언어가 모국어인 국민은 몇 %인지 구하시오. (유효숫자 3개)

독일어 478 만

기타 120 만

프랑스어 153 만

스위스인들의 모국어 (2006년)

a) 독일어   b) 프랑스어

011 다음 수의 40%는 얼마인지 쓰시오.

  a) 200   b) 120   c) 90

012 다음을 계산하시오.

  a) 600의 2%
  b) 40의 30%
  c) 350의 50%
  d) 60의 110%

013 동은 구리 90%와 주석 10% 섞여서 만든 혼합 금속이다. 동으로 만든 목걸이가 70 g이다. 이 목걸이에 들어 있는 다음 양을 구하시오.

  a) 구리
  b) 주석

014 2006년 말에 전세계 인구 65억 중 스페인어 사용자는 5.9%였다. 이들 중 7.9%는 스페인에 살았다.

  a) 스페인 이외의 지역에 살던 스페인어 사용자는 전체 스페인어 사용자의 몇 %인가?
  b) 스페인에 살던 스페인어 사용자는 몇 명인가?

015 2008년 올랜드 거주자 27 456명 중 몇 명이 모국어로 다음 언어를 사용하였는지 구하시오.

올랜드 거주자들의 모국어 (2008년)

  a) 핀란드어   b) 스웨덴어
  c) 기타 언어

016 다음의 어떤 수를 구하시오.

  a) 어떤 수의 10%가   b) 어떤 수의 25%가
     45일 때   90일 때

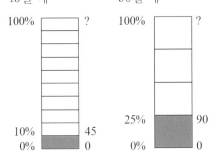

017 어떤 수의 25%가 15이다. 다음을 구하시오.

  a) 어떤 수의 50%
  b) 어떤 수의 100%
  c) 어떤 수의 1%

018 다음의 어떤 수를 구하시오.

  a) 어떤 수의 1%가 4일 때
  b) 어떤 수의 20%가 12일 때
  c) 어떤 수의 25%가 80일 때
  d) 어떤 수의 50%가 61일 때

019 체조를 즐기는 청소년 중 남학생은 약 24.4%로 16 500명이다.

  a) 체조를 즐기는 청소년은 몇 명인가?
  b) 체조를 즐기는 여학생은 몇 명인가?

020 한 반의 전체 학생 중 16%는 아이스하키를 하고 24%는 축구를 한다. 두 종목 모두 하는 학생은 3명, 즉 12%이다.

  a) 이 반의 전체 학생은 모두 몇 명인가?
  b) 아이스하키를 하는 학생은 몇 명인가?
  c) 축구를 하는 학생은 몇 명인가?

021 한 중학교의 전체 학생이 374명이다. 전체 학생 중 35.8%는 7학년, 31.3%는 8학년, 나머지는 9학년이다.

a) 7학년은 몇 명인가?
b) 9학년은 몇 명인가?

[22~25] 다음 표에 대하여 물음에 답하시오.

8학년 학생들의 선택과목

선택과목	학생 수
가정	37
미술	21
체육	48
음악	19
프랑스	16
독일어	18
기술	24
직물(텍스타일)	23
정보기술	28

022 위 21번의 8학년 학생들은 선택과목 중 2과목씩 선택한다. 다음 과목을 선택과목으로 선택한 학생은 몇 %인지 구하시오.

a) 체육   b) 미술
c) 음악   d) 정보기술

023 다음의 백분율을 비교하시오.

a) 직물보다 기술을 선택한 학생들이 몇 % 더 많은가?
b) 프랑스어보다 독일어를 선택한 학생들이 몇 % 더 많은가?

024 8학년 학생들 중 36.8%가 가정 또는 직물, 혹은 두 과목 모두를 선택했다. 몇 명이 두 과목 모두를 선택했는가?

025 이 학교에는 남자 선생님이 10명 있다. 선생님들 중 72%는 여자이다. 여자 선생님은 몇 명인가?

026 10은 다음 수보다 몇 % 더 작은지 구하시오.

a) 25   b) 40   c) 50

027 다음 수들을 비교하시오.

a) 23은 20보다 몇 % 더 큰가?
b) 27은 50보다 몇 % 더 작은가?
c) 54는 75보다 몇 % 더 작은가?
d) 12는 5보다 몇 % 더 큰가?

028 다음 수는 4보다 몇 % 더 큰지 구하시오.

a) 5   b) 6   c) 8

029 다음 도시간의 총의 가격을 비교하시오.

2008년 18개 품목의 총 가격 비교

도시	가격(€)
바르셀로나	27.88
헬싱키	35.80
빈	32.46

출처 : 핀란드 화폐정보협회

a) 헬싱키는 바르셀로나보다 몇 % 더 비싼가? (소수점 아래 셋째자리에서 반올림하시오.)
b) 바르셀로나는 빈보다 몇 % 더 싼가?

030 다음 높이를 비교하시오. (소수점 아래 셋째자리에서 반올림하시오.)

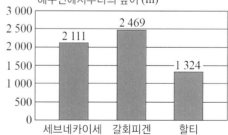

스웨덴, 노르웨이, 핀란드의 최고봉

a) 세브네카이세가 할티보다 몇 % 더 높은가?
b) 할티가 세브네카이세보다 몇 % 더 낮은가?
c) 갈회피겐이 할티보다 몇 % 더 높은가?

031 장화의 가격이 80€였다. 새 가격이 다음과 같을 때 가격은 몇 % 내려갔는지 구하시오.

   a) 60€   b) 64€   c) 68€

032 옌나의 월급은 1500€였다. 월급이 다음과 같이 올랐을 때 몇 % 올랐는지 구하시오.

   a) 60€   b) 90€

033 다음 상품의 가격을 몇 % 인하했는지 구하시오.

상품	원래 가격(€)	새 가격(€)
바지	120	90
헬멧	70	42
안장	1000	820
굴레	40	36

034 다음에서 가격이 몇 % 변하는지 구하시오.

   a) 5€에서 6€로 올라간다.
   b) 40€에서 24€로 내려간다.
   c) 12€에서 6€가 올라간다.
   d) 50€에서 21€가 내려간다.

035 다음 기간 동안 1월에 경유의 평균 리터당 가격은 몇 % 변동했는지 구하시오. (유효숫자 2개)

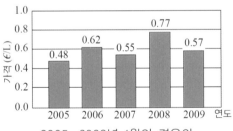

2005~2009년 1월의 경유의
평균 리터당 가격

출처 : 통계청

   a) 2005년에서 2006년 사이
   b) 2006년에서 2007년 사이
   c) 2007년에서 2008년 사이
   d) 2008년에서 2009년 사이

036 기차표의 가격이 10€이다. 가격이 다음과 같이 올랐을 때 새 가격을 계산하시오.

   a) 10%   b) 20%   c) 30%

037 다음 상품의 새 가격을 계산하시오.

상품	원래 가격(€)	변화율(%)
만화책	4.30	−50%
사탕	2.00	+25%
아이스크림	4.00	−30%
팝콘	0.80	+100%

038 다음 변화를 소수로 나타내시오.

   a) 수가 40% 커질 때
   b) 수가 10% 작아질 때
   c) 수가 3% 커질 때
   d) 수가 3% 작아질 때

039 A 가게에서는 50.00€ 짜리 바지를 20% 할인해준다. B 가게에서는 동일한 바지를 42.00€에 팔고 15%를 할인해준다. 어느 가게에서 바지를 사는 것이 더 싸고 얼마나 더 싼가?

040 에로는 34€짜리 책을 샀다. 책 가격에는 8%의 부가가치세가 포함되어 있다.

   a) 이 책의 세전 가격은 얼마인가?
   b) 이 책의 부가가치세액은 얼마인가?

041 다음 값을 구하시오.

   a) 1000의 25‰

   b) 60의 5‰

   c) 4의 2‰

042 8 kg 중 다음 무게는 몇 ‰인지 구하시오.

   a) 40 g

   b) 200 g

043 금의 양을 g으로 나타내서 다음 표를 완성하시오.

장신구의 무게	장신구의 금 함유율(‰)		
	375	585	750
10.0 g			
25.0 g			

[44~45] 다음 그래프에 대하여 물음에 답하시오.

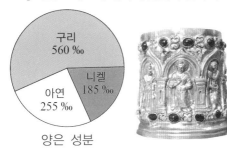

양은 성분

구리 560 ‰
니켈 185 ‰
아연 255 ‰

044 양은 찻주전자의 무게는 455 g이다. 찻주전자에 들어 있는 다음 성분의 무게는 얼마인지 구하시오.

   a) 구리   b) 아연   c) 니켈

045 구리 400 kg으로 만들 수 있는 양은의 양을 구하시오.

046 대출금의 연간 이자율이 4.5%이다. 대출금이 다음과 같을 때 1년 동안의 이자를 계산하시오.

   a) 2 100 €

   b) 12 000 €

047 주택 구입 대출금의 연간 이자율은 6%이다. 80 000 €를 빌렸을 때 다음 기간에 내는 이자는 얼마인지 구하시오.

   a) 1년

   b) 1달

   c) 1일

048 연간 이자율이 1.1%인 계좌에 있는 잔액이 15 000 €일 때, 다음 기간 동안 은행에서 지급해야 하는 이자는 얼마인지 구하시오.

   a) 125일

   b) 5달

049 계좌의 연간 이자율은 2.25%이다. 정부에서 이자의 28%(소수점 아래 둘째자리에서 버림)를 원천세로 징수한다. 3 700 €를 다음 기간 동안 예치하면 총액이 얼마가 되는지 구하시오.

   a) 1년

   b) 반년

   c) 3개월

050 계좌에 예치한 돈이 1년 만에 4 060 €가 되었다. 이 계좌의 연간 이자율이 1.5%라면 처음 예치한 돈의 액수는 얼마인가? (원천징수세액은 고려하지 않는다.)

051 다음 표를 완성하시오.

식	5^8	0^7	0.07^3	x^2	$\left(\dfrac{7}{10}\right)^5$
밑					
지수					

052 다음 거듭제곱을 곱셈식으로 쓰고 계산하시오.

a) 8^2 b) 2^3

c) 10^2 d) 3^3

e) 7^2 f) 1^4

053 다음을 식으로 나타내고 계산하시오.

a) 5의 제곱

b) 0.2의 제곱

c) 9의 세제곱

d) 400의 제곱

054 다음을 계산하시오.

a) $(2+3)^2$ b) $2+3^2$

c) 2^2+3^2 d) $(2 \cdot 3)^2$

e) $2 \cdot 3^2$ f) $2^2 \cdot 3$

M	I	R	A	L	T	A
20	18	12	36	11	13	25

055 다음을 계산하시오.

a) 60^2 b) 0.1^5

c) 0.01^2 d) $\left(\dfrac{1}{6}\right)^2$

e) $\left(\dfrac{2}{3}\right)^3$ f) $\left(1\dfrac{2}{3}\right)^2$

056 다음을 계산하시오.

a) 8^2

b) $(-8)^2$

c) -8^2

057 다음을 계산하시오.

a) $(-7)^2$ b) -1^8

c) $(-1)^{17}$ d) -90^2

e) $(-30)^3$ f) $(-10)^4$

058 다음을 계산하시오.

a) $2 \cdot 4-6^2$ b) $2 \cdot (4-6)^2$

c) $(2 \cdot 4-6)^2$ d) $2 \cdot (4-6^2)$

059 다음을 식으로 나타내고 계산하시오.

a) 17과 21의 차의 세제곱

b) -2의 세제곱과 -3의 세제곱의 합

c) -40과 -20의 차의 제곱

060 다음 x의 값을 구하시오.

a) $\left(\dfrac{1}{x}\right)^3 = -\dfrac{1}{27}$

b) $(-15)^x = -15$

c) $x^3 = -1\,000\,000$

d) $x^5 = -0.00032$

어떤 수의 세제곱을
다른 어떤 수로 나누면 몫이 4이고,
두 수의 곱은 64일 때 두 수는?

061 다음 정사각형의 넓이를 거듭제곱식으로 나타내고 계산하시오.

a)
2 m

b)
7 cm

c)
12x

062 다음을 간단히 하시오.

a) $(4a)^2$　　b) $(9a)^2$　　c) $(5a)^2$

d) $(-6a)^2$　　e) $(10a)^3$　　f) $(-2a)^3$

063 다음을 한 수의 거듭제곱으로 나타내고 계산기 없이 계산하시오.

a) $5^5 \cdot 2^5$　　b) $0.25^8 \cdot 4^8$　　c) $5^2 \cdot 20^2$

064 다음 함수 기계에 대하여 물음에 답하시오.

입력
−1 곱하기
세제곱하기
출력

입력된 수가 다음과 같을 때 출력되는 수를 구하시오.

a) -10　　b) a　　c) $-3a$

출력된 수가 다음과 같을 때 입력된 수를 구하시오.

d) 125　　e) $8a^3$　　f) $-27a^3$

065 다음 빈칸에 알맞은 수를 구하시오.

a) $(\boxed{} \cdot 3)^2 = 144$　b) $(5 \cdot \boxed{})^2 = 225$

c) $(2 \cdot \boxed{})^2 = 1\,600$　d) $(\boxed{} \cdot \boxed{})^3 = 64$

066 다음을 계산하시오.

a) $\left(\dfrac{3}{4}\right)^2$　　b) $\left(\dfrac{1}{3}\right)^2$

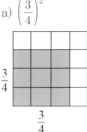
$\dfrac{3}{4}$
$\dfrac{3}{4}$

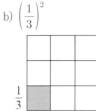
$\dfrac{1}{3}$
$\dfrac{1}{3}$

067 다음을 계산하시오.

a) $\left(\dfrac{1}{2}\right)^3$　　b) $\left(\dfrac{9}{10}\right)^2$　　c) $\left(\dfrac{3}{7}\right)^2$

d) $\left(\dfrac{5}{6}\right)^2$　　e) $\dfrac{25}{8^2}$　　f) $\left(\dfrac{4}{9}\right)^1$

g) $\left(\dfrac{1}{10}\right)^2$　　h) $\dfrac{2^4}{32}$

T	U	V	E
$\dfrac{9}{16}$	$\dfrac{81}{100}$	$\dfrac{25}{36}$	$\dfrac{25}{64}$

S	O	R	R	Y
$\dfrac{1}{8}$	$\dfrac{1}{100}$	$\dfrac{1}{2}$	$\dfrac{9}{49}$	$\dfrac{4}{9}$

068 다음을 간단히 하시오.

a) $\left(\dfrac{a}{3}\right)^2$　　b) $\left(\dfrac{5a}{6}\right)^2$　　c) $\left(\dfrac{-a}{2}\right)^4$

069 다음을 계산하시오.

a) $\left(-\dfrac{3}{4}\right)^3$　　b) $\left(-1\dfrac{2}{7}\right)^2$　　c) $\left(-\dfrac{5ab}{9}\right)^2$

070 다음 빈칸에 알맞은 수를 구하시오.

a) $\left(\dfrac{3}{\boxed{}}\right)^2 = \dfrac{9}{25}$　　b) $\left(\dfrac{\boxed{}}{3}\right)^2 = 16$

c) $\left(\dfrac{\boxed{}}{4}\right)^2 = \dfrac{1}{4}$　　d) $\left(\dfrac{2}{\boxed{}}\right)^3 = \dfrac{1}{27}$

071 다음 보기에서 2^3과 밑이 같은 수를 고르시오.

$$3^2 \quad 2 \quad 0.2^8 \quad 2^7 \quad (-2)^2 \quad 42^3 \quad 200^9$$

072 다음을 간단히 하시오.

a) $a^3 \cdot a^4$ b) $a^5 \cdot a^6$

c) $a^9 \cdot a^3$ d) $a^2 \cdot a^{11}$

e) $a \cdot a^7$ f) $a^{10} \cdot a$

073 다음을 한 수의 거듭제곱으로 나타내고 계산하시오.

a) $2^2 \cdot 2^3$

b) $-1 \cdot (-1)^7 \cdot (-1)$

c) $-5 \cdot (-5)^2$

d) $(-10)^3 \cdot (-10)^3$

074 다음 곱셈식 피라미드를 완성하시오.

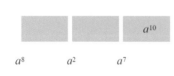

a^{10}

$a^8 \qquad a^2 \qquad a^7$

075 다음을 계산기 없이 계산하시오.

a) $4^4 \cdot 25^2$ b) $0.05^6 \cdot 4^7 \cdot 5^8$

c) $\left(\dfrac{1}{5}\right)^5 \cdot 5^9$ d) $\left(\dfrac{1}{12}\right)^9 \cdot 12^7$

076 다음을 간단히 하여 한 수의 거듭제곱으로 나타내고 계산하시오.

a) $\dfrac{2^5}{2^2}$ b) $\dfrac{4^7}{4^5}$ c) $\dfrac{6^6}{6^4}$

077 다음을 간단히 하여 한 수의 거듭제곱으로 나타내고 계산하시오.

a) $\dfrac{9^{10}}{9^8}$ b) $\dfrac{3^7}{3^4}$ c) $\dfrac{(-2)^8}{(-2)^6}$

078 다음 표를 완성하시오.

입력	$\div\, a^4$	출력
a^7	▶	
a^8	▶	
a^{12}	▶	
	▶	a^{10}
	▶	a^2
	▶	a

079 다음을 간단히 하시오.

a) $\dfrac{a^8}{a^2}$ b) $\dfrac{a^{11}}{a^{10}}$

c) $\dfrac{a^{12}}{a^9}$ d) $\dfrac{a^{19}}{a^5 \cdot a^6}$

e) $\dfrac{a^8 \cdot a^5}{a^4}$ f) $\dfrac{a^{12} \cdot a^{15}}{a^4 \cdot a^{21}}$

g) $\dfrac{a \cdot a^{28}}{a^{17} \cdot a^5}$ h) $\dfrac{a^{18} \cdot a^{13}}{a^{23} \cdot a^4}$

A	P	U	M	U	R	S	U
a	a^3	a^2	a^7	a^4	a^6	a^9	a^8

080 다음 x의 값을 구하시오.

a) $\dfrac{x \cdot x^8}{x^5} = 10\,000$ b) $\dfrac{x^5 \cdot x^8}{x^3 \cdot x^7} = -8$

081 다음을 간단히 하시오.

   a) $(a^2)^7$

   b) $(a^4)^9$

   c) $(a^{10})^2$

082 다음을 한 수의 거듭제곱으로 나타내고 계산하시오.

   a) $(10^2)^3$

   b) $(2^3)^2$

   c) $(2^2)^3$

083 다음을 간단히 하시오.

   a) $(a^4 \cdot a^2)^3$ b) $(a^7 \cdot a)^5$

   c) $\left(\dfrac{a^8}{a^3}\right)^4$ d) $\left(\dfrac{a^4}{a}\right)^5$

084 다음을 간단히 하시오.

   a) $(-2a^5)^4$ b) $(-10a^9)^5$

   c) $\left(\dfrac{a^6}{3}\right)^2$ d) $\left(\dfrac{10}{a^7}\right)^4$

085 다음 빈칸에 알맞은 지수를 쓰시오.

   a) $(8^{\square})^4 = 8^{48}$ b) $(5^{\square})^3 = 5^9$

   c) $(4^7)^{\square} = 4^{56}$ d) $(3^{\square})^5 = 3^5$

086 다음을 계산하시오.

   a) 3^0 b) 7^{-1}

   c) 10^{-1} d) -2^0

   e) 8^{-2} f) $(-9)^0$

087 다음 보기에서 2^{-3}과 같은 값을 가진 수를 고르시오.

$$-\dfrac{1}{8} \qquad -2^3 \qquad -8 \qquad \dfrac{1}{2^3}$$

$$-\dfrac{1}{6} \qquad -\dfrac{1}{2^3} \qquad \dfrac{1}{8} \qquad 0.125$$

088 다음을 음의 지수를 이용해서 나타내시오.

   a) $\dfrac{1}{10}$ b) $\dfrac{1}{7}$

   c) $\dfrac{1}{6}$ d) $\dfrac{1}{4}$

089 다음을 계산하시오.

   a) $2^1 + 2^0 + 2^{-1}$

   b) $-3^0 + 0^3 + 3^0$

   c) $(4^0 + 4^1)^{-1}$

090 다음을 한 수의 거듭제곱으로 나타내고 계산하시오.

   a) $7^{-9} \cdot 7^9$ b) $5^3 \cdot 5^{-5}$

   c) $10^5 \cdot 10^{-8}$ d) $6^{-8} \cdot 6^7$

   e) $\dfrac{2^4}{2^6}$ f) $\dfrac{10^4}{10^{-2}}$

어떤 수를 제곱하면
어떤 수의 100배가 된다.
어떤 수는 무엇일까?

091 다음 표를 완성하시오.

수	10의 거듭제곱의 꼴
20 000	
	$9 \cdot 10^5$
5 500 000	
	$3.12 \cdot 10^9$

092 다음 길이를 수로 쓰고 10의 거듭제곱의 꼴로도 나타내시오.

a) 태양의 지름의 길이 십삼억 구천만 m

b) 명왕성의 태양까지의 평균 거리 오조 팔천팔백오십억 m

093 다음 주파수를 헤르츠(Hz) 단위를 사용하여 10의 거듭제곱의 꼴로 나타내시오.

a) 6 kHz   b) 18 MHz   c) 1.01 GHz

094 다음을 큰 수의 표시기호를 사용하여 나타내시오.

a) 5십억 초

b) 2조 3천억 초

095 다음 지역에서 2007년 1 km^2 안에 인구가 몇 명 살았는지 계산하시오.

지역	인구 수	넓이(km^2)
핀란드 전체	$5.3 \cdot 10^6$	$3.0 \cdot 10^5$
남핀란드 지역	$2.2 \cdot 10^6$	$3.0 \cdot 10^4$
라플란드 지역	$1.8 \cdot 10^5$	$9.3 \cdot 10^4$
네덜란드	$1.6 \cdot 10^7$	$3.4 \cdot 10^4$

출처 : 핀란드 통계청 및 유럽연합 통계

a) 핀란드 전체

b) 남핀란드 지역

c) 라플란드 지역

d) 네덜란드

096 다음 표를 완성하시오.

무게	10의 거듭제곱의 꼴	표시기호 꼴
0.0008 g		
0.000009 g		
0.000037 g		
0.000000014 g		

097 다음을 소수로 나타내시오.

a) 모래알의 지름 $2 \cdot 10^{-4}$ m

b) 물방울의 무게 $8 \cdot 10^{-5}$ kg

c) 완두의 부피 $3 \cdot 10^{-7}$ L

098 다음 보기의 길이를 10의 거듭제곱의 꼴로 나타내고 가장 짧은 것부터 차례대로 재배열하시오.

0.025 μm $350 \cdot 10^{-3}$ m   410 mm

2.5 cm $1.1 \cdot 10^{-2}$ m   12 dm

099 다음 빈칸에 알맞은 수를 구하시오.

a) $3.1 \cdot 10^{\square} = 0.0031$

b) $5.3 \cdot 10^{\square} = 0.53$

c) $0.12 \cdot 10^{\square} = 0.00012$

100 바닷물 1 L에는 금이 $1.1 \cdot 10^{-8}$ g 있다. 지구에 있는 바닷물의 양은 약 $1.4 \cdot 10^{21}$ L이다. 지구의 바닷물에 있는 금의 양을 계산하시오.

101 다음을 계산하시오.

a) $\sqrt{100}$　　　　b) $\sqrt{25}$

c) $\sqrt{49}$　　　　d) $\sqrt{-64}$

e) $\sqrt{10\,000}$　　　f) $\sqrt{0}$

102 다음을 식으로 나타내고 계산하시오.

a) 제곱근 81

b) 4의 제곱

c) -13의 제곱

d) 제곱근 169

103 정사각형의 넓이가 다음과 같을 때 정사각형의 한 변의 길이를 구하시오.

a) 36 m^2

b) 100 cm^2

c) 3 600 km^2

104 다음 미로 안에서 제곱근의 합이 25인 길을 찾으시오.

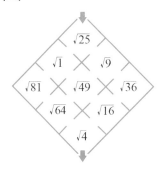

105 다음에서 큰 정사각형의 넓이가 144 cm^{2}일 때, 흰색 정사각형의 넓이를 계산하시오.

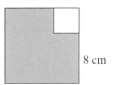

8 cm

106 다음을 계산하시오.

a) $\sqrt{\dfrac{9}{16}}$　　　　b) $\sqrt{\dfrac{4}{25}}$

c) $\sqrt{\dfrac{64}{81}}$　　　　d) $\sqrt{0.16}$

e) $\sqrt{0.36}$　　　　f) $\sqrt{0.04}$

107 해설 및 정답 70쪽에 있는 표에서 제곱근의 값을 찾은 후 계산기로 확인하고 값을 소수점 아래 둘째자리까지 쓰시오.

a) $\sqrt{8}$　　　　b) $\sqrt{12}$

c) $\sqrt{55}$　　　　d) $\sqrt{408}$

108 다음을 계산하시오.

a) $\sqrt{15-6}$　　　　b) $\sqrt{39+5\cdot2}$

c) $\sqrt{4^2+3^2}$　　　　d) $\sqrt{10^2-8^2}$

109 53과 28에 대하여 다음 값의 제곱근을 식으로 나타내고 계산하시오.

a) 합　　　　　　b) 차

110 다음을 계산하시오.

a) $\sqrt{100}-\sqrt{64}$　　b) $\sqrt{100-64}$

c) $\dfrac{\sqrt{144}}{\sqrt{4}}$　　　　d) $\sqrt{\dfrac{144}{4}}$

내가 생각하고 있는 수는 25와 144의 합의 제곱근과 같은 수이다. 이 수는 무엇인가? 또 내가 25의 제곱근과 144의 제곱근의 합과 같은 수를 생각하고 있다면 이 수는 무엇인가?

111 다음 함수 기계는 입력된 수에 10을 곱한다. 다음 수가 입력될 때 출력되는 수를 구하시오.

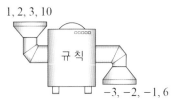

a) 2

b) 0

c) 4

d) x

112 a) 다음 함수 기계의 규칙을 추측하시오.

$1, 2, 3, 10$

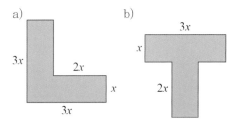

$-3, -2, -1, 6$

입력된 수가 다음과 같을 때 출력되는 수를 구하시오.

b) 4　　　　c) x　　　　d) $2x$

113 변수가 다음과 같을 때, 식 $-2x-1$의 값을 계산하시오.

a) $x = 1$　　　b) $x = 0$　　　c) $x = -2$

114 다음 도형의 둘레의 길이를 구하는 식을 만들고 간단히 하시오.

115 다음 도형수열에 대하여 물음에 답하시오.

도형 1　도형 2　　도형 3

a) 도형 4와 도형 5를 그리시오.

b) 도형 1~5의 각 도형에 들어 있는 점들의 개수를 표로 만드시오.

c) n번째 도형에는 점이 몇 개 있는가?

d) 100번째 도형에는 점이 몇 개 있는가?

116 아래 보기에서 다음을 찾아 쓰시오.

$2x$	$\dfrac{1}{x}$	31	$-12x$
$y+22$	$2x^2$	$6y$	$-x^2$

a) 단항식

b) 동류항

117 다음 표를 완성하시오.

단항식	계수	차수
$21x$		
y^2		
$-x^3$		
$8x^4$		

118 다음 대수막대가 나타내는 단항식을 쓰시오.

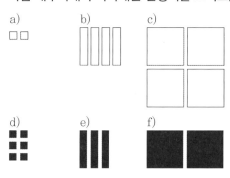

119 변수가 x인 다음 단항식을 만드시오.

a) 계수가 4이고 차수가 3이다.

b) 계수가 -1이고 차수가 2이다.

c) 계수가 9이고 차수가 1이다.

d) 계수가 5이고 차수가 0이다.

120 $x = -4$일 때, 다음 단항식의 값을 계산하시오.

a) $6x$　　　　b) $-9x$　　　　c) $-x$

d) $3x^2$　　　e) $-x^2$　　　f) $-x^3$

121 다음 대수막대가 나타내는 식을 만들고 간단히 하시오.

a)

b)

c)
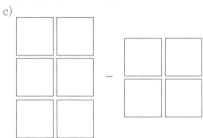

122 대수막대를 이용해서 다음을 나타내고 간단히 하시오.

a) $4-3$　　b) $x+2x$　　c) $4x^2-x^2$

123 다음을 간단히 하시오.

a) $9x+(-12x)$

b) $3x-(+13x)$

c) $11x-(-11x)$

d) $-8x^2-(+2x^2)$

e) $-x+(-9x)$

f) $-12x^2-(-15x^2)$

g) $x-(-11x)$

D	$-10x^2$
O	$12x$
N	$3x^2$
C	$-3x$
A	$-10x$
R	$22x$

124 다음을 간단히 하시오.

a) $11x+x-3x$　　b) $-x^2+2x^2+2x^2$

c) $3x^3-4x^3+8x^3$　　d) $x^3-4x^3-2x^3$

125 다음에 알맞은 두 단항식을 구하시오.

a) 합이 $-9x^3$이다.

b) 차가 x^3이다.

c) 합은 $11x^6$이고 차는 $3x^6$이다.

126 다음을 간단히 하시오.

a) $4 \cdot 3x$　　　　b) $2x^2 \cdot 7$

c) $5x \cdot 8x$　　　　d) $5x^2 \cdot 6x^2$

e) $11x^2 \cdot 2x$　　　f) $9x \cdot 7x^2$

127 다음을 간단히 하시오.

a) $8x \cdot (-7)$　　　　b) $-2x \cdot 5x^2$

c) $-2x \cdot (-4x)$　　d) $8x \cdot (-x^2)$

e) $-6x^2 \cdot 10x$　　　f) $-12x \cdot (-5x^2)$

128 다음 곱셈식 피라미드를 완성하시오.

-3	x^2	2	$-x$

129 단항식 $A=x^2$과 $B=-5x^2$의 다음을 구하는 식을 만들고 간단히 하시오.

a) $A+B$　　　　b) $A-B$

c) AB　　　　d) $(AB)^3$

130 다음 푸른색 부분의 넓이를 구하는 식을 만들고 간단히 하시오.

a)　　　　　　　　b)

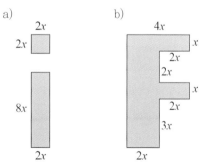

249

131 다음 대수막대에 대하여 물음에 답하시오.

a) 대수막대가 나타내는 다항식을 쓰시오.
b) 다항식의 차수를 쓰시오.
c) 다항식의 항들을 열거하시오.
d) 다항식의 상수항을 쓰시오.

132 아래 보기의 다항식 중 다음 식을 찾아 쓰시오.

$$6x^3 \quad 2x^4+3 \quad 32 \quad x^3+x-1$$
$$x^4-x^3+x \quad 1+x \quad -93$$

a) 단항식
b) 항이 2개인 다항식
c) 항이 3개인 다항식

133 다음 표를 완성하시오.

다항식	항의 개수	차수	상수항
x^4+x^2-11			
x			
$5x+4$			

134 항들이 다음과 같은 다항식을 쓰시오.

a) $12x$, 12　　　b) $-5x^2$, 22
c) x^2, $-x$, -1　　d) x^2, $-x^3$

135 다음 다항식의 항들을 차수가 가장 높은 항
부터 차례대로 재배열하고 $x=-2$일 때 다
항식의 값을 계산하시오.

a) $2x+9-x^2$
b) $21-2x^3+5x$
c) $-1+2x^4-3x^2$

136 다음을 간단히 하시오.

a) $x+3+2x+4$
b) $5x-4+6x^2-2x+5$
c) $3x^2+x+3x^2-3x-12$

137 다음을 간단히 하시오.

a) $x^2+5x+9+(20x^2+18x+16)$
b) $13x^2+14x+1+(2x^2+12)$

138 다음 두 다항식의 합을 식으로 나타내고 간
단히 하시오.

a) $4x$, $-x+1$
b) $3x+4$, $3x-8$

139 다음 식을 간단히 하고 $x=-1$일 때 식의 값
을 계산하시오.

a) $x^2-3x+1+(x^2+2x)$
b) $3x^2-2x+(1-x+x^2)$
c) $2x^2+(4x^3+3x^2+8)+(-13x^3-4x^2)$

140 다음 직사각형의 둘레의 길이를 구하는 식
을 만들고 간단히 하시오.

$2x+4$

$5x-3$

항이 2개인 두 다항식의
합은 $3x^2+4$이고
차는 x^2+2라면,
내가 생각하고 있는
두 다항식은 무엇일까?

141 다음을 간단히 하시오.

 a) $6x + (-5x + 7)$

 b) $2x + (3x - 1)$

 c) $5x - (9x - 4)$

 d) $7x - (-6x + 3)$

142 다음을 간단히 하시오.

 a) $3x - (x + 7)$

 b) $-8x + (-4x + 1)$

 c) $-4x - (3x^2 - 4x)$

 d) $-x^2 - (-x^2 + 9x)$

143 다음을 간단히 하시오.

 a) $7x + 3x - (x + 8x)$

 b) $9x + 3 - (-4x - 1)$

 c) $(2x^2 - 9) - (-2x - 9)$

 d) $6x^2 - x - (8x^2 + x) - 6$

144 다음 식을 간단히 하고 $x = -12$일 때 식의 값을 계산하시오.

 a) $x^2 - 3x - 3 - (x^2 + x - 3)$

 b) $-4x + (5x - 2) - (6x - 3)$

145 다음 뺄셈식 피라미드를 완성하시오.

| $8x + 9$ | $x - 8$ | $-5x$ | $2x - 7$ |

146 다음을 간단히 하시오.

 a) $(2x + 1) + (x + 3)$

 b) $(x + 7) - (2x - 7)$

 c) $(-x + 9) - (-x + 9)$

 d) $-(8x + 4) + (4x + 8)$

147 이항식 $A = 2x - 3$과 $B = -x + 6$의 다음을 구하는 식을 만들고 간단히 하시오.

 a) $A + B$　　　　　b) $A - B$

148 다음 삼각형의 둘레의 길이는 $10x + 7$이다. 변 AB의 길이를 계산하시오.

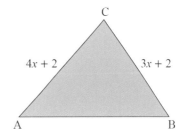

149 다음을 간단히 하시오.

 a) $(12x^2 - 16x) + (-13x - 9)$

 b) $15x - (14x + 11)$

 c) $(17x + 15) - (-3x - 1)$

 d) $(2x^2 - 1) - (4x^3 - 3) - x^2$

150 다음 식을 간단히 하고 $x = -0.1$일 때 식의 값을 계산하시오.

 a) $(3x^2 + 1) - (2x^2 - 5) + (-x + 3)$

 b) $(-x^2 + 2) + (-5x^2 + 4) - (-3x^2 - 8)$

151 괄호 안에 있는 각 항에 괄호 밖에 있는 수를 곱하는 방식으로 다음을 계산하시오.

a) $2(50+8)$ b) $-4(25+7)$

152 다음을 간단히 하시오.

a) $5(x+3)$ b) $3(x+6)$

c) $7(2x-10)$ d) $8(-4x+11)$

153 다음을 간단히 하시오.

a) $2(-10x+6)$ b) $-4(6x-9)$

c) $-9(-5x^2-8)$ d) $8(-x^2-8)$

154 다음 직사각형의 넓이를 구하는 식을 만들고 간단히 하시오.

a)

b)

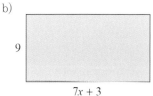

155 다음 빈칸에 알맞은 다항식을 구하시오.

a) $2(\boxed{}) = 4y+6$

b) $5(\boxed{}) = 25y-35$

c) $-4(\boxed{}) = -16y-12$

156 다음을 간단히 하시오.

a) $4x(x+8)$ b) $3x(4x+9)$

c) $12x(x+6)$ d) $x(3x+2)$

157 다음 곱셈식 표를 완성하시오.

$\times$	$3x+1$	$4x-8$	$-x+5$
$2x$			
$7x$			

158 다음 직사각형의 넓이를 구하는 식을 만들고 간단히 하시오.

a)

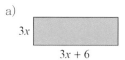

b)

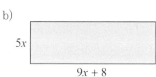

159 다음을 간단히 하시오.

a) $-2x(13x-3)$ b) $4x(-7x-2)$

c) $5x^2(-3x+1)$ d) $8x(-4x-6)$

e) $-2x(14x+4)$ f) $-3x^2(-8x-3)$

K	$-26x^2+6x$	P	$-15x^3+5x^2$
O	$-15x^2+5x$	E	$-28x^2-8x$
R	$24x^3+9x^2$	L	$-32x^2-48x$
I	$26x^2-6x$	I	$26x^2-6x$

160 다항식 $x+6$에 어떤 단항식을 곱하면 다음 식을 얻게 되는지 구하시오.

a) $4x^2+24x$ b) $-3x^2-18x$

161 다음 방식으로 직사각형의 넓이를 계산하시오.

a) 가로의 길이에 세로의 길이를 곱하시오.
b) 각 부분의 넓이를 더하시오.

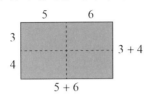

162 다음 직사각형의 넓이를 구하는 식을 만들고 간단히 하시오.

a)

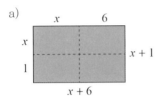

b)

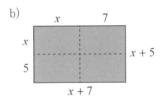

163 다음을 간단히 하시오.

a) $(2x+3)(x+2)$ b) $(x+4)(3x+8)$
c) $(x-6)(x+6)$ d) $(x-5)(x-5)$

164 다항식 $A=8y+7$과 $B=7y-9$의 다음을 구하는 식을 만들고 간단히 하시오.

a) $A+B$ b) $A-B$ c) AB

165 다트 두 개를 던졌다. 다트가 꽂힌 두 다항식의 곱이 다음과 같을 때 두 식을 쓰시오.

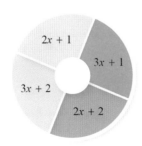

a) $4x^2+6x+2$ b) $6x^2+7x+2$

166 다음을 간단히 하시오.

a) $\dfrac{x^3}{x}$ b) $\dfrac{7x^2}{x}$ c) $\dfrac{21x}{3}$

d) $\dfrac{x^9}{x^5}$ e) $\dfrac{32x^4}{2x}$ f) $\dfrac{48x^3}{8x^2}$

167 다음을 간단히 하시오.

a) $\dfrac{30x+12}{6}$ b) $\dfrac{9x+27}{9}$

c) $\dfrac{8x-4}{4}$ d) $\dfrac{-6x-9}{3}$

e) $\dfrac{x^2-2x}{x}$ f) $\dfrac{-2x^2+x}{x}$

H	E	Y
$2x+1$	$x+3$	$5x+2$

A	L	L
$x-2$	$2x-1$	$-2x-3$

168 다음을 간단히 하시오.

a) $\dfrac{10x^2-30x+200}{10}$

b) $\dfrac{18x^3-9x^2-33x}{3x}$

c) $\dfrac{-16x^3+40x^2-56x}{-8x}$

169 다음 빈칸에 알맞은 다항식을 구하시오.

a) $\dfrac{\square}{3}=7x^2+1$ b) $\dfrac{\square}{6}=7x^3-5x$

c) $\dfrac{\square}{8x}=20x^2-9x$

170 다음 빈 칸에 알맞은 단항식을 구하시오.

a) $\dfrac{35x^2-45}{\square}=7x^2-9$

b) $\dfrac{17x^2+3x}{\square}=-17x-3$

c) $\dfrac{49x^4+7x}{\square}=7x^3+1$

171 다음을 간단히 하시오.

    a) $12x + 5 \cdot 2x$ b) $26x - 4 \cdot 4x$

    c) $9x^2 + 8x \cdot 4x$ d) $14x^2 - x \cdot 6x$

    e) $\dfrac{12x \cdot 6}{6}$ f) $\dfrac{12x + 6}{6}$

172 다음을 간단히 하시오.

    a) $8x + 5(x + 4)$

    b) $15x^2 - 3x(x + 6)$

173 다음을 간단히 하시오.

    a) $4(x + 1) + 3(x - 2)$

    b) $5x(x + 6) + 4x(4x - 3)$

    c) $\dfrac{18x^2 - 24x}{7x - x}$

    d) $\dfrac{75x^3 - 3x(10x^2 + 5x)}{17x - 2x}$

174 다음 도형은 직각이등변삼각형으로 만들어졌다. 색칠한 부분의 넓이를 구하는 식을 만드시오.

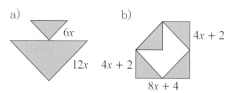

    a)   b)

175 $x = \dfrac{1}{7}$ 일 때, 식 $(2x + 1)(4 - x) + 2x^2$의 값을 계산하시오.

176 $x = 7$이 방정식의 근인지 알아보시오.

    a) $3x + 2 = 23$

    b) $8x - 12 = 6x$

    c) $-2x + 1 = -6 - x$

177 다음 양팔저울이 균형을 이루기 위한 조건을 방정식으로 나타내고 x의 값을 구하시오.

    a)

    b)

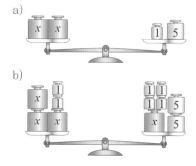

178 다음 방정식을 푸시오.

    a) $x - 3 = 7$ b) $x + 9 = 4$

    c) $8x = -24$ d) $12x = -12$

179 다음을 나타내는 방정식을 만들고 푸시오.

    a) x에 3을 더하면 9가 된다.

    b) x에서 7을 빼면 16이 된다.

    c) x에 10을 곱하면 70이 된다.

180 다음 무게를 구하시오.

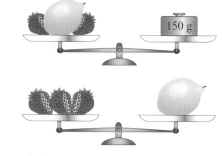

    a) 딸기   b) 레몬

181 다음 방정식을 푸시오.

a) $x - 18 = -5$ b) $x + 19 = -12$

c) $8x = 7x - 11$ d) $-4x = -5x + 13$

182 다음 방정식을 푸시오.

a) $7x - 1 = 55$

b) $9x + 2 = 38$

c) $5x = 3x + 14$

d) $3x = -3x + 30$

e) $8x + 1 = 5x - 5$

f) $6x - 14 = x + 1$

g) $5x - 2 = 2x - 14$

h) $x - 8 = -3x + 4$

	R	I	T	A	V	E	N	E
$x=$	7	4	5	-2	8	-4	3	-4

183 다음 방정식을 푸시오.

a) $4x + x = 55$ b) $x + x = -100$

c) $-8x + 5x = 45$ d) $-3x + (-x) = -52$

184 다음을 나타내는 방정식을 만들고 푸시오.

a) 7과 x의 곱은 x와 48의 합과 같다.

b) −10과 x의 곱은 72에서 x를 뺀 차와 같다.

c) 2와 x의 곱은 1에서 x를 뺀 차와 같다.

185 다음 방정식을 푸시오.

a) $13x + 11 = 8x + 11$

b) $-x - 3 = x + 25$

c) $x + 3 = 4x - 8$

186 다음 방정식을 푸시오.

a) $0.1x = 0.9$ b) $0.1x = 2.3$

c) $0.01x = 0.4$ d) $0.01x = -0.12$

187 다음 방정식을 푸시오.

a) $0.7x = 0.2x + 4.5$

b) $0.2x = -0.4x + 4.2$

188 다음 방정식을 푸시오.

a) $0.9x - 0.2 = 0.3x + 1.0$

b) $1.2x + 1.6 = 0.4x - 5.6$

189 다음을 구하는 방정식으로 만들고 푸시오.

a) 엄마 나이는 유하 나이의 7배이다. 둘의 나이의 합이 32라면 둘의 나이는 각각 몇 살인가?

b) 할아버지 나이는 빌레 나이의 9배이다. 둘의 나이의 차가 64라면 둘의 나이는 각각 몇 살인가?

c) 민나 나이는 안나 나이의 2배이고 엄마 나이는 안나 나이의 6배이다. 셋의 나이의 합이 63이라면 셋의 나이는 각각 몇 살인가?

190 니세는 친구들에게 숫자 알아맞히기 놀이를 제안했다.

• 어떤 수 x를 하나 생각한다.

• x에 3을 곱한다.

• 위의 수에서 22를 뺀다.

마이야는 답으로 −1을 나왔고 티모는 11이 나왔다. 방정식을 만들고 둘이 처음에 생각한 수를 각각 구하시오.

191 다음 방정식을 푸시오.

a) $2(x+4)=16$

b) $7(x-1)=42$

c) $3(5x-1)=27$

d) $4(2x+8)=80$

192 다음 방정식을 푸시오.

a) $5(x+3)-5=0$

b) $3(2x-4)+18=0$

193 다음을 나타내는 방정식을 만들고 푸시오.

a) x에 5를 곱한 뒤 3을 빼면 27이 된다.

b) x에서 1을 뺀 뒤 3을 곱하면 15가 된다.

c) x에 2를 더한 뒤 4를 곱하면 40이 된다.

194 다음 방정식을 푸시오.

a) $-3(4x+1)=-9x-9$

b) $3(2x+3)=7(x+2)$

c) $5(2x-4)=3x-(6x-19)$

195 다음 물음에 답하시오.

a) 살라의 나이는 12년 후에 지금 나이의 세 배가 된다. 살라는 지금 몇 살인가?

b) 넬라의 나이는 6년 후에 5년 전 나이의 두 배가 된다. 넬라는 지금 몇 살인가?

c) 엄마의 나이는 빌레의 1년 전 나이의 세 배이다. 이 둘의 나이의 합은 49이다. 엄마와 빌레는 지금 몇 살인가?

196 다음 방정식을 푸시오.

a) $\dfrac{x}{3}=9$ b) $\dfrac{x}{4}=3$

c) $\dfrac{2x}{3}=8$ d) $\dfrac{3x}{7}=6$

e) $\dfrac{-5x}{6}=10$ f) $\dfrac{-x}{5}=2$

	P	R	E	C	I	O
$x=$	14	-10	-12	27	10	12

197 다음 방정식을 푸시오.

a) $\dfrac{x}{2}-5=7$ b) $\dfrac{x}{4}+2=18$

198 다음 방정식을 푸시오.

a) $x+\dfrac{x}{3}=8$ b) $x-\dfrac{x}{5}=12$

199 다음 방정식을 푸시오.

a) $\dfrac{x}{4}+\dfrac{1}{4}=5$ b) $\dfrac{x}{2}-\dfrac{1}{2}=-2$

c) $\dfrac{x}{3}+\dfrac{x}{9}=4$ d) $\dfrac{4x}{5}-\dfrac{x}{10}=7$

200 다음을 나타내는 방정식을 만들고 푸시오.

a) x의 $\dfrac{1}{4}$ 과 x의 $\dfrac{1}{5}$ 의 차는 10이다.

b) x의 $\dfrac{1}{3}$ 과 x의 $\dfrac{1}{6}$ 의 합은 20이다.

c) x의 $\dfrac{1}{5}$ 과 x의 $\dfrac{1}{7}$ 의 차는 -2이다.

201 다음을 나타내는 방정식을 만들고 푸시오.

    a) x와 6의 합에 4를 곱하면 68이 된다.

    b) x와 8의 차에 7을 곱하면 28이 된다.

    c) x에서 12를 뺀 차를 3으로 나누면 1이 된다.

202 다음 물음에 답하시오.

    a) 겨울방학 동안 유호는 에투보다 16 km 더 크로스컨트리 스키를 탔다. 두 명이 스키를 탄 거리는 합해서 160 km이다. 두 명이 각각 스키를 탄 거리는 얼마인가?

    b) 카리는 퓌뤼보다 플로어볼 클럽을 5번 더 운영했다. 두 명이 30 € 보상금을 나눠 가진다면 각각 얼마씩 가져야 하는가?

203 유시와 에로는 300 €를 주고 스노우보드를 함께 샀는데, 에로는 유시보다 40 € 덜 냈다. 두 명은 각각 얼마씩 냈는가?

204 스키리프트의 한 시간 이용권의 가격은 세금을 포함해서 13.50 €이다. 부가가치세가 8%일 때 이 이용권의 세전 가격은 얼마인가?

205 스키리프트의 한 시간 이용권의 가격은 청소년 13.50 €, 성인 16.00 €이다. 19명의 단체에서 구입한 이용권의 총액은 274 €이다. 이 단체에는 청소년과 성인이 각각 몇 명씩 있는지 구하시오.

뼘과 큐빗은 고대의 길이 단위이다. 뼘은 펼친 손바닥의 엄지와 약지 사이의 거리이다. 큐빗은 펼친 팔의 중지 끝에서 팔꿈치 사이의 거리이다. 뼘과 큐빗의 비율은 약 1 : 20이다.

206 다음 수들의 비율을 계산하시오.

    a) 7과 14   b) 4와 20   c) 21과 9

207 다음을 정수의 비로 표시하시오.

    a) 색칠한 부분의 넓이의 전체 도형의 넓이에 대한 비율

    b) 흰색 부분의 넓이의 전체 도형의 넓이에 대한 비율

    c) 색칠한 부분의 넓이의 흰색 부분의 넓이에 대한 비율

208 다음 물음에 답하시오.

    a) 33 €를 3 : 8의 비율로 나누시오.

    b) 100 €를 4 : 7 : 9의 비율로 나누시오.

209 다음 혼합 비율을 소수로 나타내고 정수의 비로도 나타내시오.

    a) 15 L와 50 dm^3 b) 40 g과 0.2 kg

    c) 27 dL와 4.5 L   d) 1600 mL와 2.0 L

210 양은은 구리, 아연, 니켈을 30 : 11 : 9의 비율로 섞어서 만든다. 양은에 들어 있는 다음 금속의 양은 각각 몇 %인지 구하시오.

    a) 구리   b) 아연   c) 니켈

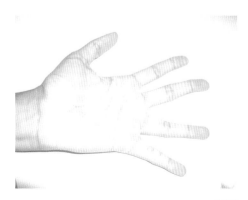

211 다음 비례식을 푸시오.

a) $\dfrac{x}{4} = \dfrac{1}{2}$ b) $\dfrac{x}{6} = \dfrac{2}{3}$

c) $\dfrac{x}{2} = \dfrac{62}{4}$ d) $\dfrac{5}{x} = \dfrac{20}{8}$

212 다음 비례식을 푸시오.

a) $\dfrac{x}{15} = \dfrac{10}{3}$ b) $\dfrac{4}{20} = \dfrac{x}{5}$

c) $\dfrac{4}{12} = \dfrac{5}{x}$ d) $\dfrac{8}{x} = \dfrac{4}{5}$

213 다음 비례식은 참인가 거짓인가?

a) $\dfrac{2.1}{4.2} = \dfrac{5}{10}$ b) $\dfrac{1.3}{1.8} = \dfrac{2}{3}$

c) $\dfrac{2}{0.5} = \dfrac{18}{4.4}$ d) $\dfrac{9}{0.3} = \dfrac{24}{0.8}$

214 다음을 나타내는 비례식을 만들고 푸시오.

a) x와 4의 비율은 100과 25의 비율과 같다.
b) 3과 5의 비율은 x와 20의 비율과 같다.
c) 9와 3의 비율은 150과 x의 비율과 같다.

215 3, 4, 12, 16을 이용해서 참인 비례식을 4개 만드시오.

216 희석 주스를 만들 때 주스 농축액 3 dL에 물 9 dL를 섞는다. 농축액이 4 dL 있다면 물은 얼마나 필요한지 구하시오.

주스 농축액(dL)	물(dL)
3	9
4	x

217 청구서 금액을 5 : 6의 비율로 나누어 낸다. 다음과 같은 경우 두 사람이 각각 얼마를 내는지 계산하시오.

a) 청구서 금액이 220 €일 때
b) 적게 내는 사람이 30 € 낼 때
c) 많이 내는 사람이 60 € 낼 때

218 다음 방정식을 푸시오.

a) $\dfrac{x-2}{4} = \dfrac{1}{2}$ b) $\dfrac{4}{x-6} = \dfrac{2}{3}$

c) $\dfrac{x+1}{6} = \dfrac{x}{3}$ d) $\dfrac{x}{9-x} = \dfrac{4}{2}$

219 수 24 000을 다음 비율로 나누시오.

a) 5 : 7 b) 1 : 7 : 16 c) 1 : 1 : 4

220 한나의 고양이들 중 $\dfrac{2}{3}$ 가 다음 사진에 있다.

a) 한나의 고양이는 모두 몇 마리인가?
b) 한나의 고양이의 마릿수와 열대어 네온테트라의 마릿수의 비율은 3 : 13이다. 한나가 키우는 네온테트라는 모두 몇 마리인가?

221 다음 방정식을 푸시오.

a) $x^2 = 25$ b) $x^2 = 121$
c) $x^2 = 900$ d) $x^2 = 0$

222 다음 방정식을 푸시오.

a) $x^2 - 81 = 0$ b) $x^2 - 9 = 0$
c) $x^2 - 1600 = 0$ d) $x^2 + 1 = 0$

223 다음 정사각형의 한 변의 길이 x를 구하는 방정식을 만들고 푸시오.

a)　　　　　　　b)

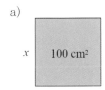 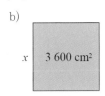

224 다음 방정식을 푸시오.

a) $x^2 - 2 = 2$ b) $x^2 - 25 = 39$
c) $x^2 + 40 = 440$ d) $x^2 + 56 = 200$

225 다음을 나타내는 방정식을 만들고 푸시오.

a) x에 수 자신을 곱하면 169가 된다.

b) x에 수 자신을 곱하면 $\frac{16}{49}$이 된다.

c) x에 수 자신을 곱한 뒤 25를 더하면 250 이 된다.

226 다음 방정식을 푸시오.

a) $4x^2 = 400$ b) $6x^2 = 150$
c) $3x^2 = -12$ d) $-2x^2 = -18$

227 다음 방정식을 푸시오.

a) $3x^2 - 3 = 0$ b) $2x^2 - 800 = 0$
c) $-x^2 + 23 = 19$ d) $-4x^2 - 32 = 32$

228 다음 방정식을 푸시오.

a) $4x^2 - 5 = -x^2 + 600$
b) $-8x^2 - 36 = x^2 - 36$
c) $-x^2 + 987 = x^2 - 813$

229 다음 직사각형의 변의 길이를 구하시오.

a)　　　　　　　b)

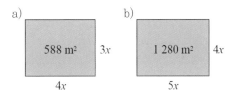

230 다음을 나타내는 방정식을 만들고 푸시오.

a) x에 수 자신과 $\frac{1}{2}$을 곱하면 2가 된다.

b) x에 수 자신과 $\frac{1}{9}$을 곱한 뒤 9를 빼면 0 이 된다.

c) x에 수 자신과 $\frac{1}{4}$을 곱한 뒤 $\frac{8}{9}$을 빼면 $\frac{8}{9}$이 된다.

231 직사각형 ABCD에 대하여 다음 조건을 만족하는 닮은 도형을 그리시오.

a) 각 변의 길이에 3을 곱한다.

b) 각 변의 길이를 2로 나눈다.

232 삼각형 ABC에 대하여 다음 조건을 만족하는 닮은 도형을 그리시오.

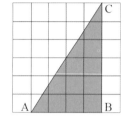

a) 각 변의 길이를 4로 나눈다.

b) 각 변의 길이에 0.5를 곱한다.

233 다음 물음에 답하시오.

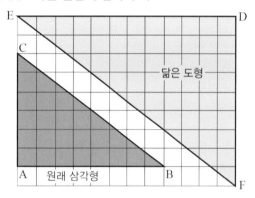

a) 삼각형 DEF와 삼각형 ABC의 대응점, 대응각, 대응변을 표로 나타내시오.

b) 삼각형 ABC의 변들의 길이에 어떤 수를 곱하면 삼각형 DEF의 변들의 길이를 얻을 수 있는가?

234 옆의 편지봉투의 각 변에 2.5를 곱해서 확대한 편지봉투를 그리시오.

235 직사각형 ABCD와 직사각형 EFGH는 서로 닮았다. 직사각형 ABCD의 변의 길이는 5와 7이다. 직사각형 EFGH의 긴 변의 길이는 35이다. 직사각형 EFGH의 짧은 변의 길이를 계산하시오.

236 다음 두 삼각형이 서로 닮았을 때, 삼각형의 변의 길이들을 측정하고 표로 만들어 대응변들의 비율을 계산하시오.

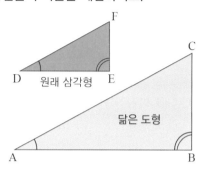

237 서로 닮은 다음 도형들의 축척을 계산하시오.

a)

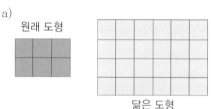

b)

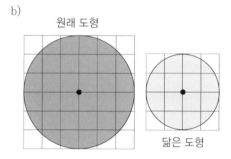

238 탑의 꼭대기는 해수면에서 35 m 높이에 있다. 그림에 그려진 탑의 높이는 7.0 cm이다. 그림의 축척을 계산하시오.

239 진드기의 실제 길이는 0.3 mm이다. 그림에 그려진 진드기의 길이는 3.9 cm이다. 이 그림의 축척을 계산하시오.

240 원래 물체의 길이에 다음과 같은 수를 곱해서 그림을 그릴 때, 그 축척을 계산하시오.

a) 2   b) 0.2   c) 1   d) 0.5

241 다음 표를 완성하시오.

지도상 거리	실제 거리
1 cm	2 km
2 cm	
	8 km
	11 km

242 오리엔티어링 세계 대회에서 사용되는 지도의 축척은 1 : 15 000이다.

  a) 지도상 너비가 0.5 cm인 밭의 실제 너비는 얼마인가?

  b) 지도상 너비가 2.5 cm인 늪의 실제 너비는 얼마인가?

243 다음 지도의 축척을 아래 보기에서 고르시오.

$$1 : 500\,000 \qquad 1 : 25\,000$$
$$1 : 20\,000 \qquad 1 : 4\,000$$

  a) 오리엔티어링 대회에서 사용되는 지도에서 2 cm는 실제로는 80 m이다.

  b) 항공 지도에서 5 cm는 실제로는 25 km이다.

  c) 캠핑 안내 지도에서 6 cm는 실제로는 1 200 m이다.

244 다음 지도의 축척을 계산하시오.

  a) 길이가 12 km인 섬은 지도상에서 2.4 cm이다.

  b) 길이가 1 600 m인 도로는 지도상에서 8 cm이다.

245 1 : 50의 비율로 내 방의 바닥과 방 안의 가구들을 그리시오.

246 다음 비례식을 푸시오.

  a) $\dfrac{x}{9} = \dfrac{2}{3}$ b) $\dfrac{10}{x} = \dfrac{5}{9}$ c) $\dfrac{6}{7} = \dfrac{x}{21}$

247 다음 삼각형의 각들의 크기를 계산해서 닮은 삼각형인지 알아보시오.

a)

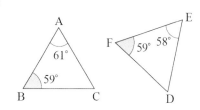

b)

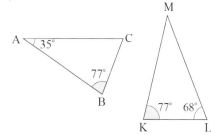

248 다음 두 삼각형은 닮은 삼각형이다. 비례식을 쓰고 변의 길이 x를 계산하시오.

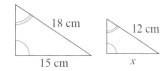

249 한 삼각형의 두 각의 크기가 $15°$와 $75°$이고 다른 삼각형의 두 각의 크기가 다음과 같을 때 이 두 삼각형이 서로 닮은 삼각형인지 알아보시오.

  a) $90°$와 $72°$ b) $90°$와 $15°$

250 정삼각형 ABC의 한 변의 길이는 8.0 cm이다. 다음 그림과 같이 삼각형 ABC를 정삼각형으로 나눌 때 색칠한 부분의 한 변의 길이와 축척을 계산하시오. (단, 부분 삼각형들은 삼각형 ABC와 닮은 삼각형이다.)

  a) 보라색 삼각형
  b) 파란색 삼각형
  c) 검은색 삼각형

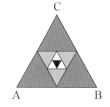

251 삼각형 ABC와 삼각형 DEF는 닮은 도형이다. 변 BC의 길이를 계산하시오. (소수점 아래 첫째자리까지 계산하시오.)

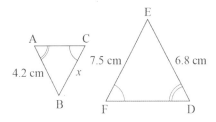

252 삼각형 ABC와 삼각형 DEF는 닮은 도형이다. 다음 변의 길이를 계산하시오.

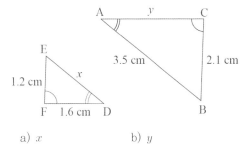

a) x   b) y

253 맥도넬 더글라스 사의 DC-10 비행기의 날개의 총 길이는 48.64 m이고 기체의 길이는 56.30 m이다. 이 비행기의 축소모델을 만들었는데 날개의 총 길이가 15.2 cm이다. 이 모델의 길이를 mm 단위까지 계산하시오.

	길이	날개 총 길이
축소모델	x	15.2 cm
DC-10	56.30 m	48.64 m

254 푸조 206 승용차의 길이는 3.835 m이고 높이는 1.426 m이다. 이 차의 소형모델을 만들었는데 높이가 12.5 cm이다. 이 모델의 길이를 계산하고 유효숫자 세 개로 답하시오.

255 점 D는 삼각형 ABC의 변 AC를 1 : 3의 비율로 나눈다. 점 D를 지나 변 AB와 평행인 직선을 그려 변 BC와 만나는 점을 E라고 할 때, 선분 DE의 길이는 15 cm이다. 그림을 그리고 변 AB의 길이를 계산하시오.

256 다음 삼각형이 직각삼각형인지 알아보시오.

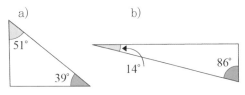

a)   b)

257 다음 삼각형의 예각 α의 크기를 계산하시오.

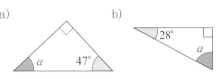

a)   b)

258 다음 두 삼각형은 닮은 도형이다. 변의 길이 x를 계산하시오. (일의 자리까지 구하시오.)

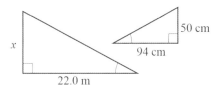

259 루사뢰 섬에 있는 등대의 그림자의 길이는 평지에서 26.7 m이다. 같은 시각에 길이가 2.2 m인 막대의 그림자는 2.8 m이다. 등대의 높이를 계산하시오. (일의 자리까지 구하시오.)

260 직각삼각형의 밑변의 길이와 높이는 각각 3.8 cm와 4.6 cm이다. 삼각형의 빗변에 내린 높이가 2.9 cm이다. 삼각형의 빗변의 길이를 계산하시오. (소수점 아래 첫째자리까지 구하시오.)

261 다음 직각삼각형에 대하여 물음에 답하시오.

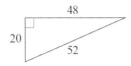

a) 빗변의 길이는 얼마인가?

b) 밑변의 길이와 높이는 얼마인가?

c) 이 삼각형의 변들의 길이가 만족하는 방정식을 아래 보기에서 고르시오.

$$20 + 48 = 52 \qquad 20^2 + 52^2 = 48^2$$
$$48^2 + 52^2 = 20^2 \qquad 20^2 + 48^2 = 52^2$$

262 직각삼각형의 세 변의 길이가 20, 29, 21이다.

a) 빗변의 길이는 얼마인가?

b) 밑변의 길이와 높이는 얼마인가?

c) 밑변의 길이의 제곱과 높이의 제곱의 합이 빗변의 길이의 제곱과 같음을 계산해서 이 삼각형이 직각삼각형임을 증명하시오.

263 다음 물음에 답하시오.

a) 밑변의 길이와 높이가 각각 48 mm와 64 mm인 직각삼각형을 그리고 삼각형의 빗변의 길이를 측정하시오.

b) 밑변의 길이의 제곱과 높이의 제곱의 합이 빗변의 길이의 제곱과 같음을 계산해서 이 삼각형이 직각삼각형임을 증명하시오.

264 다음 삼각형의 변들의 길이가 만족하는 피타고라스의 정리의 방정식을 쓰시오.

a)   b)

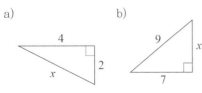

265 변들의 길이가 다음과 같은 삼각형이 직각삼각형인지 계산해서 알아보시오.

a) 12, 16, 22   b) 9, 40, 41

c) 27, 36, 45   d) 33, 56, 65

266 다음 직각삼각형의 빗변의 길이 x를 계산하시오.

a)   b)

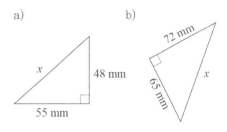

267 다음 직각삼각형의 빗변의 길이 x를 계산하시오. (유효숫자 2개)

a)   b)

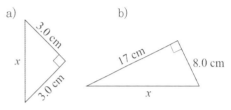

268 다음 스케이트보드대의 경사면의 길이 x를 계산하시오. (유효숫자 2개)

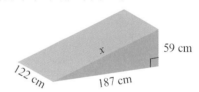

269 안니는 남쪽으로 5.0 km, 동쪽으로 4.0 km, 북쪽으로 2.0 km를 트래킹한 후 북동쪽으로 방향을 꺾어 출발점으로 돌아왔다. 안니가 걸은 총 거리를 계산하시오.

270 너비가 255 cm인 벽에 다음 벽지를 딱 맞게 붙이려면 벽지의 너비를 얼마나 잘라내야 하는지 계산하시오.

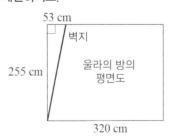

271 다음 직각삼각형의 밑변의 길이 또는 높이 x의 값을 계산하시오.

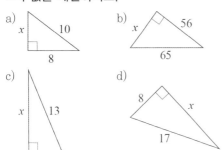

a)

c)

b)

d)

272 다음 직각삼각형의 밑변의 길이 또는 높이 x의 값을 계산하시오. (유효숫자 2개)

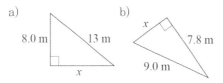

a)

b)

273 직각삼각형의 빗변의 길이가 6.5 cm이고 밑변의 길이가 다음과 같을 때, 높이를 계산하시오. (유효숫자 2개)

a) 3.3 cm   b) 6.3 cm

274 다음 그림에서 니코의 선창에서 엘라의 선창까지의 거리는 얼마인가? (유효숫자 2개)

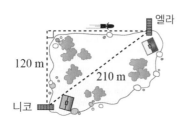

275 다음은 루오홀라티 전철역의 승강장과 역 밖의 인도의 높이 차를 나타낸 그림이다. 높이의 차를 계산하시오. (유효숫자 3개)

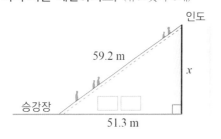

276 문의 너비는 82 cm이고 높이는 196 cm이다. 다음 판자를 기울여서 문을 통과할 수 있는지 계산하시오.

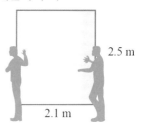

277 다음 구조물을 만들 때 필요한 목재의 총 길이를 계산하시오. (소수점 아래 첫째자리까지 구하시오.)

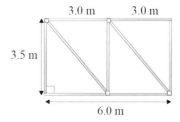

278 다음 물음에 답하시오. (유효숫자 2개)

a) 변의 길이가 6.0 cm인 정삼각형을 그리시오.

b) 삼각형의 높이를 계산하시오.

c) 삼각형의 넓이를 계산하시오.

279 창고벽의 가로는 3.5 m이고 세로는 2.8 m이다. 창고벽의 각이 직각으로 잘 잡혀 있는지 창고벽의 대각선의 길이를 측정해서 알아보려고 한다. 이 창고벽의 네 각이 직각일 때 대각선의 길이는 얼마인지 계산하시오. (유효숫자 2개)

280 다음 그림과 같이 액자의 뒷면에 길이가 70 cm인 철사를 연결하려고 한다. 벽에 거는 지점 A가 액자 앞쪽에서 보일지 계산하여 알아보시오.

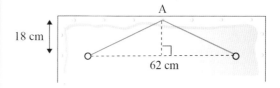

281 다음 원의 둘레의 길이를 계산하시오.

a)

b)

c)

d)

16 cm   7.0 m   9.2 m   13.4 cm

282 다음 공의 둘레의 길이를 계산하시오.

a) 농구공의 지름의 길이는 24.0 cm이다.

b) 테니스공의 반지름의 길이는 3.2 cm이다.

283 햄스터 쳇바퀴의 반지름의 길이는 9.0 cm이다. 햄스터가 쳇바퀴 안에서 하루에 250 바퀴를 돌 때 이 햄스터가 하루에 뛰는 거리를 구하시오.

284 나무 밑둥의 둘레의 길이가 다음과 같을 때 이 나무의 지름의 길이를 계산하시오.

a) 27 cm   b) 103 cm

285 에스토니아의 칼리 지역에는 충돌 분화구가 9개가 모여 있다. 이 중 가장 큰 분화구는 깊이가 16 m, 둘레의 길이가 346 m이다. 분화구의 반지름의 길이를 계산하시오.

286 다음 원의 넓이를 계산하시오.

a)

b)

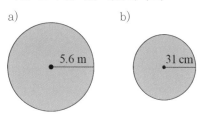

5.6 m   31 cm

287 다음 원의 넓이를 계산하시오.

a)

b)

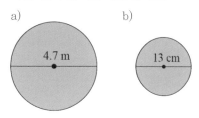

4.7 m   13 cm

288 다음 원의 넓이를 계산하시오.

a) 핀란드 야구에서 투수가 서는 장소는 반지름의 길이가 300 mm인 원이다.

b) 아이스하키 경기장 안에 있는 중심원의 지름의 길이는 9.0 m이다.

289 다음 색칠한 부분의 넓이를 cm² 단위까지 계산하시오.

a)   b)

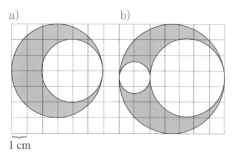

1 cm

290 길이가 100 cm인 줄이 있다. 이 줄로 만들 수 있는 가장 큰 다음 도형의 넓이를 구하시오.

a) 정사각형   b) 원

291 다음 물음에 답하시오.

　a) 원의 반지름의 길이가 27 cm일 때 원의 둘레의 길이를 계산하시오.

　b) 원의 반지름의 길이가 13.2 cm일 때 원의 넓이를 계산하시오.

292 다음 원의 넓이와 둘레의 길이를 계산하시오.

　a)　　　　　　b)

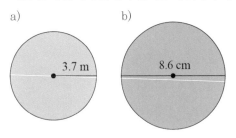

293 할머니댁에 있는 원형식탁의 지름의 길이는 1.8 m이다. 이 식탁을 덮을 식탁보를 만들었는데, 식탁보는 식탁의 가장자리에서 15 cm 더 내려온다. 이 식탁보의 가장자리에는 레이스를 달았다.

　a) 식탁보의 넓이를 계산하시오.

　b) 식탁보의 레이스의 길이를 계산하시오.

294 다음 정사각형의 한 변의 길이는 8.0 cm이다. 색칠한 부분의 넓이를 계산하시오.

　a)　　　　　　b)

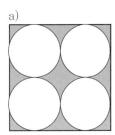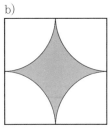

295 정사각형의 넓이와 원의 넓이는 같다. 정사각형의 한 변의 길이가 2.0 cm일 때 원의 반지름의 길이를 구하시오.

296 다음 원에서 원주각과 중심각의 기호를 쓰시오.

　a)　　　　　　b)

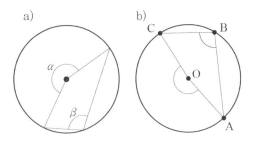

297 반지름의 길이가 4.0 cm인 원을 그리시오.

　a) 원에 70°의 중심각을 그리시오.

　b) 이 중심각에 대한 원주각을 두 개 그리시오. 이 두 각의 크기는 얼마인가?

298 다음 각 α와 각 β의 크기를 추측 혹은 계산하시오.

　a)　　　　　　b)

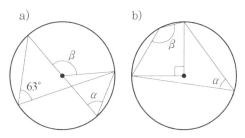

299 부채꼴에서 호의 각도는 156°이다. 이 호에 대한 다음 각의 크기를 구하시오.

　a) 중심각　　　　　b) 원주각

300 다음 삼각형 ABC의 꼭짓점은 원의 둘레 위에 있다. 삼각형의 세 각의 크기를 계산하시오.

　a)　　　　　　b)

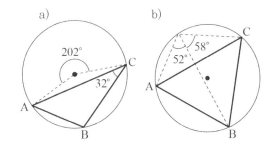

266

301 다음 원의 넓이는 $100\,\text{cm}^2$이다. 색칠한 부채꼴의 넓이를 계산하시오.

a) 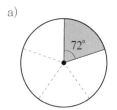 b)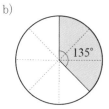

302 원의 둘레의 길이는 $240\,\text{cm}$이다. 색칠한 부채꼴의 호의 길이를 계산하시오.

a) 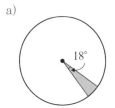 b)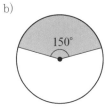

303 다음 색칠한 부채꼴의 넓이를 계산하시오.

a) 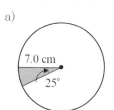 b)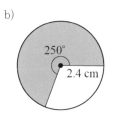

304 다음 색칠한 부채꼴의 호의 길이를 계산하시오.

a) 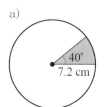 b)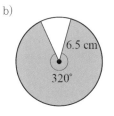

305 다음 거리를 계산하시오.

a) 탐페레에서 적도까지
b) 탐페레에서 케이프타운까지

306 다음 색칠한 부채꼴의 넓이와 호의 길이를 계산하시오.

a) 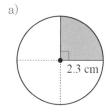 b)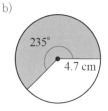

307 원의 반지름의 길이는 $5.0\,\text{cm}$이다. 부채꼴의 중심각의 크기가 다음과 같을 때, 부채꼴의 넓이와 호의 길이를 계산하시오.

a) $52°$ b) $87°$ c) $139°$

308 부채꼴의 넓이가 원 전체 넓이의 다음과 같을 때 부채꼴의 중심각의 크기를 계산하시오.

a) $\dfrac{1}{8}$ b) $\dfrac{1}{10}$

309 다음 원의 반지름의 길이는 $4.0\,\text{cm}$이다. 색칠한 부분의 넓이를 계산하시오.

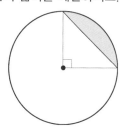

310 핀란드 야구에서 1루는 중심각의 크기가 $90°$인 부채꼴이다. 1루의 반지름은 남자부 경기에서는 $3\,000\,\text{mm}$이고 여자부 경기에서는 $2\,500\,\text{mm}$이다. 남자부 경기의 1루의 넓이는 여자부 경기의 1루의 넓이에 비해 몇 $\%$가 더 큰가?

267

감사의 인사

핀란드 중학교 수학교과서는 새로운 콘텐츠, 새로운 방식의 수학책을 열망하는 많은 수학선생님들과 학부모님들의 후원으로 만들어질 수 있었습니다. 후원해주신 모든 분들께 감사의 인사를 드립니다. 그중에서도 이 책이 꼭 나와야 한다며, 후원을 제안하시고, 그 모든 진행에 관심과 열정을 쏟아주신, 다음(Daum) 수학세상(math114)의 운영자 이형원 선생님(아이디:한량)께 무한한 감사의 인사를 드립니다. 이형원 선생님의 제안과 응원이 없었다면 이 책은 나올 수 없었을 것입니다.

또 감사의 인사를 전할 분들이 계십니다. 처음 이 책을 기획했을 때 기꺼이 7학년의 수고로운 풀이를 맡고 전체 진행을 도와주신 전국수학교사모임의 남호영 선생님께도 특별한 감사의 인사를 드립니다. 책의 진행이 흔들리고 어려움을 겪는 가운데에서도 조용히 기다려주시고 응원해주신 남호영 선생님이 아니었다면 이 책의 완성도는 많이 낮았을 것입니다.

8학년의 풀이와 많은 조언과 도움을 주신 선생님들이 계십니다. 김교림 선생님과 윤상혁 선생님께도 이 자리를 빌려 진심어린 감사의 인사를 드립니다. 8학년의 풀이는 우리나라와 많이 달라서 특히 풀이가 힘들었습니다.

시간이 촉박한 상황에서도 9학년의 풀이를 맡아주신 김하정 선생님과 배유진 선생님께도 이 자리를 빌려 진심어린 감사의 인사를 드립니다.

또한 부족한 시간 가운데에서도 책의 완성도를 높이기 위해 기꺼이 풀이를 점검해주신, 수학세상의 운영진 이형원, 권태호, 김영진, 문기동, 이도형, 고인용, 김일태 선생님께도 감사의 인사를 전합니다.

생각보다 훨씬 힘든 책이었습니다. 용어를 통일시키는 것과 핀란드 책의 의도와 장점을 해치지 않으면서도 한국 수학교육의 방식대로 맞추는 것부터 풀이를 다 점검하는 것 등이 작은 출판사가 감당하기에는 너무나 버거운 책이었습니다. 어쨌든 오랜 고생 끝에 마무리를 합니다. 이 힘든 작업에 함께 동참해준 많은 분들에게 이 자리를 빌어 감사의 인사를 전합니다.

모쪼록 이 책이 새로운 수학교육을 꿈꾸는 선생님들과 수학에 흥미를 갖고 공부하고 싶은 학생들에게 도움이 되기를 바랍니다.

'이렇게 가르칠 수도 있구나'하며
한 장 한 장 넘기며 감탄하게 만드는 책 ★남호영

수학 이렇게 공부해야 한다에 한 표! ★이형원

수학을 구체적으로 경험하게 해주는 책 ★문기동

다양한 문제를 통해
재미있게 수학 공부를 하고 싶은 학생뿐만 아니라
지금까지와는 다른 방법으로 수학을 지도해보고 싶은
교사들에게 이 책을 추천한다. ★김하정

기본에 충실하면서도
생각하고 상상하게 만드는 수학책 ★윤상혁

수학 왜 배워요? 배워서 어디에 쓰나요?
이런 생각을 갖는 친구들이 꼭 한번 봤으면 하는 교과서!
우리 주변을 수학의 눈으로 볼 수 있게 해주는 책! ★김교림

반복되고, 깊어지고, 우리가 사는 세상이
모두 수학이라는 깨달음을 주는 책 ★배유진

핀란드인들의 실용주의를 느낄 수 있는
기본이 탄탄한 수학책 ★권태호

수학의 본질은
문제를 해결하는 데 있음을 보여주는 책 ★김일태

이 책으로 여러분과 함께 행복하고 싶습니다. ★고인용

Laskutaito

Teuvo Laurinolli,
Raija Lindroos-Heinänen,
Erkki Luoma-aho,
Timo sankilampi,
Riitta Selenius,
Kirsi Talvitie,
Outi Vähä-Vahe

핀란드 중학교 수학교과서
해설&정답

8

풀이 및 해설

김교림 중암중학교
윤상혁 한성여자중학교

솔빛길

1. 우리가 사용하지 않는 단위들(예를 들어, dL, dm 등)도 많이 나옵니다. 그러나 그것이 이 책의 전체적인 흐름과 깊은 관련이 있고, 또한 데시 단위들을 쓰는 것이 수학적인 개념 이해에 유용함이 있어서 그대로 사용하였습니다.

2. 이 책에는 많은 답이 근삿값으로 주어져 있습니다. 핀란드의 근삿값 범위는 우리보다 훨씬 그 관용도가 높습니다. 우리는 가능하면 한국 상황에 맞춰서 유효숫자와 반올림을 활용하여 한국 상황에 맞췄습니다. 그러나 교육부의 수학교과 선진화방안에서도 언급되었듯이 답보다는 과정을 중시하는 수학의 취지에서는 핀란드의 방법도 충분히 유효한 방안이라는 생각이 듭니다. 그러므로 문제 풀이의 과정이 맞았다면, 답을 근삿값으로 해도 수학적으로는 유효한 방안이 될 것입니다. 지도하는 선생님들께서는 이 점을 유의해 주셨으면 합니다.

3. 일부 문제에서는 계산기를 사용해서 풀으라고 합니다. 가능하다면 공학용 계산기를 가지고 계산을 해야 되는 문제가 많습니다.

4. 이미 앞에서 해설이 되었거나, 또는 풀이가 굳이 필요하지 않은 문제들은 풀이를 생략하였습니다.

5. Daum math114 [검색] 책의 내용과 답에 관련한 질문은 **다음카페**로 들어와서 해 주십시오.
   http://cafe.daum.net/-math114-

1 ▌ 분수, 소수, 백분율 9p

001 a) 70%   b) 20%   c) 36%

002 35%

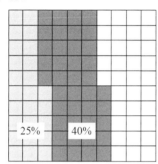

003 a) 98%   b) 30%   c) 2%
d) 123%   e) 200%   f) 350%

004 a) 0.15   b) 0.4   c) 0.07
d) 1.16   e) 0.172   f) 0.006

005 a) $0.20 = \dfrac{1}{5}$ b) $0.50 = \dfrac{1}{2}$ c) $0.80 = \dfrac{4}{5}$

d) $0.05 = \dfrac{1}{20}$ e) $0.25 = \dfrac{1}{4}$ f) $1.30 = \dfrac{13}{10}$

006

분수	소수	백분율
$\dfrac{3}{4}$	0.75	75%
$\dfrac{7}{25}$	0.28	28%
$\dfrac{3}{50}$	0.06	6%
$\dfrac{1}{25}$	0.04	4%
$\dfrac{7}{5}$	1.4	140%
$\dfrac{2}{3}$	0.67	67%

007 a) 0.9＝90%   b) 0.36＝36%   c) 0.82＝82%
d) 0.25＝25%   e) 0.8＝80%   f) 0.65＝65%

008 a) $\dfrac{3}{10} = 30\%$ b) $\dfrac{1}{5} = 20\%$ c) $\dfrac{7}{10} = 70\%$

009 a) 35%   b) 30% 더 많다.

010 a) 50%   b) 40%   c) 10%

011 a) 19%   b) 18% 더 많다.

2 ▌ 백분율의 계산 (1) 11p

012 a) 5%   b) 50%   c) 500%

013 a) 92%   b) 4%   c) 240%

014 a) 10%   b) 50%   c) 25%
d) 20%   e) 200%   f) 2 000%

015 a) 20%   b) 33%   c) 30%   d) 20%

016 a) 44%   b) 56%   c) 12% 더 많다.

017 a) 25%   b) 20%

018 a) 50%   b) 40%   c) 12.5%

019 a) 85.2%
b) 에이야 : 39.9%, 리쿠 : 31.0%, 레나 : 19.2%
안티 : 9.9%
c) 8.9%

020 a) 8.5%   b) 14%   c) 42%

021 a) 94.5%   b) 69%   c) 66.5%

022 a) 13% 증가   b) 9.5% 증가   c) 11% 증가

023 $\dfrac{12+2}{(12+2)+(8+2)} \times 100 ≒ 58.3(\%)$,

$\dfrac{12}{12+8} \times 100 = 60(\%)$

$58.3 - 60 = -1.7$이므로 1.7% 감소

3 ▮ 백분율의 계산 (2) 　　13p

024

수	1%	10%	5%	25%
200	2	20	10	50
600	6	60	30	150
40	0.4	4	2	10
1200	12	120	60	300

025 a) 90유로 　　　　b) 2 400크로나
c) 56파운드 　　　　d) 4 800엔

026 a) 11 　　b) 15 　　c) 216 　　d) 99

027 a) 65 　　b) 3 　　c) 46.2 　　d) 45

028

상품	할인율	할인 금액
수영복 25 €	20%	5.00 €
슬리퍼 85 €	15%	12.75 €
수상스키 180 €	33%	59.40 €
선글라스 48 €	9%	4.32 €

029 a) 7.6 g 　　　　b) 4.4 g

030 a) 6.94 g 　　b) 0.39 g 　　c) 0.08 g

031 알제리 : 756 000명, 방글라데시 : 14 500 000명
차드 : 1 200 000명, 케냐 : 320 000명
모로코 : 2 020 000명

032 a) 3 970명 　　　　b) 11 300명

033 a) 74 763 000 　　b) 7 371 000 　　c) 4 843 800

4 ▮ 기본값의 계산 　　15p

034 a) 160 　　　　b) 150

035 a) 4 　　b) 40 　　c) 400

036

100%	1%	10%	30%
300	3	30	90
120	1.2	12	36
70	0.7	7	21
8	0.08	0.8	2.4
21	0.21	2.1	6.3

037 a) 8 　　b) 16 　　c) 40

038 a) 1 300 　　b) 570 　　c) 1 400 　　d) 40

039 a) 350 　　　　b) 525

040 a) 660 　　b) 440 　　c) 264
d) 220 　　e) 132 　　f) 66

041 a) 30 kg 　　　　b) 20 kg

042 140

043 15

044 250 €

045 a) 55 000 ÷ 0.94 ≒ 58 511 ≒ 58 500명
b) 58 511 × 0.06 ≒ 3 511 ≒ 3 510명

046 망아지가 12.4%로 8 800마리이므로 전체 말의 개체수
는 $\dfrac{8\,800}{0.124}$ 마리이다.

a) $0.356 \times \dfrac{8\,800}{0.124} ≒ 25\,000$ (마리)

b) $0.218 \times \dfrac{8\,800}{0.124} ≒ 15\,000$ (마리)

c) $0.278 \times \dfrac{8\,800}{0.124} ≒ 20\,000$ (마리)

5 ▮ 백분율의 계산(3) 　　17p

047 a) 1% 　　b) 55% 　　c) 0.4% 　　d) 300%

048 a) 30 g 　　b) 135 g 　　c) 1.38 kg 　　d) 3.5 kg

049 a) 100 g 　　　　b) 50 g 　　　　c) 25 g

050 a) 180% 　　　　b) 85%

051 89 g/km

052 180 g/kg

053 57% 더 많다.

054 a) $\dfrac{11\,000}{70} \times 0.66 ≒ 104$ 　　b) $\dfrac{11\,000}{70} \times 0.04 ≒ 6$

055 $\dfrac{18}{100-66} \times 100 ≒ 53\,(\%)$

056 a) $\dfrac{11\,000}{70} \times 5\,300\,000 ≒ 830\,000\,000$

b) $(\dfrac{11\,000}{70} \times 0.18) \times (53-13) \times 5\,300\,000$
　 $≒ 6\,000\,000\,000\,(L)$

057 $\dfrac{12.5}{0.26} \times 0.74 ≒ 36$ kg

6 ▮ 백분율로 비교하기 　　19p

058 a) 20% 　　b) 50% 　　c) 100%

059 a) 25% 　　b) 70% 　　c) 80%

060 a) 10% b) 40% c) 18%

061 a) 23% b) 19%

062 a) 23.3% b) 30.4%

063 a) 80.6% b) 32.3%

064 18.0%

065 a) 9.87% b) 9.62% c) 66.3% d) 197%

066 a) A : 84.3%, B : 71.7%, C : 131.4%
b) A : 45.7%, B : 41.8%, C : 56.8%

067 a) $\dfrac{253-213}{213}\times100 ≒ 18.8(\%)$

b) $\dfrac{253-213}{253+213}\times100 ≒ 8.6(\%)$

7	백분율로 바꾸기	21p

068 25%

069 a) 2% b) 3% c) 5% d) 6.5%

070 a) 8% b)20% c)24%

071 a) 20% b) 10% c) 40% d) 25%

072 셔츠 : 35%, 원피스 : 30%, 치마 : 48%, 바지 : 25%
신발 : 20%, 재킷 : 40%

073 a) 45.5% b) 66.7% c) 37.5%

074 a) 90.5% b) 309%

075 a) 30.9% b) 115%

076 a) 56.25% b) 125% c) 300%

077 a) 50 b) 13 c) 7 d) 35

078 a) 100% b) 900% c) 50% d) 67%

8	바뀐 값으로 계산하기	23p

079 a) 1.10 € b) 1.20 € c) 1.30 €

080 a) 45 € b) 40 € c) 35 €

081 a) 1.22 b) 0.6 c) 1.04 d) 0.99

082 a) 15.19 € b) 22.33 €

083 책 : 11.20 €, 계산기 : 19.80 €, DVD 영화 : 17.85 €
CD : 17.85 €, 텔레비전 : 399.00 €, 휴대폰 : 110.03 €

084 a) 2 b) 3 c) 4.2

085 a) 50% 더 커진다. b) 10% 더 작아진다.
c) 7% 더 커진다. d) 2% 더 작아진다.
e) 270% 더 커진다. f) 97.7% 더 작아진다.

086 a) 34.43 € b) 7.57 €

087 a) 125 € b) 100 €

088 a) 0.82 b) 150 €

089 a) 9.40 € b) 1.13 €
c) 각 상품의 부가가치세액은 다음과 같다.

우유 : 0.11 €	주스 : 0.13 €
요구르트 : 0.07 €	케이크 : 0.95 €

안티의 부가가치세액이 0.37 €가 되려면 주스 2개와 우
유 1개를 사야 한다.

답 : 주스 2개와 우유 1개

9	천분율	25p

090 a) 6 b) 0.6 c) 2

091 a) 55% b) 6.5% c) 0.7%

092 a) 2% b) 37% c) 160%

093 a) 2‰ b) 15‰

094 830‰

095

장신구의 무게	장신구의 은 함유율(‰)			
	800	830	925	999
16.0 g	12.8 g	13.3 g	14.8 g	16.0 g
44.0 g	35.2 g	36.5 g	40.7 g	44.0 g
78.0 g	62.4 g	64.7 g	72.2 g	77.9 g

096 a) 38.8 g b) 970 g

097 a) 하베리 : 4 446 kg, 사토포라 : 6 955 kg
파타바라 : 7 735 kg
b) $\dfrac{7\,735-6\,955}{7\,735}\times100 ≒ 10.1(\%)$

098 7.0 g

099 a)

금의 순도(K)	순금의 함유율(‰)
9 K	375‰
14 K	585‰
18 K	750‰
22 K	916‰
24 K	999‰

24K는 순금을 말하는데, 원래는 1 000‰이지만 그런 순도는 존재하지 않으니 999‰로 본다.

예를 들어 9K를 풀어보면, 1K의 순금 함유율은 $\frac{1}{24}$ 이므로 9K의 순금 함유율은 $\frac{1}{24} \times 9 = 0.375 = 375‰$이다.

b) 18캐럿은 전체의 $\frac{1}{24} \times 18 = \frac{3}{4}$ 만큼 순금이 있다는 뜻이므로 구하는 순금의 양은 $\frac{3}{4} \times 12 = 9.0(\text{g})$이다.

10 이자 계산 27p

100 a) 41.67 € b) 125.00 € c) 1.39 € d) 173.61 €

101 a) 2000 € b) 166.67 € c) 38.46 € d) 5.56 €

102 a) 17.50 € b) 122.50 € c) 525.00 €

103

대출금	이자 기간		
	6개월	1개월	75일
1 000 €	27.50 €	4.58 €	11.46 €
13 000 €	357.50 €	59.58 €	148.96 €
125 000 €	3 437.50 €	572.92 €	1 432.29 €

104 a) 29일 b) 79일

105 a) 156일 b) 2017.33 €

106 세전 이자액에서 원천징수세금을 뺀다. 원천징수세금의 경우 문제에서 소수점 아래 둘째자리에서 버리라고 한 것에 유의한다.
a) $(720 \cdot 0.008) - (720 \cdot 0.008 \cdot 0.28)$
$≒ 5.76 - 1.6 = 4.16$ €
b) $(720 \cdot 0.014) - (720 \cdot 0.014 \cdot 0.28)$
$≒ 10.08 - 2.8 = 7.28$ €
c) $(720 \cdot 0.018) - (720 \cdot 0.018 \cdot 0.28)$
$≒ 12.96 - 3.6 = 9.36$ €

107 $\left(\frac{19.50 \times 0.115}{52} \times 3 + 5 \right) + 19.50 ≒ 24.63$ €

108 169.75 €

109 a) 290.00 € b) 640.00 €

11 용액과 혼합액 29p

110 a) 11% b) 2.4% c) 10%

111 a) 5 kg b) 20%

112 a) 4.5 kg b) 11%

113 a) 10%
b) $\frac{1}{1+7} \times 100 = 12.5\% ≒ 13\%$
c) $\frac{1}{1+6} \times 100 ≒ 14\%$

114 5.4 g

115 a) 80 g b) 1.6%

116 a) $10 \div 0.23 ≒ 43(\text{kg})$
b) $10 \div 0.008 = 1 250 ≒ 1 300(\text{kg})$

117 15%

118 26%

119 a) $600 \times \frac{3}{4} = 450(\text{g})$
b) $600 - (150 \times 0.695 + 450 \times 0.36) = 333.75 ≒ 334$ g
c) $334 \div 600 \times 100 ≒ 55.6$

12 재료 31p

120 a) 57 g b) 3 g

121 a) 562.5 g, 약 560 g b) 187.5 g, 약 190 g
c) 4뭉치

122 a) 68% b) 32%

123 a) 65.0% b) 85.7%
c) 30% 더 들어 있다.

124 31인치

125 234 cm

126 a) 2.3 g b) 140 g

127 39

128 10

129 a) A줄의 구리의 양은 3.31 g
$3.31 \div 3.52 \times 100 ≒ 94(\%)$
b) $\frac{3.31 - 1.97}{1.97} \times 100 ≒ 68(\%)$
c) $2.18 \times 2.775 ≒ 6.0495$, 약 6.05 g

130 a) 37%   b) 80%   c) 9%

131 a) 0.16   b) 0.07   c) 1.20

132 a) $\dfrac{3}{5} = 0.6 = 60\%$ b) $\dfrac{1}{4} = 0.25 = 25\%$

    c) $\dfrac{5}{8} = 0.625 = 62.5\%$

133

수	1%	10%	5%	20%
400	4	40	20	80
2 000	20	200	100	400
2 500	25	250	125	500
60	0.6	6	3	12

134 a) 15%   b) 2.5%   c) 75%   d) 0.7%

135 a) 5   b) 210   c) 54

136 a) 70   b) 200   c) 500   d) 60

137 a) 20%   b) 40%   c) 100%

138 a) 30%   b) 5%   c) 14%

139 a) 20%   b) 30%

140 a) 0.83   b) 0.95   c) 1.3   d) 2.5

141 개줄 : 14.00 €, 개목걸이 : 12.00 €, 개껌 : 1.90 €
개집 : 60.00 €

142 3‰

143 a) 24 g   b) 25 g   c) 28 g

144 a) 9.1%   b) 17%   c) 4.8%

145 a) 35%   b) 40%

146 36%

147 a) 52.8%   b) 1.2% 줄어들었다.

148 a) 304 000 km²   b) 13.4%

149 a) 1 300 000   b) 3 600 000

150 316

151 a) 28%   b) 19%   c) 500%
d) 91%   e) 8.6%

152 7.41 €

153 a) 6.40 €   b) 11.72 €

154

식	4^6	121^7	a^3	0.5^1	$\left(\dfrac{3}{4}\right)^5$
밑	4	121	a	0.5	$\dfrac{3}{4}$
지수	6	7	3	1	5

155 a) 2^4 b) a^5 c) x^{15}

156 a) $2 \cdot 2 = 4$ b) $2 \cdot 2 \cdot 2 = 8$
c) $4 \cdot 4 = 16$ d) $0 \cdot 0 \cdot 0 = 0$
e) $1 \cdot 1 \cdot 1 \cdot 1 \cdot 1 \cdot 1 = 1$
f) $10 \cdot 10 \cdot 10 \cdot 10 = 10\,000$

157 a) $3 \cdot 4 = 12$ b) $4 \cdot 3 = 12$
c) $4^3 = 64$ d) $3^4 = 81$

158 a) $9^2 = 81$ b) $7^2 = 49$ c) $5^3 = 125$

159 a) $6^2 = 36$ b) $8^2 = 64$

160 a) 0.25   b) 0.01   c) 1.21

161 a) $\dfrac{1}{81}$ b) $\dfrac{1}{10\,000}$ c) $\dfrac{16}{49}$

162 a) 50   b) 18   c) 16
d) 900   e) −6   f) 27

163 a) 8 000   b) 100 000 000   c) 2 500
d) 0.0001   e) 0.000008   f) 1.44

164 a) $\dfrac{1}{32}$ b) $\dfrac{1}{1\,000\,000}$ c) $\dfrac{81}{625}$

    d) $2\dfrac{1}{4}$ e) $3\dfrac{1}{16}$ f) $4\dfrac{41}{100}$

165 a)

거듭제곱	거듭제곱의 값	0의 개수
10^1	10	1
10^2	100	2
10^3	1 000	3
10^4	10 000	4
10^5	100 000	5

    b) 10   c) 20   d) 100

166 a) −36   b) −170   c) 41   d) 21

167 a) 1, 4, 9, 16, 25, 36, 49, 64, 81
b) 1, 8, 27, 64

168 a) 2^1 b) 2^2 c) 2^3 d) 2^4

169 a) 518 cm²   b) 665 cm³

170

식	$(-7)^5$	-4^9	$-a^6$	$(-0.3)^8$	$(-x)^2$
밑	-7	4	a	-0.3	$-x$
지수	5	9	6	8	2

171 a) $(-8)^4$ b) $(-a)^3$ c) -6^7 d) $-x^{23}$

172 a) $(-5) \cdot (-5) = 25$
b) $(-10) \cdot (-10) \cdot (-10) = -1\,000$
c) $-3 \cdot 3 = -9$
d) $(-1) \cdot (-1) \cdot (-1) \cdot (-1) \cdot (-1) \cdot (-1) = 1$
e) $-10 \cdot 10 \cdot 10 \cdot 10 = -10\,000$
f) $(-1) \cdot (-1) \cdot (-1) \cdot (-1) \cdot (-1) = -1$

173 a) $(-9)^2 = 81$ b) $(-4)^2 = 16$ c) $(-1)^3 = -1$

174 a) -64 b) 125   c) -900
d) 1600   e) -36 f) 144
g) -49 h) -121 i) -64

175 a) 음수   b) 양수   c) 음수
d) 양수   e) 음수   f) 양수

176

a) 16	K	e) -1	A
b) -64	V	f) -1	A
c) -1	A	g) -5	R
d) 2	S	h) 1	I

<KVASAARI> 핀란드어로 강한 전파를 내는 성운을 뜻한다.

177 a) 0, 100, 144, 400
b) $-1\,000$, -8, -1, 0, 125

178 a) $3^2 = 9$ b) $(-3)^2 = 9$ c) $-3^2 = -9$

179 a) 0.64   b) -0.064 c) -1.21
d) 0.00001   e) -0.0016 f) -0.49

180 a) $-\dfrac{1}{25}$ b) $\dfrac{1}{81}$ c) $-\dfrac{9}{49}$
d) $-\dfrac{8}{27}$ e) $-1\dfrac{7}{9}$ f) $3\dfrac{1}{16}$

181 a) $2\,500$ b) $-4\,880$ c) $-4\,880$ d) $-4\,880$

182 a) 20   b) 1   c) -125
d) -1 e) 32   f) 27

183 a) $(19-21)^3 = (-2)^3 = -8$
b) $(-9)^2 + (-8)^2 = 145$
c) $\{(-17-(-13)\}^2 = (-17+13)^2 = (-4)^2 = 16$

184 a) $(-10)^2$ b) $(-10)^5$ c) $(-10)^1$

185 a) -0.5 b) 1
c) 4 또는 -4 d) 10

186 a) $(6\,\mathrm{m})^2 = 36\,\mathrm{m}^2$ b) $(9\,\mathrm{cm})^2 = 81\,\mathrm{cm}^2$
c) $(8x)^2 = 64x^2$

187

a) $4a^2$	M
b) $36a^2$	A
c) $100a^2$	G
d) $27a^3$	E
e) $49a^2$	L
f) $8a^3$	L
g) $64a^3$	A
h) $125a^3$	N

< MAGELLAN > 마젤란, 우주탐사선의 이름

188 a) $a^{10}b^{10}$ b) $a^{11}b^{11}c^{11}$ c) $27a^3b^3$ d) $49a^2b^2$

189 a) $(8a)^2 = 64a^2$ b) $(3ab)^2 = 9a^2b^2$
c) $(-4a)^2 = 16a^2$

190 a) $(2 \cdot 5)^6 = 10^6 = 1\,000\,000$
b) $(10 \cdot 0.1)^8 = 1^8 = 1$
c) $(25 \cdot 4)^2 = 100^2 = 10\,000$
d) $(2 \cdot 0.5)^7 = 1^7 = 1$

191 a) a^2 b) $-a^3$ c) $-8a^3$
d) $64a^2$ e) $-27a^3$ f) $10\,000a^4$

192 a) $(10a)^3 = 1\,000a^3$ b) $(20a)^4 = 160\,000a^4$
c) $-(ab)^5 = -a^5b^5$

193 a) 100   b) $36a^2$ c) $16a^2$
d) 1   e) a
f) 어떤 수를 넣어도 이런 결과는 나오지 않는다.

194 a) 3a 또는 $-3a$ b) 2a
c) 8a 또는 $-8a$ d) 4a

195 a) $7x$ 또는 $-7x$ b) 10a 또는 $-10a$
c) 5ab 또는 $-5ab$

196 a) 2 또는 -2 b) 4 또는 -4
c) 예 : 2와 2, -2와 2, -2와 -2, 1과 4
d) 5 또는 -5

197 a) 1   b) 10 000   c) 0.00001

198 a) $(4a)^2 = 16a^2$ b) $6 \cdot (4a)^2 = 96a^2$
c) $(4a)^3 = 64a^3$

199 a) $\dfrac{4}{25}$ b) $\dfrac{9}{25}$

200 a) $\dfrac{16}{25}$ b) $\dfrac{49}{81}$ c) $\dfrac{9}{64}$

201 a) $\dfrac{27}{125}$ b) $\dfrac{1}{64}$ c) $\dfrac{8}{27}$

202 a) $\dfrac{a^2}{16}$ b) $\dfrac{a^3}{27}$ c) $\dfrac{a^2}{25}$

     d) $\dfrac{32}{a^5}$ e) $\dfrac{7}{a}$ f) $\dfrac{10\,000}{a^4}$

203 a) $\dfrac{25}{36}$ b) $\dfrac{16}{49}$ c) $-\dfrac{1}{27}$

204 a) $2\dfrac{1}{9}$ b) $\dfrac{3}{4}$ c) $1\dfrac{11}{16}$ d) $\dfrac{17}{100}$

205 a) $\left(\dfrac{a}{b}\right)^3 = \dfrac{a^3}{b^3}$ b) $\left(-\dfrac{5}{a}\right)^3 = -\dfrac{125}{a^3}$

     c) $\left(\dfrac{10a}{b}\right)^3 = \dfrac{1\,000a^3}{b^3}$

206 a) $\left(\dfrac{10}{2}\right)^3 = 5^3 = 125$ b) $\left(\dfrac{15}{5}\right)^2 = 3^2 = 9$

     c) $\left(\dfrac{50}{100}\right)^3 = \left(\dfrac{1}{2}\right)^3 = \dfrac{1}{8}$

207 a) $\dfrac{49a^2}{64}$ b) $\dfrac{81a^2}{121}$ c) $\dfrac{8a^3}{125}$

208 a) $\dfrac{a}{5}$ b) $\dfrac{4}{a}$ c) $-\dfrac{a}{2}$

209

a) $\dfrac{1}{16}$	S	b) $\dfrac{9}{16}$	U	c) $\dfrac{4}{9}$	K
d) $\dfrac{36}{49}$	I	e) $-\dfrac{1}{8}$	N	f) $2\dfrac{1}{4}$	R
g) $2\dfrac{7}{9}$	E	h) $1\dfrac{2}{7}$	P	i) $1\dfrac{1}{4}$	O
j) $\dfrac{4}{9}$	K				

<KOPERNIKUS> 코페르니쿠스, 지동설을 주장한 천문학자

210 a) $2\dfrac{5}{9}$ b) $-13\dfrac{1}{4}$ c) $-\dfrac{61}{64}$ d) 1

211 3^5, 3, -3^7

212 a) a^7 b) a^9 c) a^{15} d) a^9

     e) a^7 f) a^{13}

213 a) 4^7 b) 5^4 c) 8^{10} d) 9^6

     e) 11^{15} f) 3^{13}

214 a) $10^5 = 100\,000$ b) $10^8 = 100\,000\,000$

215 a) $3 \cdot 10^2 = 300$ b) $10^6 = 1\,000\,000$

216

		a^{36}		
	a^{16}		a^{20}	
	a^9	a^7	a^{13}	
a^8	a	a^6	a^7	

217

a) 1	L	b) -27	A	c) -32	I
d) 144	K	e) 64	A		

<LAIKA> 라이카, 최초의 우주개

218 a) a와 a^2 b) a와 a^5, a^2과 a^4

     c) a와 a^8, a^2과 a^7, a^4과 a^5

219 a)

a^6	a^7	a^2
a	a^5	a^9
a^8	a^3	a^4

b)

a^5	a^{10}	a^3
a^4	a^6	a^8
a^9	a^2	a^7

220 a) $\left(\dfrac{2}{3}\right)^3 = \dfrac{8}{27}$ b) $\left(\dfrac{1}{2}\right)^5 = \dfrac{1}{32}$

     c) $-\left(\dfrac{1}{2}\right)^4 = -\dfrac{1}{16}$ d) $\left(-\dfrac{1}{3}\right)^4 = \dfrac{1}{81}$

221 a) $(2a)^5 = 32a^5$

     b) $(4a)^3 = 64a^3$

     c) $(100ab)^3 = 1\,000\,000a^3b^3$

     d) $(-a)^{14} = a^{14}$

222 a) 4   b) 8   c) 225   d) 6 400

223 a) $2 \cdot 2 \cdot 2 \cdot 2 \cdot 2 = 2 \cdot 2 \cdot 2^2$

     $= 2 \cdot 2 \cdot 2^3 = 2 \cdot 2^4 = 2 \cdot 2^2 \cdot 2^2 = 2^2 \cdot 2^3$

     b) $10 \cdot 10 \cdot 10 \cdot 10 \cdot 10 \cdot 10$

     $= 10 \cdot 10 \cdot 10 \cdot 10 \cdot 10^2$

     $= 10 \cdot 10 \cdot 10 \cdot 10^3 = 10 \cdot 10 \cdot 10^2 \cdot 10^2$

     $= 10 \cdot 10 \cdot 10^4 = 10 \cdot 10^2 \cdot 10^3$

     $= 10^2 \cdot 10^4 = 10 \cdot 10^5 = 10^3 \cdot 10^3 = 10^6$

     $= 100 \cdot 100 \cdot 100 = 100 \cdot 100^2 = 100^3$

     $= 1\,000 \cdot 1\,000 = 1\,000^2$

19 밑이 같은 거듭제곱끼리의 나눗셈　45p

224 a) 6^7　　b) 13^4　　c) 3^{50}

225 a) a^2　　b) a^3　　c) a^7
d) a^2　　e) a^7　　f) a^6

226 a) $5^2 = 25$　　b) $2^5 = 32$　　c) $10^3 = 1\,000$

227 a) $(-3)^1 = -3$　　　b) $(-5)^3 = -125$
c) $(-2)^4 = 16$

228

a) a^{11}	K	e) a^3	I
b) a^5	A	f) a^6	S
c) a^2	L	g) a^9	T
d) a^2	L	h) a^7	O

<KALLISTO> 칼리스토, 그리스 신화에 나오는 요정,
죽어서 큰곰자리가 됨.

229 a) a^8과 a^4, a^{10}과 a^6
b) a^8과 a, a^{10}과 a^3
c) a^3과 a, a^6과 a^4, a^8과 a^6, a^{10}과 a^8

230 a) $2^4 = 16$　　　　b) $(-3)^2 = 9$
c) $(-10)^4 = 10\,000$　　d) $5^2 = 25$

231 a) $(5a)^3 = 125a^3$　　b) $(-3a)^3 = -27a^3$
c) $2a$　　　　　　　d) $(2a)^6 = 64a^6$

232 a) -16　　　　b) 10 또는 -10
c) -2　　　　　d) -4

233 a) $n = 8$　　　　b) $n = 1$
c) $n = 5$　　　　d) $n = 15$

20 거듭제곱의 거듭제곱　47p

234 a) 8^{20}　　b) 13^{72}　　c) 20^{42}

235 a) a^8　　b) a^{21}　　c) a^{30}　　d) a^{16}
e) a^{18}　　f) a^{56}

236 a) $10^4 = 10\,000$　b) $5^3 = 125$　c) $2^4 = 16$
d) $2^6 = 64$　　e) $3^4 = 81$　　f) $1^{54} = 1$

237 a) $8a^{12}$　　b) $9a^{10}$　　c) $1\,000a^{24}$
d) $16a^4$　　e) $1\,000\,000a^{21}$　f) $0.01a^{18}$

238 a) $\dfrac{a^{10}}{81}$　　b) $\dfrac{a^{45}}{32}$　　c) $\dfrac{125}{a^6}$
d) $\dfrac{a^2}{49}$　　e) $\dfrac{27}{a^3}$　　d) $\dfrac{1}{a^{44}}$

239 a) a^{10}　　b) a^{45}　　c) a^9
d) a^8　　e) a^{12}　　f) a^{12}

240 a) 0　　b) 8　　c) 128

241

a) a^6	I	e) a^{12}	F	i) a^{27}	O
b) a^{32}	R	f) a^2	S	j) a^{32}	R
c) a^{35}	Ä	g) a^{27}	O	k) a^3	T
d) a^{35}	Ä	h) a^8	P		

<TROPOSFÄÄRI> 핀란드어로 대류권

242 a) $-8a^{27}$　　b) $36a^{16}$　　c) $49a^{14}$

243 a) 4　　b) 3　　c) 9　　d) 1

244 a) 7　　b) 3　　c) 3　　d) 5

245 a) 2　　b) 16　　c) 81

246

4^5	×	3^{10}	=	6^{10}
×		÷		
3^5	×	27^3	=	3^{14}
=		=		
12^5		3^1		

21 지수가 0이나 음수인 거듭제곱　49p

247 a) 1　　b) 1　　c) 1　　d) -1

248 a) $\dfrac{1}{4}$　　b) $\dfrac{1}{10}$　　c) $\dfrac{1}{5}$　　d) 1

249 a) a^{-5}　　b) a^{-2}　　c) a^{-7}　　d) a^{-1}

250

a) $\dfrac{1}{9}$	H	e) $\dfrac{1}{16}$	E
b) $\dfrac{1}{8}$	U	f) $\dfrac{1}{125}$	N
c) $\dfrac{1}{49}$	Y	g) $\dfrac{1}{4}$	S
d) $\dfrac{1}{100}$	G		

<HUYGENS> 하위헌스, 네덜란드의 물리학자

251 $2^{-5} < 2^{-1} < 2^0 < 2^1 < 2^4$

252 $\dfrac{1}{a^2}$

253 a) 2^{-1}　　　　　　b) 3^{-1}
c) 5^{-1}　　　　　　d) 9^{-1} 또는 3^{-2}

254 a) $10^{-1} = \dfrac{1}{10}$ b) $7^0 = 1$

c) $8^0 = 1$ d) $9^{-2} = \dfrac{1}{81}$

255 a) 2   b) 1   c) 1

d) $\dfrac{1}{5}$ e) 1   f) -1

256 a) a^{-2} b) a^{-3} c) a^{-1} d) a^{-8}

257 a) a^{-1} b) 1   c) a^{-3}

d) a^{-4} e) $4a^3$ f) $81a^{-1}$

258 a) a^{-4}과 a^2, a^{-1}과 a^{-1} b) a^{-4}과 a, a^{-2}과 a^{-1}

c) a^{-4}과 a^3, a^{-2}과 a d) a^{-2}과 a^2, a^{-1}과 a

259 a) $\dfrac{1}{9a^2}$ b) $\dfrac{5}{a^2}$ c) $-\dfrac{1}{8a^3}$

260 a) $\dfrac{1}{4}$ b) $-\dfrac{1}{16}$ c) $-\dfrac{1}{8}$

d) $-\dfrac{1}{25}$ e) $-\dfrac{1}{10}$ f) $\dfrac{1}{16}$

261 a) $3^{-1} = \dfrac{1}{3}$ b) $6^2 = 36$ c) $5^0 = 1$

d) $4^{-2} = \dfrac{1}{16}$ e) $2^{-3} = \dfrac{1}{8}$ f) $10^5 = 100\,000$

262 a) -4 b) -2 c) -1 d) -1

---

22   계산기로 거듭제곱 구하기   51p

263

x	x^2	x^3
10	100	1 000
11	121	1 331
12	144	1 728
13	169	2 197
14	196	2 744
15	225	3 375
16	256	4 096
17	289	4 913
18	324	5 832
19	361	6 859
20	400	8 000

264 a) $10^3 - 11^3 = 1\,000 - 1\,331 = -331$

b) $(10 - 11)^2 = (-1)^2 = 1$

c) $(10 \cdot 11)^3 = 110^3 = 1\,331\,000$

265 a) 61   b) 199   c) 1 999

d) 3 721   e) 13 122   f) 75

266 a) 6.73   b) 38.3   c) 0.0115   d) 0.122

e) 95 400 000 000 000   f) 3 660 000 000 000 000

267 a) 2.65   b) 4.32   c) 7.04

d) 0.358   e) 0.215   f) 0.129

268 a) 1.10배   b) 1.35배   c) 1.64배

269

n	2^n	0.5^n	5^n	0.2^n
0	1	1	1	1
1	2	0.5	5	0.2
2	4	0.25	25	0.04
3	8	0.125	125	0.008
4	16	0.0625	625	0.0016

270 $2^1, 2^5, 2^9, ..., 2^{4k+1}$일 때 일의 자리 수는 2,

$2^2, 2^6, 2^{10}, ..., 2^{4k+2}$일 때 일의 자리 수는 4,

$2^3, 2^7, 2^{11}, ..., 2^{4k+3}$일 때 일의 자리 수는 8,

$2^4, 2^8, 2^{12}, ..., 2^{4k}$일 때 일의 자리 수는 6이다.

$2^{1000} = (2^4)^{250}$이므로 일의 자리 수는 6이다.

271 a) 6시간에 2^1배 증가하므로 24시간에 2^4배 증가한다.

b) $2^{10} = 1024 ≒ 1000$이므로 $6 × 10 = 60$(시간)

272 a) 50%   b) 12.5%   c) 0.4%

273 a) $(1 - \dfrac{1}{2}) × 100 = 50(\%)$

b) $(1 - (\dfrac{1}{2})^2) × 100 = 75(\%)$

c) $(1 - (\dfrac{1}{2})^3) × 100 = 87.5(\%)$

d) $(1 - (\dfrac{1}{2})^{10}) × 100 ≒ 99.9(\%)$

274 $(\dfrac{1}{2})^4 × 100 = 6.25(\%)$이므로 반으로 줄어드는 기간이

4번 적용되므로 $5\,730 × 4 = 22\,920 ≒ 23\,000$(년)

---

23   큰 수   53p

275 a) $5 \cdot 10^5$ b) $7.5 \cdot 10^{13}$

c) $9.5 \cdot 10^4$ d) $8.75 \cdot 10^{11}$

e) $1.2 \cdot 10^7$ f) $1.45 \cdot 10^5$

276 a) 3 000   b) 200 000

c) 19 000 000   d) 1 830 000 000 000

e) 7 040 000   f) 37 000

277 a) $72\,000 = 7.2 \cdot 10^4$

b) $111\,900 = 1.119 \cdot 10^5$

c) $2\,350\,000\,000 = 2.35 \cdot 10^9$

278 a) 65 000 000 000 000 Wh

b) 188 000 000 000 Wh

c) 9 110 000 Wh

279 a) 380 Mm b) 58 Gm c) 1.4 Tm

280 a) 5 500 오천오백

b) 696 000 육십구만 육천

c) 15 000 000 천오백만

d) 149 600 000 일억사천구백육십만

281 a) 5 200 b) 4 800

c) 1 000 000 d) 25

282 a) $1.27 \cdot 10^{30}$ b) $5.15 \cdot 10^{47}$ c) $1.44 \cdot 10^{29}$

283 14년×365일×24시간×60분×60초

$=441\,504\,000 ≒ 4.4×10^8$ 초

284 a) $6 \cdot 10^7$ b) $2 \cdot 10^5$

c) 110 000 000 d) 250

285 12 330(kWh)×0.085(€)+3.95(€)×12(월)

$=1095.45(€)$

286 $2 \cdot 10^{22}$개

287 150 000 000(m) ÷ 300 000(s)=500(s), 8분 20초

24	작은 수	55p

288 a) 0.002 b) 0.025

c) 0.0000041 d) 0.0034

e) 0.0000761 f) 0.000000123

289 a) $7 \cdot 10^{-2}$ b) $9 \cdot 10^{-5}$

c) $3.8 \cdot 10^{-6}$ d) $7.2 \cdot 10^{-4}$

e) $6.89 \cdot 10^{-4}$ f) $4.45 \cdot 10^{-8}$

290 a) $0.007 = 7 \cdot 10^{-3}$ b) $0.031 = 3.1 \cdot 10^{-2}$

c) $0.000049 = 4.9 \cdot 10^{-5}$

291 a) 100 μm b) 50 μm

c) 2500 nm($=2.5\ \mu$m)

292 a) $4.82 \cdot 10^{-5}$ b) $2.11 \cdot 10^{-13}$

c) $4.32 \cdot 10^{-32}$

293 a) $7.0 \cdot 10^{-11}$ b) $4.1 \cdot 10^{-11}$

294 $2.5\,\text{nm} = 2.5 \cdot 10^{-9}\text{m} < 0.003\,\mu\text{m} = 3 \cdot 10^{-9}\text{m} <$

$3 \cdot 10^{-7}\text{m} < 335\,\text{nm} = 3.35 \cdot 10^{-7}\text{m} <$

$0.002\,\text{cm} = 2 \cdot 10^{-5}\,\text{m} < 3.2\,\text{mm} = 3.2 \cdot 10^{-3}\,\text{m}$

295 a) -1 b) 4 c) -6

296 a) $5 \cdot 10^{-2} + 6 \cdot 10^{-3} = 0.056$

b) $5 \cdot 10^{-2} - 6 \cdot 10^{-3} = 0.044$

c) $5 \cdot 10^{-2} \cdot 6 \cdot 10^{-3} = 0.0003$

d) $(5 \cdot 10^{-2}) \div (6 \cdot 10^{-3}) ≒ 8.3$

297 a) 60 b) 30 000

c) 0.22 d) 0.04

298 $400\,\text{nm} = 4×10^{-4}(\text{mm})$ 이므로

$$\frac{1}{4×10^{-4}} = 0.25×10^4 = 2\,500(장)$$

299 a) 1 838배 b) 1 837배

300 4개

25	제곱근	57p

301 a) 3, $3^2 = 9$ b) 8, $8^2 = 64$

c) 0, $0^2 = 0$ d) 1, $1^2 = 1$

e) 6, $6^2 = 36$ f) 9, $9^2 = 81$

302 a) $\sqrt{4} = 2$ b) $12^2 = 144$

c) $(-7)^2 = 49$ d) $\sqrt{49} = 7$

e) 어떤 수를 제곱해도 -49가 나오지 않기 때문에 $\sqrt{-49}$ 는 구할 수 없다.

303 a) 한 변의 길이 : 8 m, 둘레의 길이 : 32 m

b) 한 변의 길이 : 11 m, 둘레의 길이 : 44 m

c) 한 변의 길이 : 20 m, 둘레의 길이 : 80 m

304

a) 10	S	d) 1	R	g) 1	R
b) 4	U	e) 4	U	h) 28	E
c) 16	I	f) 2	K	i) 13	M

<MERKURIUS>는 핀란드어로 수은

305

$\sqrt{16}$	$\sqrt{9}$	$\sqrt{64}$
$\sqrt{81}$	$\sqrt{25}$	$\sqrt{1}$
$\sqrt{4}$	$\sqrt{49}$	$\sqrt{36}$

306 a) 25 b) 144 c) 225

d) 어떤 수를 제곱해도 -2는 나올 수 없다. 그러므로 답이 없다.

307 a) 0 b) 1 c) -5

308 a) 100 b) 100 c) 400

d) 어떤 수를 제곱해도 -400은 나올 수 없다. 그러므로 답이 없다.

309 a) $x = 900$

b) $x = 40$

c) 어떤 수를 제곱해도 $-2\,500$은 나올 수 없다. 그러므로 답이 없다.

d) $x = 625$

310 1, 4, 9, 16, 25, 36, 49, 64, 81

311 a) 2 b) 1 c) 3 d) $\frac{1}{2}$

312 $64\,\text{m}^2$

26   제곱근의 계산   59p

313 a) $\frac{1}{4}$ b) $\frac{2}{3}$ c) $\frac{6}{7}$

d) 0.3   e) 0.7   f) 0.1

314 a) 6   b) 7   c) 4

d) 4   e) 3   f) 6

315 a) 7   b) -5 c) 5   d) 6

316 a) $\sqrt{50+14}=\sqrt{64}=8$ b) $\sqrt{50-14}=\sqrt{36}=6$

317 a) 2.45   b) 3.74   c) 9.70   d) 15.97

318

319 a) 한 변의 길이 1.5 ㎝, 둘레의 길이 6.0 ㎝

b) 한 변의 길이 1.4 m, 둘레의 길이 5.6 m

320 a) 11.31   b) 10   c) 14   d) 14

321 a) 0.81   b) 0.0004   c) $\frac{1}{16}$ d) $\frac{9}{49}$

322

a) 5	A	f) -9	U
b) 3	T	g) 4	N
c) 5	A	h) 4	N
d) 7	R	I) -1	I
e) 4	N	j) -6	L

<LINNUNRATA>는 핀란드어로 은하수

323 a) 2   b) 37   c) 8   d) 64

324 a) $1\frac{1}{2}$ b) $2\frac{1}{2}$ c) $1\frac{2}{3}$

d) $1\frac{3}{4}$ e) $3\frac{1}{2}$ f) $1\frac{1}{4}$

325 a) 5.39   b) 3.61   c) 3.32   d) 4.12

326 a) 10   b) 8   c) 2   d) 3

27   제곱근 계산의 응용   61p

327 a) 3.49   b) 22.4   c) 5.39   d) 6.32

328 a) 12   b) 4   c) 9   d) 2

329 a) 11 m   b) 387 ≒ 390 m

330 a) 400 m   b) 800 m

331 a) 기하평균 : 49.0, 산술평균 : 62

b) 기하평균 : 60, 산술평균 : 68

c) 기하평균 : 90, 산술평균 : 90.5

d) 기하평균 : 99.0, 산술평균 : 99

332 a) 1.6 m²

333 a) 3.3초   b) 5.62초

334 a) 33 m/s   b) 55.1 m/s

335 a) 낚시꾼 : $\sqrt{\frac{70}{4}} ≒ 4.2$ (㎝)

승용차 : $\sqrt{\frac{1\,800}{4}} ≒ 21$ (㎝)

트럭 : $\sqrt{\frac{6\,000}{4}} ≒ 39$ (㎝)

b) 낚시꾼 : $\sqrt{\frac{70}{20}} ≒ 1.9$ (㎝)

승용차 : $\sqrt{\frac{1\,800}{20}} ≒ 9.5$ (㎝)

트럭 : $\sqrt{\frac{6\,000}{20}} ≒ 17$ (㎝)

28   복습   62p

336

식	8^4	$(-6)^7$	-5^9	$(1+4)^0$
밑	8	-6	5	5
지수	4	7	9	0

337 a) $2^5=32$ b) $-8^2=-64$ c) $(-1)^6=1$

338 a) 25   b) 1 000 000   c) 900

d) 0.008   e) 13   f) 16

g) -81 h) -27

339 a) 100 000 000   b) 1

c) $\frac{1}{6}$ d) $\frac{1}{8}$

340 a) 49   b) 19   c) 25

341 a) $81a^2$ b) $49a^2$ c) $-125a^3$

342 a) a^{12} b) a^{15} c) a^{10}

d) a^3 e) a^3 f) a^{-2}

343 a) $\frac{1}{16}$ b) $\frac{64}{125}$ c) $\frac{a^3}{1\,000}$ d) $\frac{1}{a^7}$

344 a) a^{10} b) $-a^{18}$ c) 1   d) $32a^{15}$

345 a) $12\,000=1.2\cdot10^4$ b) $1\,400=1.4\cdot10^3$

c) $5\,400\,000=5.4\cdot10^6$ d) $9\,000\,000\,000=9\cdot10^9$

346

수	10의 거듭제곱의 꼴
5 000	$5 \cdot 10^3$
150 000	$1.5 \cdot 10^5$
1 230 000	$1.23 \cdot 10^6$
0.002	$2 \cdot 10^{-3}$
0.00045	$4.5 \cdot 10^{-4}$
0.000073	$7.3 \cdot 10^{-5}$

347 a) 20 000 m   b) 400 m   c) 13 000 000 m
d) 7 m   e) 0.005 m   f) 0.00005 m

348 a) $\sqrt{64} = 8$ b) $(-9)^2 = 81$
c) $\sqrt{-9}$ 로 나타낼 수 있지만, 계산은 할 수 없다.
d) $3^3 = 27$

349 a) 한 변의 길이 : 9 m, 둘레의 길이 : 36 m
b) 한 변의 길이 : 1 m, 둘레의 길이 : 4 m

350 a) $\dfrac{1}{3}$ b) $\dfrac{4}{5}$ c) 0.2   d) 0.6

351 a) 10   b) 20   c) 5   d) 7

352 a) $(5 \cdot 2)^4 = 10^4 = 10 000$
b) $(0.6 \cdot 50)^3 = 30^3 = 27 000$

353 a) $5^1 = 5$ b) $(-9)^0 = 1$
c) $2^{-3} = \dfrac{1}{8}$ d) $-3^2 = -9$

354 a) 5   b) 50   c) 11
d) 11   e) 4   f) 0
g) -2 h) 10 또는 -10

355 a) $(3a)^2 = 9a^2$ b) $6 \cdot (3a)^2 = 54a^2$
c) $(3a)^3 = 27a^3$

356 a) a^{36} b) $\dfrac{a^{12}}{25}$
c) $\dfrac{16}{a^{16}}$ d) a^{50}

357 a) $\dfrac{1}{100}$ b) 1   c) $-\dfrac{1}{100}$ d) -1

358 a) 30   b) 1   c) 1   d) -6

359 a) $8 \cdot 10^{-6} + 4 \cdot 10^{-5} = 4.8 \cdot 10^{-5}$
b) $8 \cdot 10^{-6} - 4 \cdot 10^{-5} = -3.2 \cdot 10^{-5}$
c) $8 \cdot 10^{-6} \cdot 4 \cdot 10^{-5} = 3.2 \cdot 10^{-10}$
d) $8 \cdot 10^{-6} \div (4 \cdot 10^{-5}) = 0.2$

360 $0.2 \cdot \text{nm} = 2 \cdot 10^{-10}\,\text{m} < 300\,\mu\text{m} = 3 \cdot 10^{-4}\,\text{m} <$
$0.4\,\text{mm} = 4 \cdot 10^{-4}\,\text{m} < 0.09\,\text{cm} = 9 \cdot 10^{-4}\,\text{m} <$
$0.3\,\text{Mm} = 3 \cdot 10^5\,\text{m} < 400\,\text{km} = 4 \cdot 10^5\,\text{m} <$
$0.14\,\text{Tm} = 1.4 \cdot 10^{11}\,\text{m} < 200\,\text{Gm} = 2 \cdot 10^{11}\,\text{m}$

361 a) $-\dfrac{2}{3}$ b) -1 c) 3   d) 1

362 a) 92   b) 46   c) 18
d) 64   e) 0   f) 25

363 a) 0.8초   b) 2.5초   c) 4.3초

364 a) $1.4 \times 10^{21}\,(\text{L}) \times 35\,(\text{g}) = 4.9 \times 10^{22}\,(\text{g})$
$= 4.9 \times 10^{19}\,(\text{kg})$
b) $\dfrac{4.9 \times 10^{19}}{6.2 \times 10^9} \fallingdotseq 7.9 \times 10^9\,(\text{kg}) = 7\ 900\ 000\ 000\,(\text{kg})$

365 $(1 \times 10^6 \div 20) \times 120 = 6 \times 10^6\,(\mu m) = 6\,(\text{m})$

366 21 cm = 210 000 (μm)이므로
$210\ 000 \div 70 = 3\ 000$(장)

제 2 부 | **대수학**   해설 및 정답

29   **식**   67p

367 a) 6   b) 7   c) $x + 4$ d) $3x + 4$

368 a) $5x$ b) $x - 4$ c) $6x + 7$

369 a) 입력된 수에 2를 더한다.
b) 6   c) $x + 2$ d) $4x + 2$

370 a) 35   b) 5   c) -25

371 a) 0   b) -5 c) -10

372 a) $3x + 4x + 3x + 4x = 14x$
b) $3x + 4x + 5x = 12x$

373 a) 4   b) 2   c) 0

374 a) $-x + 3 = -(-7) + 3 = 7 + 3 = 10$
b) $x^2 - 51 = (-7)^2 - 51 = 49 - 51 = -2$
c) $\dfrac{5x - 4}{3} = \dfrac{5 \times (-7) - 4}{3} = \dfrac{-39}{3} = -13$

375 a) $4x + 3x + 4x + 2x + 8x + 5x = 26x$
b) $11x + 8x + 3x + 2.5x + 3x + 3x + 5x + 2.5x = 38x$

376 a)

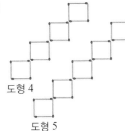

도형 4

도형 5

도형	개수
1	4
2	8
3	12
4	16
5	20
n	$4n$

b)

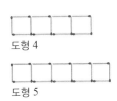

도형 4

도형 5

도형	개수
1	4
2	7
3	10
4	13
5	16
n	$3n+1$

c)

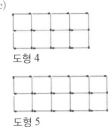

도형 4

도형 5

도형	개수
1	7
2	12
3	17
4	22
5	27
n	$5n+2$

30 단항식   69p

377 $x,\ 4x^3,\ -x^4,\ 171$

378

단항식	계수	차수
$5x^5$	5	5
$15x^2$	15	2
x	1	1
$-3x$	-3	1
$-x^2$	-1	2

379 $15x^2$과 $-x^2$, x와 $-3x$

380 a) $-x^3,\ 7x^3,\ -6x^3$ b) $-x^3,\ -5x^{10},\ -6x^3$
     c) $x^4,\ x^2$

381 a) 4   b) $2x$ c) $-4x^2$
     d) $-2x$ e) x^2 f) -5

382 a)   b)

     d)   c)

e)

□□□□□

f)

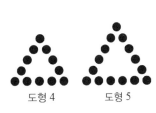

383 a) 예) $2x,\ x,\ -5x$ b) 예) $5x^4,\ x^4,\ -4x^4$
     c) 예) $-2,\ 4,\ 100$

384 a) 15   b) -21 c) 54
     d) -18 e) 54   f) -27

385 a) -4 b) 5   c) 8
     d) -1 e) -1 f) 2

386 a) 문자와 차수가 같으므로 동류항이다.
     b) 문자는 같으나 차수가 다르므로 동류항이 아니다.
     c) 문자가 다르므로 동류항이 아니다.

387 a) $-4x^3$ b) $-x^5$ c) x d) 8

388 a)

도형 4   도형 5

도형	개수
1	3
2	6
3	9
4	12
5	15
n	$3n$

b)

도형 4   도형 5

도형	개수
1	1
2	4
3	9
4	16
5	25
n	n^2

c)

도형 4   도형 5

도형	개수
1	2
2	6
3	12
4	20
5	30
n	n^2+n

31 단항식의 덧셈과 뺄셈   71p

389 a) $3x+3x=6x$ b) $4x-x=3x$
     c) $2x^2+3x^2=5x^2$ d) $-2x^2+2x^2=0$

390 a) $4x+2x=6x$

b) $x^2+2x^2=3x^2$

c) $5x-3x=2x$

d) $3x^2-x^2=2x^2$

□□□ − □ = □□

391

a) $12x$	G	e) 0	M
b) $2x^3$	E	f) $-15x$	A
c) $9x^2$	L	g) $-6x^3$	N
d) $9x^2$	L	h) $-6x^3$	N

<GELLMANN> 겔만, 미국의 물리학자

392 b) $8x^3$ c) $8x^3$ f) $13y^2$
a), d), e)는 동류항이 아니므로 계산할 수 없다.

393 a) -2 b) -17 c) 12 d) 1

394 a) $-8x$ b) $-17x$ c) $26x$
d) $23x^3$ e) $-14x$ f) 0

395 a) $15x$ b) $11x^2$ c) $14x$ d) $-2x^3$

396 a) $3x+(-6x)-4x=-3x-4x=-7x$
   $x=-5$일 때 $-7\times(-5)=35$
b) $-2x^2-(-8x^2)-x^2=-2x^2+8x^2-x^2=5x^2$
   $x=-5$일 때, $5\times(-5)^2=125$
c) $-x-10x-(-7x)=-11x+7x=-4x$
   $x=-5$일 때, $-4\times(-5)=20$

397 a) $30x-(7x+9x)=30x-16x=14x$
b) $30x-(13x+12x)=30x-25x=5x$

398 가능한 답은 무수히 많다.
a) 예 : x^2과 $2x^2$, 0과 $3x^2$, $-x^2$과 $4x^2$, $-2x^2$과 $5x^2$…
b) 예 : $5x^2$과 $2x^2$, $6x^2$과 $3x^2$, $7x^2$과 $4x^2$…

399 a) $4x$, $2x$, x
b) $4x$, x, $-x$ 또는 $4x$, $2x$, $-2x$ 또는 $3x$, $2x$, $-x$
c) $4x$, x, $-5x$ 또는 $3x$, $-x$, $-2x$ 또는 $3x$, $2x$, $-5x$

400

$5x$	$-$	$4x$	$-$	$-2x$	$=$	$3x$
$+$		$-$		$+$		$-$
$-x$	$+$	$-3x$	$+$	$9x$	$=$	$5x$
$-$		$-$		$+$		$+$
$7x$	$-$	x	$+$	$-4x$	$=$	$2x$
$=$		$=$		$=$		$=$
$-3x$	$+$	$6x$	$-$	$3x$	$=$	0

---

401 a) $3x$ b) $32x$ c) $24x^2$ d) $-60x$

402 a) x^6 b) x^8 c) x^4 d) x^{15}

403 a) $44x^2$ b) $44x^2$ c) $44x^3$ d) $15x$

404 a) $56x^2$ b) $2x^7$ c) $9x^5$ d) $35x^8$

405 a) $25x^2$ b) x^{10} c) $5x^6$
d) $10x$ e) x^2 f) $2x$

406

$\times$	$3x$	$8x^2$	$-x^3$
9	$27x$	$72x^2$	$-9x^3$
$6x$	$18x^2$	$48x^3$	$-6x^4$
$-7x^2$	$-21x^3$	$-56x^4$	$7x^5$

407 a) $-40x^2$ b) $40x^3$ c) $-64x^5$ d) $6x^4$

408 a) $3x\cdot2x+x\cdot x=7x^2$ 또는 $3x\cdot3x-2x\cdot x=7x^2$
b) $4x\cdot4x-x\cdot x=15x^2$

409 a) $5x^3+(-4x^3)=x^3$
b) $5x^3-(-4x^3)=9x^3$
c) $5x^3\cdot(-4x^3)=-20x^6$
d) $\{5x^3\cdot(-4x^3)\}^2=(-20x^6)^2=400x^{12}$

410

a) $12x^2$	F	d) $36x$	M
b) $-12x^2$	E	e) $36x^2$	A
c) $-36x$	R	f) $-36x^2$	T

<FERMAT> 페르마, 프랑스의 수학자

411 a) $3x\cdot6-2\cdot5x=18x-10x=8x$
b) $7\cdot(-6x)+12x\cdot3=-42x+36x=-6x$
c) $2x\cdot13x-3\cdot7x^2=26x^2-21x^2=5x^2$
d) $-4x\cdot8x+14x\cdot(-2x)=-32x^2-28x^2=-60x^2$

412 a) $2y$ b) $9y^2$ c) -5 d) $-3y^4$

413 a) $2x$, x, $-x$
b) $3x^2$, $2x$, x 또는 $3x^2$, $-2x$, $-x$
c) $3x^2$, $4x^3$, $2x^2$ 또는 $-3x^3$, $4x^3$, $-2x$

414 a) $2x^2+2x+5$ b) x^2-2x c) $-3x^2+x-2$

415 a)    b)

c)
d)

416 a) $3x$, 15　　　　　　　b) $3x^4$, $4x$, -1
c) $-x^3$, $-x$　　　　　　d) x^2, $3x$, 4

417 a) $7x^2 - 9x + 6$　　　　　b) $-2x^3 - x + 5$

418 a) $3x$, 5, $5x^3$　　　　　b) $x+1$, $x^3 + x^2$
c) $3x^3 + 2x - 5$, $x^5 - x^3 - x$

419

다항식	항의 계수	차수	상수항
$5x^2 + 4$	2개	2	4
$7x^3 + 6x^2 - x$	3개	3	없다.
$-121x$	1개	1	없다.

420 a) $x^2 - x + 1$, 91　　　　b) $4x^2 - 3x - 2$, 368
c) $-x^2 + 4$, -96　　　d) $2x^3 - x^2 - x + 2$, $1\,892$

421 $x+2$, $\dfrac{x^3}{2} + x^2 - 5$, 6

422 a) $4x + 6$　　　　　　b) $-3x^3 + x - 12$
c) $x^2 + x$　　　　　　d) $-x^2 + 16$

423 a) Ⓐ $-2^3 + 2\cdot 2 + 1 = -3$　Ⓑ $2^3 + 2\cdot 2 - 1 = 11$
Ⓒ $2\cdot 2^2 - 2 + 3 = 9$　Ⓓ $-2\cdot 2^2 + 2 + 3 = -3$
그러므로 Ⓑ
b) Ⓐ $-0^3 + 2\cdot 0 + 1 = 1$　Ⓑ $0^3 + 2\cdot 0 - 1 = -1$
Ⓒ $2\cdot 0^2 - 0 + 3 = 3$　Ⓓ $-2\cdot 0^2 + 0 + 3 = 3$
그러므로 Ⓒ와 Ⓓ
c) Ⓐ $-(-2)^3 + 2\cdot (-2) + 1 = 5$
Ⓑ $(-2)^3 + 2\cdot (-2) - 1 = -13$
Ⓒ $2\cdot (-2)^2 - (-2) + 3 = 13$
Ⓓ $-2\cdot (-2)^2 + (-2) + 3 = -7$
그러므로 Ⓒ

424 a) $5x^2 + 2x + 4$, 7　　　b) $3x^3 + 4x + 5$, -2
c) $2x^4 - 7x^2 - 3$, -8　d) $5x^5 - 6x^3 - 8x$, 9

425 a) $x^2 = 49$, $x = 7$ 또는 -7
b) $x^3 = 8$, $x = 2$
c) $x + 4 = 9$, $x = 5$
d) $x - 8 = 256$, $x = 264$

426 a) $3x^2 + 3x - 1$, $3x^2 - x + 3$, $-x^2 + 3x + 3$
b) $4x^3 - 5$, $-5x^3 + 4$, $4x^3 - 5x$, $-5x^3 + 4x$
$4x^3 - 5x^2$, $-5x^3 + 4x^2$

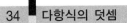

427 a) $5x + 9$　　b) $3x^2 + 3x + 6$　c) $5x^2 + 6x + 7$

428 a) $23x - 1$　　b) $9x^2 - x + 25$　c) $5x^2 + 4x$

429

	$19x + 19$		
	$11x + 14$	$8x + 5$	
$7x + 7$	$4x + 7$	$4x - 2$	
$7x$	7	$4x$	-2

430 a) $15x + 14$　　　　　b) $21x^2 + 24x + 26$
c) $33x$

431 a) $13x + 14$　　　　　b) $9x^2 - 19x - 9$
c) $13x^2 + 16x - 10$

432 a) $8x^2 + x + (2x^2 + 45) = 8x^2 + x + 2x^2 + 45$
$\qquad\qquad\qquad\qquad\quad = 10x^2 + x + 45$
$x = 5$일 때,
$10\cdot 5^2 + 5 + 45 = 250 + 5 + 45 = 300$
b) $99x^2 + 101x + (x^2 - x) = 99x^2 + 101x + x^2 - x$
$\qquad\qquad\qquad\qquad\qquad = 100x^2 + 100x$
$x = 5$일 때,
$100\cdot 5^2 + 100\cdot 5 = 2\,500 + 500 = 3\,000$

433 a) $x + (x - 3) = 2x - 3$
b) $8x + 7 + (9x - 6) = 17x + 1$

434 a) $2x + 13 + (-9x + 8) + x = -6x + 21$
b) $2x^2 + 5x + 2 + (-3x + 5) + (x^2 + 5x) = 3x^2 + 7x + 7$

435 a) $-x + 4 + 2x + 5 + 3x + 6 = 4x + 15$
b) $x + 1 + 3x - 1 + x + 4 + 2x - 1 = 7x + 3$

436 a) $x^2 - 9x$, 22　　　　b) $11x^3 + x^2 + 4$, -80

437 a) 12　　　b) 2　　　　c) 1

438 a) $13x^2 - 3$　　b) $-7x^2 - 10x$　c) $9x - 6$
답 : $2\,500x^2$, $-250x^2$

439 a) $6x - 5$　　　　　　b) $-11x + 9$

440

a) $2x - 5$	E	f) $-9x + 3$	I
b) $9x - 3$	U	g) $x - 3$	D
c) $x + 3$	K	h) $2x - 5$	E
d) $7x + 4$	L	i) $-7x - 4$	S
e) $2x - 5$	E		

<EUKLEIDES> 에우클레이데스, 고대 그리스의 수학자

441 a) $-10x$, -37　　b) 3, 3　　　　c) $-10x$, -37

442　a) $A-B=x^2+x-(9x^2-6x)=-8x^2+7x$

　　b) $A-B=6x+5-(-5x-2)=11x+7$

　　c) $A-B=x^2-6x-(-3x-4)=x^2-3x+4$

443　a) $-x^2+2-(-2x^2+x-2)$

　　　$=-x^2+2+2x^2-x+2$

　　　$=x^2-x+4$

　　b) $-4x^2+3x-3-(8x^2-7x+5)$

　　　$=-4x^2+3x-3-8x^2+7x-5$

　　　$=-12x^2+10x-8$

　　c) $(5x^2-x)-(6x^2+5x-12)$

　　　$=5x^2-x-6x^2-5x+12$

　　　$=-x^2-6x+12$

444

$9x+8$	$2x+1$	$3x$	$x-2$

	$7x+7$	$-x+1$	$2x+2$	

	$8x+6$	$-3x-1$	

	$11x+7$	

445　a) $-2x-8$　　　　　　b) $-13x^2+2x$

446　a) $-(2x+5x)-(4x+11x)$

　　　$=-7x-15x$

　　　$=-22x$

　　b) $5x+(7x+5)-(-4x-1)$

　　　$=5x+7x+5+4x+1$

　　　$=16x+6$

　　c) $-(9x^2-6x)+(-3x-9)$

　　　$=-9x^2+6x-3x-9$

　　　$=-9x^2+3x-9$

　　d) $x^2-x-(4x^2+3x-3)+x^2$

　　　$=x^2-x-4x^2-3x+3+x^2$

　　　$=-2x^2-4x+3$

447　a) $2x^3-3x^2+5x+(-x^3+4x^2-10x)$

　　　$=2x^3-3x^2+5x-x^3+4x^2-10x$

　　　$=x^3+x^2-5x$

　　　$x=-3$일 때,

　　　$(-3)^3+(-3)^2-5\cdot(-3)=-27+9+15=-3$

　　b) $6x^3+9x-(5x^3-3x^2-x)+3x^2$

　　　$=6x^3+9x-5x^3+3x^2+x+3x^2$

　　　$=x^3+6x^2+10x$

　　　$x=-3$일 때,

　　　$(-3)^3+6\cdot(-3)^2+10\cdot(-3)=-27+54-30=-3$

448　a) $7x+1$　　　b) $-11x^2-8$　　c) $5x^2-7x$

449　a) $16x+3-(5x-3+4x+4)$

　　　$=16x+3-5x+3-4x-4$

　　　$=7x+2$

　　b) $16x+3-(x+7+2x^2+9x-4)$

　　　$=16x+3-x-7-2x^2-9x+4$

　　　$=-2x^2+6x$

450

a) $-2x+8$	Ä	e) $2x-8$	I
b) $-4x-8$	L	f) $-2x+8$	Ä
c) $-2x+8$	Ä	g) $-4x+4$	V
d) 8	S		

\<VÄISÄLÄ\> 베이셀레, 기후 관측 기계를 생산·판매하는 핀란드의 회사

451　a) $2x+14$　　b) 8　　c) 0　　d) $-10x-2$

452　a) $A+B=12x+4+(8x-6)=20x-2$

　　b) $A-B=12x+4-(8x-6)=4x+10$

453　a) $(2x^2+5x+3)-(4x^2+x-2)$

　　　$=2x^2+5x+3-4x^2-x+2$

　　　$=-2x^2+4x+5$

　　b) $(-2x^2+x-2)-(-2x^2+x-2)$

　　　$=-2x^2+x-2+2x^2-x+2$

　　　$=0$

　　c) $-(-5x^2+7x-2)-(2x^2+x-9)$

　　　$=5x^2-7x+2-2x^2-x+9$

　　　$=3x^2-8x+11$

454　a) $A+B=2x^3-2x+1+(-5x^3-4x+7)$

　　　　　$=-3x^3-6x+8$

　　b) $A-B=2x^3-2x+1-(-5x^3-4x+7)$

　　　　　$=7x^3+2x-6$

455　a) $x+12$, 111　　　b) 2, 2

456　a) $-6x^2+7x$　　　　b) $-6x^2+3x$

457　a) $(-5x^3+3x^2+0.12)+(5x^3-x^2)$

　　　$=-5x^3+3x^2+0.12+5x^3-x^2$

　　　$=2x^2+0.12$

　　　$x=1.2$일 때, $2\cdot(1.2)^2+0.12=2.88+0.12=3$

　　b) $(-x^2+10x)-(-97x^2-90x)-96x^2$

　　　$=-x^2+10x+97x^2+90x-96x^2$

　　　$=100x$

　　　$x=1.2$일 때, $100\cdot1.2=120$

458　a) $7x+(2x+3)=9x+3$, 66

　　b) $3x-(x-6)=2x+6$, 20

　　c) $8x-3+(9-x)=7x+6$, 55

　　d) $2x-5-(-x-7)=3x+2$, 23

459　a) $-8x-5$　　　　b) $4x+1$

　　c) $3x^2-6$　　　　d) $4x^2+2x-3$

460　a) $x+5$, $5x-1$ 또는 $8x+6$, $-2x-2$

　　b) $8x+6$, $6x+7$ 또는 $2x-2$, $-4x-1$

461　a) $-4x+1$, $x+1$ 또는 $-5x-1$, $2x+3$

　　b) $-x+3$, $2x+1$ 또는 $-5x-1$, $-2x-3$

37 다항식과 수의 곱셈, (수)×(다항식) 83p

462 a) $5 \cdot 24 = 120$

b) $5 \cdot 20 + 5 \cdot 4 = 100 + 20 = 120$

463 a) $5 \cdot 40 + 5 \cdot 5 = 200 + 25 = 225$

b) $-4 \cdot 25 + (-4) \cdot (-2) = -100 + 8 = -92$

464 a) $2x + 16$ b) $5x + 30$

c) $10x + 90$ d) $28x + 28$

465 a) $12x + 6$ b) $44x + 24$

c) $14x^3 - 63$ d) $-16x^2 + 24x$

466 a) $36x^2 - 60x + 12$ b) $-81x^2 - 54x + 72$

c) $14x^2 - 35x + 63$

467

a) $24x - 12$	N	f) $32x + 20$		L
b) $-36x - 8$	E	g) $39x + 18$		I
c) $-6x + 16$	V	h) $24x - 12$		N
d) $-8x - 48$	A	i) $24x - 12$		N
e) $24x - 12$	N	j) $-8x - 48$		A

<NEVANLINNA> 네반린나, 핀란드의 수학자

468 a) $-x^2 - 3$ b) $2x^2 - 6x + 9$

c) $x^2 - 7$ d) $-5x^2 - 3x + 1$

469 a) $42x - 63$ b) $11x^2 + 33x + 55$

c) $30x + 60$ d) $-8x^2 + 64x$

470 a) 2 b) 10 c) 5 d) 30

471 a) -1 b) -0.5

472 a) $y + 2$ b) $2y + 4$

c) $-2y^2 + 4$ d) $-8y^2 + 20$

473 a) 넓이 : $3(2x + 4) = 6x + 12$

둘레의 길이 : $2 \cdot 3 + 2(2x + 4) = 4x + 14$

b) 넓이 : $4(x + 5) = 4x + 20$

둘레의 길이 : $2 \cdot 4 + 2(x + 5) = 2x + 18$

38 단항식과 다항식의 곱셈, (단항식)×(다항식) 85p

474 a) $14x$ b) $-50x^2$ c) $60x^5$ d) $-18x^4$

475 a) $2x^2 + 16x$ b) $28x^2 + 49x$

c) $11x^2 + 99x$ d) $36x^2 + 24x$

476 a) $4x(6x + 3) = 24x^2 + 12x$

b) 120

477 a) $52x^2 + 40x$ b) $21x^3 - 42x$

c) $-8x^5 + 72x^3$ d) $54x^4 + 45x^2$

478 a) $-33x^2 + 18x$ b) $15x^4 - 30x^2$

c) $x^4 + 4x^2$ d) $48x^6 - 12x^4$

479

$\times$	$x + 11$	$7x^2 - 6$	$4x^3 + x$
x	$x^2 + 11x$	$7x^3 - 6x$	$4x^4 + x^2$
$8x$	$8x^2 + 88x$	$56x^3 - 48x$	$32x^4 + 8x^2$
$-10x^2$	$-10x^3 - 110x^2$	$-70x^4 + 60x^2$	$-40x^5 - 10x^3$

480 a) $-52x^4 + 4x^3 + 24x^2$ b) $-72x^4 + 32x^3 + 16x^2$

c) $-77x^3 + 7x^2 - 42x$ d) $15x^3 + 20x^2 - 30x$

481 a) $7x$ b) $-0.5x$ c) $-x^2$

482 x

483 a) 넓이 : $y(3y + 9) = 3y^2 + 9y$

둘레의 길이 : $2y + 2(3y + 9) = 8y + 18$

b) 넓이 : $2.5x(2x + 4) = 5x^2 + 10x$

둘레의 길이 : $2 \cdot 2.5x + 2(2x + 4) = 9x + 8$

484 a) $2 \cdot 3(3x + 5) + 2 \cdot 4x(3x + 5) + 2 \cdot 3 \cdot 4x$

$= 24x^2 + 82x + 30$

b) $1\,780\,\text{cm}^2 \fallingdotseq 1\,800\,\text{cm}^2$

485

			$4y^4 - 8y^3$		
		$4y^2$		$y^2 - 2y$	
	$4y$		y		$y - 2$
-4		$-y$		-1	$-y + 2$

39 다항식과 다항식의 곱셈, (다항식)×(다항식) 87p

486 a) $(6 + 9) \cdot (3 + 7) = 15 \cdot 10 = 150$

b) $6 \cdot 3 + 6 \cdot 7 + 9 \cdot 3 + 9 \cdot 7 = 18 + 42 + 27 + 63 = 150$

487 $(x + 10)(x + 9) = x^2 + 19x + 90$

488 a) $(x + 3)(x + 8)$

$= x^2 + 8x + 3x + 24$

$= x^2 + 11x + 24$

b) $(x + 4)(x + 7)$

$= x^2 + 7x + 4x + 28$

$= x^2 + 11x + 28$

c) $(x + 5)(x + 1)$

$= x^2 + x + 5x + 5$

$= x^2 + 6x + 5$

d) $(x + 9)(x + 9)$

$= x^2 + 9x + 9x + 81$

$= x^2 + 18x + 81$

489 a) $(2x + 2)(3x + 3)$

$= 6x^2 + 6x + 6x + 6$

$= 6x^2 + 12x + 6$

b) $(7x+7)(7x+7)$
$= 49x^2 + 49x + 49x + 49$
$= 49x^2 + 98x + 49$

c) $(x+5)(2x+1)$
$= 2x^2 + x + 10x + 5$
$= 2x^2 + 11x + 5$

d) $(3x+5)(6x+4)$
$= 18x^2 + 12x + 30x + 20$
$= 18x^2 + 42x + 20$

490 a) $(x+1)(x+1)$
$= x^2 + x + x + 1$
$= x^2 + 2x + 1$

b) $(x+1)(x-1)$
$= x^2 - x + x - 1$
$= x^2 - 1$

c) $(x-1)(x+1)$
$= x^2 - x + x - 1$
$= x^2 - 1$

d) $(x-1)(x-1)$
$= x^2 - x - x + 1$
$= x^2 - 2x + 1$

491 a) $(x-8)(x+8)$
$= x^2 + 8x - 8x - 64$
$= x^2 - 64$

b) $(x-6)(x-7)$
$= x^2 - 7x - 6x + 42$
$= x^2 - 13x + 42$

c) $(x-5)(x+6)$
$= x^2 + 6x - 5x - 30$
$= x^2 + x - 30$

d) $(x+2)(x-9)$
$= x^2 - 9x + 2x - 18$
$= x^2 - 7x - 18$

492 a) $(4x+2)(6x+6) = 24x^2 + 36x + 12$

b) $(9x+3)(x+2) = 9x^2 + 21x + 6$

493 $(x+2)(x+2) = x^2 + 4x + 4$

494 a) $(2x-9)(x-8)$
$= 2x^2 - 16x - 9x + 72$
$= 2x^2 - 25x + 72$

b) $(-6x+5)(3x-1)$
$= -18x^2 + 6x + 15x - 5$
$= -18x^2 + 21x - 5$

495 a) $(4x^2+x)(x-7) = 4x^3 - 28x^2 + x^2 - 7x$
$= 4x^3 - 27x^2 - 7x$

b) $(2x^2+1)(-x+9) = -2x^3 + 18x^2 - x + 9$

496 a) $A + B = 7x + 5 + (2x - 3) = 9x + 2$

b) $A - B = 7x + 5 - (2x - 3) = 5x + 8$

c) $AB = (7x + 5) \cdot (2x - 3) = 14x^2 - 11x - 15$

497 a) $3x + 4$, $3x - 4$ b) $4x + 3$, $3x - 4$

40 ■ 다항식과 단항식의 나눗셈, (다항식)÷(단항식)　89p

498 a) $\dfrac{77 + 7}{7} = \dfrac{84}{7} = 12$

b) $\dfrac{77 + 7}{7} = \dfrac{77}{7} + \dfrac{7}{7} = 11 + 1 = 12$

499

a) $4x^2$	V	f) $4x$	E
b) x^4	E	g) $-6x$	D
c) $2x^2$	J	h) $-x^2$	N
d) x^4	E	i) $4x$	E
e) $5x^3$	L	j) $2x^3$	M

＜MENDELEJEV＞ 멘델레예프, 제정 러시아의 화학자

500 a) $x + 2$ b) $2x + 3$
c) $3x + 2$ d) $5x^2 + 1$

501 a) $4x - 1$ b) $x - 3$ c) $-x + 2$
d) $-11x^2 - 6x$ e) $11x + 10$ f) $17x^2 - 19x$

502 a) $4x^2 + 3x + 1$ b) $-5x^2 - 9x + 13$
c) $-4x^4 + 5x^3 - x$

503 a) $\dfrac{16x^3 + 100x^2 + 200x}{4x} = \dfrac{16x^3}{4x} + \dfrac{100x^2}{4x} + \dfrac{200x}{4x}$
$$= 4x^2 + 25x + 50$$
$x = -10$일 때,
$4(-10)^2 + 25 \cdot (-10) + 50 = 400 - 250 + 50 = 200$

b) $\dfrac{6x^3 - 15x^2 - 9x}{3x} = \dfrac{6x^3}{3x} - \dfrac{15x^2}{3x} - \dfrac{9x}{3x}$
$$= 2x^2 - 5x - 3$$
$x = -10$일 때,
$2(-10)^2 - 5 \cdot (-10) - 3 = 200 + 50 - 3 = 247$

c) $\dfrac{70x^3 - 26x^2 - 30x}{-2x} = \dfrac{70x^3}{-2x} - \dfrac{26x^2}{-2x} - \dfrac{30x}{-2x}$
$$= -35x^2 + 13x + 15$$
$x = -10$일 때,
$-35(-10)^2 + 13 \cdot (-10) + 15$
$= -3500 - 130 + 15 = -3\,615$

504 a) $\dfrac{24x^2 - 16x}{8x} = \dfrac{24x^2}{8x} - \dfrac{16x}{8x} = 3x - 2$

b) $\dfrac{36x^3 - 18x}{9x} = \dfrac{36x^3}{9x} - \dfrac{18x}{9x} = 4x^2 - 2$

c) $\dfrac{-6x^3 + 24x^2}{6x^2} = \dfrac{-6x^3}{6x^2} + \dfrac{24x^2}{6x^2} = -x + 4$

d) $\dfrac{20x^4 - 22x^3}{-2x^3} = \dfrac{20x^4}{-2x^3} - \dfrac{22x^3}{-2x^3} = -10x + 11$

e) $\dfrac{8x^4 - 28x^3}{4x^2} = \dfrac{8x^4}{4x^2} - \dfrac{28x^3}{4x^2} = 2x^2 - 7x$

f) $\dfrac{50x^4 - 10x^2}{-x} = \dfrac{50x^4}{-x} - \dfrac{10x^2}{-x} = -50x^3 + 10x$

505 a) $18x^2 - 2$ b) $40x^3 + 20x$
c) $120x^3 - 150x^2$ d) $3x^3 + 11x$

506 a) 25 b) -1 c) $4x$ d) $-6x$

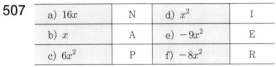

41 혼합 계산   91p

507

a) $16x$	N	d) x^2	I
b) x	A	e) $-9x^2$	E
c) $6x^2$	P	f) $-8x^2$	R

<NAPIER> 네이피어, 스코틀랜드의 수학자, 로그의 발견자

508 a) $19x + 28$ b) $3x - 21$

509 a) $8x$ b) $7x^2$ c) $7x^2 - 8x$ d) $6x^3 - 1$

510 a) $49x + 18$ b) $3x + 10$ c) $9x + 11$

511 a) $18x - 35$ b) $9x^2 - 27$

512 a) $13x + 31$ b) $24x + 26$

513 a) $-28x - 20$ b) $-16x + 10$
c) $-36x + 18$ d) $-6x - 7$

514 a) $16x^2 + 4x,\ 1\,640$ b) $58x^2 - 6x,\ 5\,740$

515 a) $10x^2 - 5(2x^2 - x + 2) = 10x^2 - 10x^2 + 5x - 10$
$$= 5x - 10$$
b) $7x - 3(6x^2 + 2x - 5) = 7x - 18x^2 - 6x + 15$
$$= -18x^2 + x + 15$$

516 a) $x(4x + 4) + 2x(5x + 5) = 4x^2 + 4x + 10x^2 + 10x$
$$= 14x^2 + 14x$$
b) $(x+1)(x+2) - x^2 = x^2 + 2x + x + 2 - x^2$
$$= 3x + 2$$
c) $3x^2 + (x+3)(x+8) = 3x^2 + x^2 + 8x + 3x + 24$
$$= 4x^2 + 11x + 24$$
d) $(x+2)(x+2) - (x^2 + 6) = x^2 + 2x + 2x + 4 - x^2 - 6$
$$= 4x - 2$$

517 a) $\dfrac{-35x^2 + 45x}{7x - 12x} = \dfrac{-35x^2 + 45x}{-5x} = \dfrac{-35x^2}{-5x} + \dfrac{45x}{-5x}$
$$= 7x - 9$$
b) $\dfrac{63x^5 - 27x^5}{7x^2 + 2x^2} = \dfrac{36x^5}{9x^2} = 4x^3$

c) $\dfrac{-x(9x^2 - 6)}{11x - 8x} = \dfrac{-9x^3 + 6x}{3x} = \dfrac{-9x^3}{3x} + \dfrac{6x}{3x}$
$$= -3x^2 + 2$$

d) $\dfrac{2x(14x^3 - 7x)}{19x^2 - 5x^2} = \dfrac{28x^4 - 14x^2}{14x^2} = \dfrac{28x^4}{14x^2} - \dfrac{14x^2}{14x^2}$
$$= 2x^2 - 1$$

518 a) $5(x+6) - 2(2x+5) = 5x + 30 - 4x - 10$
$$= x + 20$$
b) $7x(3x+4) - x(5x+6) = 21x^2 + 28x - 5x^2 - 6x$
$$= 16x^2 + 22x$$

519 a) $8(2x+5) + 4x = 16x + 40 + 4x = 20x + 40$
$x = -8$일 때, $20 \cdot (-8) + 40 = -160 + 40 = -120$
b) $7(3x-4) - 11x = 21x - 28 - 11x = 10x - 28$
$x = -8$일 때, $10 \cdot (-8) - 28 = -80 - 28 = -108$

520 a) $5x(5x+3) - x(2x+3) = 25x^2 + 15x - 2x^2 - 3x$
$$= 23x^2 + 12x$$
b) $3x(2x+7) - 7(x+1) = 6x^2 + 21x - 7x - 7$
$$= 6x^2 + 14x - 7$$

521 a) $4 \cdot (2x)^3 = 32x^3$ b) $18 \cdot (2x)^2 = 72x^2$

42 복습   92p

522 a)   b) 8 c) 10 d) $2x$

523

단항식	계수	차수
$9x^4$	9	4
x^3	1	3
$-x$	-1	1
$-18x^2$	-18	2

524 a) 예 : $7,\ 1,\ 5$ b) 예 : $-5x,\ x,\ 5x$
c) 예 : $-x^2,\ x^2,\ 100x^2$

525

a) $-7x$	N	e) $7x$	H
b) $6x$	O	f) $-5x$	E
c) $-5x$	E	g) $-6x$	R
d) $5x$	T		

<NOETHER> 뇌터, 독일의 수학자

526 a) $4x^4$ b) $6x^2$ f) $12x^3$
c), d), e)는 동류항이 아니므로 간단히 할 수 없다.

527

$\times$	$6x$	$3x^2$	$-7x^3$
8	$48x$	$24x^2$	$-56x^3$
$5x$	$30x^2$	$15x^3$	$-35x^4$
$-4x^2$	$-24x^3$	$-12x^4$	$28x^5$

528 a) $x^2 - x + 4$ b) $-x - 4$

529 a) $31x^2 - 17x$ b) $4x$ c) $20x + 24$

530 a) $9x + 63$ b) $6x^2 + 18x$
  c) $-3x^3 + 7x$ d) $-2x^4 + 8x^3$

531 a) $x + 2$ b) $6x + 2$ c) $4x - 5$ d) $9x^2$

532 a) $A + B = x + 8 + (x - 1) = 2x + 7$
  b) $A - B = x + 8 - (x - 1) = 9$
  c) $AB = (x + 8) \cdot (x - 1) = x^2 + 7x - 8$

533 a) $18x - 21,\ 15$ b) $11x - 7,\ 15$

534 a) x^4 b) $-12x$ c) -1

535 a) $4x + (-8x) - 3x = 4x - 8x - 3x$
$$= -7x$$
  $x = -3$일 때, $-7 \cdot (-3) = 21$
  b) $-x^2 - (-8x^2) + 3x^2 = -x^2 + 8x^2 + 3x^2$
$$= 10x^2$$
  $x = -3$일 때, $10 \cdot (-3)^2 = 90$
  c) $-8x - 12x - (-9x) = -8x - 12x + 9x$
$$= -11x$$
  $x = -3$일 때, $-11 \cdot (-3) = 33$
  d) $-(-7x^2) - 2x^2 + (-7x^2) = 7x^2 - 2x^2 - 7x^2$
$$= -2x^2$$
  $x = -3$일 때, $-2 \cdot (-3)^2 = -18$

536 a)
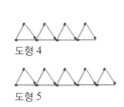

도형	개수
1	3
2	6
3	9
4	12
5	15
n	$3n$

  b)

도형	개수
1	3
2	5
3	7
4	9
5	11
n	$2n + 1$

537 a) 예 : $-10x^4,\ -x^4$ b) 예 : $5x^4,\ 4x^4$
  c) $-6x^2,\ 5x^2$

538 a) $2(4x + 9) - 8(3x + 9) = 8x + 18 - 24x - 72$
$$= -16x - 54$$
  b) $(x + 2)(x - 2) - x^2 = x^2 - 2x + 2x - 4 - x^2$
$$= -4$$

539 c) $10x^2 + (x + 3)(x - 5) = 10x^2 + x^2 - 5x + 3x - 15$
$$= 11x^2 - 2x - 15$$
  d) $(x + 4)(x + 4) - (x^2 + 16)$
$$= x^2 + 4x + 4x + 16 - x^2 - 16$$
$$= 8x$$

539 a) $25x + 8 - (5x + 3 + 7x + 6) = 25x + 8 - 12x - 9$
$$= 13x - 1$$
  b) $25x + 8 - (12x + 6 + 10x - 2) = 25x + 8 - 22x - 4$
$$= 3x + 4$$

540

$8x + 5$	$3x + 1$	$2x$	$x - 2$
$5x + 4$	$x + 1$	$x + 2$	
$4x + 3$	-1		
$4x + 4$			

541 a) 넓이 : $7(6x + 4) = 42x + 28$
  둘레의 길이 : $2 \cdot 7 + 2 \cdot (6x + 4) = 12x + 22$
  b) 넓이 : $4x(3x + 8) = 12x^2 + 32x$
  둘레의 길이 : $2 \cdot 4x + 2(3x + 8) = 14x + 16$

542 a) $9x - (3 + 7x) = 2x - 3,\ -21$
  b) $5x - 2 - (-x - 11) = 6x + 9,\ -45$
  c) $-5x(2x - 4) = -10x^2 + 20x,\ -990$
  d) $(x + 2)(2x - 1) = 2x^2 + 3x - 2,\ 133$

543 a) $\dfrac{-48x^2 + 18x}{x - 7x} = \dfrac{-48x^2 + 18x}{-6x} = \dfrac{-48x^2}{-6x} + \dfrac{18x}{-6x}$
$$= 8x - 3$$
  b) $\dfrac{72x^4 - 54x^3}{x^2 + x^2} = \dfrac{72x^4 - 54x^3}{2x^2} = \dfrac{72x^4}{2x^2} - \dfrac{54x^3}{2x^2}$
$$= 36x^2 - 27x$$
  c) $\dfrac{x(28x^3 - 42)}{9x + 5x} = \dfrac{28x^4 - 42x}{14x} = \dfrac{28x^4}{14x} - \dfrac{42x}{14x}$
$$= 2x^3 - 3$$
  d) $\dfrac{-6x(7x^2 - 5)}{10x - 7x} = \dfrac{-42x^3 + 30x}{3x} = \dfrac{-42x^3}{3x} + \dfrac{30x}{3x}$
$$= -14x^2 + 10$$

544 a) $27x^3 + 21x^2 - 3x$ b) -5

43 ▌방정식 95p

545 a) 방정식의 근이다. b) 방정식의 근이다.
  c) 방정식의 근이 아니다. d) 방정식의 근이다.

546 a) $x + 1 = 4,\ x = 3$ b) $2x + 6 = 16,\ x = 5$
  c) $x + 4 = 4x + 1,\ x = 1$

547 a) $x = 9$ b) $x = 12$ c) $x = 1$
  d) $x = -11$ e) $x = 7$ f) $x = -3$

548 a) $x = 13$ b) $x = 9$ c) $x = -1$
  d) $x = 0$ e) $x = 12$ f) $x = -4$

549 a) $x+4=12,\ x=8$ b) $x-3=13,\ x=16$

c) $5x=55,\ x=11$

550 a) 방정식 $8x+7=x-20$에 $x=-4$를 대입하면

(좌변)$=8\cdot(-4)+7=-32+7=-25$

(우변)$=(-4)-20=-24$

즉, (좌변)$\neq$(우변)이므로 $x=-4$는 이 방정식의 근

이 아니다.

b) 방정식 $2x+1=-11-x$에 $x=-4$를 대입하면

(좌변)$=2\cdot(-4)+1=-8+1=-7$

(우변)$=-11-(-4)=-11+4=-7$

즉, (좌변)$=$(우변)이므로 $x=-4$는 이 방정식의 근

이다.

551 a) $x-12=97$

$x-12+12=97+12$

$x=109$

b) $x+19=210$

$x+19-19=210-19$

$x=191$

c) $x-140=-7$

$x-140+140=-7+140$

$x=133$

d) $x+16=-68$

$x+16-16=-68-16$

$x=-84$

e) $x-13=0$

$x-13+13=0+13$

$x=13$

f) $x+11=0$

$x+11-11=0-11$

$x=-11$

552 a) $30x=1500,\ \dfrac{30x}{30}=\dfrac{1500}{30}$

$x=50$

b) $17x=-17,\ \dfrac{17x}{17}=\dfrac{-17}{17}$

$x=-1$

c) $-5x=105,\ \dfrac{-5x}{-5}=\dfrac{105}{-5}$

$x=-21$

d) $-19x=0,\ \dfrac{-19x}{-19}=\dfrac{0}{-19}$

$x=0$

e) $-18x=-360,\ \dfrac{-18x}{-18}=\dfrac{-360}{-18}$

$x=20$

f) $5x=1,\ \dfrac{5x}{5}=\dfrac{1}{5}$

$x=\dfrac{1}{5}$

553 a) $-7x+2=-12,\ -7x=-14$

$x=2$

b) $-7x+2=23,\ -7x=21$

$x=-3$

c) $-7x+2=37,\ -7x=35$

$x=-5$

554 a) $x-4=2x,\ x=-4$ b) $x+8=4-x,\ x=-2$

c) $4x+5=5x,\ x=5$

555 a) 30 g   b) 150 g

44 단계적 해결   97p

556 a) $x=18$ b) $x=-22$

c) $x=-16$ d) $x=21$

557

a) $x=2$	E	e) $x=5$	T
b) $x=4$	I	f) $x=2$	E
c) $x=6$	N	g) $x=4$	I
d) $x=9$	S	h) $x=6$	N

＜EINSTEIN＞ 아인슈타인, 독일 태생의 미국 과학자

558 a) $x=4$ b) $x=3$ c) $x=25$ d) $x=13$

559 a) $x=13$ b) $x=-18$ c) $x=-11$ d) $x=4$

560 a) $x=-4$ b) $x=-7$ c) $x=2$ d) $x=9$

561 a) $6x-1=4x+7$

$6x=4x+8$

$2x=8$

$x=4$

b) $x-8=-2x+13$

$x=-2x+21$

$3x=21$

$x=7$

c) $5x+5=3x-5$

$5x=3x-10$

$2x=-10$

$x=-5$

d) $-x-21=3x-5$

$-x=3x+16$

$-4x=16$

$x=-4$

562 a) $x=101$ b) $x=-53$ c) $x=-24$

d) $x=0$ e) $x=-7$ f) $x=-6$

563 a) $x=6$ b) $x=12$ c) $x=6$

564 a) $5x=24+x,\ x=6$ b) $3x=12-x,\ x=3$

565 a) $x=0$ b) $x=1$ c) $x=3$ d) $x=-9$

566 a) $x=2\dfrac{1}{2}$ b) $x=9\dfrac{2}{3}$ c) $x=4\dfrac{2}{5}$

567 a) $5x + 3x = 4x + 26$

$8x = 4x + 26$

$4x = 26$

$x = \dfrac{26}{4} = \dfrac{13}{2}$

b) $7x + 3 - 2x = 2x + 19$

$5x + 3 = 2x + 19$

$5x = 2x + 16$

$3x = 16$

$x = \dfrac{16}{3}$

c) $-9x - 1 - x = -15x + 30$

$-10x - 1 = -15x + 30$

$-10x = -15x + 31$

$5x = 31$

$x = \dfrac{31}{5}$

568 a) $2x + 5x - 2 + 3x = 28, \ x = 3$

세 변의 길이 : 6, 9, 13

b) $2x + 4x + 2 + 2x + 4x + 2 = 28$

두 변의 길이 : $x = 2$; 4, 10

45 여러 가지 방정식   99p

569

a) $x = 70$	N	d) $x = -5$	I
b) $x = 7$	O	e) $x = -30$	D
c) $x = 30$	S	f) $x = 5$	E

< EDISON > 에디슨, 미국의 발명가

570 a) $x = 4$ b) $x = 10$ c) $x = 4$ d) $x = 2$

571 a) $x = 2$ b) $x = 7$ c) $x = 5$

572 a) $1.3x - 4.2 = 0.3x - 1.2$

$13x - 42 = 3x - 12$

$13x = 3x + 30$

$10x = 30$

$x = 3$

b) $-3.8 + 1.4x = 1.2x - 5.6$

$-38 + 14x = 12x - 56$

$14x = 12x - 18$

$2x = -18$

$x = -9$

c) $-1.5x - 3.1 = -2.2x - 0.3$

$-15x - 31 = -22x - 3$

$-15x = -22x + 28$

$7x = 28$

$x = 4$

573 a) $6x = x + 10, \ x = 2$ b) $2x = x - 9, \ x = -9$

c) $3x = 8 - x, \ x = 2$

574 a) $x = 30$ b) $x = -9$

575 a) $x = 14$ b) $x = -13$ c) $x = 4$

576 a) $4x + 9 = 7x - 15$

$4x = 7x - 24$

$-3x = -24$

$x = 8$

b) $0.7x - 0.8 = 0.4x + 1$

$7x - 8 = 4x + 10$

$7x = 4x + 18$

$3x = 18$

$x = 6$

577 접시의 개수를 x라고 하면

$2x + x + x = 41 - 8 - 1$

$4x = 32$

$x = 8$

따라서 접시의 개수는 8개이다.

578 a) $5x + x = 42, \ x = 7$

아빠의 나이 : 35살, 안티의 나이 : 7살

b) $6x - x = 60, \ x = 12$

할머니의 나이 : 72살, 헤이카의 나이 : 12살

c) $3x + x + x = 75, \ x = 15$

한나의 나이 : 15살, 안니카의 나이 : 15살

엄마의 나이 : 45살

579 마리 $7x - 4 = 10, \ x = 2$ 헬리 $7x - 4 = 59, \ x = 9$

요한나 $7x - 4 = -25, \ x = -3$

46 방정식에서의 괄호   101p

580 a) $x = 6$ b) $x = 2$ c) $x = 2$ d) $x = 3$

581 a) $x = 15$ b) $x = 20$ c) $x = 1$ d) $x = 2$

582

a) $x = 3$	b) $x = 2$	c) $x = 9$	d) $x = 7$	e) $x = -3$
N	O	B	E	L

< NOBEL > 노벨, 스웨덴의 화학자, 노벨상 창설자

583 a) $x = 3$ b) $x = -3$

584 a) $2x - 4 = 14, \ x = 9$

b) $2(x - 4) = 14, \ x = 11$

c) $3(x + 10) = 24, \ x = -2$

585 a) $5(x - 1) = 30, \ x = 7$

세로의 길이 : $x - 1 = 7 - 1 = 6$

b) $4(x + 2) = 30, \ x = 5.5$

세로의 길이 : $x + 2 = 5.5 + 2 = 7.5$

586 a) $7(x + 3) = 4x$

$7x + 21 = 4x$

$3x = -21$

$x = -7$

b) $4(x-6)=2x$

$4x-24=2x$

$2x=24$

$x=12$

c) $5(x-4)=7x$

$5x-20=7x$

$-2x=20$

$x=-10$

d) $3(5x+2)=16x$

$15x+6=16x$

$-x=-6$

$x=6$

587 a) $2(7x-6)=x+1$

$14x-12=x+1$

$13x=13$

$x=1$

b) $3(3x+4)=-2x-10$

$9x+12=-2x-10$

$11x=-22$

$x=-2$

c) $-6(3x-5)=-11x+2$

$-18x+30=-11x+2$

$-7x=-28$

$x=4$

588 a) $6(x+7)=5(x+9)$

$6x+42=5x+45$

$x=3$

b) $7(x+5)=-6(x+5)$

$7x+35=-6x-30$

$13x=-65$

$x=-5$

c) $5(x-4)=-2(2x+8)$

$5x-20=-4x-16$

$9x=4$

$x=\dfrac{4}{9}$

589 a) $-6(x+5)+3x=-1-(4x+1)$

$-6x-30+3x=-1-4x-1$

$-3x-30=-4x-2$

$x=28$

b) $5x-4(x+3)=8$

$5x-4x-12=8$

$x=20$

c) $3(x-10)+2(x+5)=0$

$3x-30+2x+10=0$

$5x=20$

$x=4$

590 a) $x+2=3(x-10)$

$x+2=3x-30$

$-2x=-32$

$x=16$

따라서 안네의 지금 나이는 16살이다.

b) 헤이키의 나이를 x라고 하면 유카의 나이는 $x+7$이다. 작년 유카의 나이는 $x+6$, 헤이키의 나이는 $x-1$이므로

$x+6=2(x-1)$

$x+6=2x-2$

$-x=-8$

$x=8$

따라서 헤이키는 8살, 유카는 15살이다.

47 방정식에서의 분모 103p

591 a) $x=8$ b) $x=30$

592 a) $x=9$ b) $x=12$ c) $x=36$ d) $x=14$

593 a) $x=12$ b) $x=27$ c) $x=24$ d) $x=32$

594 a) $x=6$ b) $x=12$ c) $x=6$ d) $x=10$

595 a) $x=10$ b) $x=12$ c) $x=8$ d) $x=9$

596 a) $x=1$ b) $x=25$ c) $x=13$ d) $x=-2$

597 a) $\dfrac{x}{6}-\dfrac{1}{3}=2$

$6\cdot\dfrac{x}{6}-6\cdot\dfrac{1}{3}=6\cdot2$

$x-2=12$

$x=14$

b) $\dfrac{x}{5}+\dfrac{8}{10}=4$

$10\cdot\dfrac{x}{5}+10\cdot\dfrac{8}{10}=10\cdot4$

$2x+8=40$

$2x=32$

$x=16$

c) $\dfrac{x}{9}+\dfrac{2}{3}=1$

$9\cdot\dfrac{x}{9}+9\cdot\dfrac{2}{3}=9\cdot1$

$x+6=9$

$x=3$

d) $\dfrac{x}{10}-\dfrac{3}{5}=-2$

$10\cdot\dfrac{x}{10}-10\cdot\dfrac{3}{5}=10\cdot(-2)$

$x-6=-20$

$x=-14$

e) $\dfrac{x}{4}-\dfrac{x}{8}=2$

$8\cdot\dfrac{x}{4}-8\cdot\dfrac{x}{8}=8\cdot2$

$2x-x=16$

$x=16$

f) $\dfrac{x}{2}-\dfrac{x}{7}=10$

$14\cdot\dfrac{x}{2}-14\cdot\dfrac{x}{7}=14\cdot10$

$7x-2x=140$

$5x=140$

$x=28$

g) $\dfrac{x}{4}-\dfrac{x}{6}=-1$

$12\cdot\dfrac{x}{4}-12\cdot\dfrac{x}{6}=12\cdot(-1)$

$3x-2x=-12$

$x=-12$

h) $\dfrac{x}{5}-\dfrac{x}{3}=-2$

$15\cdot\dfrac{x}{5}-15\cdot\dfrac{x}{3}=15\cdot(-2)$

$3x-5x=-30$

$-2x=-30$

$x=15$

a) $x=14$	Z	e) $x=16$	E
b) $x=16$	E	f) $x=28$	L
c) $x=3$	P	g) $x=-12$	I
d) $x=-14$	P	h) $x=15$	N

<ZEPPELIN> 체펠린, 독일의 군인, 최초의 경식 비행기 제조자

598 a) $x=15$ b) $x=-14$ c) $x=15$ d) $x=-6$

599 a) $x=18$ b) $x=-2\dfrac{1}{2}$

600 a) $\dfrac{x}{5}-\dfrac{x}{10}=7,\ x=70$ b) $\dfrac{x}{3}+\dfrac{x}{9}=8,\ x=18$

c) $\dfrac{x}{5}-\dfrac{x}{4}=-3,\ x=60$

601 $\angle$C$=x$라고 하면 $\angle$A$=\dfrac{x}{6}$, $\angle$B$=\dfrac{x}{3}$이므로

$x+\dfrac{x}{3}+\dfrac{x}{6}=180°$

$6\cdot x+6\cdot\dfrac{x}{3}+6\cdot\dfrac{x}{6}=6\cdot180°$

$6x+2x+x=1\,080°$

$9x=1\,080°$

$x=120°$

따라서 $\angle$A$=20°$, $\angle$B$=40°$, $\angle$C$=120°$

602 a) $5(x+7)=100,\ x=13$

b) $3(x-4)=51,\ x=21$

c) $\dfrac{x+6}{2}=10,\ x=14$

603 $x+3=-20,\ x=-23$
아침 기온은 $-23℃$이다.

604 $2x+x=12$, 페카 : 8 €, 안니 : 4 €

605 $5x+x+4x=40$, 마리 : 20 €, 사리 : 4 €, 카리 : 16 €

606 첫 번째 반의 학생 수를 x명이라고 하면
$x+x-9=41$
$2x=50$
$x=25$
따라서 첫 번째 반의 학생 수는 25명, 두 번째 반의 학생 수는 16명이다.

607 월요일에 탄 거리를 x km라고 하면
$x+x+7=31$
$2x=24$
$x=12$
따라서 월요일에 탄 거리는 12 km, 화요일에 탄 거리는 19 km이다.

608 프로어볼 스틱의 세전 가격을 x원이라고 하면
$x+0.22x=61$
$1.22x=61$
$122x=6\,100$
$x=\dfrac{6\,100}{122}=50$
따라서 세전 가격은 50 €이다.

609 책의 세전 가격을 x €라고 하면
$x+0.08x=21.60$
$1.08x=21.60$
$108x=2\,160$
$x=\dfrac{2\,160}{108}=20$
따라서 세전 가격은 20 €이다.

610 사라가 슬로프를 내려온 횟수를 x회라고 하면
비비가 슬로프를 내려온 횟수는 $3x$회이고 아테가 슬로프를 내려온 횟수는 $(3x+3)$회이므로
$x+3x+3x+3=24$
$7x+3=24$
$7x=21$
$x=3$
따라서 사라, 비비, 아테가 슬로프를 내려온 횟수는 각각 3회, 9회, 12회이다.

611 산나가 스케이트를 탄 시간을 x시간이라고 하면
안니카가 스케이트를 탄 시간은 $3x$시간이고 한나가 스케이트를 탄 시간은 $\left(3x+\dfrac{1}{2}\right)$시간이므로

$$x+3x+3x+\frac{1}{2}=4$$

$$7x=\frac{7}{2}$$

$$x=\frac{1}{2}$$

따라서 산나가 스케이트를 탄 시간은 30분, 안니카가 스케이트를 탄 시간은 1시간 30분, 한나가 스케이트를 탄 시간은 2시간이므로
산나, 안니카, 한나가 스케이트장을 떠난 시간은 각각 17시 30분, 18시 30분, 19시이다.

612 요나스가 금요일에 탄 거리를 x km라고 하면
토요일에는 $\dfrac{x}{3}$ km
일요일에는 $\left(\dfrac{x}{3}+15\right)$ km를 탔으므로

$$x+\frac{x}{3}+\frac{x}{3}+15=35$$

$$3x+x+x+45=105$$

$$5x=60$$

$$x=12$$

따라서 금요일에는 12 km, 토요일에는 4 km, 일요일에는 19 km를 탔다.

613 오시가 탄 거리를 x km라고 하면
소냐는 $2x$ km, 레타는 $(x-3)$ km, 그리고 아빠는 6 km를 탔으므로

$$x+2x+x-3+6=87$$

$$4x=84$$

$$x=21$$

따라서 오시는 21 km, 소냐는 42 km, 레타는 18 km, 그리고 아빠는 6 km를 탔다.

614 소풍을 간 아이들의 수를 x명이라고 하면
주스를 마신 학생은 x명, 빵을 먹은 학생은 3명, 도너츠를 먹은 학생은 $(x-3)$명이므로

$$x\cdot1+3\cdot1.5+(x-3)\cdot2=19.5$$

$$x+4.5+2x-6=19.5$$

$$3x=21$$

$$x=7$$

따라서 소풍을 간 아이들은 모두 7명이다.

615 축구팀 선수들의 수를 x명이라고 하면
샌드위치를 먹은 선수는 x명, 생수를 마신 선수는 4명, 우유를 마신 선수는 $(x-4)$명이므로

$$x\cdot3+4\cdot1.5+(x-4)\cdot1.2=55.8$$

$$3x+6+1.2x-4.8=55.8$$

$$30x+60+12x-48=558$$

$$42x=546$$

$$x=13$$

따라서 축구팀 선수들은 모두 13명이다.

616 a) $\dfrac{1}{2}$, $1:2$ b) $\dfrac{1}{3}$, $1:3$ c) $\dfrac{3}{2}$, $3:2$

617 a) $\dfrac{20\text{ cm}^2}{30\text{ cm}^2}=\dfrac{2}{3}\fallingdotseq0.67$ b) $2:3$

618

비율	$\dfrac{12\text{ m}^2}{24\text{ m}^2}$	$\dfrac{4\text{ m}^2}{16\text{ m}^2}$	$\dfrac{2\text{ m}^2}{10\text{ m}^2}$
약분한 분수	$\dfrac{1}{2}$	$\dfrac{1}{4}$	$\dfrac{1}{5}$
소수	0.5	0.25	0.2
정수의 비	$1:2$	$1:4$	$1:5$

619 a) $1:3$ b) $1:8$ c) $1:20$

620 a) 있다. 둘 다 길이의 단위이기 때문이다.
b) 없다. 하나는 무게의 단위이고 다른 하나는 시간의 단위이기 때문이다.
c) 없다. 하나는 길이의 단위이고 다른 하나는 무게의 단위이기 때문이다.
d) 있다. 둘 다 돈의 단위이기 때문이다.

621 2.0 m, 4.0 m

622 24 m, 21 m

623 a) $25\cdot\dfrac{1}{5}=5$ €, $25\cdot\dfrac{4}{5}=20$ €

b) $42\cdot\dfrac{3}{7}=18$ €, $42\cdot\dfrac{4}{7}=24$ €

624 $1.6\cdot\dfrac{3}{8}=0.6$ L, $1.6\cdot\dfrac{5}{8}=1.0$ L

625 a) $\dfrac{45\text{ cm}}{225\text{ cm}}=1:5$ b) $\dfrac{6\text{ km}}{2\text{ km}}=3:1$

c) $\dfrac{80\,000\text{ cm}^2}{4\,000\text{ cm}^2}=20:1$

626 a) $\dfrac{32}{200}=\dfrac{4}{25}=0.16=4:25$

b) $\dfrac{400}{1600}=\dfrac{1}{4}=0.25=1:4$

c) $\dfrac{300}{500}=\dfrac{3}{5}=0.6=3:5$

d) $\dfrac{80}{200}=\dfrac{2}{5}=0.4=2:5$

627 $24\cdot\dfrac{1}{1+2+3}=24\cdot\dfrac{1}{6}=4$ m

$24\cdot\dfrac{2}{1+2+3}=24\cdot\dfrac{1}{3}=8$ m

$24\cdot\dfrac{3}{1+2+3}=24\cdot\dfrac{3}{6}=12$ m

628 철 : 1.28 kg, 니켈 : 0.72 kg

629 염화나트륨 : NaCl 2.0 kg
염화칼륨 : KCl 1.6 kg
황산마그네슘 : Mg_2SO_4 0.4 kg

630 a) 비스무트 : $\dfrac{4}{4+2+1+1} = \dfrac{4}{8} = 0.5 = 50\%$

b) 납 : $\dfrac{2}{4+2+1+1} = \dfrac{1}{4} = 0.25 = 25\%$

c) 주석 : $\dfrac{1}{4+2+1+1} = \dfrac{1}{8} = 0.125 = 12.5\%$

d) 카드뮴 : $\dfrac{1}{4+2+1+1} = \dfrac{1}{8} = 0.125 = 12.5\%$

50 ▊ 비례식   109p

631 a) $\dfrac{1}{5}$ b) $\dfrac{1}{5}$

c) 비율은 같다.

632 a) $x = 20$ b) $x = 4$ c) $x = 3$ d) $x = 6$

633

a) $x=6$	G	e) $x=40$	L
b) $x=4$	A	f) $x=5$	I
c) $x=8$	D	g) $x=2$	N
d) $x=15$	O		

<GADOLIN> 가돌린, 핀란드의 화학자

634 a) 거짓 b) 참 c) 거짓 d) 참

635 a) 다르다.   b) 같다.

636 a) $\dfrac{x}{2} = \dfrac{3.2}{0.4}$

$0.4 \cdot x = 2 \cdot 3.2$

$0.4x = 6.4$

$4x = 64$

$x = 16$

b) $\dfrac{1.2}{x} = \dfrac{4}{6}$

$4x = 7.2$

$x = 1.8$

c) $\dfrac{0.2}{6} = \dfrac{8.5}{x}$

$0.2x = 51$

$2x = 510$

$x = 255$

d) $\dfrac{0.5}{0.3} = \dfrac{x}{1.8}$

$\dfrac{5}{3} = \dfrac{10x}{18}$

$30x = 90$

$x = 3$

637 a) $\dfrac{x}{6} = \dfrac{28}{12},\ x = 14$ b) $\dfrac{2}{3} = \dfrac{x}{120},\ x = 80$

c) $\dfrac{4}{5} = \dfrac{600}{x},\ x = 750$

638 $\dfrac{8}{12} = \dfrac{16}{24},\ \dfrac{12}{8} = \dfrac{24}{16},\ \dfrac{8}{16} = \dfrac{12}{24},\ \dfrac{16}{8} = \dfrac{24}{12}$

639 a) 같다.   b) 다르다.   c) 같다.

51 ▊ 비례식의 활용   111p

640 6 dL

641 9.3 dL

642 10 €

643 a) 2.7 L   b) 농축액 : 2 dL, 물 : 1.8 L

644 a) 12 €, 15 €   b) 16 €, 20 €

645 a) $\dfrac{x-2}{8} = \dfrac{3}{4}$

$4(x-2) = 24$

$x - 2 = 6$

$x = 8$

b) $\dfrac{2}{3} = \dfrac{x-7}{6}$

$3(x-7) = 12$

$x - 7 = 4$

$x = 11$

c) $\dfrac{5}{4} = \dfrac{15}{x+1}$

$5(x+1) = 60$

$x + 1 = 12$

$x = 11$

d) $\dfrac{11}{x+2} = \dfrac{1}{4}$

$x + 2 = 44$

$x = 42$

646 a) $x = 1$ b) $x = 7$ c) $x = 3$ d) $x = 4$

647 $\dfrac{5\ \text{ml}}{x} = \dfrac{20\ \text{L}}{180\ \text{L}},\ x = 45\ \text{mL}$

648 $\dfrac{60\ \%}{100\ \%} = \dfrac{15\ €}{x},\ x = 25\ €$

649 a) $\dfrac{34}{x} = \dfrac{17}{20}$

$17x = 680$

$x = 40\,(개)$

b) $\dfrac{x}{300} = \dfrac{17}{20}$

$20x = 5\,100$

$x = 255\,(개)$

650 a) 우유 : $3.5 \cdot \dfrac{4}{7} = 0.5 \cdot 4 = 2$ L

버터밀크 : $3.5 \cdot \dfrac{3}{7} = 0.5 \cdot 3 = 1.5$ L

b) $\dfrac{x}{6} = \dfrac{4}{3}$

$3x = 24$

$x = 8$ (dL)

651 a) 보리 : $\dfrac{50}{x} = \dfrac{2}{3}$

$2x = 150$

$x = 75$ (g)

b) 호밀 : $\dfrac{50}{x} = \dfrac{2}{5}$

$2x = 250$

$x = 125$ (g)

52 이차방정식   113p

652 a) $x = 3$ 또는 $x = -3$ b) $x = 5$ 또는 $x = -5$

653 a) $x = 2$ 또는 $x = -2$ b) $x = 6$ 또는 $x = -6$

c) $x = 9$ 또는 $x = -9$ d) $x = 10$ 또는 $x = -10$

654 a) $x = 20$ 또는 $x = -20$ b) $x = 1$ 또는 $x = -1$

c) $x = 30$ 또는 $x = -30$ d) $x = 100$ 또는 $x = -100$

655 a) $x = 3$ 또는 $x = -3$ b) $x = 11$ 또는 $x = -11$

c) $x = 4$ 또는 $= -4$ d) $x = 12$ 또는 $x = -12$

656 a) $x^2 = 64$, $x = 8$ 또는 $x = -8$

한 변의 길이 : 8 ㎝

b) $x^2 = 2\,500$, $x = 50$, 또는 $x = -50$

한 변의 길이 : 50 ㎝

657 a) $x = 3.6$, 또는 $x = -3.6$ b) $x = 9.1$ 또는 $x = -9.1$

c) $x = 6.8$ 또는 $x = -6.8$ d) $x = 10.5$ 또는 $x = -10.5$

658 a) $x^2 = 81$, $x = 9$ 또는 $x = -9$

b) $x^2 = 0$, $x = 0$

c) $x^2 + 11 = 60$, $x = 7$ 또는 $x = -7$

659 a) $x = 0.7$ 또는 $x = -0.7$ b) $x = 0.2$ 또는 $x = -0.2$

c) 근이 없다.   d) $x = 1.1$ 또는 $x = -1.1$

660 a) $x = 0.4$ 또는 $x = -0.4$ b) $x = 1.2$ 또는 $x = -1.2$

661 a) $x = \dfrac{1}{3}$ 또는 $x = -\dfrac{1}{3}$ b) $x = \dfrac{1}{10}$ 또는 $x = -\dfrac{1}{10}$

c) $x = \dfrac{2}{5}$ 또는 $x = -\dfrac{2}{5}$ d) $x = \dfrac{6}{7}$ 또는 $x = -\dfrac{6}{7}$

662 a) $x = \dfrac{1}{2}$ 또는 $x = -\dfrac{1}{2}$ b) $x = \dfrac{3}{4}$ 또는 $x = -\dfrac{3}{4}$

663

a) $x = 5.7$ 또는 $x = -5.7$	C
b) $x = 8.5$ 또는 $x = -8.5$	U
c) $x = 8.3$ 또는 $x = -8.3$	R
d) $x = 6.6$ 또는 $x = -6.6$	I
e) $x = 7.5$ 또는 $x = -7.5$	E

<CURIE> 퀴리, 폴란드 태생의 프랑스 물리학자, 라듐 발견

53 이차방정식의 활용   115p

664

a) $x = 10$ 또는 $x = -10$	S	f) $x = 9$ 또는 $x = -9$	I
b) $x = 5$ 또는 $x = -5$	E	g) $x = 2$ 또는 $x = -2$	H
c) $x = 6$ 또는 $x = -6$	D	h) $x = 11$ 또는 $x = -11$	K
d) $x = 5$ 또는 $x = -5$	E	i) $x = 1$ 또는 $x = -1$	R
e) $x = 8$ 또는 $x = -8$	M	j) $x = 7$ 또는 $x = -7$	A

<ARKHIMEDES> 아르키메데스, 고대 그리스의 과학자

665 a) $x = 3$ 또는 $x = -3$ b) $x = 4$ 또는 $x = -4$

c) $x = 6$ 또는 $x = -6$ d) $x = 2$ 또는 $x = -2$

666 a) $4x^2 = 36$, $x = 3$

세로의 길이 : 3 m, 가로의 길이 12 m

b) $6x^2 = 24$, $x = 2$

세로의 길이 : 4 m, 가로의 길이 6 m

667 a) $10x^2 = 1440$, $x = 12$ 또는 $x = -12$

b) $2x^2 = 338$, $x = 13$ 또는 $x = -13$

c) $3x^2 + 7 = 307$, $x = 10$ 또는 $x = -10$

668 a) $x = 40$ 또는 $x = -40$ b) 근이 없다.

c) $x = 30$ 또는 $x = -30$ d) $x = 50$ 또는 $x = -50$

669 a) $x = 10$ 또는 $x = -10$ b) 근이 없다.

c) $x = 1$ 또는 $x = -1$ d) $x = 7$ 또는 $x = -7$

e) $x = 0$ f) $x = 3$ 또는 $x = -3$

670 a) $x = 60$ 또는 $x = -60$ b) $x = 0$

c) $x = 6$ 또는 $x = -6$

671 a) $x = 5$ 또는 $x = -5$ b) $x = 10$ 또는 $x = -10$

c) 근이 없다.

672 a) $15x^2 - x^2 = 686$, $x = 7$

변의 길이 : 35 m, 14 m, 7 m, 7 m, 28 m, 21 m

b) $6x^2 = 96$, $x = 4$

변의 길이 : 12 m, 16 m, 20 m

673 a) $3x^2 = 1200$, $x = 20$

세로의 길이 : 20 ㎝, 가로의 길이 : 60 ㎝

b) $4x^2 = 484$, $x = 11$

세로의 길이 : 11 ㎝, 가로의 길이 : 44 ㎝

674   a) $x = 7$ 또는 $x = -7$ b) $x = 14$

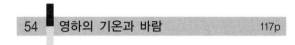

54   영하의 기온과 바람   117p

675   a) 없다.   b) 있다.   c) 있다.

676   a) $4\,\text{m/s}$ b) $1\,\text{m/s}$ c) $13\,\text{m/s}$

677   a) $-20\,℃$ b) $-29\,℃$ c) $-50\,℃$

678

바람의 속도(m/s)	기온(℃)
2	-25
6	-21
20	-16
0	-32

679   a) $w = -17.44 ≒ -17(℃)$ b) $w = -20.25 ≒ -20(℃)$
c) $w = -22.11 ≒ -22(℃)$ d) $w = -23.52 ≒ -24(℃)$

680   a)

기온(℃)	체감온도(℃)
-5	-16
-10	-24
-15	-31
-20	-38
-25	-45
-30	-52

b)

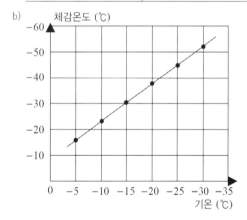

55   물리학의 방정식   119p

681   a) $6.25\,\text{m/s}$ b) $64.0\,\text{s}$
c) $s = v \cdot t$ d) $1\,125 ≒ 1\,100\,\text{km}$

682   a) $84\,\text{km/h}$ b) 3시간 34분   c) $210\,\text{km}$

683   a) $2.7\,\text{kg/dm}^3$ b) $V = \dfrac{m}{\rho}$ c) $4.0\,\text{dm}^3$

684   a) $0.92\,\text{kg/dm}^3$ b) $2.2\,\text{m}^3$ c) $4.6\,\text{kg}$

685 $36\,000\,\text{Pa}$

686   a) $\text{F} = pA$ b) $1\,818 ≒ 1\,800\,\text{N}$

687   a) $\text{A} = \dfrac{\text{F}}{p}$ b) $1\,\text{cm}^2$

688   a) $373\,\text{K}$ b) $\text{C} = \text{K} - 273,\ -183℃$

689   a) $212℉$ b) $\text{C} = \dfrac{5(\text{F} - 32)}{9},\ 78℃$
c) $-459℉$

56   복습   120p

690   a) 방정식의 근이다.   b) 방정식의 근이 아니다.
c) 방정식의 근이다.

691   a) $2x + 5 = 7,\ x = 1$ b) $2x + 3 = x + 13,\ x = 10$

692

a) $x = 3$	R	e) $x = 4$	G
b) $x = 12$	Ö	f) $x = 15$	E
c) $x = 50$	N	g) $x = 50$	N
d) $x = 6$	T		

\<RÖNTGEN\> 뢴트겐, 독일의 실험 물리학자

693   a) $8x - 13 = 67,\ x = 10$ b) $0.4x = 2.8,\ x = 7$
c) $x + 7 + 4x = 52,\ x = 9$

694   a) $x + 108 + 36 = 180,\ x = 36°$
b) $x + 80 + 50 = 180,\ x = 50°$

695   a) $x = 800$ b) $x = 24$ c) $x = 100$ d) $x = 12$

696   a) $x = 8$ b) $x = 5$

697   a) $x = 12$ b) $x = 1$ c) $x = 3$ d) $x = 8$

698   a) $x = 8$ 또는 $x = -8$ b) $x = 7$ 또는 $x = -7$
c) $x = 6$ 또는 $x = -6$ d) $x = 3$ 또는 $x = -3$

699   a) $18 €,\ 27 €$ b) $8 €,\ 12 €$
c) $44 €,\ 66 €$

700   a) $\dfrac{3}{4}\,\text{dL}$ b) $2\dfrac{1}{4}\,\text{dL}$ c) $3\dfrac{3}{4}\,\text{dL}$

701 $20x^2 = 500,\ x = 5$, 변의 길이 : $20\,\text{cm},\ 25\,\text{cm}$

702   a) $x = 0$ b) $x = 1$

703   a) $180\,\text{g}$ b) $120\,\text{g}$

704   a) $8x + 5 = 32 - x,\ x = 3$
b) $16(x + 3) = 10x,\ x = -8$
c) $(x + 28) \div 5 = 3x,\ x = 2$

705

a) $x=4$	F	e) $x=3$	I
b) $x=5$	L	f) $x=18$	N
c) $x=0$	E	g) $x=-4$	G
d) $x=-9$	M		

<FLEMING> 플레밍, 영국의 세균학자

706 9 cm, 9 cm, 4 cm

707 a) $6(x+2)=30$, 세로의 길이 : 5
b) $3(2x+1)=30$, 세로의 길이 : 10

708 a) $h=\dfrac{2A}{a}$ b) 7 cm

709 $\dfrac{1}{5}x+\dfrac{1}{2}x+12=x$

총 금액 : 40 €, 유카 : 8 €, 안티 : 20 €, 페카 : 12 €

710 a) $x=\dfrac{1}{2}$ 또는 $x=-\dfrac{1}{2}$ b) $x=\dfrac{2}{3}$ 또는 $x=-\dfrac{2}{3}$
c) $x=\dfrac{1}{2}$ 또는 $x=-\dfrac{1}{2}$ d) $x=\dfrac{1}{6}$ 또는 $x=-\dfrac{1}{6}$

711 a) $x=22$ b) $x=7$
c) $x=5$ 또는 $x=-5$ d) $x=7$ 또는 $x=-7$

712 a) 5.00 € b) 3.2 kg

제3부 | **삼각형과 원의 기하학** 해설 및 정답

57 **닮음** 125p

713

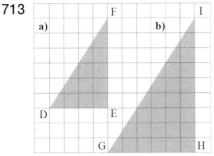

714 a) b)
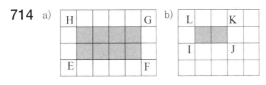

715 a)

대응점	대응각	대응변
A, D	∠A, ∠D	AB, DE
B, E	∠B, ∠E	BC, EF
C, F	∠C, ∠F	AC, DF

b) 3으로 나눈다. (또는 $\dfrac{1}{3}$ 을 곱한다.)

716
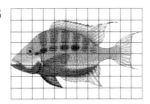

717 a)

대응점	대응각	대응변
A, D	∠A, ∠D	AB, DE
B, E	∠B, ∠E	BC, EF
C, F	∠C, ∠F	AC, DF

b) $\dfrac{4}{3}$ 를 곱한다.

718 a)
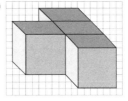

b)

58 **축척** 127p

719 $\angle A=\angle D=77°$, $\angle B=\angle E=41°$
$\angle C=\angle F=62°$

$\dfrac{\overline{DE}}{\overline{AB}}=\dfrac{3.1\ \text{cm}}{6.2\ \text{cm}}=\dfrac{1}{2}$, $\dfrac{\overline{FE}}{\overline{BC}}=\dfrac{3.4\ \text{cm}}{6.8\ \text{cm}}=\dfrac{1}{2}$

$\dfrac{\overline{DF}}{\overline{AC}}=\dfrac{2.3\ \text{cm}}{4.6\ \text{cm}}=\dfrac{1}{2}$

대응각들의 크기가 서로 같고 대응변들의 길이의 비율이 서로 같으므로 두 삼각형의 답은 삼각형이다.

720 a) $2:1$ b) $2:3$

721 a) b)

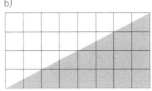

722 a) 1 : 40　　　　b) 1 : 200　　　　c) 3 : 1

723 a) 　　　　b)

c)　　　　d)
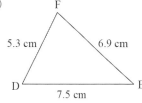

724 a)

b) ∠A = ∠D = 63°,　∠B = ∠E = 42°
∠C = ∠F = 75°

59　　**지도**　　　　　　　129p

725 a)

지도상 거리	실제 거리
1 cm	4 km
2 cm	8 km
4 cm	16 km
7 cm	28 km

b) 1 : 400 000

726 a)

지도상 거리	실제 거리
1 cm	200 m
3 cm	600 m
8 cm	1.6 km
12 cm	2.4 km

b) 1 : 20 000

727 지도의 축척이 1 : 500 000이므로
a) 49(mm) × 500 000 = 24 500 000(mm) = 24.5(km)
b) 6.6(cm) × 500 000 = 3 300 000(cm) = 33(km)

728 a) 48 km　　　　　　b) 52 km

729 a) 31 km　　　　　　b) 31 km
대응각들의 크기가 서로 같고 대응변들의 길이의 비율
이 서로 같으므로 두 삼각형은 닮은 삼각형이다.

730 36(cm) : 540(km) = 36(cm) : 54 000 000(cm)
= 1 : 1 500 000

731 1 : 6 000 000 = x(cm) : 1 157(km)
= x(cm) : 115 700 000(cm)
이므로 x ≒ 19.3 cm 이다.

732 a) 1.5 km　　　　　　b) 10 cm

733 a)

지도상 거리	실제 거리
1 cm	300 m
5 cm	1 500 m
2 cm	600 m
60 cm	18 km

b)

지도상 거리	실제 거리
8 cm	400 m
16 cm	800 m
5 cm	250 m
1.6 cm	80 m

734 지도의 축척이 1 : 500 000이므로
1 : 500 000 = x(cm) : 25(km) = x(cm) : 2 500 000(cm)
x = 5.0 cm 이다.

60　　**삼각형의 닮음**　　　　131p

735 a) $x = 6$　　　b) $x = 2$　　　c) $x ≒ 1.33$

736 a) ∠B = 50°,　∠A = ∠D = 47°
△ABC와 △DEF는 한 각의 크기만 같으므로 닮은 삼
각형이 아니다.
b) ∠C = 77°,　∠B = ∠D = 45°,　∠C = ∠E = 77°
△ABC와 △DEF는 세 각의 크기가 같으므로 닮은 삼
각형이다.

737 a) $\dfrac{x}{10} = \dfrac{120}{30}$,　$x = 40$　　　b) $\dfrac{x}{4.0} = \dfrac{8.0}{5.0}$,　$x = 6.4$

738 $\dfrac{x}{3.7} = \dfrac{3.5}{4.4}$,　$x = 2.9$ cm

739 180° − 130° − 20° = 30°
180° − 30° − 20° = 130°
두 삼각형은 세 각의 크기가 130°, 20°, 30°로 같으므로
닮은 삼각형이다.

740 180° − 28° − 72° = 80°
180° − 79° − 72° = 29°
두 삼각형은 한 각의 크기만 같으므로 닮은 삼각형이 아
니다.

741 a) $\dfrac{x}{6.7} = \dfrac{8.6}{12.3}$,　$x = 4.7$ cm

b) $\dfrac{y}{14.1} = \dfrac{8.6}{12.3}$,　$y = 9.9$ cm

742 a) ∠C = ∠F = 62°,　∠A = 90°
∠D = 180° − 28° − 62° = 90°

b) $\dfrac{x}{29} = \dfrac{29}{15}$,　$x = 56$ mm,　$\dfrac{y}{33} = \dfrac{29}{15}$,　$y = 64$ mm

743 a) 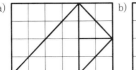 b)

61 닮음 연습　　　　133p

744 $\dfrac{x}{14} = \dfrac{12}{8.4}$, $x = 20\,\text{cm}$

745 $\dfrac{x}{269\,000} = \dfrac{51.0}{28\,900}$, $x = 475\,\text{mm}$

746 a) $\dfrac{x}{430} = \dfrac{13\,000}{90}$, $x = 62\,\text{m}$

　　 b) $\dfrac{y}{50\,000} = \dfrac{90}{13\,000}$, $y = 346\,\text{mm}$

747 a) $x = 28.0\,\text{cm}$　　　　 b) $y = 38.0\,\text{m}$

748 a) 날개의 길이 : 598 mm, 기체의 길이 : 754 mm
　　 b) 날개의 길이 : 199 mm, 기체의 길이 : 251 mm

749 24.0 cm

750 a) 12 cm　　　　 b) 16 cm

62 직각삼각형　　　　135p

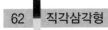

751 a) $\overline{AB}$, $\overline{BC}$　　　　 b) $\overline{AC}$

752 a) $180° - 67° - 27° = 86°$, 직각삼각형이 아니다.
　　 b) $180° - 42° - 48° = 90°$, 직각삼각형이다.

753 a) $\alpha = 60°$　　　　 b) $\alpha = 45°$

754 a) $30\,\text{m}^2$　　　　 b) $7.5\,\text{m}^2$

755 11.0 m

756 a) 27 m　　　　 b) 4.6 m

757 46 m

758 a)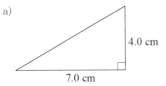

　　 b)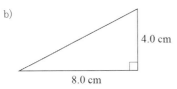

c)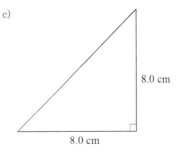

759 2.4 cm

760 4.5 cm

63 피타고라스의 정리　　　　137p

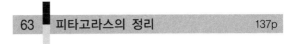

761 a) 17　　　　 b) 8, 15　　　　 c) $8^2 + 15^2 = 17^2$

762 a) 13.0 cm　　　　 b) 5.0 cm, 12.0 cm
　　 c) $5.0^2 + 12.0^2 = 25 + 144 = 169$, $13.0^2 = 169$

763 a) 37　　　　 b) 12, 35
　　 c) $12^2 + 35^2 = 144 + 1\,225 = 1\,369$, $37^2 = 1\,369$

764 a)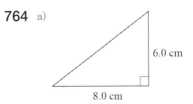

　　 b) 10.0 cm
　　 c) $6.0^2 + 8.0^2 = 36 + 64 = 100$, $10.0^2 = 100$

765 a) $5^2 + 3^2 = x^2$　　　　 b) $x^2 + 6^2 = 7^2$
　　 c) $x^2 + 4^2 = 5^2$　　　　 d) $6^2 + 2^2 = x^2$

766 a) 직각삼각형이다.　　　　 b) 직각삼각형이 아니다.
　　 c) 직각삼각형이다.　　　　 d) 직각삼각형이 아니다.

767 직각삼각형이다.

768 53

769 160

64 빗변의 길이　　　　139p

770 a) 12　　　　 b) 8.1　　　　 c) 13.4
　　 d) 음수는 제곱근이 없으므로 계산할 수 없다.

771 a) $x = 13$　　 b) $x = 20$　　 c) $x = 37$　　 d) $x = 34$

772 a) 26 mm　　　 b) 17 cm　　　 c) 25 m

773 a) 12.6 m　　 b) 10.3 cm　　 c) 4.0 cm　　 d) 2.8 m

774 a) 41 cm   b) 29 cm

775 a) 404 mm   b) 312 mm

776 a)

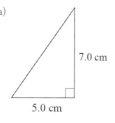

b) 8.6 cm

777 a) 통과할 수 있다.   b) 통과할 수 없다.

778 12.4 m

779 50 m

---

65   밑변의 길이와 높이   141p

780 a) $x = 12$ b) $x = 6$ c) $x = 24$ d) $x = 24$

781 a) 12 cm   b) 10 cm   c) 11 cm   d) 8.0 cm

782 a) 22.9 cm   b) 8.1 cm   c) 11.0 cm   d) 1.5 cm

783 a) 5.0 cm   b) 8.4 cm

784 a) 4.6 m   b) 1.7 m

785 29.8 m

786 124 cm

787 a) 8.7 m   b) 4.4 m

788 a) 12.6 m   b) $6.3\,\mathrm{m}^2$

---

66   피타고라스의 정리 연습   143p

789 a) $x = 73$ b) $x = 245$

790 $45^2 + 28^2 = 53^2$, $28^2 + 45^2 = 53^2$, $53^2 - 28^2 = 45^2$

791 a) $7^2 + 24^2 = 49 + 576 = 625$, $25^2 = 625$
직각삼각형이다.
b) $16^2 + 31^2 = 256 + 961 = 1217$, $34^2 = 1156$
직각삼각형이 아니다.

792 a) 10.6 cm   b) 40 m

793 a) 2.9 cm   b) 15 mm

794 27인치

795 a) 233 m   b) 173 m   c) 626 m   d) $20\,700\,\mathrm{m}^2$

796 $60\,a$

797 a) 7.7 cm   b) 8.7 cm

798 $24\,\mathrm{cm}^2$

799 a) 20
b) $15^2 + 20^2 = 225 + 400 = 625$, $(9 + 16)^2 = 25^2 = 625$
직각삼각형이다.

---

67   직각삼각형의 응용   145p

800 a) 5.5 m   b) 2.4 m

801 53 cm

802 a)

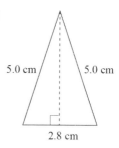

b) 4.8 cm   c) $6.7\,\mathrm{cm}^2$

803 a)

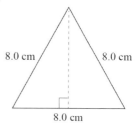

b) 6.9 cm   c) $28\,\mathrm{cm}^2$

804 27 km

805 24 cm

806 a) 15.0 cm   b) $300\,\mathrm{cm}^2$

807 41 m

808 a) 4.9 cm   b) 7.1 cm

809 a) $\sqrt{(6\,367 + 0.0015)^2 - 6\,367^2} \fallingdotseq 4.37(\mathrm{km})$
b) $\sqrt{(6\,367 + 0.01)^2 - 6\,367^2} \fallingdotseq 11(\mathrm{km})$

810 a)

대응점	대응각	대응변
A, D	∠A, ∠D	AB, DE
B, E	∠B, ∠E	BC, EF
C, F	∠C, ∠F	AC, DF

b) 2

811 3 : 1

812 a)

지도상 거리	실제 거리
1 cm	300 m
2 cm	600 m
5 cm	1 500 m
7 cm	2 100 m

b) 1 : 30 000

813 닮은 삼각형이다.

814 $\dfrac{x}{8.0} = \dfrac{7.5}{5.0}$, $x = 12$ cm

815 a) $x = 5$　　b) $x = 5$　　c) $x = 20$　　d) $x = 25$

816 a) 9.0 m　　　　b) 6.3 cm

817 a) 8.5 cm　　　　b) 89 m

818 3 m

819 a)
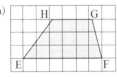

b)
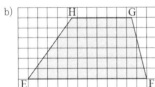

820 a) 1 : 500 000　　　　b) 1 : 20 000

821 a) 닮은 삼각형이 아니다.
b) 닮은 삼각형이다.

822 a) 16 mm　　　　b) 13 mm

823 9.0 m

824 a) 직각삼각형이 아니다.　　b) 직각삼각형이다.
c) 직각삼각형이 아니다.　　d) 직각삼각형이다.

825 a)
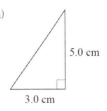

b) 5.8 cm
c) 빗변의 길이는 5.8 cm이므로 답이 맞다.

826 a) 14.0 cm　　　　b) 98.0 cm　　　　c) 490 cm^2

827 a) 약 17 cm　　　　　　b) 약 70 cm^2

828 6.7 cm, 11 cm

829 a)
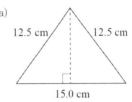

b) 10.0 cm　　　　c) 75.0 cm^2

831 a) 3.14　　　　b) 3.1416　　　　c) 3.141593

832

833 a) 31.4　　　　b) 58.1　　　　c) 19.2
d) 4.9　　　　e) 1.6　　　　f) 1.3

834 a) $\pi = 3.141592\cdots$이고 $3\dfrac{1}{8} = 3.125$이므로 유효숫자는
3과 1의 2개이다.
b) 작다.
c) $\dfrac{\left(\pi - 3\dfrac{1}{8}\right)}{\pi} \times 100 = 0.52\cdots ≒ 0.5\%$

835 a) $\pi = 3.141592\cdots$이고 $3\dfrac{10}{71} = 3.140845\cdots$이므로 유효
숫자는 3, 1, 4의 3개이다.
b) $\pi = 3.141592\cdots$이고 $3\dfrac{10}{70} = 3.142857\cdots$이므로 유효
숫자는 3, 1, 4의 3개이다.
c) $3\dfrac{10}{71}$ 과 $3\dfrac{10}{70}$ 의 평균값은 $3.141851\cdots$이므로
$\dfrac{(3.141851\cdots - \pi)}{\pi} \times 100 = 0.0082\cdots ≒ 0.008\%$

836 a) 13 cm   b) 98.0 mm   c) 11 m   d) 3.7 cm

837 a) 60 m   b) 329 cm

838 a) 66 cm   b) 4.1 m

839 a) 25 cm   b) 530 cm   c) 69 m

840 a) 17 m   b) 7.0 cm   c) 1140 m

841 a) $d = 3.5$ cm, 둘레의 길이 : 11 cm
       b) $r = 1$ cm, 둘레의 길이 : 6.3 cm

842 1186 m

843 192 cm

844 204.2 cm, 약 205 cm의 레이스가 필요하다.

845 123 m

846 102 cm

847 a) 13 cm   b) 80 cm   c) 28.6 cm

848 a) 50   b) 765   c) 1.5

849 a) 120 cm^2 b) 2830 cm^2

850 a) 15 cm^2 b) 2.3 m^2

851 a) 707 cm^2 b) 113 cm^2

852 a) 507 cm^2 b) 995 cm^2 c) 12.9 dm^2

853 a) 424.6 mm^2 b) 520.8 mm^2

854 a) 지름의 길이 : 2.3 cm, 원의 넓이 : 4.2 cm^2
       b) 지름의 길이 : 3.4 cm, 원의 넓이 : 9.1 cm^2

855 a) $\pi \cdot 6^2 - \pi \cdot 3^2 = 36\pi - 9\pi = 27\pi = 84.82\cdots$ 이므로
       약 85 cm^{2}이다.
       b) $\pi \cdot 5.25^2 - \pi \cdot 4.25^2 = 27.5625\pi - 18.0625\pi$
$$= 9.5\pi = 29.84\cdots \text{이므로}$$
       약 30 mm^{2}이다.

856 눈금 칸 하나의 크기를 1이라고 하면
       a) $\pi \cdot 2^2 - 2 \cdot \pi \cdot 1^2 = 4\pi - 2\pi = 2\pi = 6.28\cdots$이므로
       약 6.3칸이다.
       b) $6^2 - \pi \cdot 3^2 = 36 - 9\pi = 7.72\cdots$이므로
       약 7.7칸이다.

857 79 m^2

858 a) 3.1 cm^2 b) 13 cm^2 c) 50 cm^2 d) 약 4배

859 a) 1.91 m   b) 11.5 m^2

860 a) 75 m   b) 55 cm^2 c) 1.0 mm

861 a) 원의 넓이 : 17 cm^2, 둘레의 길이 : 14 cm
       b) 원의 넓이 : 13 m^2, 둘레의 길이 : 13 m

862 a) 색칠한 부분의 넓이 : 9.8 cm^2, 호의 길이 : 7.9 cm
       b) 색칠한 부분의 넓이 : 28 cm^2, 호의 길이 : 9.4 cm

863 150 m^2

864 $2 \cdot \left(\dfrac{1}{2} \cdot \pi \cdot 1 + 2\right) = \pi + 4 = 7.14\cdots$이므로 약 7.1 m이다.

865 a) $\pi \cdot 12^2 = \pi \cdot 144 = 452.3\cdots$이므로 약 452 cm^{2}이다.
       b) $\pi \cdot 22.5^2 = \pi \cdot 506.25 = 1\,590.4\cdots$
          이므로 약 1 590 cm^{2}이다.
       c) $\dfrac{452}{1\,590} = 0.2842\cdots$이므로 약 28.4%이다.

866 $2\pi \cdot r = 12$이므로 $r = \dfrac{12}{2\pi} = 1.90\cdots$
즉, 둥근 탑의 반지름의 길이는 약 1.9 m이다.
울타리의 반지름의 길이는 $1.9 + 2 = 3.9$ m이므로
울타리의 둘레의 길이는 $2\pi \cdot 3.9 = 24.50\cdots$
따라서 울타리의 둘레의 길이는 약 25 m이다.

867 $2(24^2 - \pi \cdot 12^2) = 2(576 - 144\pi)$
$$= 1\,152 - 288\pi$$
$$= 1\,152 - 904.77\cdots$$
$$= 247.22\cdots$$
따라서 넓이는 약 247 cm^{2}이다.

868 a) 16 cm^2 b) 16 cm^2

869 a)   b)

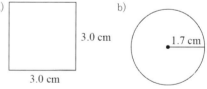

870 a) 원주각 : β 중심각 : α
       b) 원주각 : $\angle ACB$ 중심각 : $\angle AOB$

871 a) $\alpha = 76°$ 같은 호에 대한 원주각의 크기는 같다.
       b) $\alpha = 41°$ 같은 호에 대한 원주각의 크기는 같다.

872 a) $\alpha = 76°$ b) $\alpha = 115°$

873 a) $46°$ b) $23°$

874 a) $30°$ b) $180°$ c) $300°$

875 $134°$

876 a) 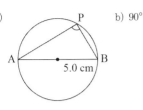   b) $90°$

877 a) $\alpha = 65°$, 같은 호에 대한 원주각의 크기는 같다.

     $\beta = 130°$, 중심각의 크기는 같은 호에 대한 원주각의 크기($65°$)의 두 배이다.

b) $\alpha = 45°$, $\beta = 45°$, 원주각의 크기는 같은 호에 대한 중심각의 크기($90°$)의 반이다.

c) $\alpha = 27°$, 원주각의 크기는 같은 호에 대한 중심각의 크기($54°$)의 반이다.

     $\beta = 63°$, 원주각 β의 같은 호에 대한 중심각의 크기는 $180° - 54° = 126°$이다. 그리고 원주각의 크기는 같은 호에 대한 중심각의 크기의 반이다.

d) $\alpha = 120°$, 원주각의 크기는 같은 호에 대한 중심각의 크기($240°$)의 반이다.

     $\beta = 60°$, 원주각 β의 같은 호에 대한 중심각의 크기는 $360° - 240° = 120°$이다. 그리고 원주각의 크기는 같은 호에 대한 중심각의 크기의 반이다.

878 a) $\alpha = 30°$, $\beta = 90°$ b) $\alpha = 72°$, $\beta = 36°$

879 호 AB, BC, CA가 원주를 $1 : 3 : 6$의 비율로 나누므로 각각의 중심각 $\angle AOB$, $\angle BOC$, $\angle COA$의 크기도 $1 : 3 : 6$을 이룬다. 따라서

$$\angle AOB = \frac{1}{1+3+6} \cdot 360° = 36°$$

$$\angle BOC = \frac{3}{1+3+6} \cdot 360° = 108°$$

$$\angle COA = \frac{6}{1+3+6} \cdot 360° = 216°$$

이다.

이때 원주각 CBA의 크기는 중심각 COA의 크기의 $\frac{1}{2}$이므로 $108°$이다.

74 **부채꼴의 넓이와 호의 길이**   159p

880 a) 15 cm^2 b) 10 cm^2

881 a) 15 cm b) 9.0 cm

882 a) 3.5 cm^2 b) 170 cm^2

883 a) 8.01 cm b) 72.1 cm

884 a) 부채꼴의 넓이 : 160 mm^2, 호의 길이 : 10 mm

     b) 부채꼴의 넓이 : 960 mm^2, 호의 길이 : 92 mm

885 a) 97 cm^2 b) 170 cm^2

886 a) 13% b) 20% c) 66.7%

887 a) 60.0 cm^2 b) 45.0 cm^2 c) 20.0 cm^2

888

$2 \cdot (3.530 - 3.055) + 2 \cdot \left(2\pi \cdot 3.055 \cdot \frac{1}{4}\right) + 4.270$

$= 0.95 + 9.597 \cdots + 4.270$

$= 14.817 \cdots$

따라서 거리는 약 14.82 m이다.

889 a) $2\pi \cdot 6\,367 \cdot \frac{7.4}{360} = 822.3 \cdots$

     따라서 약 822 km이다.

b) $2\pi \cdot 6\,367 \cdot \frac{22.1}{360} = 2\,455.8 \cdots$

     따라서 약 $2\,456 \text{ km}$이다.

75 **길이와 넓이**   161p

890 a) 부채꼴의 넓이 : 3.0 cm^2, 호의 길이 : 2.4 cm

     b) 부채꼴의 넓이 : 510 m^2, 호의 길이 : 68 m

891 a) 부채꼴의 넓이 : 17 cm^2, 호의 길이 : 3.9 cm

     b) 부채꼴의 넓이 : 44 cm^2, 호의 길이 : 10 cm

     c) 부채꼴의 넓이 : 88 cm^2, 호의 길이 : 20 cm

892 a) 7.1 m^2 b) 14 m^2

893 a) $\frac{1}{5}$ b) $\frac{7}{12}$

894 a) $180°$ b) $90°$ c) $60°$

895 a) 270 cm^2 b) 450 cm^2 c) 900 cm^2

896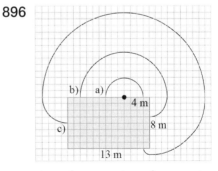

a) 14 m^2 b) 84 m^2 c) 342 m^2

897 a) $2\pi \cdot 20 \cdot \dfrac{90}{360} + 2\pi \cdot 10 \cdot \dfrac{90}{360} + 10 + 10$

$= 31.4 \cdots + 15.7 \cdots + 10 + 10$

$= 67.1 \cdots$

따라서 약 67.1 cm이다.

b) $2\pi \cdot 3 \cdot \dfrac{45}{360} + 2\pi \cdot 1 \cdot \dfrac{45}{360} + 2 + 2$

$= 2.35 \cdots + 0.78 \cdots + 2 + 2$

$= 7.1 \cdots$

따라서 약 7.1 cm이다.

898 a) $310\ \text{cm}^2$ b) $200\ \text{cm}^2$ c) $110\ \text{cm}^2$

899 a) 7.12 cm   b) 18.4 cm   c) 30.6 cm

900 a) $14 + \sqrt{7^2 + 7^2} + 2\pi \cdot 7 \cdot \dfrac{1}{4}$

$= 14 + 9.8 \cdots + 10.9 \cdots$

$= 34.7 \cdots$

따라서 약 35 cm이다.

b) $10 + 5 + 2\pi \cdot 5 \cdot \dfrac{120}{360}$

$= 10 + 5 + 10.4 \cdots$

$= 25.4 \cdots$

따라서 약 25 cm이다.

76 ▌ 삼각형과 원의 관계   163p

901 점 B

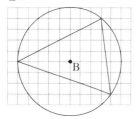

902

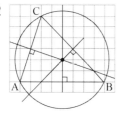

903

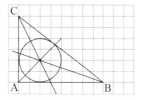

904

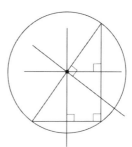

905

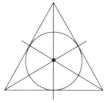

906 $\alpha = 107°$, $\beta = 125°$

907

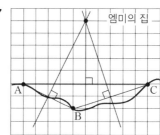

908

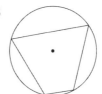

a) 마주 보는 각들의 합은 $180°$이다.

b) 마주 보는 각들의 합이 $180°$가 아니므로 불가능하다.

77 ▌ 참값   165p

909 a) $\sqrt{3} \fallingdotseq 1.73$ b) $\sqrt{18} \fallingdotseq 4.24$

910

원의 반지름	원의 둘레	원의 넓이
1	2π	π
2	4π	4π
4	8π	16π
8	16π	64π

911 a) $\dfrac{1}{2}$ b) $\dfrac{1}{3}$

912 a) $\sqrt{2}$ b) $\sqrt{3}$ c) 2   d) $\sqrt{5}$

913 a) (회색 부분의 둘레의 길이)

$$= \frac{1}{2} \cdot 2 \cdot \pi \cdot 1 + \frac{1}{2} \cdot 2 \cdot \pi \cdot 2 + \frac{1}{2} \cdot 2 \cdot \pi \cdot 3$$

$$= \pi + 2\pi + 3\pi = 6\pi$$

(큰 원의 둘레의 길이)$= 2 \cdot \pi \cdot 3 = 6\pi$

따라서 회색 부분의 둘레의 길이와 큰 원의 둘레의 길이는 같다.

b) (회색 부분의 넓이)$= \frac{1}{2}(\pi \cdot 3^2 - \pi \cdot 2^2 + \pi \cdot 1^2) = 3\pi$

(큰 원의 넓이)$= \pi \cdot 3^2 = 9\pi$

따라서 회색 부분의 넓이는 큰 원의 넓이의 $\frac{1}{3}$이다.

914 원에 외접하는 정사각형의 한 변의 길이는 10이므로 넓이는 100이다.

원에 내접하는 정사각형의 한 변의 길이는 $\sqrt{5^2 + 5^2} = \sqrt{50}$이므로 넓이는 50이다.

따라서 넓이의 비는 2 : 1이다.

915 1 : 4

78 기하학적 문제 166p

916 $\overline{BD} = \overline{AC} = 12$ cm

917 a)

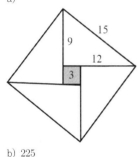

b) 225

918 선분의 길이는 같다.

919 두 도형의 가장 긴 변을 자로 재어보면 직선이 아니다. 도형 1은 직선이 안쪽으로 오목하고, 도형 2는 직선이 바깥쪽으로 볼록하다. 즉, 두 도형을 삼각형이 아니고, 도형 1은 오목한 사각형이며 도형 2는 볼록한 사각형이다. 그래서 도형 2에 한 칸이 남는다.

920 검정색 사각형 사이에 있는 회색의 점들은 착시현상에 의한 것이다. 이는 눈의 망막에 있는 다른 부분들이 색의 선명도를 인지하는 방법의 차이로 인해 생긴다.

921 사다리꼴의 뾰족한 각은 69.4°이고 삼각형들의 더 큰 뾰족한 각은 69.0°이다. 아래쪽에 있는 그림에서 도형들은 부분적으로 겹쳐 있다.

922 a) 3번　　　　　　b) 약 250번

923 a) 톱니바퀴 C, E는 톱니바퀴 A와 같은 방향으로 돌아가고 톱니바퀴 B, D는 톱니바퀴 A와 반대 방향으로 돌아간다. 따라서 톱니바퀴 E는 시계 반대 방향으로 돌아간다.

b) 톱니바퀴의 반지름의 길이와 회전 수는 반비례한다. 따라서 톱니바퀴 E의 회전 수를 x라고 하면

$$10 \cdot 1 = 4 \cdot x, \quad x = \frac{10}{4} = 2.5$$

따라서 2.5번 돌아간다.

79 경도와 위도 169p

924 a) 점 A　　b) 점 F　　c) 점 G　　d) 점 I

925 a) (60°N, 15°W)　　　　b) (30°S, 75°E)
c) (45°N, 150°W)　　　d) (0°N, 7°W)

926 a) (70°N, 27°E)　　　　b) (58°N, 12°E)

927 $2 \cdot \pi \cdot 6\,367$ km $\fallingdotseq 40\,010$ km

928 (34°S, 25°E)

929 a) $b = \dfrac{30°}{360°} \cdot 2 \cdot \pi \cdot 6\,367$ km $\fallingdotseq 3\,300$ km

b) $b = \dfrac{150°}{360°} \cdot 2 \cdot \pi \cdot 6\,367$ km $\fallingdotseq 17\,000$ km

c) $b = \dfrac{94°}{360°} \cdot 2 \cdot \pi \cdot 6\,367$ km $\fallingdotseq 10\,000$ km

930 a) $2\pi \cdot 6\,367 \cdot \dfrac{60}{360} = 6\,667.5\cdots$

따라서 약 6 700 km이다.

b) 터널과 두 반지름으로 이루어진 삼각형이 정삼각형을 이루므로 터널의 길이는 반지름의 길이와 같다. 따라서 터널의 길이는 약 6400 km이다.

c) 따라서 약 300 km 짧다.

931 a) $24 \cdot 60$분 $\div 360 = 4$분
b) $6 \cdot 4$분 $= 24$분
쿠오피오에서 24분 먼저 뜬다.

80 여행 171p

932 a) 14 : 00　　　　　　b) 7 : 00

933 6 : 00

934 a) 55분　　　　　　b) 35분

935 헬싱키의 시간은 GMT+2이고 뉴욕의 시간은 GMT−5이다. 뉴욕의 시간은 헬싱키보다 −5−2=−7, 즉 7시간 느리다. 헬싱키에서 비행기가 출발한 시간의 뉴욕 시간은 14 : 20−7 : 00=7 : 20. 따라서 비행 시간은 15 : 55−07 : 20=08 : 35. 즉, 8시간 35분이다.

936 헬싱키의 시간은 GMT＋2이고 홍콩의 시간은 GMT＋8 이다. 홍콩의 시간은 핀란드보다 $8-2=6$시간 빠르다. 즉, 헬싱키에서 비행기가 출발할 때 홍콩의 시간은 $23:35+6:00=$(다음 날) $05:35$이다. 비행시간이 9시간 50분 걸리므로 도착 시간은 (다음 날)$05:35+09:50=$(다음 날)$15:25$이다.
10월 28일, 15시 25분

937 a) $\dfrac{360°}{24}=15°$

b) $\dfrac{15°}{360°}\cdot2\cdot\pi\cdot6\,367\,\text{km}\fallingdotseq1\,700\,\text{km}$

938 a) 예 : 하와이와 시드니 b) 예 : 하와이와 바누아투
c) 예 : 하와이와 피지

939 a) 10시간 20분 b) 12시간

81 복습 172p

940 a) 80.4 b) 366 c) 5.7 d) 41

941 a) 원의 둘레의 길이 : 25 m, 원의 넓이 : 50 m²
b) 원의 둘레의 길이 : 57 cm, 원의 넓이 : 250 cm²

942 a) 원의 둘레의 길이 : 160 cm, 원의 넓이 : 2 100 cm²
b) 원의 둘레의 길이 : 9.4 cm, 원의 넓이 : 7.1 cm²

943 a) $\alpha=42°,\ \beta=84°$ b) $\alpha=\beta=62°$

944 a) 부채꼴의 넓이 : 350 cm², 호의 길이 : 24 cm
b) 부채꼴의 넓이 : 13 cm², 호의 길이 : 9.4 cm

945 a) 61 cm² b) 37 cm² c) 22 cm² d) 195 cm²

946 a) 120 cm² b) 360 cm² c) 600 cm²

947 110 cm²

948 a) 3.56 m² b) 6.69 m

949 a) 9.5cm b) 12m c) 3

950 16포기

951 a) 17.8 cm b) 250 cm²

952 $\pi\cdot d\cdot522=1\,000(\text{m})$

$d=\dfrac{1\,000}{\pi\cdot522}=0.609\cdots$

따라서 지름의 길이는 약 61 cm이다.

953 a) $\angle A=71°,\ \angle B=48°,\ \angle C=61°$
b) $\angle A=32°,\ \angle B=90°,\ \angle C=58°$

954 $2\pi\cdot x\cdot\dfrac{14.6}{360}=9.2$

$x=9.2\cdot\dfrac{1}{2\pi}\cdot\dfrac{360}{14.6}=36.10\cdots$

따라서 약 36 cm이다.

955 넓이 : 35 m², 둘레의 길이 : 39 m

956 a) 18 cm² b) 410 cm²

957 210 cm

958 $\left(3\dfrac{1}{6}-\pi\right)\div\pi=0.0079\cdots$

따라서 약 0.8% 차이가 난다.

959 a) 32.2 dm² b) 18.2 dm²

|심화학습 해설 및 정답

심화학습 8–9p

001 보라색 : $\dfrac{30}{360}=\dfrac{1}{12}\fallingdotseq8.3\%$

주황색 : $\dfrac{45}{360}=\dfrac{1}{8}\fallingdotseq13\%$,

흰색 : $\dfrac{120}{360}=\dfrac{1}{3}\fallingdotseq33\%$

회색 : $\dfrac{165}{360}=\dfrac{11}{24}\fallingdotseq46\%$

002 10%

003 45%

004 a) $\dfrac{5}{8}=62.5\%$ b) $\dfrac{3}{8}=37.5\%$

005 a) 1. $\dfrac{1}{4}\times100=25.0(\%)$

2. $\dfrac{1}{4}+\left(\dfrac{1}{4}\right)^2=\dfrac{5}{16},\ \dfrac{5}{16}\times100\fallingdotseq31.3(\%)$

3. $\dfrac{1}{4}+\left(\dfrac{1}{4}\right)^2+\left(\dfrac{1}{4}\right)^3=\dfrac{21}{64},\ \dfrac{21}{64}\times100\fallingdotseq32.8(\%)$

b) $\dfrac{1}{4}+\left(\dfrac{1}{4}\right)^2+\left(\dfrac{1}{4}\right)^3+\left(\dfrac{1}{4}\right)^4=\dfrac{85}{256}$

$\left(1-\dfrac{85}{256}\right)\times100\fallingdotseq66.8(\%)$

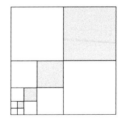

006 A : 25%, B : 25%, C : 12.5%, D : 6.25%
E : 12.5%, F : 12.5%, G : 6.25%

007 a) 5가지(A, B, D+F+G, C+D+G, E+G+D)

  b) 1가지

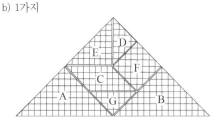

008 a) 4가지(C+E, C+D+G, F+D+G, E+G+D)

  b) 6가지(C+D, C+G, F+D, F+G, E+D, E+G)

  c) 7가지(A+E, B+E, A+G+D, B+G+D
    C+F+D+G, E+F+D+G, C+D+E+G)

009 a) 8가지(A+G, A+D, B+G, B+D, C+D+E
    C+E+G, D+E+F, E+F+G)

  b) 11가지(A+C, A+E, A+F, B+C, B+E, B+F
    A+D+G, B+D+G, D+E+F+G,
    C+D+E+G, C+D+F+G)

심화학습   10－11p

010

국가와 연도	투표율	찬성률
오스트리아 1994	82.3%	66.6%
핀란드 1994	70.8%	56.6%
스웨덴 1994	83.3%	52.7%
노르웨이 1994	89.0%	47.8%
폴란드 2003	58.8%	76.9%
에스토니아 2003	64.1%	66.5%

011 a) 23.1%   b) 33.5%

012 a) 40.1%   b) 43.9%   c) 42.5%

013 오스트리아

014 a) 1.6%   b) 3.8%

015 a) 18.5% 더 크다.   b) 11%

심화학습   12－13p

016 a) 1 267 000 × 0.474 = 600 558, 약 601 000명

  b) 1 267 000 × 0.253 = 320 551, 약 321 000명

  c) 1 267 000 × 0.074 = 93 758, 약 94 000명

017 a) (1 267 000 × 0.038) × 0.537 ≒ 2 5854, 약 25 900명

  b) (1 267 000 × 0.038) × 0.179 ≒ 8 618, 약 8 620명

  c) (1 267 000 × 0.038) × 0.147 ≒ 7 077, 약 7 080명

018 a) 22.1% 더 많다.   b) 45.4% 더 많다.

  c) 1.5% 더 많다.

019 a) $\dfrac{103}{103+4} \times 100 ≒ 96.3(\%)$

  b) $\dfrac{169}{169+58} \times 100 ≒ 74.4(\%)$

  c) $\dfrac{151}{151+35} \times 100 ≒ 81.2(\%)$

  d) $\dfrac{32}{32+53} \times 100 ≒ 37.6(\%)$

020 1980년대 $\dfrac{56}{56+31} ≒ 64.4$, 81.2−64.4=16.8

  16.8% 더 이주하였다.

021 a) 600 000   b) 4 500 000

심화학습   14－15p

022 a) 231 000   b) 105 000

023 a) 44   b) 2   c) 54   d) 95

024 a) (182000 ÷ 0.791) × 0.209 ≒ 48088, 약 48 100명

  b) (98000 ÷ 0.485) × 0.515 ≒ 104062, 약 104 000명

  c) (72000 ÷ 0.396) × 0.604 ≒ 109818, 약 110 000명

  d) (92000 ÷ 0.484) × 0.516 ≒ 98083, 약 98 000명

025 a) (2 ÷ 0.2) − 2 = 8   b) (5 ÷ 0.2) − 5 = 20

026 토이보니에미 : 20   쇼그렌 : 4

  람신 : 14

심화학습   16－17p

027 a)

이름	득표수	이름	득표수
아다	62	브로르	53
알렉스	93	카리타	60
안나	185	카밀라	30
아스타	46	덴	28
벤	35	데니스	42
비에른	26	딕	21
보	105	디사	84

  b) 안나, 보, 알렉스, 디사, 아다

028 a) 18.0%   b) 12.0%   c) 11.8%   d) 9.9%

029 a) 42.6%   b) 24.2%   c) 13.8%   d) 19.4%

030 227

031 459

032 a)

이름	득표수
카리타	144
카밀라	24
덴	36
데니스	48
딕	29
디사	72

b) 안나, 카리타, 보, 알렉스, 디사

033 9%

심화학습   18−19p

034 a) 431%   b) 247%   c) 1780%

035 금 : $22 \times 0.27 ≒ 6$, 은 : $22 \times 0.14 ≒ 3$
동 : $22 \times 0.59 ≒ 13$

a) $\dfrac{6-3}{3} \times 100 = 100(\%)$ 더 땄다.

b) $\dfrac{13-6}{13} \times 100 ≒ 54(\%)$ 덜 땄다.

036 a) 26.0 %   b) 102 %   c) 155 %

037

	금	은	동	합계
미국	40	19	17	76
소련	22	30	19	71
헝가리	16	10	16	42

a) 금 : $\dfrac{40-16}{40} \times 100 ≒ 60(\%)$

은 : $\dfrac{19-10}{19} \times 100 ≒ 47(\%)$

동 : $\dfrac{17-16}{17} \times 100 ≒ 5.9(\%)$

b) 금 : $\dfrac{22-16}{22} \times 100 ≒ 27(\%)$

은 : $\dfrac{30-10}{30} \times 100 ≒ 67(\%)$

동 : $\dfrac{19-16}{19} \times 100 ≒ 16(\%)$

심화학습   20−21p

038 a) 63.7% 증가했다.   b) 38.6% 감소했다.

039 a) 1020%   b) 16000%   c) 26300%   d) 62.8%

040 a) 7470%   b) 247%

041 a) 2005년   b) 562%

042 a) 2006년   b) 40.3%

043 a) 89.8%   b) 13100%

044 a) 2008년   b) 2005년

045 a) 107% 증가했다.   b) 32.4% 감소했다.

심화학습   22−23p

046 $200 \times 3.5 + (200 \times 0.7) \times (3.5 \times 1.2) = 1288(€)$

047 a) $1.411 \times 1.02 \times 0.95 = 1.367(€/L)$

b) $\dfrac{1.411 - 1.367}{1.411} \times 100 ≒ 3.1(\%)$

048 a) 36%   b) 27%   c) 15%

049 480 €

050 60.00 €

051 a) 693.00 €   b) 485.10 €   c) 116.47€   d) 27.97 €

052 a) 16 000 €   b) 12 800 €   c) 10 240 €

053 28000 €

054 a) 13.20 €   b) 15.95 €   c) 10.90 €   d) 7.45 €

055 a) $1.3 - 1.3 \div 1.17 \times 1.12 ≒ 0.06(€)$, 6센트
b) $1.85 - 1.85 \div 1.17 \times 1.12 ≒ 0.08(€)$, 8센트
c) $5.4 - 5.4 \div 1.17 \times 1.12 ≒ 0.23(€)$, 23센트
d) $61.60 - 61.60 \div 1.17 \times 1.12 ≒ 2.63(€)$, 2유로 63센트

심화학습   24−25p

056 안니 : 2시간 24분, 에시 : 2시간, 이로 : 2시간
위르키 : 1시간 43분, 니코 : 1시간 30분

057 안니 : 6시간, 에시 : 5시간, 이로 : 5시간
위르키 : 4시간 17분, 니코 : 3시간 45분

058 a) 안니 : 0.4‰, 에시 : 0.3‰, 이로 : 0.3‰
위르키 : 0.2‰, 니코 : 0.2‰
b) 안니 : 0.9‰, 에시 : 0.8‰, 이로 : 0.7‰
위르키 : : 0.6‰, 니코 : 0.5‰

059 5시간 동안 순수 알코올의 양은 66 g이다. 분해되는 양은 31 g이다.

혈중 알코올 농도 $= \dfrac{31}{0.75 \times 70} ≒ 0.59‰$ **답** : 약 $0.6‰$

심화학습   26−27p

060 a) 247.00 €   b) 243.83 €   c) 1 224.83 €

061 a) 25.65 €   b) 261.15 €   c) 634.65 €

062 a)

횟수	남은 융자금(€)	이자(€)	할부금(€)	총액(€)
1	4 500	125.00	500	625.00
2	4 000	112.50	500	612.50
3	3 500	100.00	500	600.00
4	3 000	87.50	500	587.50
5	2 500	75.00	500	575.00
6	2 000	62.50	500	562.50
7	1 500	50.00	500	550.00
8	1 000	37.50	500	537.50
9	500	25.00	500	525.00
10	0	12.50	500	512.50

b) 5 687.50 €   c) 대출 후 5년

063

횟수	남은 융자금(€)	이자(€)	할부금(€)	총액(€)
1	22 000	720	2 000	2 720
2	20 000	660	2 000	2 660
3	18 000	600	2 000	2 600
4	16 000	540	2 000	2 540
5	14 000	480	2 000	2 480
6	12 000	420	2 000	2 420
7	10 000	360	2 000	2 360
8	8 000	300	2 000	2 300
9	6 000	240	2 000	2 240
10	4 000	180	2 000	2 180
11	2 000	120	2 000	2 120
12	0	60	2 000	2 060

원금과 이자의 합계 : 28 680€

064 a) -20　　b) 12　　c) $-\dfrac{1}{5}$　　d) $-1\dfrac{5}{9}$

065 a) $2^3 - 2^2 = 4$　b) $7^2 - 6^2 = 13$　c) $(8-3)^2 = 25$

066 a) $81 = 3^4$　b) $128 = 2^7$　c) $343 = 7^3$　d) $625 = 5^4$

067 a) $n = 2$　　b) $n = 3$　　c) $n = 3$
d) $n = 4$　　e) $n = 1$　　f) $n = 2$

068 a) 39　　b) 27 930　　c) 84

069 a) 3　　b) 175　　c) 8 800

070 a) $x = 10$　b) $x = 2$　c) $x = 3$　d) $x = 4$

071 a) $x = 0.5$　b) $x = 0.4$　c) $x = 0.03$　d) $x = 6$

072 a) $x = 4$　b) $x = 2$　c) $x = 2$　d) $x = 6$

073 a) 2　　b) 4　　c) 6　　d) 8

074 a) 3　　b) 6　　c) 9　　d) 12

075 a) 0.00000001　　　b) 0.000000000001
c) 0.000081　　　d) 0.000000729

076 a)

a	b	$a^2 - b^2$
5	4	9
6	5	11
7	6	13
8	7	15

b) 25　　　c) 599

077

x	x^2	$x^2 + 2x + 1$
1	1	4
2	4	9
3	9	16
4	16	25
5	25	36

078 a) 169　　b) 529　　c) 15 129

079 a) -20　b) -1　c) 183　d) -1
e) 0　　f) 0

080 a) 1　　　　b) 1

081 a) 0　b) -1　c) 0　d) -1

082

28	$-$	$(-5)^2$	$=$	3
$-$		$+$		$-$
$-(-3)^3$	$+$	-2^4	$=$	11
$=$		$=$		$=$
$(-1)^4$	$-$	$(-3)^2$	$=$	$(-2)^3$

083 a) 99　b) 1600　c) 240　d) 68

084 a) -10　　　b) 100
c) $-100\,000$　　d) 100 000 000

085 a) $x = 5$, 또는 $x = -5$　b) $x = -2$
c) 제곱해서 -100이 나오는 수는 존재하지 않는다.
d) $x = -3$

086 a) -2, -1, 0, 1, 2

b) -11, -12, -13, $\cdots$ 또는 11, 12, 13, $\cdots$

c) 2, 1, 0, -1, $\cdots$ d) -5, -6, -7, -8, $\cdots$

087 a) $x=4$ b) $x=6$ c) $x=1$

d) $x=4$ e) $x=2$ f) $x=3$

088 a) 0, 1

b) 제곱이 0보다 작은 수는 존재하지 않는다.

c) 음수의 세제곱은 모두 음수이다.

089 a) -1 b) -52 c) -910

090 a) 1 b) -32 c) -800

091 a) $-6\,561$ b) $6\,561$ c) $-19\,683$

■ 심화학습   38−39p

092 a) $0.25a^2$ b) $0.04a^2$ c) $-0.001a^3$

d) $-a^2$ e) $8a^3$ f) $-81a^2$

093 a)

정육면체의 한 모서리의 길이	a	$2a$	$3a$	$4a$
정육면체의 한 면의 넓이	a^2	$4a^2$	$9a^2$	$16a^2$
정육면체의 부피	a^3	$8a^3$	$27a^3$	$64a^3$

b) 100 c) $1\,000$

094 a) $(4 \cdot 5a)^3 = 8\,000a^3$ b) $6 \cdot (4 \cdot 5a)^2 = 2\,400a^2$

095 a) 10 m   b) $6x$ c) $9x$

096 겉넓이 : $280a^2$, 부피 : $19 \cdot 8a^3 = 152a^3$

097 헬리 : 2, 야리 : 10, 미카 : 0

098 헬리 : 5 또는 -1, 미카 : 4 또는 0, 산나 : 12 또는 -8

099 a) A, C, B   b) B, C, A   c) C, B, A

■ 심화학습   40−41p

100 a) $\left(\dfrac{15}{18}\right)^2 = \left(\dfrac{5}{6}\right)^2 = \dfrac{25}{36}$ b) $\left(\dfrac{11}{22}\right)^4 = \left(\dfrac{1}{2}\right)^4 = \dfrac{1}{16}$

c) $\left(\dfrac{7}{21}\right)^3 = \left(\dfrac{1}{3}\right)^3 = \dfrac{1}{27}$ d) $\left(\dfrac{120}{150}\right)^3 = \left(\dfrac{3}{5}\right)^3 = \dfrac{64}{125}$

e) $\left(\dfrac{54}{72}\right)^2 = \left(\dfrac{3}{4}\right)^2 = \dfrac{9}{16}$ f) $\left(\dfrac{42}{48}\right)^2 = \left(\dfrac{7}{8}\right)^2 = \dfrac{49}{64}$

101 a) $\left(\dfrac{a}{10}\right)^3 = \dfrac{a^3}{1\,000}$ b) $\left(\dfrac{4a}{5}\right)^3 = \dfrac{64a^3}{125}$

c) $\left(\dfrac{-2}{3a}\right)^3 = -\dfrac{8}{27a^3}$

102 a) $\left(\dfrac{a}{5}\right)^3$ b) $\left(\dfrac{6}{a}\right)^3$ c) $\left(\dfrac{-4}{a}\right)^3$

103 a) 4 또는 -4 b) 10

c) 21 또는 -21 d) 6 또는 -6

104 a) $\left(\dfrac{2a}{3}\right)^3 = \dfrac{8a^3}{27}$

b) $(1.5a \div 3)^3 = (0.5a)^3 = 0.125a^3$

105 a) $\dfrac{2x}{5}$ b) $\dfrac{4x}{9}$ c) 0.7 m

106 a) $\dfrac{a^3}{27}$, $\dfrac{a^3}{8}$, $-\dfrac{64a^3}{27}$, $\dfrac{125a^3}{8}$

b) $\dfrac{1}{4a^2}$, $\dfrac{9}{16a^2}$, $\dfrac{81}{64a^2}$, $\dfrac{49}{36a^2}$

107 a) B, C, A   b) B, C, A   c) C, B, A

■ 심화학습   42−43p

108

a) a^{11}	I	d) a^{13}	R
b) a^{12}	C	e) a^8	U
c) a^7	A	f) a^9	S

<ICARUS> 이카루스, 그리스 신화에 나오는 인물

109 a) -3 b) -3 c) 9

d) 81 e) 9 f) $1\dfrac{17}{64}$

110 a) 2^{31} b) 2^{26} c) 2^{12} d) 2^6

111 a) $3^{33} \fallingdotseq 5.6 \cdot 10^{15}$ b) $(-5)^{24} \fallingdotseq 6.0 \cdot 10^{16}$

112 a)

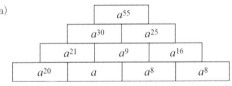

b) $7^{55} \fallingdotseq 3.0 \cdot 10^{46}$

113 a) a^{57} b) $2^{57} \fallingdotseq 1.4 \cdot 10^{17}$

114 a) a^{n+2} b) $a^{n+n} = a^{2n}$ c) $a^{3n+n} = a^{4n}$

115 a) $n=7$ b) $n=11$ c) $n=7$ d) $n=5$

116 a) $n+1=8$, $n=7$ b) $n+n+1=7$, $n=3$

c) $2+n=6$, $n=4$ d) $3n=n+12$, $n=6$

117 a) $4^n \cdot 4^n \cdot 4^n \cdot 4^n = 4^8$, $4^{n+n+n+n} = 4^8$

$4^{4n} = 4^8$, $4n=8$, $n=2$

b) $4^n + 4^n + 4^n + 4^n = 4^8$, $4 \cdot 4^n = 4^8$, $4^{1+n} = 4^8$

$1+n=8$, $n=7$

심화학습

44-45p

118 a) 함수기계는 입력된 수를 a^4으로 나눈다.

b) a^6 c) a^{14}

119 a) $0.2^1 = 0.2$ b) $0.5^2 = 0.25$

120 a) 14 b) 7 c) 49

d) 49 e) 7 000 f) 1

121 a) a^{27} b) a^{16}

122

5^1	5
5^2	25
5^3	125
5^4	625
5^5	3 125
5^6	15 625

123

a) $\dfrac{15\,625}{25} = \dfrac{5^6}{5^2} = 5^4 = 625$

b) $\dfrac{5 \cdot 625}{125} = \dfrac{5 \cdot 5^4}{5^3} = 5^2 = 25$

c) $\dfrac{125 \cdot 625}{15625} = \dfrac{5^3 \cdot 5^4}{5^6} = 5^1 = 5$

d) $\dfrac{3\,125 \cdot 25}{125 \cdot 5} = \dfrac{5^5 \cdot 5^2}{5^3 \cdot 5} = 5^3 = 125$

124 a) $n - 4 = 3$, $n = 7$ b) $n + 2 - 6 = 4$, $n = 8$

c) $5 - n = 1$, $n = 4$ d) $6 - n = 2$, $n = 4$

125 a) 75 b) 125 c) 968

d) 117 e) 54 f) 62.5

심화학습

46-47p

126 a) 10^{12} b) 10^{18} c) 10^{24} d) 10^{30}

e) 10^{36} f) 10^{42} g) 10^{48}

127 10 000개

128 a) 100 b) 10^{100}

129 $3 \cdot 3 \cdot 3 \cdot 3 \cdot 3 \cdot 3$, 27^2, $3^3 \cdot 3^3$, 3^6, $3 \cdot 3^5$, 9^3

130 2^{101}, $4^{50} = (2^2)^{50} = 2^{100}$, 그러므로 $4^{50} < 2^{101}$이다.

131 a) -3 b) 12 c) 27

d) 81 e) 9 f) 81

132 a) $7a^5$ b) $4a^4$

133 a) a^{5m} b) a^{14m} c) a^{4m+1}

134 a) $n = 9$ b) $n = 2$

135

3^1	3
3^2	9
3^3	27
3^4	81
3^5	243
3^6	729

136 a) $3^2 = 9$ b) $3^4 = 81$ c) $3^3 = 27$ d) $3^3 = 27$

137 a) $x = 6$, $y = 12$ b) $x = 27$, $y = 9$ c) $x = 4$, $y = 2$

138 a) a^{49} b) a^{125} c) a^{12}

d) a^{28} e) a^{64} f) a^{81}

139 a) 100 000 000 b) 1 000 000

c) 1 000 000 000 d) 512

e) 625 f) 10 000 000 000 000 000

140 9^{9^9}, $(9^9)^9 = 9^{9^2}$, 그러므로 $9^{9^9} > (9^9)^9$이다.

심화학습

48-49p

141 a)

거듭제곱	10^0	10^{-1}	10^{-2}	10^{-3}	10^{-4}
분 수	$\dfrac{1}{1}$	$\dfrac{1}{10}$	$\dfrac{1}{100}$	$\dfrac{1}{1\,000}$	$\dfrac{1}{10\,000}$
소 수	1	0.1	0.01	0.001	0.0001

b) $n = 3$ c) $n = -15$

d) $10^{-7} = 0.0000001$

142 a) 3^{-2} b) 2^{-6} c) 5^{-3}

143 a)

도형 4 도형 5

b) $1,\ \dfrac{1}{2},\ \dfrac{1}{4},\ \dfrac{1}{8},\ \dfrac{1}{16}$

c) 바로 앞 항에 $\dfrac{1}{2}$을 곱한다.

d) $2^0,\ 2^{-1},\ 2^{-2},\ 2^{-3},\ 2^{-4}$

144 a) 1 b) -2

145 a) 1 b) 2 c) -6 d) 3

146 a) $n = 0$

b) 모든 양의 정수가 다 만족한다.

c) $n = 1$ d) $n = 0$, $n = 3$

147

$\dfrac{x^4}{x}$	$(x^{-2})^2$	xx^0
$x^{-6}x^4$	$\dfrac{x^3 \cdot x^3}{x^6}$	$\left(\dfrac{x^4}{x^3}\right)^2$
$\dfrac{xx^2}{(x^2)^2}$	$(xx)^2$	$\dfrac{x^2}{x^5}$

148 a) $1\dfrac{2}{3}$ b) 6 c) $-1\dfrac{3}{7}$

d) 4 e) $1\dfrac{7}{9}$ f) $-2\dfrac{1}{4}$

149 a) $\left(\dfrac{1}{2}\right)^{-1}=2$ b) $\left(\dfrac{3}{10}\right)^{-1}=3\dfrac{1}{3}$

c) $\left(\dfrac{9}{10}\right)^{-1}=1\dfrac{1}{9}$ d) $\left(\dfrac{3}{2}\right)^{-1}=\dfrac{2}{3}$

e) $\left(\dfrac{11}{5}\right)^{-1}=\dfrac{5}{11}$ f) $\left(\dfrac{15}{4}\right)^{-1}=\dfrac{4}{15}$

심화학습   52-53p

150 a) $1\,409\times1.412\times10^{27}=1\,989.508\times10^{27}$
$\fallingdotseq 1.990\times10^{30}\,(\text{kg})$

b) 지구의 무게
$5\,517\times1.083\times10^{21}=5\,974.911\times10^{21}\fallingdotseq5.975\times10^{24}$
이므로,
$\dfrac{1\,409\times1.412\times10^{27}}{5\,517\times1.083\times10^{21}}\fallingdotseq0.333\times10^{6}\,(\text{배})$
$\fallingdotseq333\,000\,(\text{배})$

151 a) 1년$=365$(일)$\times24$(시간)$\times60$(분)$\times60$(초)
$=3.1536\times10^{7}$ 초
1(광년)$=3\times10^{5}\times3.1536\times10^{7}$
$=9.4608\times10^{12}\fallingdotseq9.46\times10^{12}\,(\text{km})$

b) 시리우스 : $8.7\times9.46\times10^{12}=82.302\times10^{12}$
$\fallingdotseq8.23\times10^{13}\,(\text{km})$
카노푸스 : $100\times9.46\times10^{12}=9.46\times10^{14}\,(\text{km})$
알파센타우리 : $4.3\times9.46\times10^{12}$
$=40.678\times10^{12}\fallingdotseq4.07\times10^{13}\,(\text{km})$

c) 약 520만 년

152 걸린 시간 : 3일 3시간 56분$=273\,360$초
평균 속력$=\dfrac{\text{거리}}{\text{시간}}=\dfrac{3.844\times10^{8}}{273\,360}\fallingdotseq1\,410\,(\text{m/s})$
$\fallingdotseq5\,060\,\text{km/h}$

153 a) $5.1\times10^{8}\,(\text{km}^2)=5.1\times10^{20}\,(\text{mm}^2)$이고,
$1(\text{m})=10^{3}(\text{mm})$이며 1mm^2에는 20개의 모래알이
들어 있으므로
$20\times10^{3}\times5.1\times10^{20}=102\times10^{23}\fallingdotseq1\times10^{25}\,(\text{개})$

b) $10\times1\times10^{25}=1\times10^{26}\,(\text{개})$

154 1(광년)$=9.46\times10^{18}\,(\text{mm})$이므로
반지름 : $1.37\times10^{10}\times9.46\times10^{18}\fallingdotseq1.3\times10^{29}\,(\text{mm})$
부피 : $4.2\times(1.3\times10^{29})^3\,(\text{mm}^3)$
모래알 개수 : $20\times4.2\times(1.3\times10^{29})^3\fallingdotseq1.8\times10^{89}\,(\text{개})$

심화학습   54-55p

155 a) -7 b) -7 c) 59

156 a) $7.5\cdot10^{6}$ b) $3.6\cdot10^{11}$ c) $2.5\cdot10^{-18}$

157 a) $1\cdot10^{-3}\cdot3\cdot10^{-3}=3\cdot10^{-6}$
b) $8\cdot10^{-3}\cdot7\cdot10^{-6}=5.6\cdot10^{-8}$
c) $2\cdot10^{-2}\cdot1.7\cdot10^{-6}=3.4\cdot10^{-8}$
d) $4\cdot10^{-4}\cdot2.5\cdot10^{-4}=1\cdot10^{-7}$

158 $1\,\text{L}=1\,000\,\text{g}$이므로 $\dfrac{1\,000}{3.34\times10^{25}}\fallingdotseq2.99\times10^{-23}\,(\text{g})$

159 a) 헬륨 원자 : $\dfrac{4}{1.99265\times10^{-23}\div12}\fallingdotseq6.64\times10^{-24}\,(\text{g})$

b) 철 원자 : $\dfrac{55.85}{1.99265\times10^{-23}\div12}\fallingdotseq9.274\times10^{-23}\,(\text{g})$

c) 은 원자 : $\dfrac{107.87}{1.99265\times10^{-23}\div12}\fallingdotseq1.7912\times10^{-22}\,(\text{g})$

160 $23.2\times10^{-6}\times3\,000(\text{mm})\times40(\text{℃})=2.784\,(\text{mm})$

161 $12\times10^{-6}\times2\,000(\text{mm})\times35(\text{℃})=0.84\,(\text{mm})$

162 $8\times10^{-6}\times5\,000(\text{mm})\times75(\text{℃})=3\,(\text{mm})$

심화학습   56-57p

163 a) $0,\ 1,\ 2,\ 3,\ 4$ b) $0,\ 1,\ 2,\ \cdots,\ 16$
c) $5,\ 6,\ 7,\ \cdots,\ 24$

164 $121,\ 144,\ 169,\ 196,\ 225$

165

166 $4.2\cdot4.2=17.64,\ 4.3\cdot4.3=18.49$
한나의 답이 $\sqrt{17}$에 더 가깝다.

167 $13\,\text{cm}$

168 $6.0\,\text{cm}$

169 a) 1 b) 0 c) 3
d) 5 e) 4 f) 10

170 a) $\sqrt{9}=3.00$, $\sqrt[3]{9}≒2.08$
b) $\sqrt{16}=4.00$, $\sqrt[3]{16}≒2.52$
c) $\sqrt{30}≒5.48$, $\sqrt[3]{30}≒3.11$
d) $\sqrt{4}=2.00$, $\sqrt[3]{4}≒1.59$

심화학습   58−59p

171 a) 210 mm, 297 mm   b) 148 mm, 210 mm
c) 105 mm, 148 mm

172 a)   b)   c)

173 a) 3.0 cm   b) 27 cm³

174 a) 2배   b) 3배

175 5

176

a) 3	E	b) 1	U	c) 2	R
d) 4	O	e) 5	P	f) 6	A

<EUROPA> 유로파, 목성의 위성 중 하나

177 a) 10   b) 10   c) 3
d) 2   e) 1   f) 5

178 n이 양의 정수일 때 항상 $\sqrt[n]{1}=1$, $\sqrt[n]{0}=0$이다.

179 a) 2.51   b) 2.15   c) 1.93   d) 1.78

심화학습   66−67p

180 a) $4-\dfrac{x}{2}$ b) $3(x-6)$ c) $\dfrac{x+1}{2}$

181 a) x를 2로 나눈 수에 12를 더한다.
b) x에 4를 곱한 수에서 9를 뺀다.

182 a) 함수 기계는 입력된 수에 2를 곱한 뒤 7을 더한다.
b) 13   c) 5   d) $2x+7$

183 a) $5x+3x+x+2x+x+x+x+x+x+2x+x+3x$
$=22x$
b) $\dfrac{3x}{4}+\dfrac{x}{4}+\dfrac{3x}{4}+\dfrac{x}{4}=2x$

184 a) 7   b) 11   c) 16

185 a) 3   b) 5   c) 8   d) 11

186 $n-1$

심화학습   68−69p

187 $-4x$, x, $2x$, $-4x^2$, x^2, $2x^2$, -4, 1, 2

188 a) $-3x^2$ b) $4x^3$ c) $\dfrac{x^2}{5}$

189 a) $-x$ b) 8   c) $-\dfrac{1}{2}$

190 a) 48   b) -48
c) -6이 $-\dfrac{x}{2}$, 6이 $\dfrac{x}{2}$에 꽂혀야 한다.

191 a) $\dfrac{1}{2}$ b) $\dfrac{3}{5}$ c) $-\dfrac{2}{3}$

답 : $-x^0=-1$

192 a) 9, xy b) -1, xy^2 c) 1, a^2bc

193 a) ab, $-ab$, $100ab$ b) x^2y, $-3x^2y$, $10x^2y$
c) 4, -10, 1000

194 a) 동류항이다.   b) 동류항이 아니다.
c) 동류항이다.   d) 동류항이 아니다.

심화학습   70−71p

195 a) $13x^2$ b) $4x^2$ c) $-2x^3$

196

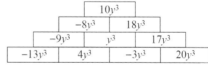

197 x와 $5x$, $2x$와 $4x$, $3x$와 $3x$

198 a)

도형 4   도형 5

b)

도형	점의 개수
1	4
2	7
3	10
4	13
5	16

c) $3n+1$

199 a) 3개

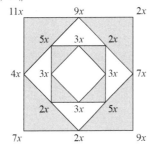

b) 3개

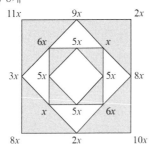

c) 3개

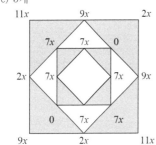

d) 7개

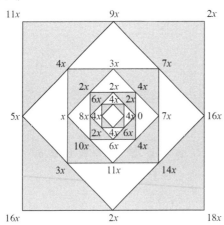

심화학습   72–73p

200 a) $23x^3$ b) $-40x^4$ c) $2x^2$ d) $17y^2$

201

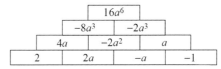

202 a) $3x$, $7x$ b) $-5x^2$, $-4x^2$

203 a) 예 : $10x = \dfrac{1}{2} \cdot 20x = 5 \cdot 2x = -10 \cdot (-x)$

b) 예 : $-12x^3 = -4x \cdot 3x^2 = -3x \cdot 4x^2 = -3 \cdot 4x^3$

c) 예 : $\dfrac{1}{2}x^2 = -\dfrac{1}{2} \cdot (-x^2) = \dfrac{1}{4}x \cdot 2x = \dfrac{1}{6}x^2 \cdot 3$

204 a) $5x$ b) $6y$

205 $4x$

206 a) $4x$, $6x$ b) $2x$, $8x$

207

a) a^3b^3	N	b) a^2b^3	O	c) a^3b^2	T
d) a^2b^4	W	e) a^3b^4	E	f) a^3b^3	N

<NEWTON> 뉴턴, 영국의 물리학자, 수학자

208

a	$\times$	b	$=$	ab
$\times$		$\times$		$\times$
4	$\times$	2	$=$	8
$=$		$=$		$=$
$4a$	$\times$	$2b$	$=$	$8ab$

심화학습   74–75p

209 a) 0개   b) 2개

c) 5개   d) 9개

210

211 a)

도형 4

도형 5

도형	개수
1	0
2	2
3	6
4	12
5	20
n	$n^2 - n$

b)

도형 4

도형 5

도형	개수
1	1
2	3
3	6
4	10
5	15
n	$0.5n^2 + 0.5n$

212 a) $3x^2 + 8$ b) $-2x^3 + 5$

213 a)

b)

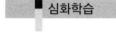

심화학습   76-77p

214 P: $2x + 2$, Q: $5x + 4$

215 a) $5x^2 - 6x - 4$ b) $6x - 3$

     c) $-6x^3 + x^2 - 8x - 2$

216 a) $3x^2 - 2x + 1$, $x^2 - 9x$ 또는 $4x^2 - 8x - 6$, $-3x + 7$

     b) $4x^2 + 3$, $-x^2 - 2x - 2$, $x^2 - 9x$

217

		$-9x^2 + 8x$		
	$-4x^2 + 7x$		$-5x^2 + x$	
	$3x^2 + 5x$	$-7x^2 + 2x$		$2x^2 - x$
$-x^2 + 2x$		$4x^2 + 3x$	$-11x^2 - x$	$13x^2$

218 $4x \cdot 2x + 3x \cdot 5 + x \cdot x + 3 \cdot 4x = 8x^2 + 15x + x^2 + 12x$

                                $= 9x^2 + 27x$

219 P: $x^3 - x^2$, Q: $x^3 + x^2 - x$, R: $x^3 + x$

     S: $x^3 - x^2 + x$, T: $x^3 + x^2$

220 a) -5 b) -50

221 a) $100x - 50$ b) -50 c) $100x$

심화학습   78-79p

222 a) $x + 2$ b) $4x^2 + x - 4$

     c) $-4x^2 - 2x - 3$ d) $4x^2 - 9$

223 a) 예: $-2y^2 - 6$, $y^2 + 1$ b) 예: $2y^2 - 2y + 5$, $2y + 2$

224 $3x + 5$, $2x - 3$

225 $7y^2 - 3y + 5 - (2y^2 - y - 3) - (-3y^2 - 4y + 3)$

     $= 8y^2 + 2y + 5$

226 a) $4x + 7$, $5x + 9$, $6x + 11$

     b) $-3x^2 + 4$, $-5x^2 + 5$, $-7x^2 + 6$

     c) $2x - 2$, $3x - 3$, $4x - 4$

227

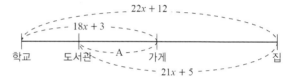

도서관과 가게 사이의 거리를 A라고 하면

학교와 도서관 사이의 거리는

$(22x + 12) - (21x + 5) = 22x + 12 - 21x - 5 = x + 7$

가게와 집 사이의 거리는

$(22x + 12) - (18x + 3) = 22x + 12 - 18x - 3 = 4x + 9$

따라서 도서관과 가게 사이의 거리는

A $= (22x + 12) - (x + 7) - (4x + 9)$

   $= 22x + 12 - x - 7 - 4x - 9$

   $= 17x - 4$ **답**: $17x - 4$

228 $x^3 - 99x + 9$

229 a) $-10x$ b) x^2 c) $-x - 1$ d) $3x + 10$

230 a) $-x - 2$ b) $-8x + 7$

     c) $-3x^2 - 4x + 5$ d) $7x^2 - 9x + 1$

심화학습   80-81p

231 a) $x^2 - 22x - 778 = (x^2 - 22x - 779) + 1$

                     $= 0 + 1$

                     $= 1$

     b) $x^2 - 22x - 780 = (x^2 - 22x - 779) - 1$

                     $= 0 - 1$

                     $= -1$

     c) $x^2 - 21x - 779 = (x^2 - 22x - 779) + x$

                     $= 0 + 41$

                     $= 41$

232

1. $+2x^3$	2. $+x^2$	■	3. $-9x^2$	4. $+4x$
5. $-x^2$	$-2x$	$+3$	■	-2
■	-1	■	6. $+3x^3$	■
7. $+7x^2$	■	8. $-x^3$	$+5x^2$	9. $+4x$
10. $-3x$	$+4$	■	11. $+6x$	$+5$

233 0이 되는 경로는 GAUSS이다.

234 아이노가 생각하고 있는 두 다항식을 A, B라고 하면

$A + B = 12x^3 + 6x^2 + 4x - 2 \cdots$ ①

$A - B = 12x^3 + 12x^2 - 4x - 6 \cdots$ ②

① $-$ ②: $2B = -6x^2 + 8x + 4$

따라서 $B = -3x^2 + 4x + 2$

$A = 12x^3 + 6x^2 + 4x - 2 - B$

$\quad = 12x^3 + 6x^2 + 4x - 2 - (-3x^2 + 4x + 2)$

$\quad = 12x^3 + 6x^2 + 4x - 2 + 3x^2 - 4x - 2$

$\quad = 12x^3 + 9x^2 - 4$

235 $5x^3 - 4x^2 + 1, \ 2x^3 - 4x^2 - 1$

236 $5x - 1, \ 1$

237 a) -4 b) 10

238 a) 예 : $12x^2 - 6 = 6(2x^2 - 1) = 2(6x^2 - 3) = 3(4x^2 - 2)$

    b) 예 : $-20x^2 + 30x = -10(2x^2 - 3x) = 10(-2x^2 + 3x)$

$\qquad\qquad\qquad\qquad = 5(-4x^2 + 6x)$

239 a) $2(x - 1) = 2x - 2$ b) $3(x + 1) = 3x + 3$

    c) $5(x - 2) = 5x - 10$

240 a) $-2(x - 3) - 1 = -2x + 5$

    b) $6(x + 3) + 7 = 6x + 25$

241 $4x + 2$

242 $6(3x + 2) - (5x - 11) - 2(x - 2) = 11x + 27$

243 a) $17 \cdot 101 = 17 \cdot (100 + 1) = 17 \cdot 100 + 17 \cdot 1$

$\qquad\qquad = 1\,700 + 17 = 1\,717$

    b) $37 \cdot 1\,001 = 37 \cdot (1\,000 + 1)$

$\qquad\qquad\qquad = 37 \cdot 1\,000 + 37 \cdot 1 = 37\,000 + 37 = 37\,037$

    c) $6 \cdot 16 = 6 \cdot (10 + 6) = 6 \cdot 10 + 6 \cdot 6 = 60 + 36 = 96$

    d) $8 \cdot 106 = 8 \cdot (100 + 6) = 8 \cdot 100 + 8 \cdot 6$

$\qquad\qquad = 800 + 48 = 848$

244 a) $7 \cdot 39 = 7 \cdot (40 - 1) = 7 \cdot 40 - 7 \cdot 1 = 280 - 7 = 273$

    b) $7 \cdot 49 = 7 \cdot (50 - 1) = 7 \cdot 50 - 7 \cdot 1 = 350 - 7 = 343$

    c) $12 \cdot 99 = 12 \cdot (100 - 1) = 12 \cdot 100 - 12 \cdot 1$

$\qquad\qquad = 1\,200 - 12 = 1\,188$

    d) $25 \cdot 99 = 25 \cdot (100 - 1) = 25 \cdot 100 - 25 \cdot 1$

$\qquad\qquad = 2\,500 - 25 = 2\,475$

245 a) $19 \cdot 999 = 19 \cdot (1000 - 1) = 19 \cdot 1000 - 19 \cdot 1$

$\qquad\qquad = 19\,000 - 19 = 18\,981$

    b) $19 \cdot 19 = 19 \cdot (20 - 1) = 19 \cdot 20 - 19 \cdot 1$

$\qquad\qquad = 380 - 19 = 361$

    c) $99 \cdot 99 = 99 \cdot (100 - 1) = 99 \cdot 100 - 99 \cdot 1$

$\qquad\qquad = 9\,900 - 99 = 9\,801$

    d) $101 \cdot 101 = 101 \cdot (100 + 1) = 101 \cdot 100 + 101 \cdot 1$

$\qquad\qquad = 10\,100 + 101 = 10\,201$

246 a) $\dfrac{4x \cdot (5x + 2)}{2} = 10x^2 + 4x$

    b) $\dfrac{6x \cdot (4x + 3)}{2} = 12x^2 + 9x$

247 a) $x(x + 1) = x^2 + x$

    b) $10 \cdot 11 = 10^2 + 10 = 100 + 10 = 110$

    c) $20 \cdot 21 = 20^2 + 20 = 400 + 20 = 420$

    d) $90 \cdot 91 = 90^2 + 90 = 8\,100 + 90 = 8\,190$

248 $7x(5x - 1) + 3x(3x - 1) + x(4x + 3) = 48x^2 - 7x$

249 a) $-x + 8$

    b) $x(-x + 8) = -x^2 + 8x$

    c)

가로 x(m)	세로 $-x + 8$(m)	넓이 $-x^2 + 8x$(m)
1	7	7
2	6	12
3	5	15
4	4	16
5	3	15
6	2	12
7	1	7

넓이가 가장 클 때 x의 값 : 4 m

250 a) $-x + \dfrac{1}{4}$ b) $-5x^3 - 3x^2 + 1$ c) $20x - 2$

251 a) $7(x + 1)$ b) $2(3x + 4)$

    c) $3(x - 2)$ d) $5(3x - 5)$

252 a) $x(x + 3)$ b) $x(11x + 1)$

    c) $x(x - 1)$ d) $10x(x - 1)$

253 a) x^2+6x+9 b) $x^2+20x+100$
c) $x^2-10x+25$ d) $x^2-16x+64$

254 a) $9x^2+6x+1$ b) $x^2-8x+16$
c) $25x^2-40x+16$ d) $9x^2+12x+4$

255 1

256 a) x^3-8 b) x^3+1 c) x^4-4

257 a) $30x^2-145x+140$ b) $-12x^3+15x^2-3x$

258 a) $6(x+1)(x+1)=6x^2+12x+6$
b) $(x+1)(x+1)(x+1)=x^3+3x^2+3x+1$

259 a) x^2-4 b) x^2-25
c) x^2-16 d) x^2-81

260 a) $(x+6)(x-6)$ b) $(x+8)(x-8)$
c) $(x+10)(x-10)$ d) $(x+1)(x-1)$

261 a) 396   b) 2 499
c) 9 975   d) 999 900

262 a) $2x^4-1$ b) 80
c) $-14x^2$ d) $-6x-3$

263

a) $4x^2-8x$	T	d) $4x-2$	L
b) $3x^3-8$	H	e) $6x-1$	E
c) $4x^2-1$	A	f) $-12x^2+9x$	S

<THALES> 탈레스, 고대 그리스의 자연 철학자

264 a) $\dfrac{4x^3+3x+16x^2+5x}{2x}=2x^2+8x+4$
b) $\dfrac{-35x^3+22x^2-(12x^2+45x)}{-5x}=7x^2-2x+9$

265 a) A$=24x^3+16x$, B$=3x^2+2$
b) C$=6x$, D$=4x^2+3$
c) E$=24x^3+24x$, F$=8x$
d) G$=24x^3+12x$, H$=12x$, I$=2x^2+1$

266 a) $x+4$ b) $4x+8$
c) $x+3$ d) $11x^2-3x$

267 a) 6   b) 10   c) 19   d) 15

268 a) $x+3$ b) $x-5$ c) $x-11$ d) $x+13$

269 a) $20x^2+8x$, 672   b) $100x^2-20x$, 3720
c) $12x-6$, -78

270 a) $-90x^2$ b) $18x^2+28x$ c) $45x^2-60$

271 a) x^2-2x b) x^2-2x c) $-x-5$

272 a) $-11x-18$ b) $-2x^2-17x-5$

273 $(x+4)(2x+1)-x(2x-2)-x\cdot x=-x^2+11x+4$

274 a) $4\cdot9x\cdot9x+3\cdot3x\cdot3x=351x^2$
b) $8\cdot4x\cdot4x=128x^2$

275 a) $\dfrac{7x\cdot3x}{2}=10.5x^2$ b) $x\cdot2x-\dfrac{x\cdot x}{2}=1.5x^2$

276 a) $(\boxed{x}+\boxed{2})(2x+5)=2x^2+9x+10$
b) $(2x+\boxed{3})(\boxed{3x}+1)=6x^2+11x+3$

277 a) $(x+3)^2-(x+2)(x+1)=3x+7$
b) $(2x+3+(x+2))^2-(2x+3-(x+2))^2$
   $=8x^2+28x+24$
c) $\dfrac{(x^2+4x)(6x+8)}{7x+(-5x)}=3x^2+16x+16$

278 $3x=x-4$, $2x=5x+6$

279 E$=300$

280 a) 200 g   b) 45 g   c) 490 g

281 a) 5 g   b) 50 g   c) 200 g

282 정육면체의 무게를 a, 구의 무게를 b, 원뿔의 무게를 c,
원기둥의 무게를 d라고 하면
$a=2b$
$c=a+d$
$2d=3b$
좌변과 우변을 같은 문자로 이루어진 식으로 바꾼다.
a) (좌변)$=2a$
   (우변)$=b+2d=b+3b=4b=2a$
   따라서 균형을 이룬다.
b) (좌변)$=2a+d$
   (우변)$=c+b=(a+d)+\dfrac{1}{2}a=\dfrac{3}{2}a+d$
   따라서 균형을 이루지 않는다.
c) (좌변)$=c+d=(a+d)+d=a+2d=2b+3b=5b$
   (우변)$=5b$
   따라서 균형을 이룬다.

d) (좌변) $= a + 3d$
(우변) $= c + 2a = (a + d) + 2a = 3a + d$
따라서 균형을 이루지 않는다.

283 a) $x = 16$ b) $x = 23$

284 a) $x = -9$ b) $x = -2$

285 a) $x = 10$ b) $x = -7$
c) $x = -18$ d) $x = -11$

286 a) $x = 4$ b) $x = 7$
c) $x = -5$ d) $x = -3$

287 $5x - 4 = 4x - 2,\ x = 2$
$2y + 8 = 3y + 3,\ y = 5$

288 26, 27, 28

289 마지막 수를 x, 첫 번째 수를 $x - 12$,
두 번째 수를 $\dfrac{x}{2}$ 라고 하면,

$x - 12 + \dfrac{x}{2} + x = 18,\ \therefore\ x = 72$

첫 번째 수는 $x - 12 = 72 - 12 = 60$
두 번째 수는 $\dfrac{x}{2} = \dfrac{72}{2} = 36$
세 번째 수는 $x = 72$
따라서 비밀번호는 '603672'이다.

290 마지막 수를 x, 첫 번째 수를 $3(x + 10)$,
두 번째 수를 $x + 10$이라고 하면,
$3(x + 10) + x + 10 + x = 45,\ \therefore\ x = 1$
첫 번째 수는 $3(x + 10) = 3(1 + 10) = 33$
두 번째 수는 $x + 10 = 1 + 10 = 11$
세 번째 수는 $x = 1$
따라서 비밀번호는 '33111'이다.

291 a) $4(x + 1) = 36,\ x = 8$
긴 변의 길이 : 9
b) $2(2x + 3) = 36,\ x = 7.51$
긴 변의 길이 : 18

292 a) $2(2x + 2x + 2x) + 2(4x + 10x) = 40x$
b) $x = 2.2$ cm

293 a) 57번째 도형   b) 22번째 도형

294 a)

도형	개수
1	1
2	5
3	9
4	13
5	17

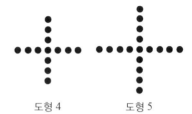

도형 4   도형 5

b) $4n - 3$ c) 26번째 도형

295 a) 8.6%
b) $0.086 \cdot x = 4.3,\ x = 50,\ 50$ g

296 a) 155 cm
b) $2.32x + 65.53 = 180$
$x = \dfrac{180 - 65.53}{2.32} = 49.3$ cm
c) 생략

297 바구니에 든 과일의 총 개수를 x라고 하면
사과의 개수는 $0.5x$,
오렌지의 개수는 $0.2x$,
배의 개수는 $0.1x$,
바나나의 개수는 $x - (0.5x + 0.2x + 0.1x) = 0.2x$이다.
그런데 바나나의 개수가 8개이므로
$0.2x = 8,\ 2x = 80,\ x = 40$
따라서 바구니에는 사과 20개, 오렌지 8개, 배 4개,
바나나 8개가 들어 있다.

298 a) $x = 4$ b) $x = 1.5$ c) $x = 2$

299 a) $x = 14$ b) $x = 17$ c) $x = 8$

300 $x = 2$, 사각형의 넓이 : $42\ \text{cm}^2$, 삼각형의 넓이 : $18\ \text{cm}^2$

301 $4(x - 2) + 24 = 72,\ x = 14$
사람의 나이 72살에 해당하는 고양이의 나이 : 14살

302 $2(4x - 6) = -36,\ x = -3$

303 28 €, 20 €

304 115 €, 65 €

305

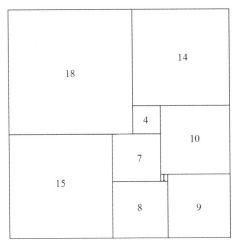

A = 18, C = 8, D = 9, E = 10, F = 14, G = 4, H = 7

심화학습   102 − 103p

306   a) $x = 4$ b) $x = 6$

307   a) $x = \dfrac{1}{2}$ b) $x = -4\dfrac{1}{2}$

308   a) $x = 2$ b) $x = -3$

309   a) $x = -11$ b) $x = 12$

310   a) $x = 16$ b) $x = 35$
     c) $x = 9$ d) $x = -4$

311   a) $x = 15$ b) $x = -6$

312   41 €

313 $x - \dfrac{x}{2} - \dfrac{x}{4} - 3 = 12$, $x = 60$(명)

심화학습   104 − 105p

314   a) 14 km   b) 17 km

315   토요일에 일한 여학생의 수를 x 라고 하면 토요일에 일한 남학생의 수는 $54 - x$ 이다. 이때 일요일에 일한 여학생의 수는 $1.25x$ 이고 일요일에 일한 남학생의 수는 $1.3(54 - x)$ 이므로
$$1.25x + 1.3(54 - x) = 69$$
$$125x + 130(54 - x) = 6\,900$$
$$125x + 7\,020 - 130x = 6\,900$$
$$-5x = -120$$
$$x = 24$$
따라서 토요일에 일한 여학생 수는 24명이다.

316   이로 : 70 €, 알리사 : 32 €

317   안나 : 100 €, 올리 : 80 €, 밀라 : 40 €

318   a) 12   b) 14

319   a) 55   b) 48

심화학습   106 − 107p

320   1.618034

321   a) 1.6   b) 1.6   c) 1.42
비율은 거의 황금비율과 동일하다.

322   비율은 거의 황금비율과 동일하다.

심화학습   108 − 109p

323   a) 37.31 €   b) 71.56 €

324   소냐 : 29.85 €, 센니 : 22.40 €

325   칼레 : 28.64 €, 욘네 : 23.86 €

326   a) 1, 1, 2, 3, 5, 8, 13, 21, 34, 55
     b) $\dfrac{1}{1} = 1$, $\dfrac{2}{1} = 2$, $\dfrac{3}{2} = 1.5$, $\dfrac{5}{3} ≒ 1.667$, $\dfrac{8}{5} = 1.6$,
     $\dfrac{13}{8} = 1.625$, $\dfrac{21}{13} ≒ 1.615$, $\dfrac{34}{21} ≒ 1.619$, $\dfrac{55}{34} ≒ 1.618$

327   a)

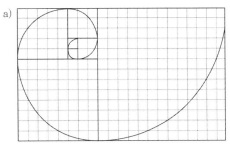

328   황금비율과 거의 동일한 1.6이다.

심화학습   110 − 111p

329

a) $x = 4$	W	d) $x = 3$	G
b) $x = 5$	R	e) $x = 0$	H
c) $x = -3$	I	f) $x = -2$	T

<WRIGHT> 라이트, 미국의 비행기 제작자

330   140초

331   300

332 $\dfrac{12}{x-2} = \dfrac{4}{x+2}$, $x = -4$

333 a) 28, 35   b) 12, 48

334 로사 : 9살, 헨니 : 12살

335 7.5 cm, 10 cm

336 a) 2 : 3   b) 4 : 9

337 a) 붉은 황토 : 8.0 kg, 호밀가루 : 4.5 kg, 황산철 : 2.0 kg
     b) 붉은 황토 : 12 kg, 호밀가루 : 6.75 kg, 황산철 : 3.0 kg
     c) 붉은 황토 : 40 kg, 호밀가루 : 22.5 kg, 황산철 : 10 kg

338 $\dfrac{5}{5+11+20} \cdot 180° = \dfrac{5}{36} \cdot 180° = 25°$

$\dfrac{11}{5+11+20} \cdot 180° = \dfrac{11}{36} \cdot 180° = 55°$

$\dfrac{20}{5+11+20} \cdot 180° = \dfrac{20}{36} \cdot 180° = 100°$

339 • 타이스토 : $\dfrac{1\,801}{1\,801+1\,354} \cdot 615 = \dfrac{1\,801}{3\,155} \cdot 615$
                      $= 351.066\cdots ≒ 351.07(€)$

   • 이르멜리 : $\dfrac{1\,354}{1\,801+1\,354} \cdot 615 = \dfrac{1\,354}{3\,155} \cdot 615$
                      $= 263.933\cdots ≒ 263.93(€)$

   타이토스 : 351.07 €, 이르멜리 : 263.93 €

심화학습   112−113p

340 a) $x = \dfrac{3}{2} = 1\dfrac{1}{2}$ 또는 $x = -\dfrac{3}{2} = -1\dfrac{1}{2}$

     b) $x = \dfrac{5}{3} = 1\dfrac{2}{3}$ 또는 $x = -\dfrac{5}{3} = -1\dfrac{2}{3}$

     c) $x = \dfrac{7}{4} = 1\dfrac{3}{4}$ 또는 $x = -\dfrac{7}{4} = -1\dfrac{3}{4}$

     d) $x = \dfrac{9}{5} = 1\dfrac{4}{5}$ 또는 $x = -\dfrac{9}{5} = -1\dfrac{4}{5}$

341 a) $x^2 = \dfrac{4}{5} \cdot 7\dfrac{1}{5}$

       $x = \dfrac{12}{5} = 2\dfrac{2}{5}$ 또는 $x = -\dfrac{12}{5} = -2\dfrac{2}{5}$

     b) $x^2 + 1 = 1\dfrac{1}{4} \cdot 2\dfrac{5}{16}$

       $x = \dfrac{11}{8} = 1\dfrac{3}{8}$ 또는 $x = -\dfrac{11}{8} = -1\dfrac{3}{8}$

342

a) $x = 7$ 또는 $x = -7$	Y
b) $x = 9$ 또는 $x = -9$	A
c) $x = 0$	S
d) $x = 2$ 또는 $x = -2$	M
e) $x = 8$ 또는 $x = -8$	A
f) $x = 12$ 또는 $x = -12$	R

〈RAMSAY〉 램지, 영국의 화학자

343 왼쪽 사각형의 두 변의 길이 : 12, 4
     오른쪽 사각형의 두 변의 길이 : 8, 6

344 a) 속도가 40 km/h일 때 반응거리는 11 m이고 반응거리는 속도에 비례하므로
       $11 : x = 40 : 60$
       $40x = 660$
       $x = 16.5$
       따라서 속도가 60 km/h일 때 반응거리는 16.5 m이다.
       속도가 40 km/h일 때 제동거리는 8 m이고 제동거리는 속도의 제곱에 비례하므로
       $8 : x = 40^2 : 60^2$
       $1\,600x = 28\,800$
       $x = 18$
       따라서 속도가 60 km/h일 때 제동거리는 18 m이다.
       그러므로 속도가 60 km/h일 때 정지거리는
       $16.5 + 18 = 34.5$, 약 35 m이다.

     a) 속도가 40 km/h일 때 반응거리는 11 m이고 반응거리는 속도에 비례하므로
       $11 : x = 40 : 100$
       $40x = 1\,100$
       $x = 27.5$
       따라서 속도가 100 km/h일 때 반응거리는 27.5 m이다.
       속도가 40 km/h일 때 제동거리는 8 m이고 제동거리는 속도의 제곱에 비례하므로
       $8 : x = 40^2 : 100^2$
       $1\,600x = 80\,000$
       $x = 50$
       따라서 속도가 100 km/h일 때 제동거리는 50 m이다.
       그러므로 속도가 100 km/h일 때 정지거리는
       $27.5 + 50 = 77.5$, 약 78 m이다.

345 a) 제동거리는 속도의 제곱에 비례하므로
       제동거리가 60 m일 때의 속도를 x라고 하면
       $40^2 : x^2 = 8 : 60$
       $8x^2 = 96\,000$
       $x^2 = 12\,000$
       $x = 109.5\cdots$
       따라서 약 110 km/h

     a) 제동거리는 속도의 제곱에 비례하므로
       제동거리가 100 m일 때의 속도를 x라고 하면
       $40^2 : x^2 = 8 : 100$
       $8x^2 = 160\,000$
       $x^2 = 20\,000$
       $x = 141.4\cdots$
       따라서 약 140 km/h

346 a) 66 m   b) 95 m

347 a) 87 km/h   b) 135 km/h

348 a) $2x-6=0$ b) $x^2=9$ c) $x^2=-9$

349 a) 예 : $5x=10$, $-3x=-6$

b) 예 : $10x^2=40$, $\dfrac{x^2}{4}=1$

c) 예 : $x^2=-40$, $x=x+1$

350 a) $x=\dfrac{6}{7}$ 또는 $x=-\dfrac{6}{7}$

b) $x=\dfrac{9}{10}$ 또는 $x=-\dfrac{9}{10}$

c) $x=\dfrac{8}{3}=2\dfrac{2}{3}$ 또는 $x=-\dfrac{8}{3}=-2\dfrac{2}{3}$

d) $x=\dfrac{12}{5}=2\dfrac{2}{5}$ 또는 $x=-\dfrac{12}{5}=-2\dfrac{2}{5}$

351 a) 6 cm 더 길어져야 한다.
b) 4 cm 더 짧아져야 한다.

352 5 cm

353 a) $x=0$ 또는 $x=-9$ b) $x=0$ 또는 $x=11$
c) $x=0$ 또는 $x=-13$ d) $x=0$ 또는 $x=17$

354 a) $x=0$ 또는 $x=4$ b) $x=0$ 또는 $x=6$
c) $x=0$ 또는 $x=-5$ d) $x=0$ 또는 $x=-7$

355 a) $x=0$ 또는 $x=\dfrac{1}{4}$ b) $x=0$ 또는 $x=-\dfrac{1}{3}$

c) $x=0$ 또는 $x=\dfrac{1}{8}$ d) $x=0$ 또는 $x=\dfrac{1}{7}$

356 B와 G, C와 I, D와 H와 J

357 a) 거짓   b) 참   c) 참
d) 거짓   e) 참   f) 거짓

358 a) 닮은 삼각형이다.
b) $\overline{DF}$ c) $\overline{EF}$

359 a) 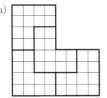   b)

360 a) 8   b) 38

361 a)   b)

c)   d)

362 a) a) 8칸   b) 18칸   c) 32칸   d) 98칸
b) a) 4배   b) 9배   c) 16배   d) 49배

363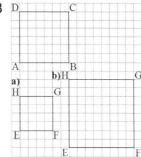

364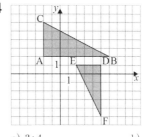

a) $3:4$ b) $4:3$

365 $5:3$

366 $x=\overline{BC}$, $y=\overline{DF}$

367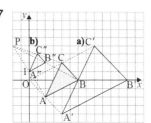

368

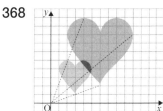

심화학습 128−129p

369 a) 가로의 길이 : 26.8 m, 세로의 길이 : 11.8 m,
넓이 : 316 m²

b) 가로의 길이 : 5.8 m, 세로의 길이 : 11.4 m,
넓이 : 66 m²

c) 16 m²

d) 가로의 길이 : 3.4 m, 세로의 길이 : 2.4 m

370 a) 3.0 m, 2.2 m   b) 2.7 m

371

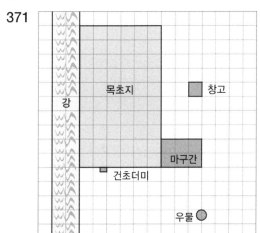

한 칸 = 5 m

심화학습 130−131p

372 a) $x ≒ 6.4$ cm, $y ≒ 2.4$ cm
b) $x ≒ 5.9$ cm, $y ≒ 7.9$ cm

373 a) $\overline{AF}=6$ b) $\overline{AB}=8$

374 a)

b)

375 $\dfrac{\overline{AB}}{\overline{DE}}=\dfrac{40\ \text{cm}}{32\ \text{cm}}=\dfrac{5}{4}$, $\dfrac{\overline{AC}}{\overline{DF}}=\dfrac{30\ \text{cm}}{24\ \text{cm}}=\dfrac{5}{4}$

$\dfrac{\overline{BC}}{\overline{EF}}=\dfrac{15\ \text{cm}}{12\ \text{cm}}=\dfrac{5}{4}$

대응변들의 길이의 비율이 같으므로 두 삼각형은 서로 닮은 삼각형이다.

376 $\dfrac{\overline{AB}}{\overline{DE}}=\dfrac{\overline{AC}}{\overline{DF}}=\dfrac{\overline{BC}}{\overline{EF}}=\dfrac{2}{1}$

대응변들의 길이의 비율이 같으므로 두 삼각형은 서로 닮은 삼각형이다.

377 a) 닮은 삼각형이 아니다.
b) 닮은 삼각형이다.

심화학습 132−133p

378 a) ∠C는 공통, ∠A=∠D(동위각), ∠B=∠E(동위각)으로 대응하는 세 각의 크기가 같으므로 두 삼각형은 서로 닮은 삼각형이다.

b)

삼각형	대응변		
ABC	AB	BC	AC
DEC	DE	EC	DC

379 a) a) ∠C는 맞꼭지각, ∠A=∠D(엇각), ∠B=∠E(엇각)으로 대응하는 세 각의 크기가 같으므로 두 삼각형은 닮은 삼각형이다.

b)

삼각형	대응변		
DEC	DE	EC	DC
ABC	AB	BC	AC

380 a) $x=74$ cm   b) $y=41$ cm

381 $\overline{CE}≒0.92$ cm

382 $\overline{BC}=11$ cm

383 팔의 길이와 막대 길이의 비가 1:1이므로 서 있는 자리에서 대상까지의 거리는 대상의 높이와 같다.

심화학습 134−135p

385 a) 12 m   b) 18.0 m

386 $\overline{CF}≒8.6$ cm

387 a) $\overline{CD}=2.5$ cm   b) $\overline{AC}=8.6$ cm

388 a) 세 삼각형의 세 각의 크기가 90°, 35°, 55°로 같다.

b)

삼각형	대응변		
ABC	AB	BC	AC
ACD	AC	CD	AD
CBD	CB	BD	CD

389 a) $\overline{AD} = 288$ cm, $\overline{BD} = 50.0$ cm

b) 삼각형 ABC : 203 dm²
삼각형 DBC : 30.0 dm²,
삼각형 ADC : 173 dm²

390 $\overline{AD} = 5.0$ cm, $\overline{DE} \fallingdotseq 3.8$ cm, $\overline{AE} \fallingdotseq 6.3$ cm

심화학습   136 – 137p

391 a) $a = 24$ mm, $b = 32$ mm, $c = 40$ mm

b) $40^2 = 1\,600$, $24^2 + 32^2 = 576 + 1\,024 = 1\,600$
직각삼각형이다.

392 a)

m	n	$a = 2mn$	$b = m^2 - n^2$	$c = m^2 + n^2$
6	5	60	11	61
11	8	176	57	185
8	2	32	60	68

b) $60^2 + 11^2 = 3\,600 + 121 = 3\,721$, $61^2 = 3\,721$
$176^2 + 57^2 = 30\,976 + 3\,249 = 34\,225$, $185^2 = 34\,225$
$32^2 + 60^2 = 1\,024 + 3\,600 = 4\,624$, $68^2 = 4\,624$

c) 예 : $m = 2$, $n = 1$일 때, $a = 4$, $b = 3$, $c = 5$
$m = 3$, $n = 2$일 때, $a = 12$, $b = 5$, $c = 13$

393 a) 10 m, 24 m   b) 676 m²   c) 26 m

394 a) 12 m, 16 m   b) 400 m²   c) 20 m

395 ① 왼쪽 정사각형의 크기와 오른쪽 정사각형의 크기는
$(a+b)^2$으로 같다.
② (왼쪽 정사각형의 각 도형의 크기의 합)
$= 4\left(\dfrac{1}{2}ab\right) + c^2$
③ (오른쪽 정사각형의 각 도형의 크기의 합)
$= 4\left(\dfrac{1}{2}ab\right) + a^2 + b^2$
①에 의해 ②와 ③은 같다.
$4\left(\dfrac{1}{2}ab\right) + c^2 = 4\left(\dfrac{1}{2}ab\right) + a^2 + b^2$
따라서 $c^2 = a^2 + b^2$이다.

심화학습   138 – 139p

396 a) 출발점에서 오두막까지의 거리 x는 $2^2 + 3^2 = x^2$이
므로 $x = \sqrt{13} \fallingdotseq 3.6$(km)

b) 마지막 지점에서 출발점까지의 거리는
$\sqrt{1^2 + 3^2} = \sqrt{10} \fallingdotseq 3.2$ 이므로
트레킹한 거리는 $2 + 3 + 1 + 3.2 = 9.2$(km)

397 13시까지 서쪽으로 20 km, 북쪽으로 15 km이므로
$20^2 + 15^2 = x^2$이므로 둘 사이의 거리 $x = 25$(km)이다.

398 a) 6.1 cm   b) 7.8 cm   c) 5.0 cm

399 a) 23.4 cm   b) 18.0 cm

400 a) 보라색 정사각형 : 8칸, 회색 정사각형 10칸
b) 25%   c) 20%

401 a) 16인치   b) 27인치

402 a) 28인치   b) 32인치

심화학습   140 – 141p

403 25 m

404 a) 14 cm²   b) 11 m²

405 15 m

406 a) 4.9 m   b) 2.6 m

407 a) 11.3 cm   b) 42 m

심화학습   144 – 145p

408 (침대의 대각선의 길이) $= \sqrt{2^2 + (0.9)^2} \fallingdotseq 2.2$(m)
대각선의 길이가 약 2.2 m로 벽의 길이 2.3 m보다 작으
므로 옮길 수 있다.

409 a) 8.66 cm   b) 43.3 cm²   c) 260 cm²

410 9.3 m

411 55.1 m²

412 외벽 정사각형의 한 변의 길이를 A라고 하면
$A^2 + A^2 = 17.5^2$ 이므로 $A \fallingdotseq 12.4$(m)
내부 정사각형의 길이를 x라고 하면
$x = A - 6 = 12.4 - 6 = 6.4$이므로 내부 정사각형의 넓이는
$6.4^2 = 40.96 \fallingdotseq 41$(m²)

413 2.9 m

414 a) 56 m, 60 m   b) 44 m   c) 1 700 m²

심화학습   150－151p

415 2 800번

416 a) 바퀴의 외지름의 길이 : 66 ㎝
　　　바퀴의 높이 : 4.1 ㎝
　　　겉 바퀴의 두께 : 4.4 ㎝
　　b) 210 ㎝
　　c) 1 200번

417 a) 13 ㎝   b) 170 ㎝²

418 a) $6\pi \fallingdotseq 18.8$ b) $6\pi \fallingdotseq 18.8$
　　c) 서로 같다.

419 19 m

420 2π m $\fallingdotseq 6.3$ m

421 a) 40 100 km   b) 10 900 km   c) 267%

422 지구의 반지름의 길이를 r 이라고 하면 지면으로부터
　　1미터 높이일 때의 반지름의 길이는 $r+1$ 이다.
　　줄의 길이의 차이를 구하면
　　$2\pi(r+1)-2\pi r=2\pi$
　　따라서 $2\pi=6.28\cdots$ 약 6.3 m만큼 길어진다.

423 2 415 000 km

심화학습   152－153p

424 a) 10 ㎝²   b) 20 ㎝²

425 a) 201 ㎝²   b) 402 ㎝²

426 정사각형의 넓이가 400 m²이므로 정사각형의 한 변의
　　길이는 20 m이다.
　　따라서 정사각형의 둘레의 길이는 80 m이다.
　　둘레의 길이가 80 m인 원의 반지름을 r 이라고 하면
　　$2\pi r=80$
　　$r=\dfrac{80}{2\pi}=12.73\cdots$ (m)
　　따라서 원의 넓이는 $\pi r^2=509.2\cdots$ (m²)$=5.092\cdots$ (a)
　　이다.
　　원의 넓이 : 약 51 a

427 a) 31   b) 31   c) 31
　　d) 색칠한 부분의 넓이는 모두 같다.

428

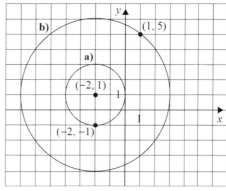

　　a) 12.6칸
　　b) (−2, 1)에서 (1, 5)까지의 거리는
　　　$\sqrt{(1-(-2))^2+(5-1)^2}=\sqrt{3^2+4^2}$
　　　　　　　　　　　　　　$=\sqrt{25}=5$이므로
　　　원의 넓이는 $\pi \cdot 5^2=78.53\cdots$
　　　따라서 약 78.5칸

429 a) 반지름의 길이가 1년에 0.15 cm씩 늘어나므로
　　　$\dfrac{13.65^2 \cdot \pi-13.5^2 \cdot \pi}{13.5^2 \cdot \pi}=\dfrac{13.65^2-13.5^2}{13.5^2}$
　　　　　　　　　　　　　　$=\dfrac{186.3225-182.25}{182.25}$
　　　　　　　　　　　　　　$=\dfrac{4.0725}{182.25}$
　　　　　　　　　　　　　　$=0.0223\cdots$
　　　따라서 단면의 넓이는 약 2.2%씩 자란다.
　　b) 반지름의 길이가 1년에 0.15 cm씩 늘어나므로
　　　$\dfrac{2 \cdot 13.65 \cdot \pi-2 \cdot 13.5 \cdot \pi}{2 \cdot 13.5 \cdot \pi}=\dfrac{13.65-13.5}{13.5}$
　　　　　　　　　　　　　　$=\dfrac{0.15}{13.5}$
　　　　　　　　　　　　　　$=0.0111\cdots$
　　　따라서 약 1.1%씩 자란다.

430 14.0 cm

431 a) 4.1 ㎝   b) 56 ㎝

심화학습   154－155p

432 7.07 ㎝

433 a) 둘레의 길이 : 33 ㎝, 넓이 : 66 ㎝²
　　b) 둘레의 길이 : 62 ㎝, 넓이 : 230 ㎝²

434 a) 큰 원의 지름의 길이가 $90+40=130$이므로

큰 원의 반지름의 길이는 $\dfrac{130}{2}=65$이다.

b) 큰 원과 작은 원의 중심 사이의 거리는

$90-65=25$이므로

정사각형의 한 변의 길이를 x라고 하면

피타고라스 정리에 의하여

$25^2+x^2=65^2$

$x^2=65^2-25^2=3\,600$

따라서 정사각형의 한 변의 길이는 60이고

정사각형의 넓이와 직사각형의 넓이는 $3\,600$으로 서

로 같다.

435 a) $\dfrac{25\pi}{2}≒39.3$ b) $\dfrac{25\pi}{2}≒39.3$ c) 두 넓이가 같다.

436 (색칠한 부분의 넓이의 합)

$=\dfrac{\pi\cdot3^2}{2}+\dfrac{\pi\cdot4^2}{2}+\dfrac{6\cdot8}{2}-\dfrac{\pi\cdot5^2}{2}=24$

(직각삼각형의 넓이)

$=(6\cdot8)\div2=24$

437 a) (사분원의 넓이)$=\dfrac{16\pi}{4}=4\pi$

(밑변과 높이에 그린 반원들의 넓이의 합)

$=2\left(\dfrac{1}{2}\cdot2^2\cdot\pi\right)=4\pi$

b) 4π

c) (색칠한 부분의 넓이)

$=$(빗변에 그린 반원의 넓이)

$\quad-\{$(사분원의 넓이)$-$(삼각형의 넓이)$\}$

$=4\pi-\left(\dfrac{1}{4}\cdot4^2\pi-\dfrac{1}{2}\cdot4\cdot4\right)=4\pi-(4\pi-8)=8$

심화학습   156－157p

438 a) $131°$ b) $15°$ c) $90°$

439 a) $\alpha=2\cdot63°=126°$

$\alpha+\beta=180°,\ \ \beta=180°-\alpha=180°-126°=54°$

b) $\alpha+265°=360°,\ \ \alpha=95°$

$\beta=180°-\alpha=180°-95°=85°$

440 a) $10°$ b) $138°$ c) $60°$

441 a) $\angle OKP=180°$이므로, 같은 호에 대한 원주각

$\angle OAP=90°$이다.

b) 직선 s는 점 A에서 색칠한 원과 한 점에서 만나고

$\angle OAP=90°$이므로 직선 s는 색칠한 원의 탄젠트이다.

442

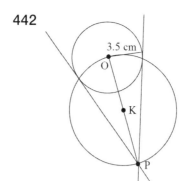

심화학습   158－159p

443 $r=\sqrt{\dfrac{8\cdot157}{\pi}}≒20\,(\text{cm})$

444 a) $180°$ b) $35°$

445 a) $2\,680\ \text{cm}$ b) $143\ \text{cm}$

446

좋아하는 학습과목	학생 수(%)	각
모국어	21.4	$77°$
역사	14.3	$51°$
지리	35.7	$129°$
영어	28.6	$103°$

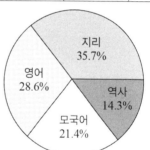

심화학습   160－161p

447 a) $16\ \text{cm}^2$ b) $12\ \text{cm}^2$ c) $4\ \text{cm}^2$

448 a) $21\ \text{cm}^2$ b) $14\ \text{cm}^2$

449 a) $70\ \text{cm}$ b) $190\ \text{cm}$ c) $92\ \text{dm}^2$

450 a) 0.86칸   b) 0.86칸   c) 2.3칸   d) 2칸

451 아이스하키 경기장의 모양은 다음과 같다.

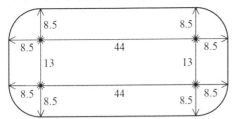

따라서 경기장의 둘레의 길이는

$4 \cdot 2\pi \cdot 8.5 \cdot \dfrac{1}{4} + 2 \cdot 44 + 2 \cdot 13 = 53.4 \cdots + 88 + 26 = 167.4 \cdots$

따라서 약 170 m이다.

452 부채꼴의 각의 크기를 모르므로 정확한 넓이를 구할 수 없다. 부채꼴의 모양이 삼각형에 가까우므로 삼각형의 넓이를 구하는 공식을 이용하여 대강의 크기를 계산할 수 있다.

$\dfrac{1}{2} \cdot 98 \cdot 45 = 49 \cdot 45 = 2\,205\,(\text{m}^2) = 22.05\,(\text{a})$

따라서 약 22 a이다.

453 a) 20 cm²   b) 21%

001 a) $\dfrac{3}{4} = 0.75 = 75\%$ b) $\dfrac{1}{5} = 0.2 = 20\%$

c) $\dfrac{1}{2} = 0.5 = 50\%$ d) $\dfrac{9}{10} = 0.9 = 90\%$

002

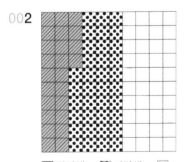

🔲 빨간색   🔳 파란색   ⬜

색칠하지 않은 부분 : 40%

003

분수	소수	백분율
$\dfrac{1}{4}$	0.25	25%
$\dfrac{1}{5}$	0.2	20%
$\dfrac{11}{20}$	0.55	55%
$\dfrac{1}{8}$	0.125	12.5%
$\dfrac{5}{2}$	2.5	250%

004 1.7%

005 a) 22%   b) 38% 더 많이 들어 있다.

006 a) 0.48   b) 17%

007 a) 40%   b) 75%   c) 30%   d) 88%

008 a) 15%   b) 20%   c) 75%

009 a) 51.8%   b) 48.2%
c) 3.58% 차로 이겼다.

010 a) 63.6%   b) 20.4%

011 a) 80   b) 48   c) 36

012 a) 12   b) 12   c) 175   d) 66

013 a) 63 g   b) 7 g

014 a) 92.1%   b) 30 296 500

015 a) 1 384명   b) 24 867명   c) 1 203명

016 a) 450   b) 360

017 a) 30   b) 60   c) 0.6

018 a) 400   b) 60   c) 320   d) 122

019 a) 16 500 ÷ 0.244 ≒ 67 623
b) (16 500 ÷ 0.244) × 0.756 ≒ 51 123

020 a) 3 ÷ 0.12 = 25   b) 25 × 0.16 = 4
c) 25 × 0.24 = 6

021　a) 134　　　　　　　　b) 123

022　a) 41%　　b) 18%　　c) 16%　　d) 24%

023　a) 0.85% 더 많이 선택했다.
　　　b) 1.7%

024　$117 \times 0.368 ≒ 43$, $(37+23)-43=17$

025　$\dfrac{10}{0.28} \times 0.72 ≒ 26$

026　a) 60%　　　　b) 75%　　　　c) 80%

027　a) 15%　　b) 46%　　c) 28%　　d) 140%

028　a) 25%　　　　b) 50%　　　　c) 100%

029　a) 28.41%　　　　　b) 14.11%

030　a) 59.44%　　b) 37.28%　　c) 86.48%

031　a) 25%　　　　b) 20%　　　　c) 15%

032　a) 4%　　　　　b) 6%

033　바지 25%, 헬멧 40%, 안장 18%, 굴레 10%

034　a) 20% 오른다.　　　　b) 40% 내린다.
　　　c) 50% 오른다.　　　　d) 42% 내린다.

035　a) 29% 올랐다.　　　　b) 11% 내렸다.
　　　c) 40% 올랐다.　　　　d) 26% 내렸다.

036　a) 11 €　　　　b) 12 €　　　　c) 13 €

037　만화책 : 2.15 €, 사탕 : 2.50 €, 아이스크림 : 2.80 €,
　　　팝콘 : 1.60 €

038　a) 1.4　　b) 0.9　　c) 1.03　　d) 0.97

039　B 가게에서 사는 것이 4.30 € 더 싸다.

040　a) 31.48 €　　　　b) 2.52 €

041　a) 25　　　　b) 0.3　　　　c) 0.008

042　a) 5‰　　　　　b) 25‰

043

장신구의 무게	장신구의 금 함유율 (‰)		
	375	585	750
10.0 g	3.75 g	5.85 g	7.50 g
25.0 g	9.38 g	14.6 g	18.8 g

044　a) 254.8 g　　b) 116.025 g　　c) 84.175 g

045　714 kg

046　a) 94.50 €　　　　　b) 540.00 €

047　a) 4 800.00 €　　b) 400.00 €　　c) 13.33 €

048　a) 57.29 €　　　　　b) 68.75 €

049　a) (연간 이자)
　　　　$= 3\,700 \cdot 0.0225 = 83.25$ €
　　　(이자의 원천세)
　　　　$= 3\,700 \cdot 0.0225 \times 0.28 = 23.31 ≒ 23.30$
　　　문제에서 소수점 아래 둘째자리에서 버리라고 한 것
　　　에 유의한다.
　　　(총액)$= 3\,700 + 83.25 - 23.30 = 3759.95$ €
　　　b) $3\,700 + \left(\dfrac{3\,700 \cdot 0.0225}{2}\right) - \left\{\left(\dfrac{3\,700 \cdot 0.0225}{2}\right) \cdot 0.28\right\}$
　　　　$≒ 3\,700 + 41.63 - 11.6 ≒ 3\,730.03$ €
　　　c) $3\,700 + \left(\dfrac{3\,700 \cdot 0.0225}{4}\right) - \left\{\left(\dfrac{3\,700 \cdot 0.0225}{4}\right) \cdot 0.28\right\}$
　　　　$≒ 3\,700 + 20.81 - 5.8 ≒ 3715.01$ €

050　$4060 \div 1.015 = 4\,000$ €

051

식	5^8	0^7	0.07^3	x^2	$\left(\dfrac{7}{10}\right)^5$
밑	5	0	0.07	x	$\dfrac{7}{10}$
지수	8	7	3	2	5

052　a) $8 \cdot 8 = 64$　　　　　b) $2 \cdot 2 \cdot 2 = 8$
　　　c) $10 \cdot 10 = 100$　　　d) $3 \cdot 3 \cdot 3 = 27$
　　　e) $7 \cdot 7 = 49$　　　　　f) $1 \cdot 1 \cdot 1 \cdot 1 = 1$

053 a) $5^2 = 25$ b) $0.2^2 = 0.04$
c) $9^3 = 729$ d) $400^2 = 160\,000$

054

a) 25	A	c) 13	T	e) 18	I
b) 11	L	d) 36	A	f) 12	R

〈ALTAIR〉 알타이르, 견우성(독수리자리에서 가장 밝은 별)

055 a) $3\,600$ b) 0.00001 c) 0.0001
d) $\dfrac{1}{36}$ e) $\dfrac{8}{27}$ f) $2\dfrac{7}{9}$

숙제 36–37p

056 a) 64 b) 64 c) -64

057 a) 49 b) -1 c) -1
d) $-8\,100$ e) $-27\,000$ f) $10\,000$

058 a) -28 b) 8 c) 4 d) -64

059 a) $(17-21)^3 = (-4)^3 = -64$
b) $(-2)^3 + (-3)^3 = -8 + (-27) = -35$
c) $(-40 - (-20))^2 = (-40 + 20)^2 = (-20)^2 = 400$

060 a) $x = -3$ b) $x = 1$
c) $x = -100$ d) $x = -0.2$

답 : 16과 4

숙제 38–39p

061 a) $(2\,\mathrm{m})^2 = 4\,\mathrm{m}^2$ b) $(7\,\mathrm{cm})^2 = 49\,\mathrm{cm}^2$
c) $(12x)^2 = 144x^2$

062 a) $16a^2$ b) $81a^2$ c) $25a^2$
d) $36a^2$ e) $1\,000a^3$ f) $-8a^3$

063 a) $(5 \cdot 2)^5 = 10^5 = 100\,000$
b) $(0.25 \cdot 4)^8 = 1^8 = 1$
c) $(5 \cdot 20)^2 = 100^2 = 10\,000$

064 a) $1\,000$ b) $-a^3$ c) $27a^3$
d) -5 e) $-2a$ f) $3a$

065 a) 4 또는 -4 b) 3 또는 -3 c) 20 또는 -20
d) 2와 2, -2와 -2, 1과 4, -1과 -4

숙제 40–41p

066 a) $\dfrac{9}{16}$ b) $\dfrac{1}{9}$

067

a) $\dfrac{1}{8}$	S	d) $\dfrac{25}{36}$	V	g) $\dfrac{1}{100}$	O
b) $\dfrac{81}{100}$	U	e) $\dfrac{25}{64}$	E	h) $\dfrac{1}{2}$	R
c) $\dfrac{9}{49}$	R	f) $\dfrac{4}{9}$	Y		

<SURVEYOR> 서베이어, 미국의 달 탐사선의 이름

068 a) $\dfrac{a^2}{9}$ b) $\dfrac{25a^2}{36}$ c) $\dfrac{a^4}{16}$

069 a) $-\dfrac{27}{64}$ b) $1\dfrac{32}{49}$ c) $\dfrac{25a^2b^2}{81}$

070 a) 5 또는 -5 b) 12 또는 -12
c) 2 또는 -2 d) 6

숙제 42–43p

071 2와 2^7

072 a) a^7 b) a^{11} c) a^{12}
d) a^{13} e) a^8 f) a^{11}

073 a) $2^5 = 32$ b) $(-1)^9 = -1$
c) $(-5)^3 = -125$ d) $(-10)^6 = 1\,000\,000$

074
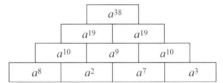

075 a) $160\,000$ b) 100
c) 625 d) $\dfrac{1}{144}$

숙제 44–45p

076 a) $2^3 = 8$ b) $4^2 = 16$ c) $6^2 = 36$

077 a) $9^2 = 81$ b) $3^3 = 27$ c) $(-2)^2 = 4$

078

입력	$\div a^4$	출력
a^7	▶	a^3
a^8	▶	a^4
a^{12}	▶	a^8
a^{14}	▶	a^{10}
a^6	▶	a^2
a^5	▶	a

079

a) a^6	R	d) a^8	U	g) a^7	M
b) a	A	e) a^9	S	h) a^4	U
c) a^3	P	f) a^2	U		

〈RAPUSUMU〉라푸수무, 핀란드어로 '게 성운'이라는 뜻

080 a) 10 또는 -10 b) -2

46-47p

081 a) a^{14} b) a^{36} c) a^{20}

082 a) $10^6 = 1\,000\,000$ b) $2^6 = 64$
c) $2^6 = 64$

083 a) a^{18} b) a^{40} c) a^{20} d) a^{15}

084 a) $16a^{20}$ b) $-100\,000a^{45}$
c) $\dfrac{a^{12}}{9}$ d) $\dfrac{10\,000}{a^{28}}$

085 a) 12   b) 3   c) 8   d) 1

48-49p

086 a) 1   b) $\dfrac{1}{7}$ c) $\dfrac{1}{10}$
d) -1 e) $\dfrac{1}{64}$ f) 1

087 $2^{-3} = \dfrac{1}{2^3} = \dfrac{1}{8} = 0.125$

088 a) 10^{-1} b) 7^{-1}
c) 6^{-1} d) 4^{-1} 또는 2^{-2}

089 a) $3\dfrac{1}{2}$ b) 0   c) $\dfrac{1}{5}$

090 a) $7^0 = 1$ b) $5^{-2} = \dfrac{1}{25}$
c) $10^{-3} = \dfrac{1}{1\,000}$ d) $6^{-1} = \dfrac{1}{6}$
e) $\dfrac{1}{2^2} = \dfrac{1}{4}$ f) $10^6 = 1\,000\,000$

답 : 0 또는 100

52-53p

091

수	10의 거듭제곱의 꼴
20 000	$2 \cdot 10^4$
900 000	$9 \cdot 10^5$
5 500 000	$5.5 \cdot 10^6$
3 120 000 000	$3.12 \cdot 10^9$

092 a) $1\,390\,000\,000$ m $= 1.39 \cdot 10^9$ m
b) $5\,885\,000\,000\,000$ m $= 5.885 \cdot 10^{12}$ m

093 a) $6\,000$ Hz $= 6 \cdot 10^3$ Hz
b) $18\,000\,000$ Hz $= 1.8 \cdot 10^7$ Hz
c) $1\,010\,000\,000$ Hz $= 1.01 \cdot 10^9$ Hz

094 a) 5 Gs   b) 2.3 Ts

095 a) 18명/km^2 b) 73명/km^2
c) 2명/km^2 d) 470명/km^2

54-55p

096

무게	10의 제곱의 꼴	표시기호 꼴
0.0008 g	$8 \cdot 10^{-4}$ g	800 μg
0.000009 g	$9 \cdot 10^{-6}$ g	9 μg
0.000037 g	$3.7 \cdot 10^{-5}$ g	37 μg
0.000000014 g	$1.4 \cdot 10^{-8}$ g	14 ng

097 a) 0.0002 m   b) 0.00008 kg
c) 0.0000003 L

098 $0.025\,\mu$m $= 2.5 \cdot 10^{-8}$m $< 1.1 \cdot 10^{-2}$m
$< 2.5 \cdot 10^{-2}$ m $< 350 \cdot 10^{-3}$ m $= 3.5 \cdot 10^{-1}$ m
< 410 mm $= 4.1 \cdot 10^{-1}$ m < 12 dm $= 1.2$ m

099 a) -3 b) -1 c) -3

100 $1.5 \cdot 10^{13}$ g $= 15$ Tg

56-57p

101 a) 10   b) 5   c) 7
d) 음수는 제곱근이 없으므로 계산할 수 없다.
e) 100
f) 0

102
a) $\sqrt{81}=9$ b) $4^2=16$
c) $(-13)^2=169$ d) $\sqrt{169}=13$

103 a) 6.0 m b) 10 cm c) 60 km

104 $\sqrt{25}+\sqrt{9}+\sqrt{49}+\sqrt{64}+\sqrt{4}=25$,
$\sqrt{25}+\sqrt{1}+\sqrt{81}+\sqrt{64}+\sqrt{4}=25$

105 $16\,\mathrm{cm}^2$

 숙제   58−59p

106 a) $\dfrac{3}{4}$ b) $\dfrac{2}{5}$ c) $\dfrac{8}{9}$
d) 0.4 e) 0.6 f) 0.2

107 a) 2.83 b) 3.46
c) 7.42 d) 20.20

108 a) 3 b) 7 c) 5 d) 6

109 a) $\sqrt{53+28}=\sqrt{81}=9$ b) $\sqrt{53-28}=\sqrt{25}=5$

110 a) 2 b) 6 c) 6 d) 6

답 : 13과 17

숙제   66−67p

111 a) 20 b) 0 c) 40 d) $10x$

112 a) 함수 기계는 입력된 수에서 4를 뺀다.
b) 0 c) $x-4$ d) $2x-4$

113 a) -3 b) -1 c) 3

114 a) $3x+3x+x+2x+2x+x=12x$
b) $x+x+2x+x+2x+x+x+3x=12x$

115 a)

도형 4   도형 5

b)

도형	개수
1	1
2	3
3	5
4	7
5	9

c) $2n-1$ d) 199

숙제   68−69p

116 a) $2x$, 31, $-12x$, $2x^2$, $6y$, $-x^2$
b) $2x$와 $-12x$, $2x^2$과 $-x^2$

117

단항식	계수	차수
$21x$	21	1
y^2	1	2
$-x^3$	-1	3
$8x^4$	8	4

118 a) 2 b) $4x$ c) $4x^2$
d) -6 e) $-3x$ f) $-2x^2$

119 a) $4x^3$ b) $-x^2$ c) $9x$ d) 5

120 a) -24 b) 36 c) 4
d) 48 e) -16 f) 64

숙제   70−71p

121 a) $3+2=5$ b) $5x-3x=2x$
c) $6x^2-4x^2=2x^2$

122 a) $4-3=1$
□□□□ − □□□ = □
b) $x+2x=3x$

c) $4x^2-x^2=3x^2$
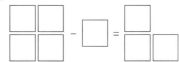

123

a) $-3x$	C	e) $-10x$	A
b) $-10x$	A	f) $3x^2$	N
c) $22x$	R	g) $12x$	O
d) $-10x^2$	D		

〈CARDANO〉 카르다노, 이탈리아의 수학자

124 a) $9x$ b) $3x^2$ c) $7x^3$ d) $-5x^3$

125 a) 예 : $-4x^3$과 $-5x^3$
b) 예 : $2x^3$과 x^3
c) $7x^6$과 $4x^6$

126 a) $12x$ b) $14x^2$ c) $40x^2$
d) $30x^4$ e) $22x^3$ e) $63x^3$

127 a) $-56x$ b) $-10x^3$ c) $8x^2$
d) $-8x^3$ e) $-60x^3$ f) $60x^3$

128

		$24x^7$		
	$-6x^4$		$-4x^3$	
$-3x^2$		$2x^2$		$-2x$
-3	x^2		2	$-x$

129 a) $x^2+(-5x^2)=-4x^2$
b) $x^2-(-5x^2)=6x^2$
c) $x^2 \cdot (-5x^2)=-5x^4$
d) $(x^2 \cdot (-5x^2))^3=(-5x^4)^3=-125x^{12}$

130 a) $2x \cdot 2x+8x \cdot 2x=4x^2+16x^2=20x^2$
b) $2x \cdot 7x+2x \cdot x+2x \cdot x=14x^2+2x^2+2x^2=18x^2$

131 a) $3x^2-x+2$ b) 2
c) $3x^2, -x, 2$ d) 2

132 a) $6x^3, 32, -93$ b) $2x^4+3, 1+x$
c) x^3+x-1, x^4-x^3+x

133

다항식	항의 개수	차수	상수
x^4+x^2-11	3개	4	-11
x	1개	1	없음
$5x+4$	2개	1	4

134 a) $12x+12$ b) $-5x^2+22$
c) x^2-x-1 d) $-x^3+x^2$

135 a) $-x^2+2x+9, 1$ b) $-2x^3+5x+21, 27$
c) $2x^4-3x^2-1, 19$

136 a) $3x+7$ b) $6x^2+3x+1$
c) $6x^2-2x-12$

137 a) $21x^2+23x+25$ b) $15x^2+14x+13$

138 a) $4x+(-x+1)=3x+1$
b) $3x+4+(3x-8)=6x-4$

139 a) $2x^2-x+1, 4$ b) $4x^2-3x+1, 8$
c) $-9x^3+x^2+8, 18$

140 $5x-3+(2x+4)+(5x-3)+(2x+4)=14x+2$
답 : $2x^2+3$과 x^2+1

141 a) $x+7$ b) $5x-1$
c) $-4x+4$ d) $13x-3$

142 a) $2x-7$ b) $-12x+1$
c) $-3x^2$ d) $-9x$

143 a) x b) $13x+4$
c) $2x^2+2x$ d) $-2x^2-2x-6$

144 a) $-4x, 48$ b) $-5x+1, 61$

145

$8x+9$	$x-8$	$-5x$	$2x-7$
	$7x+17$	$6x-8$	$-7x+7$
	$x+25$	$13x-15$	
	$-12x+40$		

146 a) $3x+4$ b) $-x+14$
c) 0 d) $-4x+4$

147 a) $2x-3+(-x+6)=x+3$
b) $2x-3-(-x+6)=3x-9$

148 $3x+3$

149 a) $12x^2-29x-9$ b) $x-11$
c) $20x+16$ d) $-3x^2+2$

150 a) $x^2-x+9, 9.11$ b) $-3x^2+14, 13.97$

151 a) $2 \cdot 50+2 \cdot 8=100+16=116$
b) $-4 \cdot 25+(-4) \cdot 7=-100-28=-128$

152 a) $5x+15$ b) $3x+18$
c) $14x-70$ d) $-32x+88$

153 a) $-20x+12$ b) $-24x+36$
c) $45x^2+72$ d) $-8x^2-64$

154 a) $4(5x+2)=20x+8$ b) $9(7x+3)=63x+27$

155 a) $2y+3$ b) $5y-7$
c) $4y+3$

 숙제 84−85p

156 a) $4x^2+32x$ b) $12x^2+27x$
c) $12x^2+72x$ d) $3x^2+2x$

157

$\times$	$3x+1$	$4x-8$	$-x+5$
$2x$	$6x^2+2x$	$8x^2-16x$	$-2x^2+10x$
$7x$	$21x^2+7x$	$28x^2-56x$	$-7x^2+35x$

158 a) $3x(3x+6)=9x^2+18x$
b) $5x(9x+8)=45x^2+40x$

159

a) $-26x^2+6x$	K	d) $-32x^2-48x$	L
b) $-28x^2-8x$	E	e) $-28x^2-8x$	E
c) $-15x^3+5x^2$	P	f) $24x^3+9x^2$	R

⟨KEPLER⟩ 케플러, 독일의 천문학자

160 a) $4x$ b) $-3x$

 숙제 86−87p

161 a) $(5+6)\cdot(3+4)=11\cdot7=77$
b) $5\cdot3+5\cdot4+6\cdot3+6\cdot4=15+20+18+24=77$

162 a) $(x+1)(x+6)=x^2+7x+6$
b) $(x+5)(x+7)=x^2+12x+35$

163 a) $2x^2+7x+6$ b) $3x^2+20x+32$
c) x^2-36 d) $x^2-10x+25$

165 a) $2x+1$, $2x+2$ b) $2x+1$, $3x+2$

164 a) $8y+7+(7y-9)=15y-2$
b) $8y+7-(7y-9)=y+16$
c) $(8y+7)(7y-9)=56y^2-23y-63$

165 a) $2x+1$, $2x+2$ b) $2x+1$, $3x+2$

 숙제 88−89p

166 a) x^2 b) $7x$ c) $7x$
d) x^4 e) $16x^3$ f) $6x$

167

a) $5x+2$	Y	d) $-2x-3$	L
b) $x+3$	E	e) $x-2$	A
c) $2x-1$	L	f) $-2x+1$	H

⟨HALLEY⟩ 핼리, 영국의 천문학자

168 a) $x^2-3x+20$ b) $6x^2-3x-11$
c) $2x^2-5x+7$

169 a) $21x^2+3$ b) $42x^3-30x$
c) $160x^3-72x^2$

170 a) 5 b) $-x$ c) $7x$

 숙제 90−91p

171 a) $22x$ b) $10x$ c) $41x^2$
d) $8x^2$ e) $12x$ f) $2x+1$

172 a) $13x+20$ b) $12x^2-18x$

173 a) $7x-2$ b) $21x^2+18x$
c) $3x-4$ d) $3x^2-x$

174 a) $\dfrac{1}{2}\cdot6x\cdot6x+\dfrac{1}{2}\cdot12x\cdot12x=90x^2$

b) $\dfrac{1}{2}(4x+2)(4x+2)\cdot4=32x^2+32x+8$

175 5

 숙제 94−95p

176 a) 방정식의 근이다.
b) 방정식의 근이 아니다.
c) 방정식의 근이다.

177 a) $2x=6$, $x=3$ b) $3x+2=x+14$, $x=6$

178 a) $x=10$ b) $x=-5$
c) $x=-3$ d) $x=-1$

179 a) $x+3=9$, $x=6$ b) $x-7=16$, $x=23$
c) $10x=70$, $x=7$

180 a) 30 g b) 90 g

숙제 96−97p

181 a) $x=13$ b) $x=-31$ c) $x=-11$ d) $x=13$

182

a) $x=8$	V	e) $x=-2$	A
b) $x=4$	I	f) $x=3$	N
c) $x=7$	R	g) $x=-4$	E
d) $x=5$	T	h) $x=3$	N

⟨VIRTANEN⟩ 비르타넨, 핀란드의 생화학자

183 a) $x=11$ b) $x=-50$ c) $x=-15$ d) $x=13$

184 a) $7x = x + 48,\ x = 8$ b) $-10x = 72 - x,\ x = -8$

c) $2x = 1 - x,\ x = \dfrac{1}{3}$

185 a) $x = 0$ b) $x = -14$ c) $x = 3\dfrac{2}{3}$

숙제	98 – 99p

186 a) $x = 9$ b) $x = 23$ c) $x = 40$ d) $x = -12$

187 a) $x = 9$ b) $x = 7$

188 a) $x = 2$ b) $x = -9$

189 a) $7x + x = 32,\ x = 4$
유하의 나이 : 4살, 엄마의 나이 : 28살
b) $9x - x = 64,\ x = 8$
빌레의 나이 : 8살, 할아버지의 나이 : 72살
c) $x + 2x + 6x = 63,\ x = 7$
안나의 나이 : 7살, 민나의 나이 : 14살,
엄마의 나이 : 42살

190 마이야 : $3x - 22 = -1,\ x = 7$
티모 : $3x - 22 = 11,\ x = 11$

숙제	100 – 101p

191 a) $x = 4$ b) $x = 7$ c) $x = 2$ d) $x = 6$

192 a) $x = -2$ b) $x = -1$

193 a) $5x - 3 = 27,\ x = 6$ b) $3(x-1) = 15,\ x = 6$
c) $4(x+2) = 40,\ x = 8$

194 a) $x = 2$ b) $x = -5$ c) $x = 3$

195 a) 6살   b) 16살
c) 빌레의 나이 : 13살, 엄마의 나이 : 36살

숙제	102 – 103p

196

a) $x = 27$	C	d) $x = 14$	P
b) $x = 12$	O	e) $x = -12$	E
c) $x = 12$	O	f) $x = -10$	R

〈COOPER〉 쿠퍼, 영국의 외과 의사, 해부학자

197 a) $x = 24$ b) $x = 64$

198 a) $x = 6$ b) $x = 15$

199 a) $x = 19$ b) $x = -3$ c) $x = 9$ d) $x = 10$

200 a) $\dfrac{x}{4} - \dfrac{x}{5} = 10,\ x = 200$ b) $\dfrac{x}{3} + \dfrac{x}{6} = 20,\ x = 40$

c) $\dfrac{x}{5} - \dfrac{x}{7} = -2,\ x = -35$

숙제	104 – 105p

201 a) $4(x+6) = 68,\ x = 11$ b) $7(x-8) = 28,\ x = 12$

c) $\dfrac{x-12}{3} = 1,\ x = 15$

202 a) $x + (x+16) = 160,\ x = 72$
에투 : 72 km, 유호 : 88 km
b) $x + 5x = 30,\ x = 5$
퓌뤼 : 5 €, 카리 : 25 €

203 $x + (x-40) = 300,\ x = 170$
유시 : 170 €, 에로 : 130 €

204 $x + \dfrac{8}{100}x = 1.08x = 13.50,\ x = 12.50$

세전 가격 : 12.50 €

205 $13.50x + 16.00 \cdot (19 - x) = 274.00,\ x = 12$
청소년 : 12명, 어른 : 7명

숙제	106 – 107p

206 a) $\dfrac{7}{14} = \dfrac{1}{2} = 1 : 2$ b) $\dfrac{4}{20} = \dfrac{1}{5} = 1 : 5$

c) $\dfrac{21}{9} = \dfrac{7}{3} = 7 : 3$

207 a) $1 : 4$ b) $3 : 4$ c) $1 : 3$

208 a) 9 €, 24 €   b) 20 €, 35 €, 45 €

209 a) $\dfrac{15\,\text{L}}{50\,\text{dm}^3} = \dfrac{15\,\text{dm}^3}{50\,\text{dm}^3} = \dfrac{3}{10} = 0.3 = 3 : 10$

b) $\dfrac{40\,\text{g}}{0.2\,\text{kg}} = \dfrac{40\,\text{g}}{200\,\text{g}} = \dfrac{1}{5} = 0.2 = 1 : 5$

c) $\dfrac{27\,\text{dL}}{4.5\,\text{L}} = \dfrac{27\,\text{dL}}{45\,\text{dL}} = \dfrac{3}{5} = 0.6 = 3 : 5$

d) $\dfrac{1600\,\text{mL}}{2.0\,\text{L}} = \dfrac{1600\,\text{mL}}{2000\,\text{mL}} = \dfrac{4}{5} = 0.8 = 4 : 5$

210 a) 60%   b) 22%   c) 18%

숙제	108 – 109p

211 a) $x = 2$ b) $x = 4$ c) $x = 31$ d) $x = 2$

212 a) $x = 50$ b) $x = 1$ c) $x = 15$ d) $x = 10$

213 a) 참 　　　 b) 거짓 　　 c) 거짓 　　 d) 참

214 a) $\dfrac{x}{4}=\dfrac{100}{25}$, $x=16$ 　　 b) $\dfrac{3}{5}=\dfrac{x}{20}$, $x=12$

　　 c) $\dfrac{9}{3}=\dfrac{150}{x}$, $x=50$

215 $\dfrac{3}{4}=\dfrac{12}{16}$, $\dfrac{4}{3}=\dfrac{16}{12}$, $\dfrac{3}{12}=\dfrac{4}{16}$, $\dfrac{12}{3}=\dfrac{16}{4}$

숙제　　　　　　　　　　　　　110－111p

216 12 dL

217 a) 100 €와 120 € 　　　 b) 30 €와 36 €

　　 c) 50 €와 60 €

218 a) $x=4$ 　 b) $x=12$ 　 c) $x=1$ 　 d) $x=6$

219 a) 10 000, 14 000 　　 b) 1 000, 7 000, 16 000

　　 c) 4 000, 4 000, 16 000

220 a) 6 　　　　 b) 26

숙제　　　　　　　　　　　　　112－113p

221 a) $x=5$ 또는 $x=-5$ 　 b) $x=11$ 또는 $x=-11$

　　 c) $x=30$ 또는 $x=-30$ 　 d) $x=0$

222 a) $x=9$ 또는 $x=-9$ 　 b) $x=3$ 또는 $x=-3$

　　 c) $x=40$ 또는 $x=-40$ 　 d) 근이 없다.

223 a) $x^2=100$, $x=10$(또는 $x=-10$)

　　　정사각형의 한 변의 길이는 10 cm이다.

　　 b) $x^2=3\,600$, $x=60$(또는 $x=-60$)

　　　정사각형의 한 변의 길이는 60 cm이다.

224 a) $x=2$ 또는 $x=-2$ 　 b) $x=8$ 또는 $x=-8$

　　 c) $x=20$ 또는 $x=-20$ 　 d) $x=12$ 또는 $x=-12$

225 a) $x^2=169$, $x=13$ 또는 $x=-13$

　　 b) $x^2=\dfrac{16}{49}$, $x=\dfrac{4}{7}$ 또는 $x=-\dfrac{4}{7}$

　　 c) $x^2+25=250$, $x=15$ 또는 $x=-15$

숙제　　　　　　　　　　　　　114－115p

226 a) $x=10$ 또는 $x=-10$ 　 b) $x=5$ 또는 $x=-5$

　　 c) 근이 존재하지 않는다. 　 d) $x=3$ 또는 $x=-3$

227 a) $x=1$ 또는 $x=-1$ 　 b) $x=20$ 또는 $x=-20$

　　 c) $x=2$ 또는 $x=-2$ 　 d) 근이 존재하지 않는다.

228 a) $x=11$ 또는 $x=-11$ 　 b) $x=0$

　　 c) $x=30$ 또는 $x=-30$

229 a) 21 m, 28 m 　　 b) 32 m, 40 m

230 a) $\dfrac{1}{2}x^2=2$, $x=2$ 또는 $x=-2$

　　 b) $\dfrac{1}{9}x^2-9=0$, $x=9$ 또는 $x=-9$

　　 c) $\dfrac{1}{4}x^2-\dfrac{8}{9}=\dfrac{8}{9}$, $x=\dfrac{8}{3}=2\dfrac{2}{3}$ 또는 $x=-\dfrac{8}{3}=-2\dfrac{2}{3}$

숙제　　　　　　　　　　　　　124－125p

231 a)　　　　　　　　　　 b)

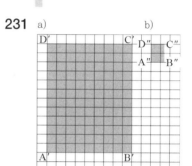

232 a)　　　　　　 b)

233 a)

대응점	대응각	대응변
A와 D	∠A와 ∠D	AB와 DE
B와 E	∠B와 ∠E	BC와 EF
C와 F	∠C와 ∠F	AC와 DF

b) 1.5

234

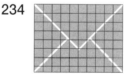

235 25

236

삼각형	각 변의 길이(mm)		
DEF	DE＝24	EF＝13	DF＝27
ABC	AB＝48	BC＝26	AC＝54

$$\frac{\overline{\mathrm{DE}}}{\overline{\mathrm{AB}}} = \frac{24\,\mathrm{mm}}{48\,\mathrm{mm}} = \frac{1}{2} = 1:2$$

$$\frac{\overline{\mathrm{EF}}}{\overline{\mathrm{BC}}} = \frac{13\,\mathrm{mm}}{26\,\mathrm{mm}} = \frac{1}{2} = 1:2$$

$$\frac{\overline{\mathrm{DF}}}{\overline{\mathrm{AC}}} = \frac{27\,\mathrm{mm}}{54\,\mathrm{mm}} = \frac{1}{2} = 1:2$$

237   a) $2:1$ b) $2:3$

238 $1:500$

239 $130:1$

240   a) $2:1$ b) $1:5$ c) $1:1$ d) $1:2$

241

지도상 거리	실제 거리
1 cm	2 km
2 cm	4 km
4 cm	8 km
5.5 cm	11 km

242   a) 75 m   b) 375 m

243   a) $1:4\,000$ b) $1:500\,000$
      c) $1:20\,000$

244   a) $1:500\,000$ b) $1:20\,000$

246   a) $x=6$ b) $x=18$ c) $x=18$

247   a) 닮은 삼각형이 아니다.
      b) 닮은 삼각형이다.

248 $\dfrac{x}{15} = \dfrac{12}{18}$, $x=10$ cm

249   a) 닮은 삼각형이 아니다.
      b) 닮은 삼각형이다.

250   a) 4.0 cm, $1:2$ b) 2.0 cm, $1:4$
      c) 1.0 cm, $1:8$

251 4.6 cm

252   a) $x=2.0$ cm   b) $y=2.8$ cm

253 17.6 cm

254 33.6 cm

255

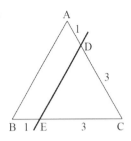

$\overline{\mathrm{AB}} = 20$ cm

256   a) $180°-51°-39°=90°$
       직각삼각형이다.
      b) $180°-14°-86°=80°$
       직각삼각형이 아니다.

257   a) $\alpha=43°$ b) $\alpha=62°$

258   12 m

259   21 m

260 6.0 cm

261   a) 52   b) 20, 48
      c) $20^2+48^2=52^2$

262   a) 29   b) 20, 21
      c) $20^2+21^2=400+441=841$, $29^2=841$

263   a) 빗변의 길이 : 80 mm
      b) $48^2+64^2=2\,304+4\,096=6\,400$, $80^2=6\,400$

264   a) $2^2+4^2=x^2$ b) $x^2+7^2=9^2$

265   a) 직각삼각형이 아니다.   b) 직각삼각형이다.
      c) 직각삼각형이다.   d) 직각삼각형이다.

266 a) 73 mm　　　　　　　b) 97 mm

267 a) 4.2 cm　　　　　　　b) 19 cm

268 200 cm

269 16.0 km

270 (벽지의 너비) $= \sqrt{255^2 + 53^2} = 260.4496\cdots$
(벽지의 너비) − (벽의 너비) $= 260.4496\cdots - 255$
$\qquad\qquad\qquad\qquad\quad = 5.4496\cdots$
약 5.5 cm 잘라내면 된다.

271 a) $x = 6$　　b) $x = 33$　　c) $x = 12$　　d) $x = 15$

272 a) 10 m　　　　　　　b) 4.5 m

273 a) 5.6 cm　　　　　　b) 1.6 cm

274 290 m

275 29.5 m

276 (문의 대각선의 길이) $= \sqrt{82^2 + 196^2} \fallingdotseq 2.12$ m
문의 대각선의 길이는 약 2.12 m이고, 판자의 짧은 변
의 길이는 2.1 m이므로 통과할 수 있다.

277 31.7 m

278 a)

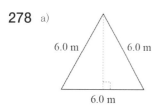

b) 5.2 cm　　　　　　　c) 16 cm²

279 4.5 m

280 (A 지점까지의 높이) $= \sqrt{35^2 - 31^2} = 16.23\cdots$
A 지점까지의 높이는 약 16.23 cm이며, 이는 액자의 세
로 길이 18 cm보다 낮으므로 보이지 않는다.

281 a) 50 cm　　b) 44 m　　c) 29 m　　d) 84.2 cm

282 a) 75.4 cm　　　　　　b) 20 cm

283 140 m

284 a) 8.6 cm　　　　　　b) 32.8 cm

285 55.1 m

286 a) 99 m²　　　　　　　b) 3 000 cm²

287 a) 17 m²　　　　　　　b) 130 cm²

288 a) 2 830 cm²　　　　　b) 64 m²

289 a) 16 cm²　　　　　　b) 16 cm²

290 a) 625 cm²　　　　　　b) 796 cm²

291 a) 170 cm　　　　　　b) 547 cm²

292 a) 넓이 : 43 m², 둘레의 길이 : 23 m
b) 넓이 : 58 cm², 둘레의 길이 : 27 cm

293 a) 3.5 m²　　　　　　　b) 6.6 m

294 a) 14 cm²　　　　　　b) 14 cm²

295 1.1 cm

296 a) 원주각 : β, 중심각 : α
b) 원주각 : ∠CBA, 중심각 : ∠COA

297 a)
b) 35°

298 a) $\alpha = 63°$, $\beta = 126°$　　　　b) $\alpha = 45°$, $\beta = 135°$

299 a) 156°   b) 78°

300 a) ∠A＝47°, ∠B＝101°, ∠C＝32°
     b) ∠A＝58°, ∠B＝70°, ∠C＝52°

숙제   158－159p

301 a) 20 cm^2 b) 37.5 cm^2

302 a) 12 cm   b) 100 cm

303 a) 11 cm^2 b) 13 cm^2

304 a) 5.0 cm   b) 36 cm

305 a) 6 690 km   b) 10 400 km

숙제   160－161p

306 a) 부채꼴의 넓이 : 4.2 cm^2, 호의 길이 : 3.6 cm
     b) 부채꼴의 넓이 : 45 cm^2, 호의 길이 : 19 cm

307 a) 부채꼴의 넓이 : 11 cm^2, 호의 길이 : 4.5 cm
     b) 부채꼴의 넓이 : 19 cm^2, 호의 길이 : 7.6 cm
     c) 부채꼴의 넓이 : 30 cm^2, 호의 길이 : 12 cm

308 a) 45°   b) 36°

309 4.6 cm^2

310 44%

제곱근표

	0	1	2	3	4	5	6	7	8	9
0	0.000	1.000	1.414	1.732	2.000	2.236	2.449	2.646	2.828	3.000
1	3.162	3.317	3.464	3.606	3.742	3.873	4.000	4.123	4.243	4.359
2	4.472	4.583	4.690	4.796	4.899	5.000	5.099	5.196	5.292	5.385
3	5.477	5.568	5.657	5.745	5.831	5.916	6.000	6.083	6.164	6.245
4	6.325	6.403	6.481	6.557	6.633	6.708	6.782	6.856	6.928	7.000
5	7.071	7.141	7.211	7.280	7.348	7.416	7.483	7.550	7.616	7.681
6	7.746	7.810	7.874	7.937	8.000	8.062	8.124	8.185	8.246	8.307
7	8.367	8.426	8.485	8.544	8.602	8.660	8.718	8.775	8.832	8.888
8	8.944	9.000	9.055	9.110	9.165	9.220	9.274	9.327	9.381	9.434
9	9.487	9.539	9.592	9.644	9.695	9.747	9.798	9.849	9.899	9.950
10	10.000	10.050	10.100	10.149	10.198	10.247	10.296	10.344	10.392	10.440
11	10.488	10.536	10.583	10.630	10.677	10.742	10.770	10.817	10.863	10.909
12	10.954	11.000	11.045	11.091	11.136	11.180	11.225	11.269	11.314	11.358
13	11.402	11.446	11.489	11.533	11.576	11.619	11.662	11.705	11.747	11.790
14	11.832	11.874	11.916	11.958	12.000	12.042	12.083	12.124	12.166	12.207
15	12.247	12.288	12.329	12.369	12.410	12.450	12.490	12.530	12.570	12.610
16	12.649	12.689	12.728	12.767	12.806	12.845	12.884	12.923	12.961	13.000
17	13.038	13.077	13.115	13.153	13.191	13.229	13.266	13.304	13.342	13.379
18	13.416	13.454	13.491	13.528	13.565	13.601	13.638	13.675	13.711	13.748
19	13.784	13.820	13.856	13.892	13.928	13.964	14.000	14.036	14.071	14.107
20	14.142	14.177	14.213	14.248	14.283	14.318	14.353	14.387	14.422	14.457
21	14.491	14.526	14.560	14.595	14.629	14.663	14.697	14.731	14.765	14.799
22	14.832	14.866	14.900	14.933	14.967	15.000	15.033	15.067	15.100	15.133
23	15.166	15.199	15.232	15.264	15.297	15.330	15.362	15.395	15.427	15.460
24	15.492	15.524	15.556	15.588	15.620	15.652	15.684	15.716	15.748	15.780
25	15.811	15.843	15.875	15.906	15.937	15.969	16.000	16.031	16.062	16.093
26	16.125	16.155	16.186	16.217	16.248	16.279	16.310	16.340	16.371	16.401
27	16.432	16.462	16.492	16.523	16.553	16.583	16.613	16.643	16.673	16.703
28	16.733	16.763	16.793	16.823	16.852	16.882	16.912	16.941	16.971	17.000
29	17.029	17.059	17.088	17.117	17.146	17.176	17.205	17.234	17.263	17.292
30	17.321	17.349	17.378	17.407	17.436	17.464	17.493	17.521	17.550	17.578
31	17.607	17.635	17.664	17.692	17.720	17.748	17.776	17.804	17.833	17.861
32	17.889	17.916	17.944	17.972	18.000	18.028	18.055	18.083	18.111	18.138
33	18.166	18.193	18.221	18.248	18.276	18.303	18.330	18.358	18.385	18.412
34	18.439	18.466	18.493	18.520	18.547	18.574	18.601	18.628	18.655	18.682
35	18.708	18.735	18.762	18.788	18.815	18.841	18.868	18.894	18.921	18.947
36	18.974	19.000	19.026	19.053	19.079	19.105	19.131	19.157	19.183	19.209
37	19.235	19.261	19.287	19.313	19.339	19.365	19.391	19.416	19.442	19.468
38	19.494	19.519	19.545	19.570	19.596	19.621	19.647	19.672	19.698	19.723
39	19.748	19.774	19.799	19.824	19.849	19.875	19.900	19.925	19.950	19.975
40	20.000	20.025	20.050	20.075	20.100	20.125	20.149	20.174	20.199	20.224
41	20.248	20.273	20.298	20.322	20.347	20.372	20.396	20.421	20.445	20.469
42	20.494	20.518	20.543	20.567	20.591	20.616	20.640	20.664	20.688	20.712
43	20.736	20.761	20.785	20.809	20.833	20.857	20.881	20.905	20.928	20.952
44	20.976	21.000	21.024	21.048	21.071	21.095	21.119	21.142	21.166	21.190
45	21.213	21.237	21.260	21.284	21.307	21.331	21.354	21.378	21.401	21.424
46	21.448	21.471	21.494	21.517	21.541	21.564	21.587	21.610	21.633	21.656
47	21.679	21.703	21.726	21.749	21.772	21.794	21.817	21.840	21.863	21.886
48	21.909	21.932	21.954	21.977	22.000	22.023	22.045	22.068	22.091	22.113
49	22.136	22.159	22.181	22.204	22.226	22.249	22.271	22.293	22.316	22.338

한국 수학교육의
새로운 패러다임을 제시한다

최초로 전국의 **수학선생님 260명**의 후원으로 만들어진 수학책!

수학교육의 현장에 있는 선생님들이 먼저 반한,

그래서 나올 수 있었던 수학책!

기본 설명 + 기본 문제 ▶ 응용 문제 … 심화 … 숙제 의 반복

깊고 자연스럽게 알게 되는 수학의 개념

수학의 유용성을 인정하게 되는 수학책!

7

**핀란드 중학교
수학교과서**

- 수와 식
- 평면도형
- 식과 방정식

8

**핀란드 중학교
수학교과서**

- 백분율과 거듭제곱의 계산
- 대수학
- 삼각형과 원의 기하학

9

**핀란드 중학교
수학교과서**

- 삼각비와 공간기하학
- 함수
- 방정식과 연립방정식

EBS와 한겨레신문에서 격찬한
핀란드 초등수학교과서 시리즈

즐거운 수학의 길잡이, 핀란드 초등수학교과서

초등 1학년 초등 2학년 초등 3학년

초등 4학년 초등 5학년 초등 6학년

'즐거운 수학'을 위한 길잡이

EBS 꿈꾸는 책방에서 적극 추천한
즐거운 수학의 길잡이

서울 유현초 1, 2학년 학생들은 다른 학교에서 집에서 과제로 풀어오는 익힘책을 학교에서 풀고, 집에서는 이 핀란드 교과서로 공부한다. 하루에 한 장 이상 풀고, 학교로 가져오는 식이다. 재작년, 한 교사가 우연히 딸에게 권했다가 아이의 반응을 보고, 학교 쪽에 소개했다. 당시 일곱 살이었던 딸은 "재미있다"며 혼자서 하루에 열 장씩 풀었다. 한 교사는 "가정에서 해오도록 만든 우리나라 익힘책은 학부모 등 어른의 도움이 있어야 풀 수 있지만 핀란드 수학 교과서는 아이 혼자서도 얼마든지 할 수 있는 체계"라고 했다. 실제로 학부모들에게 설문조사를 한 결과, 이 교과서로 가정학습을 하게 된 것에 대해 90% 이상이 만족스러워했다. ● 2013. 9. 17, 한겨레신문 보도 중에서

후원해 주신 분들

김병준 류창석 이흔철 이준희 김영진 백승학 이경민 이경민 이도경 전대룡 구정모 서영빈 권혁일 정주옥

임병국 변성환 김상백 우형원(정필) 함정용 김종호 이명기 김진환 김태호 김민경 한광희 황종인 김재홍

김은수 홍승재 이미화 김희현 배경빈 유태숙 황인현 장유진 강진우 강희정 여영동 윤석주 조종규 윤영이

김선혁 하경희 김용관 김병일 김상길 허국행 김옥경 오혜령 선철 김성은 임효선 이상화 이병인 서지애

최선목 이성민 박정현 박지수 채홍순 조주영 강호균 최선주 조현공 임해식 유병근 김태업 오혜진 이현서

최창진 박수진 신선호 박찬호 이상진 이해경 김수 박유미 김하민 김종현 정미란 전하경 노종만 조정기

박미연 정원영 이우진 윤상조 김대우 임해경 이선희 소영덕 송정도 김수지 김기태 이은주 심우섭 김은주

지영란 오민석 최태진 유승민 김종필 구병수 김지영 장석두 용혜숙 김태령 이지훈 최대철 안병률 김지현

정준성 이승연 정은주 김형철 김희정 신현준 하은실 오치윤 문은영 강영주 이형로 윤종창 유진영 송경관

최은숙 백중권 임성택 조한글 윤재훈 정영미 송신영 신영자 정은향 이혜원 이향랑 정도근 박봉출 유창현

조형준 최지영 최훈 박균홍 박소영 이형원 최우광 이상숙 최은주 한미경 이서연 오혜경 김대영 김이화

문경란 이홍석 석현욱 이상미 김혜정 문선자 신성광 최승찬 윤재성 한광호 박원철 조영미 박성수 하상우

김대홍 김애희 최성영 김진희 조상희 최승규 박세영 김윤미 김병헌 신종식 김수정 김혜리 김한열 강혜란

이정아 최숙 박혜미 주용희 이희원 용덕중 정희정 김진우 김선경 이선재 김윤경 민수현 이기훈 고재영

이수진 한미경 박여옥 전우권 권오익 박영웅 백경관 이금주 고은혜 이정화 오원식 정윤수 박형용 김아랑

박성모 길이숙 문혜영 박애란 신상윤 이신실 이명훈 이혜정 박기혁 유복상 이진희 안창훈 조정기 서석균

최재은 최세연 김미정 정성택 김은선 박기목 안영준 김영석 김세영 권영은 구수해 김숙림 이지훈 강창훈

박천량 현대철 홍준기 채정우 김상한 구자득 최유정 지종영 김세희 유희석 김은미 최윤호 지영호 성채원

김근해 조창묵 이장식 이규철 박석성 권수경 (과천)수학세상 신왕교

여러분의 응원 감사드리고 잊지 않겠습니다.